农业新技术问答

何建斌　张会敏　张丽娟　主编

中国农业大学出版社

主　编　何建斌　张会敏　张丽娟

副主编　田秀娟　史明静　刘文周

参加编写的人员(以姓氏笔画排序):

蔡淑红　姜京宇　于凤玲　戴素英　马之胜
李振举　王立安　刘爱平　王健诚　张军辉
王若鲁　池慧荣　刘　峰　刘志军　边志敏
何建斌　张会敏　张丽娟　李吉巧　郭　锋
徐莹春　田秀娟　刘文周　史明静　孙金波
杨　磊　刘洪群　李建勇　邵　岩　陈玉婷
马　铭　韩晓杰　刘建勇　王彩文

前 言

党的十七大提出要加强农业基础地位。走中国特色的农业现代化道路,推进社会主义新农村建设,是全面推进小康社会建设的重大任务。全面建设小康社会,一定要解决好农业、农村、农民问题,坚持把发展现代农业、繁荣农村经济作为首要任务。将农、科、教相结合,加强农业科学技术的研究和推广,促进农业科技进步,这是增加农民收入、增强农业综合生产能力的重要途径。

多年来,河北省农业广播电视学校在各级政府的关怀指导下,在各有关部门的支持下,一直围绕农业产业结构,对农民进行科技培训、技能培训,为农民增收、农业增效提供了强有力的科技支撑。为了给农民朋友解决农业生产中的技术问题,我们编写了《农业新技术问答》一书,主要目的就是提高广大农村生产者的科技文化素质,培养和造就懂技术、善经营、会管理的新型农民,使他们成为农村先进生产力的代表,成为建设农村小康社会的中坚力量。

本书主要收录 2006—2007 年河北省农业广播电视学校在省电台开办的《致富快车》优秀节目,共 53 期,包括畜牧、兽医、水产、蔬菜、食用菌栽培、果树栽培及农村新能源等有关农业方面的内容。本书言简意赅、通俗易懂,非常适合广大农民朋友阅读,同时也是农业工作者参考、利用的工具书。

编辑中难免出现不足之处,敬请读者及同行提出宝贵意见。

河北省农业广播电视学校

2007 年 12 月

目　录

畜牧篇

一、当前动物防疫中免疫政策和几种强制免疫病种推荐免疫程序介绍

冬季是病毒性疾病发生的高峰期，为了有效地防止重大动物疫病的传播流行，积极开展冬季动物免疫工作。针对当前重大动物疫病免疫方面的知识，以及如何掌握当前河北省的防疫政策和技术问题，本篇向广大农民朋友做一介绍。

问：天气寒冷时对动物防疫工作有何影响？

答：天气寒冷时，增加了病毒性疾病在动物体外的存活时间，由于季节风较大，所以很容易导致动物疾病的暴发流行。以禽流感为例，根据我国当前情况分析，今冬明春仍有零星散发的可能，防控形势仍然严峻。一是冬春季节为禽流感疫情高发季节。二是我国60%家禽散养，管理粗放，防疫难度大。三是“两节”期间，活畜活禽长途调运销售频繁，容易造成疫情跨区域传播。四是我国南方水网地区候鸟活动频繁。五是亚洲大范围的疫情对我国禽流感防控工作仍然构成严重威胁。

问：当前我国对动物疫病的防治采取的政策是什么？有哪些具体的规定？

答：我们党和政府对我国广大农村的动物疫病的防治工作十分重视，制定了“加强领导、密切配合，依靠科学，依法防治，群防群

控、果断处置”的防治原则，先后制定了一系列的法律、行政法规和地方法规、规章，国家畜牧兽医行政主管部门也先后制定了一系列的技术规范。

首先是全国人大颁布了《中华人民共和国动物防疫法》、《中华人民共和国畜牧法》等。防疫法这是建国以来关于动物防疫工作的第一部法律。它详细地规定了我国的动物防疫体制和体系，赋予了各级政府和畜牧兽医部门明确而具体的管理职能；明确了各级畜牧兽医执法部门和技术支撑部门的职责；对饲养动物的单位和个人也作出了明确的权力义务规定。

根据《动物防疫法》，国务院先后发布实施了《全国高致病性禽流感应急预案》和《国家突发重大动物疫情应急预案》，制定了《重大动物疫情应急条例》等行政法规，进一步明确了各级动物防疫部门的职责，对进一步做好防疫工作起到了极大的推动作用。为了配合做好禽流感的防治工作，国务院办公厅还下发了《关于整顿和规范活禽经营市场秩序加强高致病性禽流感防控工作的意见》(国办发[2006] 89 号)。

河北省人大常委会、省政府也相应出台了《河北省动物防疫条例》、《河北省动物产地检疫管理办法》、《动物饲养场防疫管理办法》等法规和规章。

在技术方面，农业部发布了《2006 年高致病性禽流感和口蹄疫等重大动物疫病免疫方案》，《高致病性禽流感疫情处置技术规范》、《应对人禽流感疫情应急预案》等技术方案，有效规范了疫情处置工作。

这一系列的政策，形成了一个完善的体系，有力地保证了动物防疫工作的深入开展。

这些政策措施和广大农民朋友关系最密切、最直接的是明确了国家的防疫制度，也就是对那些严重危害动物养殖安全的重大疫病、严重危害公共卫生安全的动物疾病实施国家强制免疫。

问：什么是强制免疫？由谁来具体实施？

答：动物强制免疫，是指对严重危害养殖业生产和人体健康的动物疫病实行计划免疫制度，实施强制免疫。实施强制免疫的动物疫病病种由农业部和本省兽医主管部门确定。

强制免疫的实施是在当地政府的统一领导下，县级动物防疫监督机构及其派出机构，组织辖区动物防疫组织实施动物疫病的强制免疫工作。规模饲养场在乡镇动物防疫监督站的监督指导下由场方专职兽医人员自行实施程序化免疫；散养户以春秋集中免疫为主、常年补针为辅，由动物防疫员和动物防疫协助员实施强制免疫。

问：目前都有哪些强制免疫病种？

答：全国性的有牲畜口蹄疫、高致病性禽流感、猪瘟、鸡新城疫（也就是我们俗称的鸡瘟）全面实施强制免疫；河北省决定对畜间布鲁氏菌病牛羊实施强制免疫；狂犬病、炭疽病根据当地实际情况实施免疫。各市也可以根据自已地方的具体情况，增加部分强制免疫的疾病病种。

问：强制免疫的疫苗问题如何解决？在保存、运输和使用时应该注意什么？

答：强制免疫所需疫苗由省动物疫病预防控制中心统一组织，向国家定点生产厂订购，实行省、市、县逐级供应制度，并分别建立台账，其他任何单位和个人不准经营。

冻干疫苗应保存在－15℃下，使用低温冷库或冰柜；灭活疫苗于2～8℃下避光保存，使用常温冷库或冰箱冷藏，严防结冻。大批量运输使用专用冷藏车，小批量须使用加冰保温箱。

同时，在使用疫苗时，要认真阅读使用说明书，检查疫苗外观性状。凡出现过期、变质、分层、结块、絮状物、瓶体破裂、瓶盖松动等现象不得使用,应集中销毁。活疫苗禁止使用含有消毒剂的水源做稀释液,最好使用生理盐水、蒸馏水等;实施点眼、滴鼻、刺种、饮水、肌肉注射免疫,最好在疫苗稀释后 2 小时用完,饮水免疫前应停水 3～4 小时。所有疫苗使用前应充分摇匀。免疫前 1 周和后 10 天,不应饲喂或注射任何抗菌类药物。

问:免疫注射的部位有什么技术规定?

答:牛、马、骡、驴的皮下注射部位,应在颈部的上 1/3 处;猪、羊的皮下注射,在腋下或股内;猪的肌肉注射应在股内(小猪)耳后或肩胛前缘(大猪)肌肉丰满处;家禽刺种在翅下无毛处,肌肉注射在胸肌或股肌,皮下注射在颈背部(颈下 1/3 处)。

问:对重点疾病的免疫都有什么具体要求?

答:重点疫病应该按照按农业部颁布的文件执行,也就是按《2006 年高致病性禽流感和口蹄疫等重大动物疫病免疫方案》要求执行。

一般地讲,疫苗的免疫应该在抗体水平监测的基础上,确定免疫时间,制定免疫程序。但是当前我国动物饲养的集约化水平还很低,绝大部分的动物还处于零散饲养的阶段,要做到按照抗体水平的检测结果来制定免疫程序,还有一定的困难。所以农业部制定了供全国参考的重点病名义程序。主要是口蹄疫和禽流感。

问:口蹄疫的免疫如何规定?

答:免疫程序。口蹄疫实行春、秋两次集中免疫,月月补针的免疫程序。规模养殖场按免疫程序进行免疫,散养家畜春、秋两季实施集中免疫,对新补栏的家畜要及时补针。

新生家畜免疫:仔猪:30～45 日龄时进行初免;犊牛:3～4 月

龄时进行初免;羔羊:3～4 月龄时进行初免。剂量是成年动物的一半,间隔 1 个月强化免疫。对于怀孕的母畜,可将疫苗间隔一定时间分 2 次免疫,并尽量不要进行剧烈的活动,减少应激反映。

种用或其他非屠宰家畜调运免疫:对跨省调运的种用或非屠宰畜,距最后一次免疫超过 3 个月的,要在调运 2 周前进行一次口蹄疫强化免疫。未进行强化免疫的,动物防疫监督机构不得出具检疫合格证。

紧急免疫:发生疫情时,要对疫区、受威胁区域的所有猪、牛、羊等家畜进行一次强化免疫。边境地区受到境外疫情威胁时,要对距边境 30 公里的所有县的猪、牛、羊等家畜进行一次强化免疫。

问:口蹄疫都使用什么疫苗?

答:牛、羊:使用 O 型-亚洲 Ⅰ 型口蹄疫二价灭活疫苗进行免疫。猪:使用 O 型口蹄疫灭活疫苗进行免疫。

问:高致病性禽流感免疫如何规定?

答:根据家禽饲养周期短、出栏补栏快的特点,实行高致病性禽流感常年免疫、月月补针的免疫程序。规模养殖场按免疫程序进行免疫,对散养家禽实施集中免疫,对新补栏的家禽要及时补针,并加强城市内鸽子等禽类的免疫。

第一,种鸡、蛋鸡。7～21 日龄时(具体初免时间依照母源抗体水平确定),使用禽流感-新城疫重组二联活疫苗(rL-H5 株)初免。第一次免疫后 3 周,用禽流感-鸡新城疫重组二联活疫苗(rL-H5 株)或禽流感重组鸡痘病毒载体活疫苗(H5 亚型)进行一次加强免疫。对禽流感间隔 1 个月使用灭活疫苗进行强化免疫;开产前(120～160 日龄),用禽流感灭活疫苗(H5N2 亚型,N28 株)或重组禽流感灭活疫苗(H5N1 亚型,Re-1 株)进行第二次加强免疫。以后每间隔 6 个月用禽流感灭活疫苗(H5N2 亚型,N28 株)

或重组禽流感灭活疫苗(H5N1 亚型,Re-1 株)加强免疫 1 次。

第二,商品代肉鸡。10～14 日龄时(具体初免时间依照母源抗体水平确定),用禽流感-新城疫重组二联活疫苗(rL-H5 株)进行 1 次免疫(初免前不能用新城疫疫苗免疫);对饲养周期长的肉鸡,在初免 3 周后,用禽流感-新城疫重组二联活疫苗(rL-H5 株)或禽流感重组鸡痘病毒载体活疫苗(H5 亚型)加强免疫一次。新城疫可以使用单独疫苗免疫。

第三,种鸭、蛋鸭。14～21 日龄,使用重组禽流感灭活疫苗(H5N1 亚型,Re-1 株)或禽流感灭活疫苗(H5N2 亚型,N28 株)进行初免;第一次免疫后 3 周,再用重组禽流感灭活疫苗(H5N1 亚型,Re-1 株)或禽流感灭活疫苗(H5N2 亚型,N28 株)进行一次加强免疫;以后每隔 10 个月用重组禽流感灭活疫苗(H5N1 亚型,Re-1 株)或禽流感灭活疫苗(H5N2 亚型,N28 株)进行一次加强免疫。

第四,商品肉鸭:7～14 日龄时,重组禽流感灭活疫苗(H5N1 亚型,Re-1 株)或禽流感灭活疫苗(H5N2 亚型,N28 株)进行一次免疫即可。

第五,14～21 日龄时,用禽流感-新城疫重组二联活疫苗(rL-H5 株)进行初免;第一次免疫后 3 周,再用禽流感-新城疫重组二联活疫苗(rL-H5 株)进行一次加强免疫;以后每间隔 6 个月,用重组禽流感灭活疫苗(H5N1 亚型,Re-1 株)或禽流感灭活疫苗(H5N2 亚型,N28 株)进行一次加强免疫。

第六,鸽子等其他禽类:按照疫苗使用说明书或参考鸡的免疫程序,剂量根据体重进行适当调整。

第七,种用或其他非屠宰家禽调运前免疫:对跨省调运的种用或其他非屠宰家禽,距最后一次免疫超过 3 个月的,要在调运 2 周前进行一次禽流感强化免疫。未进行强化免疫的,动物防疫监督机构不得出具检疫合格证。

第八，紧急免疫：发生疫情时，要对受威胁区域的所有家禽进行一次强化免疫；边境地区受到境外疫情威胁时，要对距边境30公里范围内所有县的家禽进行一次强化免疫。

在以上免疫程序中，禽流感H5(N28株)-H9二价灭活疫苗的使用与禽流感灭活疫苗(H5N2亚型，N28株)相同，但能同时抗H5和H9两种亚型禽流感病毒。

问：禽类和疫苗的种类较多，免疫的方法是否一样？

答：在免疫方法上，各种疫苗免疫接种剂量和方法按相关产品说明书规定进行。

第一，禽流感-新城疫重组二联活疫苗(rL-H5株)：用滴鼻、点眼、饮水以及注射等方式接种。

第二，禽流感重组鸡痘病毒载体活疫苗(H5亚型)：用针刺的方式在翼下刺种。

第三，禽流感灭活疫苗(H5N2亚型，N28株)和重组禽流感灭活疫苗(H5N1亚型，Re-1株)：皮下或肌肉注射接种。

问：对于猪瘟、鸡瘟及其他病的免疫有什么规定？

答：猪瘟和鸡新城疫免疫(鸡新城疫免疫，也就是我们常说的鸡瘟)程序：各地要根据当地疫病发生、流行情况制定免疫程序，规模化养殖场(户)根据免疫程序进行免疫；农村散养猪鸡实行春、秋两季集中免疫，常年补免。发生疫情时，要对疫区、受威胁区域的所有猪进行一次强化免疫。因为猪鸡瘟已经是非常经典的疾病，所以不多说。

另外，农业部对牛羊畜间布鲁氏菌病免疫进行了统一的规定。在疫苗选用上，使用布鲁氏菌病活疫苗(也就是猪型Ⅱ号)。

如果使用口服法：不受怀孕限制，可在配种前1～2个月进行，亦可在怀孕期使用。在用量上，山羊、绵羊不论年龄大小，饮服或喂服，每只 100 亿活菌，牛、牦牛 500 亿活菌。如畜群较大，可按全群动物数，计算所用菌苗量，将其溶入水或拌入饲料。其他疫苗用法用量按说明书。免疫期羊 3 年，牛 2 年。

如果使用注射法：只限用于非怀孕的羊和猪，孕畜和牛不得采用此法。皮下或肌肉注射，剂量山羊 25 亿活苗，绵羊 50 亿活苗。牛皮下注射牛种 19 号菌苗或牛种 45/20 灭活菌苗，犊牛出生后 6 个月左右接种一次，18 个月再接种一次。其他疫苗用法用量按说明书。免疫期羊 3 年，牛 2 年。

文件还对狂犬病、炭疽免疫也进行了规定。具体是各地要根据当地疫病发生、流行情况制定免疫程序。每年第一季度对人口密集区、发生过疫情地区、农村及城乡结合部地区犬类，集中进行一次狂犬病免疫，同时做好新生幼犬的补免工作。发生疫情时，要对疫区、受威胁区所有犬进行一次强化免疫。每年上半年对发生过疫情地区的牛、羊，集中进行一次炭疽免疫。发生疫情时，要对疫区、受威胁区所有牛、羊进行一次强化免疫。

二、春季动物饲养管理及防疫注意事项

春季万物复苏，气温上升，气候剧变，是动物养殖的关键季节。本篇主要介绍初春季节在动物饲养管理及防疫灭病方面注意的问题。

问：初春季节对于广大养殖户都有哪些需要特别注意的问题？

答：冬去春来万物复苏，可以说是万象更新，春季是一年生命活动的开始，是畜牧生产一年收益好坏的关键时期，对于广大养殖户特别注意以下两个问题：

(1)要抓好饲养管理，做好繁殖计划。

(2)要注意做好防疫灭病。特别是初春季节，做好禽流感的防治工作。

问：为什么春天来了，禽流感疫情反而紧张了？

答：①气候变暖，候鸟北迁，势必造成疫源的扩散，这是我们无法控制的；②天气依然很干燥、气温也比较低，适宜于病毒的体外生存，也就是病毒在体外的存活时间还是比较长的；③人工饲养的禽类经过一冬天的生产，已经变得很疲劳，自身机体状态不是很好，很容易发生疾病；④气候变化剧烈，忽冷忽热，禽类自身调节跟不上，也容易导致引发呼吸道疾患。所以此时要特别注意做好防治禽流感的工作。

问：养鸡户如何做好禽流感的防治工作？

答：广大养鸡户需要注意六点：

1.要按照当地畜牧主管部门的要求，做好免疫注射。一定要做到100％免疫，并做好免疫抗体检测工作。

2.要加强饲养管理，提供高品质的全价饲料，使禽类保持一个比较好的身体状态，也就是要增强自身抵御能力。

3.注意饲养环境的管理，不要让野鸟在养鸡场上方降落、息栖，养鸡场里不要种植高大的乔木，地面不要有裸露的水源，空地及运动场不要有可供野鸟采食得饲料或食物，从而防止饲养的禽类接触到野鸟的粪便。

4.要加强消毒工作，消毒要做到全面、经常，不留死角。

5.认真落实饲养管理的有关规章制度。

6.发现禽类死亡要及时报告，千万不要耽误，以便把损失降到最小。做好这些，基本可以防御禽流感的侵袭。

问:春季饲养动物还有其他什么要注意的问题?

答:越冬对动物的生存来说是一个严峻的考验,经过一个漫长冬天,动物都比较疲惫,这个时候青草还没有长出来,由于长期缺乏青绿饲料,所以动物的自身体况一般都不是很好。而春天又是长日照动物繁殖的关键环节,所以必须认真加强饲养管理,才可以提高动物的繁殖性能,保证让母畜及时地发情、怀孕,提高产仔率,从而提高养殖效益。

问:都是哪些动物春季繁殖?

答:除了鸡等较少的驯化程度较高的养殖品种外,大部分的动物,特别是大中型动物,都依然保持着季节性繁殖的习性。这主要是春天日照变得越来越长,气温逐步升高,这些变化及时地刺激到了动物的中枢系统,激发了动物的繁殖性能,这就是常言说得“闹春”。比如奶牛,如果春季里没有怀孕,错过了季节,损失就比较大;对于没有明显繁殖季节性的动物,春节繁殖的成功率也是比较高的,仔畜的质量比较好,易于存活,比如兔子。

问:春季是动物繁殖的季节,又是饲养管理的关键时期,在饲养管理上,对于猪牛羊等每一种动物,都应该注意什么?

答:在饲养管理上,除了搞好卫生、提供优质饲料、加强管理、搞好选种、留种、搞好消毒等一般性的要求外,为了促进动物繁殖和发育、加快增重,春季要注意搞好夜间饲喂。因为夜晚饲喂动物,可以增进畜禽健康,提高效益。

问:都有哪些动物需要夜晚饲喂?

答:春季需要晚上饲喂的畜禽主要有以下几种:

猪:给仔猪增喂夜食可提高断乳猪体重,一般在仔猪35日龄以后饲喂。由于仔猪胃容量小,排空速度快,胃液分泌夜间比白天多一倍,所以除白天喂3次外,宜在夜间10时后加喂1次,过早则效果不佳,这样可使仔猪增重10%左右。喂夜餐时,须有照明。为增强育肥猪的抗寒能力,除白天喂猪外,应加喂1次夜食,时间在凌晨1时左右,既可保证猪得到足够的营养,提高育肥速度20%以上,又可缩短饲养期15～20天。从而提高经济效益。

母鸭:母鸭代谢机能旺盛,半夜会感到饥饿,所以母鸭有夜间觅食的生理特性。为满足这一生理要求,晚上必须供水和补充食料,以保证母鸭过夜不饿、不渴、不叫。蛋鸭多于黎明前产蛋,此时其食欲特别旺盛,及时饲喂,可提高鸭的长膘速度和产蛋性能。

牛:夜间不但要多喂,还要加喂一槽。其好处有:增强机体抗寒能力;有利于牛休息、反刍、消化和吸收。牛为反刍动物,消化能力极强,加喂夜食,可使牛春季膘情好,得病少,精神好,生长发育快,出栏时间短。奶牛夜饲可提高产奶量25%左右。

鹅:夜饲鹅群可加快其生长速度,一般2个月可突破4千克。母种鹅产蛋期,特别是产蛋高峰期,夜间补饲可满足母鹅产蛋需求,增加产蛋量。夜间补饲宜在8～9时进行,补饲优质青绿饲料和谷物等,供足清洁饮水。每次补喂以八九成饱为宜。

兔:家兔具有昼寝夜行的习性,应增喂夜食,白天尽量让其休息,夜食采食量可占全日喂量的75%。所以给兔喂食,应以夜间为主,这样兔子才能生长快,膘情好,成活率高。

问:在春季除了夜间饲喂,在饲养管理上还有什么需要注意的问题?

答:春季的饲草中一般都缺乏铜,因为经过漫长冬季的风化,饲草中的铜损失严重,因此对于放牧的羊只比较容易发生缺铜症。

问:铜在羊的饲料中有什么作用?

答:羊毛的生长与铜元素有密切的关系,春节后期又是动物换毛的季节,如不注意补充,会直接影响羊毛的质量。饲草中缺乏铜时,羊只会引起贫血,并会减少羊毛弯曲度,降低羊毛角蛋白质中胱氨酸的含量,结果不但光泽不佳,还会使黑色羊毛色素缺乏。

为了保证羊的健康,获得质量较高的羊毛,可在羊的饮水中添加适量的硫酸铜溶液。每只羊每天加入千分之一的硫酸铜溶液2毫升,连用5天。每隔20天以后再用5天,直到夏季青绿饲料充足时为止。这样既可以提高羊毛的质量,又可以保证羊只的生长发育和身体健康。

问:对于养牛户来讲,春季里都需要做哪些防疫?

答:

1. 对于奶牛每年春、秋季都要进行一次结核病、布氏杆菌病、副结核病的检疫。检出阳性或有可疑反应的牛要及时按规定处置。检疫结束后,要及时对牛舍内外及用具等彻底进行一次大消毒。

2. 每年春、秋各进行一次疥癣等体表寄生虫的检查,发现问题及时进行处理。

3. 每年的春季对犊牛群进行球虫的普查和驱虫工作。因为球虫对犊牛的危害比较大。

4. 3月份开始修蹄。修蹄还有利于提高奶牛的产奶量,有利于牛的运动和放牧,不可小看。

5. 对于炭疽病、气肿疽病疫区,4月份注射炭疽、气肿疽疫苗。当然这些疫苗不是必须注射的,但是在某一种疾病的高发区,应该在春季里及时地注射疫苗。

6. 春季天气忽冷忽热,奶牛极易患感冒。患病奶牛产奶量显著下降且乳质降低,应及时治疗。

7. 及时地清理运动场积粪，更换新土；并对牛舍进行粉刷或者用稀泥抹墙，堵塞墙体、屋顶的缝隙，有利于消灭热季的寄生虫冬眠卵及成虫。

8. 养牛户还要注意，及时地接受当地动物防疫监督部门的指导，进行国家强制性疾病的预防注射，并且这些预防注射一般都应该是免费的。对此切不可麻痹大意，否则可造成毁灭性灾难。

除了强制性的免疫外，各地还有指导性的免疫方案可供参考。广大养殖户应该及时收集这类信息。

问：春季养猪应该注意哪些问题？

答：

1. 修复猪舍，搞好消毒。保持猪舍温暖、干燥、通风，搞好猪舍卫生，经常对猪圈消毒，消除病菌的生存环境，是搞好春季养猪的重要环节。猪喜欢温暖干燥的环境，尤其是仔猪的体温调节机能尚未发育完善，体表沉积脂肪少，抗寒能力差。而早春三月的天气变化无常，昼夜温差较大。所以保持猪舍温暖、环境干燥洁净、空气流畅，创造一个有利于猪只生长发育的小环境显得尤为重要。特别在北方地区，经产母猪一定要实行暖房产仔，这是保证仔猪全活全壮的基础。同时，在春季来临之前，要对猪舍进行彻底消毒，防止病菌生长繁殖。具体做法是先对圈舍进行彻底清洗，再用20%～30%的石灰乳或20%的草木灰或2%～3%的火碱溶液对圈舍地面、墙壁及周围环境喷洒和涂刷，用具洗净后用3%～5%的来苏儿水消毒，然后用水冲洗。

2. 加强防疫的管理，注重营养。防疫管理是防疫灭病的基础。春季要严防各种传染病的发生。严格按照免疫程序做好猪只的免疫注射。必须免疫的项目是猪瘟、猪丹毒、猪肺疫等。一旦发现疫病，要严格封锁、消毒，强化预防注射，按要求处理好死猪尸体。如果周围地域发生了疫情，除搞好猪舍消毒外，还应严格禁止外来人员、车辆进入猪场，自己的车辆、人员从外疫区回来后要彻底消毒。同时，营养水平的高低对猪的健康也有重大影响。高水平的营养供给，可以满足猪的营养需要，保证猪有一个较好的体况，能有效提高猪抵御疾病的能力。

3. 精细管理，科学喂养。育肥猪和种猪的饲养管理按常规进行即可，但仔猪的饲养管理必须慎之又慎。因为仔猪缺乏先天免疫力，体温调节机能和消化功能不健全，在气候善变的春季，饲养管理稍有差错，极易引起仔猪患病，甚至大批死亡。因此，要改善哺乳母猪的饲养管理，保持乳房的清洁卫生，做好开食、补饲、旺食的三个环节，使仔猪平安度过初生关、补料关和断奶关，应特别护理好断奶仔猪。预防仔猪痢疾应在母猪怀孕后期注射疫苗，同时注意母猪产后环境的卫生清洁和仔猪体质的改善。

问：对于养猪户来讲，春季应该防疫哪些疾病？

答：有许多猪病极易在春季发生，最常见的有腹泻病、霉形体肺炎、流感和仔猪水肿病这几种。

1. 猪腹泻病是春季多发的常见病，主要症状为拉稀。该病由多种病因引起：分别见于传染性胃肠炎、轮状病毒病、仔猪黄痢、仔猪白痢、仔猪红痢、仔猪副伤寒、猪痢疾。

2. 猪霉形体肺炎，冬、春季节是猪霉形体肺炎的多发季节。该病是猪的一种接触性呼吸道传染病，潜伏期一般为 11～16 天，最长的可达 1 个月以上。该病可分为急性和慢性两种。

3. 猪流感，猪流感多发生于冬、春两季，呈地方性流行。该病的发病率高，潜伏期为 2～7 天，病程 1 周左右。病猪发病初期突然发热，精神不振，食欲减退或废绝，常横卧在一起，不愿活动，呼吸困难，激烈咳嗽，眼鼻流出黏液。如果在发病期治疗不及时，则易并发支气管炎、肺炎和胸膜炎等，增加猪的病死率。

4. 仔猪水肿病，仔猪水肿病是一种由致病性大肠杆菌引起的断乳后仔猪的肠毒血症。该病一年四季均可发生,尤以冬春季节多发,流行较广泛,致死率高达80%以上。

三、秋季禽畜饲养管理及防疫注意事项

秋天,牧草开花结籽,禽畜养殖正是抓膘催肥,繁殖扩群的黄金季节。但是,因秋季气候多变,阴雨天较多,光照相对减少,很容易造成禽畜的多种疾病。本篇介绍一下秋日禽畜养殖技术的要点。

问:秋季气温变化比较大,养殖户该注意些什么问题?

答:进入秋季,每天的昼夜温差变化很大,这个季节一定要保证畜禽有一个温暖、舒适的生长环境,最大限度地发挥它们的生产性能,还要注意预防疾病,这个季节病菌滋生也比较多,养殖户要注意养殖环境的消毒管理,使病菌没有生长条件,使畜禽长膘,最大程度的提高养殖效益。

问:秋季是畜禽集中驱虫的好时机,养殖户应该如何用药?

答:一定要注意四个要点:

1. 合理用药,注意搭配。在选择驱虫药时,既要根据畜禽种类、年龄、感染寄生虫的种属,寄生的部位等情况选择驱虫范围广、疗效高、毒性低的广谱驱虫药,又要考虑经济价值。由于畜禽的寄生虫病多为混合感染,驱虫时可适当配合应用各种合适的驱虫药或直接选用多功能广谱驱虫药。如阿维菌素(虫克星)等。

2. 掌握剂量,间隔用药。各种驱虫药对畜禽机体都有一定的毒副作用,驱虫时剂量要准确,严防过量用药而引起中毒。为确保驱虫效果,防止寄生虫产生抗药性,可在首次用药后间隔一段时间

再进行第二次用药。

3. 方法正确，途径对路。在进行大批畜禽驱虫治疗，或使用多种药物驱除混合感染，或选用新驱虫药时。应先作少数畜禽预试，观察药物反应和驱虫效果。确保安全有效后再进行全面推广。不同的药物或不同的驱虫目的，其用药途径不尽相同。一般体外寄生虫适宜喷洒和药浴（必须与栏舍除虫同时进行）；血液寄生虫用静脉注射效果较好；呼吸道、泌尿道寄生虫适合口服和肌肉注射，消化道寄生虫在清晨饲喂前空腹投药效果好。

4. 种畜种禽，用药谨慎。种禽产蛋期驱虫要避免使用对产蛋率和受精率有不良影响的药物。母畜怀孕期不宜选用毒性大的驱虫药。奶牛驱虫要选用对鲜奶产量和质量（特别是风味）无不良影响的驱虫药。种禽驱虫宜在开产前，母禽驱虫必须在空怀期进行。

问：立秋到入冬前，在饲草贮备上养殖户需要注意什么问题？

答：主要注意两个方面：

1. 干草调制。优质干草的干燥方法很多。最简单的方法就是自然晒制，将收割后的牧草在原地或运到地势高燥的地方进行晾晒，或放在架子上晾晒。条件允许时向规模化、机械化干燥方法过渡。无论采用何种调制方法，均要尽量减少人为或机械造成的营养损失。比方说在牧草收割、搬运、翻晾、堆垛等一系列手工和机械操作，不可避免地造成细枝嫩叶的破碎脱落，严重时可损失20%～30%。因此，要选择牧草合适的收割时间，尽量减少翻动和搬运，减轻损失。

2. 青贮制备。选择土质坚硬，地势高燥，地下水位低的地方，建好青贮窖。有条件的可用砖和水泥建成永久窖。常用青贮原料有禾本科的玉米、黑麦草、无芒雀麦，豆科中的苜蓿、三叶草、紫云英，其他根茎叶类的甘薯、南瓜、苋菜、水生植物等。原料要适时收割。过早，原料含水多，可消化营养物质少；过晚，维生素含量增加，适口性差，消化率降低。玉米收割期一般为乳熟期到蜡熟期；禾本科牧草为孕穗期至抽穗期；豆科牧草为现蕾期到初花期；水生饲料捞取日晒 1～2 天，原料要合理装填。收割后，水分适宜，应立即运到青贮窖，边切短边装窖。装窖前，底部铺 10～15 厘米厚的秸秆，以便吸收液汁。窖四壁铺塑料薄膜，以防漏水透气，装时要踏实，一直装到高出窖沿 60 厘米左右，即可封顶。封顶时先铺一层切短的秸秆，再加一层塑料薄膜，然后覆土拍实。四周距窖 1 米处挖排水沟，防止雨水流入。窖顶有裂缝时，及时覆土压实，防止漏气漏水。

问：对于春播时缺垄断苗或播量不足的牧草，该怎么补救呢？

答：补救的办法是可以进行秋季补种，主要介绍养殖户种植较多的几种牧草。

紫花苜蓿：多年生，可利用 3～6 年，每年可收割 3～5 次，亩产鲜草 3 000～6 000 千克。适于青饲及调制干草，是轮作倒茬的良好作物。可单播，也可于秋分前与小麦套播。播前精细整地，施入有机肥或化肥；每亩用种 0.5～1 千克，土湿宜浅，土干宜深，一般深度 2 厘米，可条播、撒播、点播或与小麦套播。

无芒雀麦：多年生，适应性广，耐寒性强，耐瘠、耐盐碱，耐践踏，再生能力强，是适于刈割和放牧的优良草种。一般采用条播，亩用种 1.5～2 千克，如与紫花苜蓿等混播时亩用种 1～1.5 千克。播种深度，黏性土壤 2～3 厘米，沙性土壤 3～4 厘米。单播时宜多施氮肥。

草木樨：有白花和黄花两种，适应性强，耐干旱、耐瘠、耐盐碱，可青饲。播前用砂纸打磨种皮，以利于发芽。每亩播量，条播带荚种子 1.5 千克，脱荚种子 1.2 千克。

苦荬菜：菌科多年生牧草，适口性好，宜密植。条播时行距20～30厘米，亩播种量0.5～1千克，播深2～3厘米，播后及时镇压。

另外，白三叶、俄罗斯饲料菜、菊苣、多年生黑麦草、冬牧70-黑麦、多花黑麦草、苇状羊茅、鸭茅、高麦草、鲁梅克斯、串叶松香草等牧草品种，均适合秋播，养殖朋友可根据自己的养殖情况灵活选择。

问：秋季养羊需要注意些什么问题？

答：秋季养羊户注意“三抓、三保”。

1. 抓放牧，保满膘。早秋天气早晚凉爽，中午热，这时放牧还不能突然变换夏季放牧的方法，仍然坚持中午避暑，早出牧晚收牧，适当延迟放牧时间；晚秋放牧做到有霜天，晚出牧，晚收牧。无霜时早出牧，晚收牧。每天坚持饮井水或泉水2次，不要饮污水。晚秋季节放牧还要注意保暖，尤其是山区放牧应到牧草长势较好的阳坡地放牧。

2. 抓适时配种，保繁殖。秋季母羊膘情好，发情正常，排卵多，容易受胎，有利于胎儿发育，这时期配种可以提高受胎率和产羔率。一般以9～10月份配种为宜，翌年2～3月份产羔，这样，母羊产后就能很快吃上青草，羔羊发育也快。母羊1.2～1.5岁即可配种。发情表现为食欲减少，鸣叫不安，外阴部潮红肿胀，阴道流出分泌物，频频摇尾，发情持续期1～2天。发情后30～48小时开始排卵，在输卵管内有受精能力12～24小时。所以发情后30小时左右配种最好。配种方法有自然交配和人工授精两种。

3. 抓防疫，保体壮。秋季是疫病多发、流行的季节，在对羊群进行一次防疫接种和驱虫外，还要定期用2%火碱溶液、3%石炭酸、2%福尔马林溶液或10%～20%石灰乳液消毒圈舍和羊体。此羊群能吃到再生青草和豆科牧草，一旦发生瘤胃臌气和中毒，要立即用套管针在左肋穿刺放气。

还需要注意合理整群。根据羊的年龄、性别、体质等情况进行合理调整，将体质相近的羊组成一组。其好处：①能充分利用草地，弱羊群在近处放牧，强群到远处放牧；②便于照顾弱羊、孕羊，及时合理地补饲。春羔经秋肥后，如不留作种用，要及时趁秋肥时上市。凡久病不愈、体小瘦弱、长期空怀及生产性能低的羊只，也要在秋肥后淘汰。

问：秋季养鸡户需要注意些什么？

答：养鸡户要在秋季进行强制换羽。在自然光照下，春孵的母鸡秋季开产，经1年产蛋后，通常于来年秋季换羽、停产。自然换羽参差不齐，持续时间长，第2个产蛋期产蛋高峰来得晚、高峰也低，因此必须进行人工强制换羽，并进行整群。

强制换羽的方法很多，如化学药物法、利用激素法等。生产实践中，多采用常规方法，即采用控制饮水、控制给料和改变光照的方法。第1～11天，停喂，光照8小时，前3天停水；第12～13天开始，每只每天给料40克，光照9小时，给水；第14～20天，每只每天加料10克，直至恢复自由采食，光照从每日9小时、每周增加1小时，增到16小时为止，供水。

参加强制换羽的鸡群，必须健康。换羽结束后，清理场地羽毛、粪便、垫草，及时免疫接种，转入正常饲养。

问：秋季养鸭的农户需要注意些什么问题？

答：养鸭的农户在秋季一定要注意通风，加强防疫。要注意四点：

1. 加强通风。保证鸭舍内空气流通，如夜间天气闷热，鸭子鸣叫不安，可将鸭子赶入池水中，也可使用电风扇等进行人工通风。

2. 配好饲料。苗鸭养至7日龄后即可转入正常饲养。饲料搭配：玉米58%、糠麸10%、豆饼25%、鱼粉3%、贝壳粉20%、骨粉

1.5%、食盐0.5%,每千克饲料含代谢能11.72～12.14兆焦,粗蛋白质18%～19%。出壳第1周后每3小时喂料1次;20日龄后每天喂料3～4次,并可利用稻田放牧,减少用料量。

3.加强保温。10月底起就要做好防寒保温工作,防止寒风侵袭,放牧时应将鸭群赶到暖和的沙滩、塘沟、水渠等避风处,以免受寒受冻。

4.加强防疫。经常检查舍内温度,观察雏鸭的饮食、排便和活动情况,平时可在饲料中加入复方敌菌净、土霉素钙盐、复合维生素、钙片等药物,以预防疫病发生。一旦鸭子发病,应立即治疗,将病鸭隔离饲养。

问;秋季养牛需要注意些什么问题?

答:养牛一定要抓好秋膘,及时配种。到了中、晚秋,草开花结籽,营养价值较高,是抓秋膘的良好时机,也是保证牛的安全越冬和避免来年春乏的关键时期。首先可以先给牛健胃。可以用香附75克、陈皮50克、莱菔子75克、枳壳75克、茯苓5克、山楂100克、神曲100克、麦芽100克、槟榔50克、青皮50克、乌药50克、甘草50克,水煎一次服用,每头牛每天1剂,连用2天,可增强牛的食欲。饲料可以用青草45%,优质干草15%,玉米面、高梁面、红薯20%,豆饼15%,麦麸5%,加适量食盐或者青草25%,优质干草10%,玉米面、高粱面、红薯35%,豆饼25%,麦麸5%,并喂适量食盐。养牛户可以根据条件配比饲料。

问:秋季家兔的管理要点是什么?

答:养殖家兔一定要注意壮秋膘,抓繁殖。注意两个方面:

1.壮秋膘。根据家兔不同年龄,按饲养标准配制,适当提高蛋白质水平,降低能量饲料,要求饲料营养丰富,适口性好,易消化。保证家兔每天有充足的青绿饲料,如青草、青菜等。饲料应新鲜洁净无发霉变质,饲喂定时、定量,做到早餐早喂,晚餐迟喂。幼兔每天喂 5～6 次，青年兔 3～4 次，成年兔 2～3 次。供给洁净充足的饮水。在饲料中添加 0.5%维生素 B_{12}，0.5%维生素 C，0.5%碳酸氢钠；鱼腥草、韭菜各适量，水煎取汁，加少许食醋、白糖，给兔自饮，能防应激，促使家兔快速生长。

秋季气温早晚与午间的温差大，幼兔易患感冒、肺炎、肠炎等疾病，因此要每天坚持观察兔群，以便及时发现问题，做到无病早防，有病早治。

2. 抓繁殖。繁殖力强，后代整齐，生长迅速的兔应留作种用。老、弱、病残种兔应立即淘汰。选留优良后备兔补充兔群。抓好空怀母兔配种工作，及时检查空怀，及时配种。怀孕期和哺育期母兔应喂给蛋白质、矿物质及维生素丰富的饲料。抓好仔兔的初生关，提早补饲和适时断奶。

问：秋季养猪需要注意些什么？

答：进入秋季以后，由于气温的降低对猪的生长、繁育都带来了很大的影响，在这一时期应特别注意加强猪的各项管理工作。如果管理不当，养猪效益就会降低，在秋季，应该着重注意以下几个方面：

1. 在猪舍的保温上要进行加强。进入秋季以后气温的降低是最主要的一个影响因素，应首先控制好猪舍内的温度，猪本身最适应温度为 18～23℃，在这个温度范围内猪的生长都是比较快的，但在秋季猪舍内的温度一般都低于这个范围，所以要对猪舍进行保温。

随着气温的降低，猪舍的保温措施主要有，有条件的可以使用暖气，红外线灯泡，没有条件的要以使用覆盖塑料布，生火炉等一些措施，最终使猪舍保持适宜的环境温度。

另外，在对猪舍进行保温的同时，也要注意加强通风，防止空气的污染。但时间上要选择气温较高的时候来进行通风，一般在上午 10 点到下午 4 点这段时间都是进行通风的最佳时间。此外，要加强对猪舍的清扫、消毒工作，一般每天清扫 1 次圈舍，3 天进行 1 次消毒，以避免细菌的滋生。

2. 饲料的营养上应该调整。随着秋冬季节的到来，要调整饲料配方，增加饲料营养，重点是增加能量饲料，青饲料，提高猪的采食量，玉米可以从 58%提高到 62%，麸皮从 22%降到 17%，浓缩料 20%保持不变，再加 1%的植物油，这样就可以更适用于猪的生长需要。

3. 加强猪的防疫。根据传染病的流行特点来说，虽然秋季不易发生大的传统病，但由于气温多变，容易诱导猪只发病。所以仍然要按照防疫规程做好防疫工作。重点要预防附红细胞体病、猪感冒、猪瘟、传染性肠胃炎 4 种病害的发生。

总之，秋季作为猪生长发育的好季节，应特别注意各方面的管理工作，以确保能有个好的效益。

四、秋季养鸡防病管理要点

近几年鸡病的发生表现为：一是新疫病不断出现，像禽流感，一旦发生就是毁灭性的；二是老的疫病始终没有消灭，如新城疫、球虫等；三是代谢类疾病也越来越多，表现形式花样翻新。所以说，整个鸡病的防疫形势还是不容乐观的。下面就有关养鸡的疫病防治知识，特别是秋季动物疫病的防治办法进行介绍。

问：为什么养鸡存在这么多的疫病？

答：这和家禽的生理结构有关系。家禽的疫病与其他动物一样，具备一定的潜伏期和临床症状，除此之外，由于家禽特殊的生理特性和现代养禽业特殊的管理方式，使得家禽疫病的发生发展有其自身的特点。

1. 家禽在进化的过程中，由于需要飞翔，所以肺脏很小，但连接很多气囊，通气量也很大，这些气囊分布于体内各个部位，通过空气传播的病原体可沿呼吸道进入肺和气囊，从而进入体腔、肌肉和骨骼中。

2. 家禽在胸腔和腹腔之间没有横膈膜。哺乳动物都有横膈膜，比如我们打膈时，就是横膈膜痉挛所致。所有的禽类没有横膈膜。

3. 家禽的淋巴系统发育不完善，鸡仅有散在的淋巴组织，而无淋巴结，鸭鹅只有两对很不完善的淋巴结。淋巴系统是重要的免疫系统，没有它对疫病的抵御能力就比较差。

4. 在家禽卵的形成过程中，与母体组织血液直接接触，没有胎盘等屏障作用，病原体易从母体进入卵中，多存在于卵黄内。

5. 家禽的生殖孔开口于泄殖腔，产出的卵要经过泄殖腔，易受泄殖腔内微生物的污染。

6. 种蛋在存放和孵化过程中，容易受环境微生物的感染。

家禽以上这些机体构造的特点，决定了家禽疫病多为全身感染，且发病严重，发展快，死亡率高。

问：按照生物进化规则，家禽防御疾病的优势有哪些？

答：大自然的生命进化是很科学的。家禽就具有一个很大的对抗微生物侵袭的优势，那就是体温高，家禽的体温比哺乳类高3～4℃。所以禽类和哺乳动物所感染的疾病是具有很大区别的，大部分哺乳动物的疾病，禽类是不得的。比如对哺乳动物很厉害的炭疽病，禽类就不易得。

问：当前禽病发生与流行有什么新的特点或规律？

答：当前养鸡业的疾病防治具有以下几个特点：

1. 疾病的种类增多，以传染病的危害最大。据有关资料不完全统计，现今对我国养禽业构成威胁和造成危害的疾病达 80 多种，其中传染病约占禽病总数的 75%以上，而这些也正是农民朋友所关心的。

2. 新发生的禽病种类增多。由于养禽生产迅猛发展，多渠道从国外大量引种，缺乏有效的监测手段，以及候鸟迁移、自然环境的污染和市场交流频繁等原因，新的禽病也随之在我国出现，影响较大的有：禽流感、传染性贫血、肾型传染性支气管炎、鸡病毒性关节炎、包含体肝炎、减蛋综合征（CEDS-76）、网状内皮组织增生、丁型淋巴白血病、传染性法氏囊病、雏鸭病毒性肝炎、番鸭细小病毒感染、鸭疫巴氏杆菌病、肉鸡腹水综合征和隐孢子虫病等。

3. 发病非典型和病原出现新变化。疫病流行过程中，有些病原毒力出现减弱，使原有疾病以新貌出现，如目前各地流行的非典型新城疫就是一个明显的病例；另一方面病原毒力增强，病原毒力发生变异，免疫接种后导致免疫失败，如传染性法氏囊病病毒、传染性支气管炎病毒，尤其是马立克氏病毒，出现了超强毒株和特超强毒株。

4. 细菌性疾病和寄生虫病的危害加大。此类疾病的病原广泛存在于养禽环境中，通过多种传播途径以及自然环境条件的改变而成为养禽场的常在菌和常发病，主要包括鸡的大肠杆菌病、沙门氏菌病、葡萄球菌病、支原体病、小鸭传染性浆膜炎、鸡球虫病和鸡卡氏住白细胞虫病等。

5. 混合感染和复合症使疾病更为复杂。生产实际中常见许多病例是由两种或两种以上病原对同一鸡鸭等禽类产生致病作用，这种并发病、继发感染和混合感染比例上升，为诊断和防治带来困难。这也是最让人头疼的。

6. 免疫抑制病的危害日趋严重。一些养鸡场受到网状内皮组织增生病、鸡马立克氏病、传染性法氏囊病、鸡传染性贫血病等免疫抑制病的危害日趋严重，特别值得注意的是，一些经注射及刺种的疫苗污染网状内皮病病毒的报道有所增加。

7.饲养管理方式和水平与疾病的发生密切相关。随着养禽业的发展,应激对养禽业的危害也越来越引起人们的关注。

8.营养代谢病和中毒性疾病增多。

问:中国农业大学教授的课题研究重大发现——危害家禽业的罪魁祸首是家禽亚健康综合征。鸡也有亚健康吗?有什么表现?

答:所谓的家禽亚健康综合征是介于健康与疾病之间的临界状态。全国各地兽医工作者调查,国内健康鸡仅占19%,有病的鸡占25%,而处于亚健康状态的鸡占56%。当前和今后很长一段时间内,亚健康、烈性病毒病将是危害家禽业的最大敌人。而在实际生产管理中,生产者一般比较重视疾病的治疗和预防,而对于家禽亚健康综合征则很少给予治疗和关注,这严重影响了家禽的生产效益和产品质量的提高。不同品种的鸡其亚健康状态也有所不同:

禽类亚健康状态的共同症状是:鸡群食欲不振,有挑食划食现象。个体发育不匀称,有啄癖现象。鸡群肠道功能紊乱,水泻下痢,对营养物质吸收率低。免疫力低下,对病毒和细菌等抵抗力下降,容易感染疾病。长期处于应激状态,易发生慢呼、大肠杆菌病、球虫病、沙门氏菌病和肠毒综合征,且反复发作。

亚健康状态的蛋禽症状:产蛋率增长不快,产蛋高峰期持续时间短,种蛋受精率、孵化率不稳定。易脱水,蛋重轻,蛋壳薄,软壳蛋数量增加,蛋内容物稀薄,蛋黄颜色发白。

亚健康状态的肉鸡症状:生长发育缓慢,个体发育不匀称,羽毛、鸡爪颜色发淡,精神状态不佳,卖相差。

问:造成鸡亚健康的原因都有哪些?

答:造成家禽亚健康的原因主要是恶劣的饲养环境和不规范的生产管理。改变这一现状是一项长期而艰巨的工程,国家和政府也开始着重改变这些不良因素,如鼓励大型饲养场的发展,同时对兽药市场进行大力改革和整顿,制定完善、符合鸡生命特点的饲养管理规程、大力提高动物福利并逐步对此立法等。

问:对于规模场的疫病控制,应掌握什么基本原则?

答:1. 全面落实全进全出制度。目前不少鸡场普遍存在把成鸡、育成鸡、雏鸡都在一个场区饲养,有的还把孵化场也和鸡舍靠在一起;而且,从开始饲养,就接连不断地养下去,根本就没有净化、消毒的时间。鸡群一旦发病,就会相互传染,连续发生,很难控制。

(1)蛋鸡饲养。科学的养鸡是把成年鸡和育成鸡、雏鸡分开饲养,要绝对禁止把不同日龄的鸡放在一栋鸡舍里饲养,最好做到全场的全进全出,即进鸡时一次把全部鸡舍装满,或在短时间内把鸡舍装满。待这批鸡全部淘汰后,全场进行彻底清扫、清洗、消毒,空舍2～4周,再进新鸡。

(2)肉鸡饲养。全进全出制也是保证鸡群健康、根除传染病的根本措施。同一栋鸡舍、同一个鸡场,不仅要做到同时进鸡、同时出栏,出栏后对环境统一进行彻底的清扫、冲刷、消毒,而且还要做到免疫、药物预防、带鸡消毒、环境消毒同时进行,以减少不同日龄、不同批次鸡群的交叉感染机会,保证鸡群的持续安全生产。

实践证明,在饲养管理相同的情况下,实行全进全出制要比不实行的鸡场的鸡增重速度增加9%～15%,料肉比降低10%～14%,死亡率降低8%～12%,大大降低了生产成本,提高了经济效益。

2.彻底实行隔离饲养。养鸡最怕发生传染病，一旦发生传染病，往往会给鸡场造成难以挽回的损失，要想防止传染病的发生，很重要的一条就是要做到严格的隔离饲养，防止一切病原传到场里来。

(1)鸡场建设。养鸡场要建在地势较高、平坦开阔、排水方便、水质良好的地方，并且要尽量远离公路、村镇、工厂、肉类加工厂，以便有效地进行隔离。

(2)消毒设施。在大门口设消毒池，要求进出的一切车辆必须彻底消毒，以防将病原体带入场内。同时对工作人员、来访客人及进出的杂物等易携带病原体的媒介物严加管理和监督。饲养人员每次进鸡舍前必须洗手、脚踏消毒液、穿工作服和工作鞋，工作服不能穿出鸡舍，饲养期间至少清洗消毒一次；不准相互串舍聊天、借用工具；所有用具在进鸡舍前必须经过消毒。来访客人一般不允许进入鸡舍，特殊情况下必须进行严格消毒后方能进入。

(3)搞好鸡场内外的卫生，清除蚊蝇孳生地，禁止猫、狗等外面畜禽进入场内。

3.切实搞好环境卫生。环境卫生好的鸡场，鸡群比较健康，很少发病，一旦发生疫病也容易控制；在环境卫生差的鸡场，疫病频繁发生，难以根除。因此，养鸡场应始终把搞好环境卫生放在重要地位，采取一切措施为鸡群创造一个良好的环境，保证鸡群的健康。

消毒是指清除或杀灭环境中的病原微生物及其他有害微生物。为畜禽提供一个良好的卫生环境，是切断疫病传播途径的重要环节。消毒不是仅仅用消毒药物到处喷一喷就可以了。在消毒时，掌握以下原则和方法。

(1)采取有效的消毒措施。必须建立严格的消毒制度与程序：养禽场大门口要设置消毒池(此池宽同大门，长为机动车车轮一周半)，内放0.5%次氯酸钠液。进场前，一切人员皆要在侧门消毒室更衣、换鞋，并经喷雾消毒，禽肉及附产品不准带入。

进入生产区的工作人员，更衣、换鞋，并经喷雾消毒，然后更换场区工作服、工作鞋，通过消毒池进入自己的工作栋，严禁相互串栋。每天打扫禽舍，保持饲槽和饮水器的干净和清洁卫生。禽舍内可用0.3%过氧乙酸（每立方米30毫升）作带禽喷雾消毒，以0.5%～1.0%浓度作禽舍、笼具、饲养场地、周围环境、车辆等消毒。也可以用福尔马林熏蒸禽舍（每立方米空间用20毫升福尔马林和10克高锰酸钾，熏蒸。室温应在20℃以上，相对温度70%以上，熏蒸至少12小时）。

“全进全出制”生产，其禽舍的常规消毒程序：

①清舍：当一批鸡转出鸡舍后应及时进行清舍，首先需清除鸡粪，再清扫屋顶、四周墙壁、棚架、垫网、鸡笼、饮水设备、抽风设备及地面等。然后用高压水枪将其冲洗干净。

②鸡舍消毒：应用几种不同消毒剂交叉消毒鸡舍及周围环境2～3次，再用清水冲洗鸡舍及设备。

③器具消毒：养鸡所用的各种器具（如蛋盘、出雏盘、饮水器、料桶等）可用清水冲洗后，再用消毒药浸泡、冲洗，然后清水冲洗，放入鸡舍内晾干。

④熏蒸消毒：检查和维修鸡舍内所有设备可正常运转后，将难舍门窗关闭，用高锰酸钾、福尔马林熏蒸（要求同前）过夜，第二天再打开部分门窗通风，并清理熏蒸物。

⑤饮水消毒：饮水消毒，首选药品为抗毒威或优氯净，也可用百毒杀，抗毒威按1∶5 000，10%的百毒杀按1∶4%即可，发生传染病时，可暂时加大用药浓度，1周后恢复正常浓度。

⑥空气和鸡体消毒：鸡舍每日视情况作带鸡喷雾消毒1～2次，要求喷出雾滴很细，用药量则不应太多，首选药品为百毒杀，浓度见前。

⑦种蛋消毒：以福尔马林熏蒸效果最好，对种蛋、种鸡舍消毒

1 次，到孵化前再消毒 1 次，每次半小时，条件同前。如果不具备这种条件，可用 10%百毒杀加水 600 倍浸湿，不必晾干即可入孵。

⑧消毒的注意事项：生产区内消毒池的消毒液，一般 1～2 天更换 1 次。鸡舍内消毒，一定要先彻底清扫干净粪便及羽毛。消毒药的稀释度要准确，应保证消毒药能有效杀灭病原微生物，并要防止腐蚀、中毒等问题的发生。有条件或必要的情况下，应对消毒质量进行检测，各种消毒药的使用方法和效果应有详细的记录，并注意消毒药之间的相互作用，防止药效降低。

(2)鸡场内应分设净道和脏道。净道是专门运输饲料和产品(蛋、鸡等)的通道；脏道是专门运送鸡粪、死鸡和垃圾的通道。场区内不能有鸡粪和鸡毛，要定期清扫消毒，每周至少 1 次。必要时进行深翻土地。

(3)科学处理淘汰的病鸡和死鸡。对无治疗价值的病鸡应及时淘汰，以防成为传染源而危害健康鸡；有望治疗的鸡要与健康鸡隔离饲养，以控制传染源，防止疫情扩散。死鸡不能乱扔，要及时收集，进行高温处理或焚烧。从鸡舍清出的鸡粪要及时运走，可进行发酵或烘干处理。鸡舍排出的废水应进行无害化处理。

4. 认真加强饲养管理。

(1)在饲养方面。首先要满足鸡体生长、发育、产蛋等所需要的营养，鸡群的不同品种、生长阶段和季节，对每种营养成分有不同的要求，应根据情况加以调整。

微量元素硒和维生素 E 对鸡体的免疫有重要作用，要注意保证供给。当鸡进行断喙、转群、免疫或饲养条件发生较大变化时，鸡群对维生素 A、维生素 K 和维生素 C 需求量增加，应及时予以补充。

(2)饲料管理。不要从疫区购买饲料，不用发霉变质的饲料。污染的饲料和饮水是许多疾病的病因，因此养鸡场一定要十分重视饲料和饮水的卫生。

(3)加强饮水管理。鸡的饮水应清洁,无污染。为防止经水传播疾病,可在饮水中加入次氯酸钠、1210、百毒杀等消毒药物,以保证饮水不为大肠杆菌和其他病原微生物污染。

饮水器应摆放均匀、高度适中,每天清洗消毒 1～2 次,贮水缸、桶等贮水时间不能超过 3 天;尽量记录每天饮水量,如果饮水量异常则往往是饲养管理有异常或者鸡群有疾病的先兆。

(4)注意鸡舍通风。持续高浓度的有害气体(如氨气、硫化氢、一氧化碳、二氧化碳)和粉尘等能导致鸡只贫血,体质变弱,生产性能和抗病力下降,而且容易诱发呼吸道病和腹水症,给生产带来巨大损失。

鸡整个饲养周期内都需要良好的通风,特别是饲养后期通风换气特别重要。

5.切实强化鸡群免疫。免疫是防止传染病发生的重要手段。养鸡场必须根据本场疫病的发生情况认真做好各种疫病的免疫。免疫是一个复杂的生物学过程,免疫能否成功,受多种因素的影响。例如疫苗的种类、疫苗的质量、疫苗的运输保存、免疫的时机、免疫的方法等,都会对免疫的效果产生影响。因此,养鸡场一定要根据本场的疫情和生产情况,制定本场的免疫计划。

(1)制定或选择最佳免疫程序。有条件的地区(鸡场)可制定适合本地(场)各类鸡群的最佳免疫程序,也可以选择与本场(鸡群)情况近似的免疫程序试用,在实施中进行免疫监测并考察其综合效益。

(2)选购合格厂家生产的优质疫苗。不用过期、失效、保存不当和标签、说明书不全的疫苗。

(3)兽医人员要有计划地对鸡群进行抗体监测,以确定免疫的最佳时机,检查免疫效果。

(4)使用的疫苗要确保质量和免疫的剂量准确,方法得当。

(5)免疫前后要保护好鸡群,免受野毒的侵袭。要避免各种应激，对鸡群补充一些维生素 E 和维生素 C 等，以提高免疫效果。

6. 及时准确地投服药物。

(1)在正确的诊断和检测的基础上，选择对症或针对某病原体敏感的药物。如果是细菌性疾病，可用经药敏试验选择的最敏感的药物用于防治，花钱少、效果好。

(2)在防治效果近似的情况下，选择毒性小，副作用弱的药物用于防治更安全。在杀灭环境中病原体时应选择消毒效果好，对人畜无害，对设备、用具腐蚀性小的消毒剂。

(3)在防治效果、安全性相近似的情况下，应尽量选择价廉、货源广、便于保存和使用的药物以减少鸡场的开支。

(4)按规定的剂量和浓度用药，尤其鸡只敏感的磺胺类、喹乙醇等药物。按规定的疗程用药。一般情况下，一个鸡群不能将作用相似的药物同时混用，更不能将互相有拮抗作用的几种药同时用。

(5)选择最适合的投药方式，确保用规定的稀释液，稀释后在短时间内，定时、定量地使用，使药物在鸡体内充分发挥作用。

总结以上原则，就是牢固树立“预防为主，防养结合，防重于治”的观念，是养殖成功的关键。

问：如何做到鸡有病后早知道？

答：以产蛋鸡为例，就是要做到详细了解鸡的生理性能和正常表现。

1. 观察群体状态。首先进行静态观察，就是在鸡群安静的情况下观察鸡群有无咳嗽、气喘、呼噜、流涎、嗜睡、狂叫及离群独处等病理现象；其次是动态观察，在喂料、饮水时注意观察有无精神沉郁、反映迟钝的鸡只。

2. 观察采食量。鸡群正常的采食量一般依品种不同而相对固定，如果鸡群的采食量骤然下降，在排除了气候、饲料变质等影响因素外，就应考虑到疾病的因素。

3. 观察鸡冠颜色。正常鸡冠颜色呈鲜红色，如色泽苍白、花白、暗红、紫红或紫蓝，均为病态。

4. 观察排泄物。主要是观察鸡粪的软硬度及色泽、分泌物及呼出气体的气味。正常的鸡粪应是软硬适中，色泽为灰褐或黄褐色，表面附有少量白色尿酸盐。如表现为黄绿色、黄白色、酱红色或白色汤样粪便均为病态；病鸡的排泄物、分泌物、呼出气体和口鼻的气体均有异常味道。进入鸡舍如果能闻到腥臭、酸臭、氨味、大蒜臭或羽毛烧焦味等异味时，就要及时查出病鸡。

5. 观察产蛋。一是观察产蛋时间。一般情况下，70%～80%的健康鸡于12时以前产蛋，剩下20%～30%于下午2～4时前产完。如果发现鸡群产蛋参差不齐，甚至夜间产蛋，均是有病的表现。

二是观察产蛋量。在产蛋高峰期，产蛋数量稍有差异是正常的，但如果上下起伏、波动较大，说明鸡群有潜在性病症。

三是观察蛋品质量。正常蛋壳表面均匀略有些粗糙。如果出现软壳蛋、薄壳蛋，多是疾病或维生素 D_3 缺乏或饲料中钙、磷缺乏或比例不当所致；蛋壳如有麻斑点，说明输卵管或泄殖腔发生炎症；蛋壳如有淡绿色斑点，说明输卵管正处在炎症初期，分泌过多黏液与少量血色素混合所致；如蛋壳较薄或薄厚不均，说明输卵管松弛、延迟产蛋或输卵管收缩功能降低，产蛋缓慢所致；蛋壳粗糙、畸形蛋是输卵管炎症的表现。

问：鸡出现了发病的症状后，如何判断得了什么病？

答：严格地讲，鸡病的具体诊断和治疗应该是专业兽医人员的事情，并不是任何一个人都可以做到的。但是，对于出现一些显著的症状后,可以比较集中地考虑是哪些疾病造成的,以便实际生产中参考或者应急。

1. 呼吸困难与流鼻液主要考虑:鸡新城疫、禽霍乱、鸡传染性鼻炎、鸡传染性喉气管炎、鸡传染性支气管肺炎、禽慢性呼吸道病、鸟疫。

2. 下痢:鸡白痢、禽伤寒、禽副伤寒、大肠杆菌病、鸡传染性腔上囊病、鸡新城疫、鸡球虫病、禽组织滴虫病、禽弯杆菌性肝炎、钩端螺体病、鸟疫。

3. 神经症状与运动障碍:鸡传染性脑脊髓炎、鸡新城疫、鸡马立克氏病、葡萄球菌病、鸡传染性滑膜炎、鸡病毒性关节炎、禽霍乱。

4. 关节炎:葡萄球菌病、鸡传染性滑膜炎、鸡病毒性关节炎。

5. 眼部病变与头面部肿大:大肠杆菌病、鸟疫、鸡马立克氏病、禽习性呼吸道病、鸡传染性鼻炎、鸡传染性喉气管炎。

6. 贫血与消瘦:结核病、禽弯杆菌性肝炎、钩端螺旋体病、鸡白痢、禽伤寒、禽副伤寒、大肠杆菌病、禽淋巴白血病、鸡球虫病、鸡传染性腔上囊病、鸡传染性滑膜炎。

7. 出血性素质、腺胃出血与坏死:鸡新城疫、鸡传染性腔上囊病。

8. 腹膜炎:鸡传染性支气管炎、鸡白痢、禽伤寒、禽副伤寒、大肠杆菌病。

9. 口炎与咽炎:鹅口疮、痘白喉、鸡痘。

10. 喉炎与气管炎:鸡传染性喉气管炎、禽慢性呼吸道病、痘白喉、鸡传染性支气管炎。

11. 肺炎:禽霍乱、曲霉菌病 禽慢性呼吸道病、鸡白痢、禽伪结核病、鸟疫。

五、柴鸡的饲养管理及防疫技术

柴鸡又叫笨鸡，具有耐粗饲、就巢性强和抗病力强等特性，柴鸡肉质鲜美，柴鸡蛋在城乡市场上也是非常畅销，蛋价也高于普通鸡蛋。对于具备一定条件的农户来说，饲养柴鸡的成本又比较低廉，适合家庭养殖。以下就柴鸡饲养技术进行介绍。

问：柴鸡的标准是如何规定的？

答：由于人们越来越注重生活的质量和自身健康，所以在食品上越来越追求自然，近几年我国的城乡上下都兴起了食用柴鸡的潮流，这也是社会进步的客观要求。从概念上来讲，大多数农民朋友所说的柴鸡，它不是一个具体的品种，而泛指一类鸡。柴鸡是指农户自家饲养的、实行放牧或者半放牧、以自已采食玉米、谷物、昆虫、青草为主，管理比较粗放，产出的产品数量相对比较少，由于营养物质在鸡体内沉积、贮存时间比较长，所生产出来的鸡产品质量较好。有的朋友又把柴鸡称作土鸡、农家鸡等。总的来说，在群众中和从业者中名称比较混乱。

为了统一柴鸡标准，各地的畜牧兽医行政主管部门和各省级质量技术监督局都相继推出了一些地方标准。比如由河北省畜牧兽医局提出，河北农业大学黄仁路教授牵头，起草了柴鸡的河北省地方标准，已经由河北省质量技术监督局于 2005 年颁布，是地方性推荐性标准，该标准的标准号是：DB13/T686—2005。有兴趣的农民朋友可以自已到各地畜牧兽医的行政主管部门及相关的业务技术部门进行详细查看。

从河北省地方标准的规定看，柴鸡是一个鸡的品种，该标准中的柴鸡指主要产自河北，经过长期自然选育而成的蛋肉兼用型地方品种。DB13/T686 标准中对柴鸡的品种特征是这样规定的：

柴鸡在外貌特征上，第一，柴鸡的头部特征：头、脸较小，面容清秀，也就是给人一种小巧的感觉；第二是冠的特征，冠型多数为单冠（所谓的单冠也就是锯齿状的单片肉质冠），部分为豆冠（由三叶小的单冠组成，中间一叶较高）和草莓冠（冠体自喙基到冠顶的中部，小而低矮，无冠尾，表面突起似草莓状），极少有冠羽；第三个特征是柴鸡的喙，喙短细，多为青灰色和肉色，极少部分为黑色或者黄色；第四个特征是胫，也就是小腿，小腿细长，多为青灰色或者肉色；第五个特征是耳叶，红色或者白色，红色占多数；第六个特征是羽毛，公鸡羽毛红褐色，尾羽和翅膀上的羽毛为黑色，色泽光亮，母鸡多数是麻色，黄麻和褐麻色为主，少部分为芦花色和杂色。

在体形特征上，柴鸡的体形均较小而细长，身体的结构匀称，羽毛紧凑，骨骼细小，体质结实。成年鸡的体尺是体斜长公鸡 21.8 厘米，母鸡 18.1 厘米，公鸡体重 1.21～2.10 千克，母鸡 0.95～1.6 千克之间，平均开产日龄是 150 天，年平均产蛋量 150 枚左右，蛋重最高为 54 克，这个特点也是大家比较熟悉的，比较明显，所以导致好多人错误地以为小鸡蛋就是柴鸡蛋，其实是不准确的。柴鸡的其他特征，比如柴鸡的净膛率、孵化率、受精率等就不再介绍了，因为这些指标过于专业，对农民朋友意义又不是很大。

问：柴鸡在各省有了地方标准外，柴鸡蛋有没有标准？

答：也有了地方标准。比如河北省已经制定了柴鸡蛋的地方标准，河北省柴鸡蛋的地方标准是由河北省畜牧兽医局提出，河北省畜牧兽医研究所李英研究员主持制定的，并于 2004 年经省技术监督局批准颁布。柴鸡蛋的标准主要的感官性指标是：蛋重不大于 54 克，柴鸡蛋的蛋壳呈粉色，清洁完整；灯光透视整个柴鸡蛋呈橘黄色至橙红色，看不到蛋黄或者略见阴影；打开柴鸡蛋可见蛋黄凸起、完整而有韧性，外面包裹着的蛋白是澄清的，这是要注意：添加色素的所谓柴鸡蛋，其蛋清是污浊的，并且透明度差。蛋白透明而粘稠；无异味；蛋黄占到整个蛋重的30%，蛋黄脂肪占到蛋黄重的1/3，蛋黄磷脂质不少于15%，蛋黄的水分小于48%，当然了还有其他一系列理化指标。只有这样的鸡蛋才可以称为是真正的柴鸡蛋。

问：怎样鉴别是否是柴鸡蛋？

答：应该从以下三个方面进行鉴别：

1.看柴鸡蛋的大小和蛋壳颜色：每个柴鸡蛋其大小和颜色都有差异，柴鸡蛋的蛋壳上往往粘有一些沙土；柴鸡蛋的尖端比较尖，一般非柴鸡所产的小鸡蛋则比较圆。

2.看柴鸡蛋的蛋清：柴鸡蛋的蛋清较黏稠，但是可以透亮，蛋黄呈金黄色、完整凸起、韧性好；喂过色素的鸡产下的蛋，其蛋黄比较软，其蛋清往往浑浊、比较稀薄，并且还有颜色。

3.闻炒出的鸡蛋的香味：柴鸡蛋炒熟后清香扑鼻，有一种自然的脂香味，颜色金灿灿，而且始终如一，即使是放凉了也不变色；而添加了色素的鸡蛋炒熟经冷却后颜色发白，味道清淡。

问：当前柴鸡养殖是什么形势？

答：当前随着人民生活水平的提高，人们对食品品质的要求也越来越高，所以饲养柴鸡应该是处于一个上升的阶段，各地的柴鸡养殖可以说是方兴未艾、红红火火。短期内不会下滑。

目前，市场上所谓的柴鸡分两类，一类是农村一家一户散养的鸡，吃的是天然饲料，但这种鸡产蛋率较低，一年一只鸡才产50～60只蛋，市场上极少，这才是城镇居民向往的、高品质的、真正的传统意义上的柴鸡，这种鸡蛋才是真正的柴鸡蛋，这种鸡在二十年前的集贸市场上还比较多见；另一类规模饲养的，吃的也是天然饲料，如玉米颗粒及预混剂料，平地放养或者圈养，辅助吃一些杂草、草籽、昆虫，养殖量比较大，每只鸡的产蛋量也较高，这就是比较多见、农民朋友希望了解的柴鸡养殖了。

问：饲养柴鸡需要什么条件？

答：拥有比较开阔的场地，与外界交流也较少，所以饲养柴鸡具有投资少、设备要求简单，节省饲料和人工的有利条件；另外，还可以降低果园虫害，减少防治病虫害费用等独特的优势。

问：养殖柴鸡在引种方面应该注意什么？

答：引种时应该注意的问题有以下几个方面：

1. 要到有资质资格的正式厂家去引种。现在各地的种禽孵化管理还相对比较混乱，盲目引种后往往上当受骗。正式厂家的柴鸡品种其品种特征明显，生产性能也比较稳定、可靠。凡是正式的种禽孵化场，都有《种畜禽经营许可证》，在当地农牧行政管理部门有备案，企业也比较正规，规章制度比较健全，管理也到位。那些小的孵化场的种用柴鸡品种特征不突出、或者干脆不具备柴鸡品种的特征要求，只是一些土杂鸡。

2. 不可以到发生疫病的地区去引种。所谓发生疫病是指发生与禽类有关的疾病，比如禽流感、鸡痘、鸡瘟等传染病或者寄生虫病，比如球虫、滴虫等。

3. 引种时，一定要索要相关的品种特征资料和防疫情况资料。这些资料有种禽的免疫情况、商品禽的推荐防疫程序、推荐的饲料配方、饲养管理手册、商品禽的系谱情况、生产性能介绍等。

4. 建议初次饲养柴鸡的朋友让孵化场的人员来进行雏鸡的运送。因为一是他们有经验，二是一般他们都有比较专业的运输用具和车辆，能够满足雏鸡运输所需要的特定条件，从而防止出现大批量伤害。

5. 要提前做好接纳雏禽的准备，对鸡舍进行消毒和检修。特别是早春季节接雏，向我国的中、北部地区，一般 3～5 月份接雏，这期间保温要求比较高，要提前 2～3 天预温，使温度达到 33～35℃，并且鸡舍内温度要均衡，如没有做好准备就会措手不及，就会导致雏禽死亡率的提高。

6. 在选择商品禽时，尽量选择那些头大、眼睛有神、全身羽毛顺滑，肛门周围干净，将雏禽握在手中感到挣扎有力、叫声响亮的苗鸡。如果不允许挑拣，也要注意剔除那些腹部卵黄吸收不好，肛门周围有污浊的苗禽。

问：柴鸡同商品蛋鸡在饲养管理上是否有很大差别？

答：商品蛋鸡基本上都是笼养；而柴鸡须采取放养的方式，也就是放牧式的饲养；柴鸡在育雏期间可以采取地面平养、立体笼养、网上平养三种形式。

1. 地面平养就是在育雏舍地面上铺设 5 厘米厚的垫料，把雏鸡自由分布在上面饲养；要保持垫料的松软干燥，并在育雏结束时一次性清除掉垫料。垫料要选择吸水性好、没有霉变的原料，如锯木屑、稻草、麦秸等，在使用前 1 周时间要在太阳下曝晒 2～3 天，进行自然消毒后才好使用。

2. 在鸡舍内使用角铁、木棍、竹竿等刚性支撑，搭起来高 50～60 厘米的架子，在架子上铺设 1.2 厘米见方的金属网或者硬塑料网就是网上平养。为了使得网子保持平整、便于管理，可以将其隔成几个小栏，网上平养比较多见。也就是不再使用垫料了。这种方式比较好，相对来说就是成本稍高一点。

3. 立体笼养育雏就是多层，整个的育雏笼一般分为 3～4 层，呈重叠立体式的，每层高度是 33 厘米，两层笼具间设置承粪板，承粪板的间隙 5～7 厘米就可以了。这种方式比较节省空间，效益比较高。

问：雏鸡都比较怕冷，育雏对环境条件的要求是怎样的？

答：育雏期间的环境条件很苛刻，也很重要。因为这个时候雏鸡的抵抗能力最弱，最容易受伤害，满足不了它的要求，就会发生比较大的损失。柴鸡所需要的环境条件主要包括5个方面，也就是温度、湿度、通风、光照、饲养密度。

1. 育雏供温的原则是：初期要高、后期要低；小群要高、大群要低；弱雏要高，健雏要低，夜间要高、白天要低；高低的温度差以两度为宜，不可以太高或者太低。同时要做到整个育雏空间的温度比较均匀的分布，不可以悬殊过大。

育雏开始时的育雏舍温度应该达到33～35℃，以后每周下降2～3℃，直至达到室温为止。停止加温这个过程要逐渐进行，可先在白天天气好的时候停止供热，然后晚上再停止供热，整个过程要在1周左右的时间完成，不可以太快。由于雏禽是活物，健康状况不同，对环境温度的要求也不一样，刚打了免疫针、用过药物、疾病初愈或者鸡舍刚洒过水等就要求相对供热多一些。这就要求饲养者注意观察，随时做出调整才行。当温度过高时，雏鸡就会表现出鸡群很分散，个别会出现张口呼吸、两翅下垂，饮水增多等症状，这时你可以看看温度表，肯定温度比较高了，要及时地降下来，并要注意降温不要太突然，以缓慢下降为好；如果雏鸡扎堆，集中在育雏伞或者热源附近不动，并发出凄厉的叫声，就表示温度偏低了，这时看看温度表，温度肯定低了，要及时地补温。雏鸡感到舒适的温度时表现为分布均匀、很活泼，运动灵活、叫声自然。使用煤作燃料，应注意煤气中毒事故的发生。一般情况下，1个月就可以脱温饲养了。

2. 育雏对相对湿度的要求应该控制在50%～70%间，7日龄前湿度应该相对较大一些，保持在65%左右，1周以后保持在50%～55%就可以了。由于受到传统养殖习惯的影响，很多的农民朋友没有湿度这个概念，只知道控制温度这一项指标。这对育雏是很不好的，湿度不合适，容易导致呼吸道疾病的发生。应该添置一个温湿度表，并且挂在育雏室的适当位置。湿度的调整可以使用地面洒水、悬挂湿布或者湿帘等来进行。如在湿度较小的情况下，如果空间允许，可以将洗好的衣服挂到育雏室里面增加湿度。在我国的北方，一般自然湿度不会过大，如果短时间的湿度过高，可以增加通风，或者提高温度来解决，并注意通风不可以过猛。

3.通风的原则是在保证育雏舍内温度的情况下，尽量保持舍内空气新鲜。如果按照规定密度要求来饲养，一般通风不是很大的问题，密度过大时对通风的要求就高了。正常情况下，要选择在天气好、气温高的中午增大通风量，但是不要引起育雏舍内温度的剧烈变动。很多农民朋友都很有经验，如利用缓冲间换气等，效果都很好。规范的养鸡舍都装有换气扇，通风就很好把握。

4.柴鸡和其他的禽类一样对光照要求也很高，在生长繁殖上都是光敏性动物，所以对光照很敏感，很好的控制光照就显得很重要了，在要求上也比较严格。一般来说，1～3 日龄内，采取24 小时连续光照，4～7 日龄每天光照 18～20 小时；光照的强度应该控制在 20～30 勒克斯；8～14 日龄每天光照 16 小时，光照强度控制在 10～15 勒克斯，14～21 日龄以后逐步过渡到自然光照。如果春季育雏时间较晚，可以两周后自然光照。如果自然光照时间不够，可以人工补充光照。

在补充光照时，现在都推荐采取一头补光。所谓一头补充光照，就是选择在早晨或晚上一次补足光照时间，使之连续得到光照，从而达到雏鸡所要求的光照时间。不要早上补充一段时间晚上再补充一段时间。一般是早上比较多见，等天亮了就关闭光源。这样也不容易导致光照过量问题的发生。

5.饲养密度常见的问题是密度过大。密度过大很容易导致湿度过大、空气比较污浊，换气不及时，容易导致呼吸道疾病的发生和传播，同时也降低了雏鸡的免疫功能。

问：饲养所用的水槽和料槽都有哪些要求？

答：为了育雏顺利，必须提供与育雏数量相适应的水槽和料槽。一般按照如下标准准备：在1～2周龄时，每只雏鸡按照3厘米长度准备水槽、1厘米长度准备料槽；3～4周龄时按照4厘米长度准备水槽、1.5厘米长度准备料槽；到5～8周龄时，按照每只雏鸡5厘米长度准备水槽、2厘米长度准备料槽。这样就可以满足雏鸡饮水和吃料的需要。

问：进雏鸡后什么时间开水、开食？

答：育雏时开水、开食很重要。就像是小孩子吃奶一样，不可以大意。一般情况下，雏鸡进入鸡舍后要及时提供充足的清洁饮水，最好是温水，切忌使用冰冷的饮水，最好是凉白开水，并加入5%的葡萄糖水。初次饮水后，也可以给鸡饮用氟哌酸水，每100千克水中加入50克氟哌酸，连饮7天。停3天后再饮用5天。然后就可以使用符合NY5027要求的洁净水，也就是无公害畜禽饮用水。

开水时还应该注意个别时候雏鸡不会饮水。一般情况下，雏鸡见到水会自己主动饮水的，但是由于长途运输，外部刺激比较强烈，很可能部分雏鸡的体力下降很多，判断能力下降，需要人工辅助其第一次找到水源，促使它学会饮水。方法就是用手心轻轻地握住雏鸡，将它的头伸到饮水设备里面，它感觉到水后就会饮水了。同时要注意饮水用具的卫生清洁情况。

问：雏鸡什么时候开始吃食？如何进行饲养？

答：雏鸡第一次吃食就叫做开食。开食一般应该在第一次饮水后2～3小时后进行。第一次开始喂食，应该将饲料撒在开食盘或者干净的塑料布上面,开食时最好在白天进行。如夜间开食,一定要满足光照需要。

雏鸡应该少量多餐,每天喂食 6 次,从早晨 6 点钟开始,每隔 3 小时喂 1 次。也可以每天喂 5 次,那就从 6 点钟起,每隔 4 个小时喂 1 次。间隔的时间不要差得太多。

3 天内,可以使用专用料,也可以使用 1/3 的熟小米加 2/3 的配合饲料搓成颗粒后饲喂,每次每 100 只小鸡还要加一个熟的鸡蛋黄。

第 4 天到第 7 天,可以将 1/4 的熟小米加 3/4 的配合饲料拌匀后喂,就可以不加蛋黄了。第 7 天后就可以直接喂给配合饲料。

在早期,如 7 日龄前,为预防鸡白痢可在饲料中添加 0.2%的土霉素或者其他的抗菌药物。

问:养殖户提到养鸡必须进行断喙,断喙应注意什么?

答:断喙通俗地讲就是切掉鸡的一部分嘴巴。为了节省饲料,防止和降低啄肛等疾病的发生,在雏鸡 11~12 日龄左右,切掉雏鸡的上喙尖部。如果鸡的个体较弱小,可以错后一两天进行断喙。如果饲养量不大,可以不断喙。断喙断一次就可以了。因为柴鸡很可能需要放牧饲养,放牧时要吃草、吃菜、吃虫子、草子。断喙的长度根据具体情况掌握,一般掌握在上喙不超过 1/2,下喙不超过 1/3,等到育成时上下喙基本长齐为标准。如果断喙时出现出血现象,一定要用断喙器烫一下出血的部分进行止血消毒。

断喙的鸡群应该是健康的,雏鸡免疫接种前后 2 天或健康状况不良时可以暂不断喙;断喙前后 2 天,要在饲料中添加维生素 K3 和维生素 C,添加的剂量是:每千克饲料维生素 K 族 2~4 毫克,维生素 C 150 毫克。主要是帮助止血。

问：雏鸡的日常管理还有什么需要注意的问题？

答：日常管理的事情还有很多。主要是观察鸡群，喂料喂水，注意整理鸡群，做好记录，搞好消毒。

第一是观察鸡群。随时观察鸡群的反应很重要。这是有经验的养殖户发现问题的一种最有效的途径，养殖中有问题不可以等到雏鸡的症状非常明显了再作处理，观察鸡群就可以做到有问题早发现、早处理，这样可以有效地降低损失。观察时主要看雏鸡对外界刺激的反应、鸡群的活动情况、有无离群独处的、争抢食物的灵敏程度、叫声的大小、吃食的速度和采食的数量；每天清晨观察雏鸡粪便的形状和颜色；留心雏鸡羽毛的光洁度、眼神，对声音的反应，总之，每个方面都要留心才可以。从而掌握其健康状况水平。

第二是每天给水给料的时间要固定，原则是少喂勤添，防止剩料发霉变质；在饲养的过程中，改变饲料要有一个过渡期，不可以一下子直接更换。并保持足够的清洁饮水，使之自由饮用。

第三是整理鸡群。所谓整理鸡群也就是随时挑出和淘汰有严重缺陷的雏鸡。引进一批雏鸡后不可能做到完全一致，须将那些发育迟缓的、体弱的、生病的雏鸡单独饲养，根据日龄和雏鸡的体重适时分群。这样有利于管理，也有利于鸡群的生长，防治疾病的传播。

第四是搞好消毒。做到每天刷洗食槽、水槽，定时通风换气，工作服等每次洗干净后用紫外线灯照射不少于 2 小时，器具等工具要在冲洗干净的情况下，在密闭的空间内熏蒸消毒 30 分钟以上；定期更换出入口消毒池的药液；育雏舍要定期进行带鸡喷雾消毒，喷雾时高度超过鸡的背部 20～30 厘米，每周 1～2 次；如果周边有疫情发生，那就需要每天带鸡消毒 1 次；周边环境也要定期喷雾消毒，每两周 1 次就可以了。但是要注意避开免疫时间，以免发生相互影响。

第五是做好记录。需要记录的内容包括:引进的时间、数量、品种、鸡群的健康状况、体重、每日的采食量、饲料的变化情况,温度、湿度情况、光照强度和时间、粪便变化情况、死亡和淘汰数量以及免疫、使用药物的情况等。做好记录可以从中总结经验、发现问题,也便于提高自己的养殖水平。同时,建立养殖档案,也是国家农牧行政部门对养殖企业的要求,现在各地正在进行养殖档案的推广工作,并且有很完整的记录格式供参考。

问:雏鸡的防疫免疫程序是怎样的?

答:一般情况下,种鸡孵化单位在出售鸡苗时都附带有该鸡群的免疫程序。也可参考下面的程序进行育雏期的免疫:一日龄免疫马立克,剂量是每只鸡颈部皮下注射 0.2 毫升,一般出厂前都免疫过了,所以说接受雏鸡时要索要相关资料;5 日龄免疫新城疫四系,方法是 20 倍稀释,滴鼻或点眼,每只鸡 0.06 毫升;11 日龄免疫传染性法氏囊病,弱毒苗 10 倍稀释,每只滴鼻 0.03 毫升;17 日龄新城疫四系重复 5 日龄的免疫;25 日龄重复免疫 11 日龄的法氏囊免疫;30 日龄免疫传染性支气管炎,使用 H52 弱毒苗 20 倍稀释,点眼或者滴鼻每只鸡 0.06 毫升;35 日龄免疫鸡痘,弱毒苗 100 倍稀释,在翅膀内侧皮下刺种;40 日龄时第三次强化免疫传染性法氏囊病,方法是弱毒苗饮水。再大一些后就可以参照当地防疫情况进行免疫了。应该特别注意,现在新的疫苗不断研制出来,所以要参照疫苗的说明书来具体决定免疫的方式和剂量。

问:柴鸡育成后如何饲养管理?

答:以放牧式饲养为例,因为放牧饲养恢复了柴鸡的自然生活环境,使其自身生存的天性相对得以满足,良好的环境和宽阔的空间增强了其自身调节能力,提高了其抵抗疾病的能力,所以比较好管理。

具体的准备工作主要是选择放牧场地、搭建棚舍、适时调教、加强日常管理四个方面：

1. 放牧柴鸡的地方必须有柴鸡可以采食的饲料资源，也就是昆虫、饲草、野菜、草子等。也可以选择使用山地、坡地、林果地、农田、荒地、草场及草山、草坡等地方，要求不是很严格。最好是地势平坦或者缓坡，背风向阳的地方。放牧饲养时，每公顷土地可以饲养柴鸡 100～400 只。有条件的地方可以轮换放牧，这样有利于资源的可持续利用，提高经济效益。

2. 为了躲避风雨、强烈的日光照射，也便于收集鸡蛋，所以还需要搭建棚舍给柴鸡休息。搭建棚舍的技术要求不严格，尽量选择坐北朝南的地方，高度 2 米以上，跨度 4～5 米，能够做到避风、遮雨、遮蔽阳光照射，有利于防止鼠害就可以了。注意按照每只鸡所占栖架的长度达到 17～20 厘米，每五只母鸡设置一个产蛋窝就可以了。建筑材料可以因地制宜，但是以竹木材料为好。

3. 柴鸡放牧的调教，雏鸡脱温后在白天气温不低于 10℃时开始放养。为了让鸡习惯放牧饲养的方式，便于管理，必须对其进行必要的训练。方法是：脱温的柴鸡在早晚放、归时，定时用敲盆或吹哨来驯导和调教。最好俩人配合，一人在前面吹哨开道并抛撒饲料，让鸡跟随哄抢吃食；另一人在后面用竹竿驱赶掉队的，直到全部进入饲喂场地。为强化效果，开始的前几天，每天中午在放养区内设置补料槽和水槽，加少量的全价饲料和清水，吹哨并引食 1 次。同时，饲养员应及时赶走提前归舍的鸡。傍晚再用同样的方法进行归舍驯导。如此反复训练几天，鸡群就能建立条件反射了。

4. 加强日常管理。

第一是补充光照。冬春季节自然光照短，必须实行人工补光。每平方米以 5 瓦为宜，从傍晚补充到晚 10 时，从早晨 6 时到天亮。不能猛然长时间补光，每日光照增半小时，逐渐过渡到晚上 10 时。

若自然光照超过每日 11 小时，可不进行补光。晚上熄灯后，还应有一些光线不强的灯通宵照明，使鸡可以行走和饮水。在夏季昆虫较多时，可在栖息的地方挂些紫光灯或白炽灯。

第二是防兽害和药物伤害。要采取措施防止黄鼠狼、老鹰等天敌捕捉放牧的鸡。若在果园、农田内放养柴鸡，喷洒农药时一定要使用生物农药。同时也要防止风、雨、冰、雹的伤害。

第三是要进行补料，并进行发酵生虫或者灯光诱虫、激素诱虫，增加柴鸡食物中的活食的比例，这有利于提高鸡产品的品质。灯光幼虫就是在有虫子的季节，在傍晚前后于棚舍的活动场地内，用支架将黑光灯或者高压灭蛾灯悬挂于距离地面 3 米高的位置，每天照射 2～3 小时。激素引诱虫子是在每公顷放牧场地放置 15～30 个性激素诱虫盒，或者以橡胶为载体的昆虫性外激素诱虫芯片，每 30～40 天更换 1 次。

当产蛋率达到 5%时，开始喂蛋鸡料。一般过渡期为 6 天，在精料中每 2 天换 1/3，最后完全变为蛋鸡料。

第四是定期防疫与驱虫，按鸡疫病防疫程序，以下程序供参考：30 日龄鸡新城疫Ⅰ系冻干苗滴鼻或点眼 1.5 头份，鸡痘皮下刺种双针；40 日龄禽流感油苗茎背部皮下注射 0.4 毫升；50 日龄喉气管炎冻干苗点眼 1 头份；60 日龄新城疫Ⅰ系冻干苗肌注 1 头份；90 日龄喉气管炎冻干苗点眼 1 头份；110 日龄鸡痘冻干苗皮下刺双针，新城疫油苗肌注 0.6 毫升，新城疫Ⅳ系饮水 4 头份；120 日龄禽流感油苗肌注 0.6 毫升。并定期使用药物进行驱虫。

第五是及时地集蛋，也就是收集鸡蛋。

六、鸡禽霍乱的防治技术

春季季节气温虽然逐渐升高，但是气温波动较大，昼夜温差增大，气温的变化无常，是鸡病的多发季节。禽霍乱的发生与气候的变化和饲养管理关系较大，一旦发病死亡率高，不易治愈，给养鸡生产带来较大的经济损失。本篇就禽霍乱的知识及防治方法进行解答。

问：禽霍乱是什么病原菌引起的？

答：禽霍乱也称为禽巴氏杆菌病、禽出血性败血病，是成年鸡、鸭等家禽常见的急性败血性传染病。本病在鸡群发生时，开始只有少数鸡突然死亡，一经用药便可制止，但停药后易复发，常因频频复发而连续不断地发生死亡，以至不能停药，造成很大损失。急性时的特征为突然发病，下痢，出现急性败血症病状，发病率和死亡率均高，给养鸡生产造成很大的损失。

本病病原体为禽多杀性巴氏杆菌，或称为禽霍乱巴氏杆菌。革蓝氏染色为阴性。禽霍乱巴氏杆菌主要有以下特性：①内源性：健康家禽的呼吸道常有此病菌存在，平时不引起发病，当禽体抵抗力减弱时即大量繁殖而致病。②抗原成分复杂，血清型较多：一只鸡所感染的菌株不一定是一个血清型。③病菌抵抗力较弱：病菌对物理和化学因素的抵抗力比较低，一般消毒药、阳光、干燥都能很快使其死亡。60℃10 分钟灭活。3%～5%的石炭酸、5%的生石灰水、1%的火碱水、0.2%的过氧乙酸、1%～3%漂白粉等养鸡厂常用的消毒药均能在 1 分钟内杀死病菌。病菌在鸡粪中能存活 1 个月，冬季在鸡尸体中能成活 2～4 个月，埋在土壤中能存活 5 个月。④对多种抗菌素与黄胺类药物敏感：对其效力较高的抗菌素有：氯霉素、青霉素、链霉素、土霉素。还有喹乙醇等。

问：禽霍乱有什么流行特点？

答：其主要流行特点有：各种家禽和野禽均能感染。鸡、鸭、鹅和火鸡最易感染。也就是说，鸡发病的同时，鸭鹅也可感染发病，特别是农村散养的家禽，鸡、鸭、鹅都发病，那就可能是发生禽霍乱了。病禽及带菌禽是主要传染来源,随着病禽的排泄物和分泌物排出有毒力的巴氏杆菌,污染饲料、饮水或饲养管理用具,并以它们为媒介经消化道而感染,也可经呼吸道感染,也可经损伤的皮肤感染。健康带菌的禽类,由于外界不良因素的影响,使鸡的抵抗力降低,使原寄居在鸡体内的条件性病原菌乘机引起发病,如:潮湿、拥挤、突然换群、断水、换料、气候突变、寒冷、闷热、阴雨连绵、营养缺乏、长途运输等,都可成为发病的诱因。本病大多发生于成年肥壮的家禽,以秋、冬或春季发生较多。

鸡发生本病的一般规律是:

1. 雏鸡有抵抗力,16 周龄之前很少发病。发病高峰在性成熟期,即开产前后;整个产蛋期也易于发病。从季节来说,秋季和初冬发病最多,冬春次之,夏季较少。

2. 本病经呼吸道、消化道及皮肤创伤都能传染。病原菌在外界的传播途径很多,饲料及其包装袋、饮水、用具、野鸟等都能带菌传播。在农村病鸡尸体及其污染物常散布大量病菌。

3. 本病康复鸡差不多都带菌,无病史的鸡也常常是带菌鸡。所以,引进活鸡混入原有鸡群,或者一个鸡场的鸡重新组群,由于应激和病原菌的双重作用,很容易引起本病的发生。所以必须进行这些工作时,应在 3 月龄之前完成。

4. 本病的诱因主要是天气骤变,秋雨连绵,春寒,鸡群拥挤,舍内空气污浊,地面潮湿,营养不良等,但病死的鸡并不是弱鸡。

问:禽霍乱鸡病既有外来传染性发病,也有内源条件性发病,鸡 16 周龄前很少发病,搞好饲养管理和消毒卫生工作对控制本病有什么重要作用?

答:根据禽霍乱的发病规律,搞好消毒卫生和饲养管理非常重要,特别是气温温差较大的春秋季节和气温骤变时,一定要加强饲养管理,给鸡创造一个良好的适宜的环境条件和全价的饲料,对控制本病的发生非常重要。

问:禽霍乱有什么症状?

答:禽霍乱的症状根据病程长短,分为最急性、急性和慢性型。本病潜伏期为1～9天。

1. 最急性型:无前驱症状,突然倒地拍翅、抽搐、挣扎,迅速死亡。有的死前挣扎的情景也不常见到,有的是夜间死亡,早晨发现,头晚精神、食欲还好,次日发现死亡。这样的死亡多为个别肥壮鸡。如不及时对全群鸡给予药物防治,鸡只死亡会连续发生,偶尔一度停止,但不久又会发生。

2. 急性型:常在最急性型之后发生于一部分鸡,同最急性型的区别在于能够见到症状,来得及治疗。病鸡体温升高,达43～44℃,病鸡精神不振,羽毛松乱,两翅下垂,弓背,缩颈闭眼,或将头藏于翅膀下,呆立一隅,渴欲强烈,频频饮水,很少采食,常有剧烈的腹泻,排黄、白色稀粪,偶带绿色和血液;呼吸急促,常张口呼吸时而发出“咯咯”声,有的病鸡冠和肉髯肿胀、发紫或黑紫色。最后衰竭死亡,个别鸡能耐过,逐渐康复或转为慢性。

3. 慢性型:一般是急性发病之后遗留的少数病鸡,不死转为慢性,精神不振,呈顽固的慢性局部炎症。有的是慢性肺炎、慢性肠胃炎,鼻孔流出少量黏液,经常腹泻,逐渐消瘦,羽毛松乱,无光泽,鸡冠及肉髯苍白,一侧或两侧肉髯肿大。有的病鸡关节肿大发炎,跛行,甚至不能走动。病程可长达数周。有的病鸡虽然不死,生长严重受阻,长期不能产蛋,无生产价值,药物治疗效果不大,且散布病菌,这种慢性病鸡以淘汰为好。

问:禽霍乱的家禽剖检时有什么特征性变化?

答:死于最急性的病死鸡,剖检无特异病变,仅见心冠脂肪或心外膜有散在小出血点。急性病死鸡的特征变化是:

1.肝脏不同程度的肿大,有时是一叶肝肿大明显。肝表面有许多针尖至粟粒大的灰白色坏死点,这为本病的特征性病变,在诊断上具有重要意义。

2.十二指肠黏膜呈严重的出血性、黏液性炎症。其他的鸡病虽也类似病变,但都不及本病严重。十二指肠以下的肠断、黏膜也有点片状或弥漫性出血,但相对较轻。

3.广泛的点状出血,主要在心冠脂肪、皮下组织、腹膜、腹腔脂肪、肠系膜等部位。

4.气囊及肠系膜等处常有灰白色豆渣样渗出物。

5.产蛋鸡子宫内有完整的蛋,主要见于最急性型病鸡,这一点也具有特征性。

6.慢性者有关节炎时,切开可见关节面粗糙,内附有黄色的干酪样物质,关节囊增厚,内含红色浆液或灰黄色浑浊黏稠液体。

问:禽霍乱怎样进行诊断?

答:根据病鸡突然死亡,肝脏上有许多灰白色坏死点这两项特征,在综合分析发病日龄、流行病学(除鸡发病外,鸭鹅也同时发病)、症状及各项病理变化,一般不难诊断。

要注意与鸡伤寒的区别。鸡伤寒可发生于3周龄以上的青年鸡及成年鸡,而本病很少在16周龄以下发生。鸡伤寒病程较长(3～10天),腹泻严重,肝脏表面虽有灰白色坏死点,但数量比较少,肝表面呈古铜色。鸡伤寒还有脾脏肿大、胆囊肿大并充满绿色有状胆汁等病变,而本病则不严重。有条件时可送兽医实验室进行诊断。

问:禽霍乱怎样治疗?

答:1.发现本病应尽快对全群鸡投药,并注意以下几点:

(1)由于病鸡一般是产蛋鸡或快要产蛋的鸡,应避免使用磺胺类药物，以免影响产蛋。

(2)连续用药不应少于 5 天，在用足 5 天后，最好换一种价格较低、效力也比较好的药物再用 3～5 天，这样虽然要多付出一些药费，但有利于防止复发。最忌用药一两天，暂时制止了死亡便停药，这样不久会复发。

(3)以上疗程结束后，每隔 7～10 天，或天气骤变时，应当用药 1～2 天，防止复发。1 个月以后，可以不再用药，但要注意观察鸡群动态，发现复发的苗头及时用药。

2. 提供三个治疗方案供养鸡户参考：

(1)青霉素：饮水，每天每只 5 000～10 000 单位。

(2)土霉素：每千克饲料 2 克，连用 5 天；重病鸡挑出，用青霉素、链霉素各 10 万单位肌注，每日 2 次，连续 2～3 天，放回大群参加服用土霉素。

(3)还可选用庆大纯粉、佛苯尼考、治霍宝散(是中成药)等，可按说明使用。还可到当地兽医部门咨询，选择一些安全、高效、价廉的药品，进行治疗。但是不能使用禁用药，如：氯霉素和喹乙醇。

问：禽霍乱的预防应该从哪些方面去做？

答：

1. 做好平时的饲养管理，使鸡保持较强的抵抗力，对防止本病的发生是最关键的措施，因为本病的发生经常不是从外面传来的，而是由于某些健康家禽体内带有本菌，当肌体抵抗力降低时而引起的。如：气温骤变，鸡舍潮湿、通风不良、拥挤、营养缺乏等经常是发病的重要的诱因。很多经验表明，只要在这些方面重视可大大减少发病或不发病。

2. 鸡病的预防要在各个方面综合预防，包括以下几个方面：

(1)鸡厂要严格执行消毒卫生制度，认真做好清扫消毒工作。建立严格的消毒制度，是控制和消灭病原微生物，防止鸡群发病的有效措施。鸡厂的消毒包括鸡厂环境、鸡舍、设备、用具和人员的消毒。农户养鸡有的虽然没有正规的鸡场，有的是利用闲置的房屋，有的是建的临时棚舍，不管鸡舍设施如何，但消毒制度不能变。食槽、水槽要经常用高锰酸钾水清洗。鸡舍及周围环境要经常消毒，鸡舍门前要有消毒池，饲养员要在进入鸡舍前要更换靴鞋，喂鸡前饲养员要洗净手。千万不能杀完病鸡或用手摸完病鸡，不洗手就去喂鸡，这样会传染鸡病。

(2)要实行全进全出制：不管是蛋鸡、肉鸡、育成鸡，都应是同一日龄进舍，同一日龄出舍。鸡只出舍后，要对鸡舍进行彻底的清扫消毒。然后空闲 1～2 周后再进鸡，即全进全出制。这样即可切断疾病循环感染的途径。

(3)要耐心细致地观察鸡群：饲养员要耐心细致地观察鸡群，及时发现病鸡，及时隔离，及时诊断，及时处理，防止疫情扩散。饲养员主要观察以下几个方面：鸡群的采食情况，主要看采食是否减少；鸡的饮水情况，是增加还是减少；鸡群的精神状况、呼吸情况、粪便状况等。

(4)引进家禽应从无病的禽厂购买，防止病原菌传入鸡群。

3.药物预防：在 17 周龄之后，间隔适当时期用药 1～2 天，清除肌体内可能存在的病原菌，有一定的预防作用，但这方面不可能统一规定间隔几天、用药几天，要视具体情况灵活掌握。间隔时间太长，例如半个月、1 个月用药 1 次，停药期间发病的可能性仍然比较大；间隔时间太短，1 周用药 1 次，则费用过高，也会带来副作用。

一般可参考以下办法：

(1)邻近发生禽霍乱，本鸡群受到威胁时，可每隔 1 周用药1～2 天，直至疫情平息为止。因为是有针对性地预防禽霍乱一种病，不一定要顾及其他传染病，可选用价格便宜的灭霍灵，(每千克饲料加 3～4 克)或喹乙醇(每千克饲料加 0.3 克)。

(2)鸡群正处于开产前后或产蛋高峰期,对禽霍乱易感性高,而且时值秋末冬初,天气多变或连阴,发病可能性大,可用土霉素2~3天(每千克饲料1.5~2克),必要时间隔10~15天再用1次,对其他细菌性疾病也兼有预防作用。

(3)长途运输、鸡群搬迁、重新组群时,用土霉素2~3天。引进新鸡除隔离饲养1周、服用土霉素3~5天外,与原有的鸡合群后,全群鸡再用土霉素2~3天。

4.免疫接种:常发本病的地方可试用禽霍乱菌苗,菌苗分为弱毒苗和灭活苗两类,具体使用方法可按疫苗使用说明去做。

弱毒苗使用时应注意以下几点:

(1)注射后反映可能比较大,精神不振,减食,并且常有个别鸡死亡。产蛋期间不宜注射,否则对产蛋量影响很大。

(2)已经发病的鸡群不能注射。

(3)注射前至少5天,注射后至少7天,不能使用任何抗菌药物。

(4)用剩的菌苗及有关用具要做消毒处理。灭活苗安全性好,注射后无不良反映,发病鸡群可以注射,注射前后不必停用抗菌药,不需要低温保存。经常发病而难以控制的鸡厂,可邀请有实验条件的单位,帮助试制自厂菌苗,即从当地死禽分离菌株,制成氢氧化铝甲醛菌苗。或从死禽分离2~3个不同血清型菌株,制成多价菌苗,可以提高免疫效果。

七、獭兔的养殖管理及病害防治技术

獭兔,学名力克斯兔,由普通兔的突变发展而成。经扩群繁殖,逐渐自成一个体系。是一种典型的皮用型兔,因其毛皮酷似珍贵毛皮兽水獭,故群众多称为獭兔。獭兔是一种即可食用又能用于装饰的动物。獭兔肉质以细嫩、高蛋白、高磷脂、高消化率、低脂肪、低胆固醇、低脲酸等特点而优于鸡、牛、羊等肉，在国际上被誉为“美容长寿”肉。獭兔皮、肉产品均是国际国内市场的畅销商品。本篇主要介绍獭兔的饲养技术。

问：目前我国獭兔的饲养情况如何？

答：目前我国饲养的獭兔色型，有海狸色、白色、黑色、青紫蓝色、蓝色、海豹色、巧克力色、橘红色、红色、黑白宝石花、黄宝石花等各种颜色。其主要特征是被毛短而平齐，绒密而柔软，富有弹性，有光泽，见日光不退色，粗毛少，不易脱毛，而且保暖性能好，毛长度为1.3～2.2厘米，但以长度为1.6厘米最理想。成年兔体重3～4千克，平均每窝产仔7～10只。獭兔毛皮可制作衣帽、衣领、围脖等商品，经济价值较高。

问：饲养獭兔选择什么品种好？

答：对于饲养者来讲，没有必要强求是哪个品系，只要产好皮就是好獭兔。作为饲养者，必须强调平时的选育，好种繁殖的后代不一定都是好的，只有好中选好，优中选优，持之以恒，连续5代以后就会培育出优秀的群体。选育时注意被毛密度、被毛平整度、被毛长度；早期生长速度、饲料报酬；抗病力、产仔数、泌乳力和母性等指标。

问：獭兔的饲料有哪些？

答：獭兔的常用饲料主要是青饲料、多汁饲料、粗饲料、精饲料、矿物质饲料，也有专用的颗粒饲料。

问：青饲料都有哪些？

答：青饲料指新鲜的、青贮的人工牧草及无毒的野草、树叶及各种农作物的绿色茎叶，其特点是适口性好，营养价值高。具体有：

1.人工牧草。紫花苜蓿、黑麦草、苦麻菜、聚合草、草木樨、沙打旺、三叶草等，营养价值高于野草。牧草除青喂外，可以青贮，也可以制成青干草。

2.野草。蒲公英、车前草、马齿苋、节节草、秋白草等资源广阔，种类繁多，幼嫩时收割。

3.树叶。槐树叶、杨树叶、茶树叶、桑树叶、榆树叶等，除青喂外，还可以收贮干喂。

4.蔬菜类。大白菜、甘蓝、萝卜秧等各种蔬菜的茎叶。吃多了家兔易拉稀。

5.水生植物。水葫芦、水花生、水浮莲等，用清水洗净，阴干，减少水分后饲喂。注意带水过多饲喂，易发生拉稀。

6.农作物的茎叶。鲜白薯藤和叶、鲜花生秧、青刈玉米等。

7.青贮饲料。各种青绿饲料，有的切碎，有的不切碎，贮藏在青贮窖内制成。青贮饲料是家兔冬季和春季的好饲料。

问：多汁饲料都有哪些？

答：多汁饲料主要指块根、块茎和瓜类，有土豆、胡萝卜、甜菜、白薯、南瓜、冬瓜等。这类饲料嫩又多汁，含水分高，适口性强，营养丰富，便于贮存，在冬季和春季是家兔不可缺少的好饲料。

问：饲养獭兔的粗饲料有哪些？

答：粗饲料是指干物质中粗纤维含量在18%以上的饲料。像玉米秸、花生秧、干白薯藤、麦秸等。其特点是体积大，蛋白质含量低，维生素含量少，粗纤维含量高，是家兔冬季和春季的主要饲料。

问：饲养獭兔的精饲料有哪些？

答：精饲料是供给獭兔能量、蛋白质的主要饲料，不可缺少，主要有以下两种：

1.能量饲料有玉米、稻谷、麦类、高粱及其副产品麸皮、米糠、稻糠等饲料，这类饲料含能量高，可满足家兔对能量的需要，但粗蛋白质含量和粗纤维含量都低。

2.蛋白质饲料的粗蛋白高于20%，其中植物性蛋白质有各种豆类、豆粕(饼)、棉粕(饼)、菜粕(饼)、花生粕(饼)等。动物性蛋白质饲料有鱼粉、血粉、肉骨粉、蚕蛹粉等。

问：饲养獭兔的矿物质饲料有哪些？

答：常用的矿物质饲料有食盐、石粉、磷酸氢钙、骨粉、贝壳粉、蛋壳粉及矿物质添加剂。家兔的饲料中必须补充矿物质饲料，才能维持家兔的生长发育及育肥、配种、怀孕、哺乳等一系列生理活动的正常进行。特别是獭兔高强度生产时，矿物质更是不可缺少。

另外，河北农业大学研制的生长期獭兔添加鸡粪制成颗粒饲料配方反应也不错，主要是成本低廉。在生长期獭兔日粮中添加鸡粪10%或20%，毛皮品质、屠宰率、肉质良好，经济效益显著。

问：獭兔在饲养管理上有什么要求？

答：獭兔的饲养管理技术要求不算高，主要是保持兔舍兔笼要清洁、卫生、干燥，搞好环境卫生、保持安静、逐步换料等。这里重点介绍仔兔的管理、种公、母兔的管理和繁殖配种。

问：仔兔管理有什么注意事项？

答：在仔兔管理上特别要注意以下阶段。

第一睡眠期：初生到12日龄开眼为睡眠期，表现为眼闭、耳孔封、体温调节能力差，全身无毛；10日龄左右体温恒定，除吃奶外，大多睡眠；8日龄耳可听到声音，12日龄开眼。这段时间防止冻死、饿死和鼠害，也要注意不要被母兔残食。

初产母兔或母性不强母兔要强制哺乳，不使仔兔挨饿，2～3天后母性变好；产仔多少不匀的，可以采取调整、寄养工作；对7日龄之内的特别要注意防鼠害；冬天还要注意防冻保温。

第二开眼期：12～45天断奶止。这是生长最快时期，特别是1月龄时是高峰。1周龄体重比初生重增加1倍，1月龄比初生重增10倍，这段时间饲料来源主要是乳汁和补料，需注意：

(1)补料关：15日龄开始用米汤、切碎的嫩草补料；20日龄开始每天加喂熟黄豆2～4粒，同时加点木炭防下痢；加大蒜、胡葱、韭菜等可消炎、杀菌、健胃；夜间也要补料。

(2)断奶关：在4、6、8周龄断奶无论在增重速度、饲料利用率、经济效益等方面无多大差别，因此4周龄也可以断奶。粗放管理仔兔在42～45天断奶最适宜。可以一次性断奶，也可以分批断奶：即弱的再留7～10天，不必强调一刀切。

问：在种公兔的饲养管理上，有什么要注意的问题？

答：种公兔配种期间，应在饲料中补充蛋白质营养和维生素A、维生素E，饲料给量要相应增加。如种公兔每天配种两次，饲料就应比原来增加25%左右。每只种公兔固定配母兔5～6只为好。种公兔的使用年限为3年左右。对后备种公兔，到3月龄，应分笼单独饲养。配种时，尽量选配同色毛兔，使后代毛色一致。

问：母兔饲养管理，需要注意什么问题？

答：养獭兔的效益很大程度上取决于繁殖的好坏。母兔怀孕期30天左右，怀孕期间必须加强饲养管理，要保持环境安静，不要随意捕捉。怀孕母兔对营养的需要相当于平时的1.5倍，饲料中特别要增加蛋白质和矿物质的含量。必须加喂夜草，注意饮水，在昼短夜长的冬天更应如此。

特别强调下哺乳期，兔子的奶水营养很高，乳汁中蛋白质含量高达10.4%，比牛奶高3倍，与人奶差不多；脂肪含量达12.7%，比牛奶高4倍多；含糖量也很高，所以哺乳期营养一定要跟上。

问：獭兔的繁殖需要注意什么问题？

答：强调一下母兔的发情与排卵。这是养殖朋友在饲养母兔过程中需要注意的。

獭兔的排卵是在与公兔交配刺激后10～12小时，才从卵巢中排出成熟的卵子，故称刺激性排卵，而其他家畜是在发情中期排卵，这是不同点。母兔发情时表现为外阴部潮湿红肿，吃的少，烦躁不安，前肢刨地，蹬足，频频排尿。发情的持续期一般3天左右，发情周期一般为8～15天。

问：如何知道獭兔是否怀孕？

答：常采用摸胎法，母兔配种后8天开始摸胎。将母兔放在桌面上，一手抓住兔的两耳，另一手的拇指和其他四指分开成“八”字形，沿兔的腹部，从前向后轻轻抚摸。如果摸到有花生米大小的肉球若干个，有弹性和滑动感，证明怀孕了。如果摸感柔软似棉，没有怀孕。注意最好在喂料前进行。

问：母兔分娩应该注意什么问题？

答：母兔产仔之前，必须放入产仔箱；让其在产仔箱内分娩。临产前3天，精饲料要适当减少。产前母兔会衔草、拉毛作产褥。母兔在分娩前，表现乳房肿胀，并可挤出乳汁；外阴部充血肿胀，黏膜潮红湿润；食欲减少至不吃，行动不安。临产前1～2天，衔草做窝，用嘴将胸腹部毛拉下絮窝。拉毛可刺激乳腺的发育，拉毛早、拉得多的母兔，泌乳性能好。母兔临近分娩时，子宫颈扩张，子宫肌和腹肌强烈而有节律的收缩，表现精神不安，四肢刨地，顿足，弓背努责。母兔呈犬卧姿势，排出胎水，胎儿连同胎衣一起排出。此时，母兔将脐带咬断，吃掉胎衣，并舔干胎儿身上的黏液和血迹，整个分娩结束。一般分娩需 10～20 分钟，不需人照料。产完之后，母兔会用毛盖好仔兔，跳出产仔箱寻找饮水，此时应准备清洁的饮水或麸皮汤，以供饮用，天气冷时要准备温水。同时取出产仔箱，清除污草、血毛和死胎，换上清洁的垫草。产后 3 天内，要逐渐增喂精饲料。母兔无奶时每天用催乳片 2 片，连喂 3～4 天。也可用鲜蒲公英当饲料喂，或在饲料中拌入少量热猪油。奶水少的可多给一些多汁饲料、豆浆或米汤拌红糖。

问：如何提高獭兔繁殖能力？

答：

1. 加强选种。公母兔经检查健康无病才能参加配种。公兔的睾丸应发育良好，性欲旺盛，性格活跃，精液品质好。母兔应发情正常，繁殖力强，母性好。

2. 改善饲料的营养。营养是影响家兔繁殖力的重要因素。饲料中营养不足，能延迟青年母兔初情期的到来；对成年兔造成乏情或情期紊乱，排卵数降低，胚胎死亡或流产；对公兔影响性器官的发育，精液品质降低。

3. 双重配和重复配。双重配是第一次配种后 10 分钟，再用另一只公兔作第二次交配。这种方法只限于商品兔用，种兔场不要用，因为后代难于判断是那个父亲的血缘。重复配是第一次交配后 6～8 小时，再用同一个公兔重配。因为家兔是刺激性排卵，排卵时间是在交配后 10 小时左右，因此双重配或重复交配，能提高母兔的受孕率，并可促使母兔多排卵，多受胎。从疫病防治的角度考虑，重复配较好，不要搞双重配。如果说是封闭自繁场，也尽可能的减少双重配。

4. 建立合理的年龄结构。种兔群合理的年龄结构应是青、壮、老年种兔比例适当。种兔一般使用 3 年，每年应更换 1/3。

5.防止近亲交配、病弱强健交配。近亲繁殖可引起后代生活能力降低、后代不育、死胎、胎儿畸形等。

6.是半频密繁殖和频密繁殖。半频密繁殖是母兔产后12～15天进行配种,仔兔35～45日龄断奶,这样每只母兔每年可产7窝。频密繁殖又称快速繁殖法,母兔产后1～2天进行配种,又称血配,仔兔在21～28日龄断奶分窝。频密繁殖时,泌乳与妊娠同时进行,母兔除自身营养外,还要满足胎儿的发育及泌乳的需要。饲料必须含充足的蛋白质、矿物质、微量元素和维生素。同时提供良好的管理。

问:饲养獭兔什么时间取皮最好?

答:兔皮的质量高低将直接影响经济效益。要获得高质量的獭兔皮,除要有优良种兔和科学饲养外,还必须了解獭兔的换毛规律,算准取皮时间。獭兔的换毛分为年龄性换毛和季节性换毛两种。

年龄性换毛:仔兔出生后的30～150日龄期间,为第一次年龄性换毛期。在第一次年龄性换毛结束后,取皮最为经济。第二次年龄性换毛多在170～240日龄期间。如果第一次年龄性换毛正值春季或秋季,往往要立即开始第二次年龄性换毛。

季节性换毛:是指成年兔春、秋两季换毛。春季换毛一般在3月初至4月底,秋季换毛一般在9月初至11月底。

獭兔取皮的时机须把握适龄和适时。

1.适龄:就是要选在青年兔第一次年龄性换毛结束后和第二次年龄性换毛开始前,即5～6月龄,体重达2.5～3千克时宰杀取皮,这时板皮面积符合等级要求。从毛皮成熟情况来看,在第二次年龄性换毛结束后宰杀取皮更佳,但要多养两个多月,这会增加饲养管理费用。

2.适时:取皮是指成年兔、老龄兔、淘汰兔的取皮时间,应选在冬末春初期间，即 11 月底至翌年 3 月前。因为这段时间取的皮底绒厚、不脱绒、皮板质量好。

问：饲养獭兔有哪些传染病，该如何防治？

答：饲养的獭兔，只要是搞好了饲养管理，按期进行免疫注射，那么就可以防止疾病的发生。一旦发生疾病，建议还是由专业医生来处理。传染病主要有四种：

1. 兔瘟，也就是兔病毒性出血症，防治的办法就是疫苗注射。应该注意自 2000 年我国大部分地区小养殖户中发生了亚急性兔瘟，这说明兔瘟已由最急性向亚急性迅速转变，这缘于多年的疫苗防治效果，应该引起注意。

2. 巴氏杆菌病，是由多杀性巴氏杆菌，引起兔急性败血症、传染性鼻炎、地方性肺炎、中耳炎、结膜炎、睾丸炎及脓肿等，是危害养兔业的重要疫病之一。主要依靠搞好环境卫生，勤消毒，保持干燥，防止气候剧变。规模养殖场可以注射疫苗。

3. 葡萄球菌、大肠杆菌，葡萄球菌主要导致皮下组织炎症，影响皮板质量。一些致病性大肠杆菌，引起仔兔和幼兔的肠道传染病，患兔急性腹泻，水样或胶胨样粪便，严重脱水，消瘦，1～2 天内死亡，死亡率极高，给养兔业带来极大损失。

4. 癣病，本病是由真菌感染兔的鼻部、面部、耳部及全身皮肤的传染病。患部呈圆形或椭圆形突起，脱毛、搔痒，有小结节和鳞片及小的溃疡。发现癣病兔应隔离治疗或淘汰，以防蔓延。兔舍、兔笼、用具进行消毒，耐火的用喷灯火焰消毒。治疗方法可用水杨酸软膏。苯甲酸 12 克、水杨酸 12 克、凡士林 100 克，温热混匀，涂擦患部，每 3 天 1 次，共用 3 次。

问：兔螨病的病症及防治措施？

答：兔螨病是由兔痒螨、疥螨和寄食姬螨，分别寄生于耳部、全身皮肤和肩胛部而引起的外寄生虫病。病兔剧痒，在突出物体上摩擦、用爪抓、嘴啃，皮肤发炎，导致结痂、脱毛、龟裂。

1. 预防：兔舍要保持干燥、透光、通风、清洁，兔舍、兔笼、用具坚持消毒制度，用5%克辽林、10%～20%生石灰水消毒。发现病兔立即隔离治疗，防止相互间的传播。

2. 治疗方法：①2%敌百虫水溶液，喷洒患部，7天后再喷洒1次。②阿福丁（国产，又称虫克星、阿维菌素）0.1毫升，皮下注射。口服剂，每千克体重0.1克，灌服，7天后再服1次。③害获灭注射液（美国产）0.05～0.1毫升，皮下注射。④2%碘酊3毫升，滴入病兔外耳道，再用2%敌百虫软膏（凡士林98克、敌百虫2克混匀）3克，涂抹外耳道。⑤20%速灭杀丁乳油，按1 000倍稀释，涂擦患部。⑥双甲脒配制成0.4%溶液，喷洒患处，7天后再喷洒1次。⑦16%毒蝇磷乳油，按70倍稀释，即为0.23%药液，涂擦患部，4天后再涂擦1次。

獭兔的螨病的病原体是螨。螨是卵生生物，也就是它成熟后产卵，卵产在螨在皮肤表层挖掘的“地道”里，药物不易到达，并且螨的卵有一层致密的外表层，这层壳是有机质的，一般的药物无法渗透进去将卵灭活，所以第一次用药只是消灭了活的螨，螨的卵死不了。正常情况下，螨的卵在兔子的体温孵化下，一般7天后就孵化出幼螨，而幼螨7天内达不到产卵的阶段，因此，我们要想消灭所有的螨，必须在第一次用药后的第7天再用一次药物，这样才可以将所有的螨全部杀死，达到治病去根的目的。如果仅仅用药一次，看到效果不错就不再用第二次，或者虽然用第二次，时间间隔不当，那么就不可能将所有的螨消灭。

问：兔虱病的病症及防治措施？

答：兔虱病是由兔虱寄生于体表引起的外寄生虫病。患兔发生痒感，爪抓、啃咬、搔擦，皮肤呈现小出血点，皮肤增厚，皮屑增多,消瘦,生长停滞。

1. 预防:兔舍要清洁、干燥,阳光充足,定期使用灭虱药物消毒。

2. 治疗方法:①2%敌百虫溶液喷洒患部,7 天后再喷洒 1 次。②阿福丁(国产,又称虫克星,阿维菌素)0.1 毫升,皮下注射。口服剂,每千克体重 0.1 克,灌服,7 天后再服 1 次。③害获灭注射液(美国产)0.05~0.1 毫升,皮下注射。④烟叶(或烟梗)4 克、水 100 毫升,浸泡 24 小时,煮沸 1 小时,待凉,涂擦患部。⑤畜卫佳粉每千克体重 2 毫克,拌饲料中,1 次喂服。⑥二氯苯醚菊酯 1 毫升,加水 20~25 千克,配制成 2~2.5 万倍稀释液,涂擦患部。

虱子也是卵生动物,所以治疗用药也是必须间隔一定时间再用一次才可以达到目的,效果确切。只有长效药物才可以使用1 次。

具体的治疗方法很多,农民朋友可以自己到当地兽医站购买适用的药物。一定要注意到,兔子身体用药的同时,也要对环境用药。

问:獭兔患弓形体病,如何预防与治疗?

答:弓形体病是由弓形体寄生于兔体内引起的一种原虫病。患兔体温升至 41℃左右,表现为呼吸加快,嗜睡,惊厥等症状。预防主要是引进种兔一定要隔离检疫,发现病兔及时地隔离治疗,场地进行消毒。

治疗上主要是磺胺类效果比较好。

1. 增效磺胺 5 甲氧嘧啶,每千克体重 20 毫克,肌肉注射,每日 2 次,连用 3 天。

2. 磺胺二甲嘧啶每千克体重 0.2 克,内服,每日 1 次,连服 3 天。

3. 磺胺嘧啶,每千克体重 70 毫克,甲氧苄胺嘧啶每千克体重 14 毫克,内服,每日 2 次,连用 3~5 天。

4. 磺胺甲氧吡嗪，每千克体重 30 毫克，甲氧苄胺嘧啶，每只兔 0.02 克，内服，每日 2 次，连服 2 天。

问：獭兔患球虫病，该如何预防与治疗？

答：球虫病是由兔球虫感染 120 日龄以内的幼兔的消化道，表现臌气，下痢，肝肿大，消瘦，贫血等。多发生在温暖多雨时期，特别是梅雨季节最易感染，呈地方性流行，死亡率很高。

1. 预防：兔舍保持清洁、干燥、通风，每天打扫粪便，将粪便堆积发酵，生物热处理后，再做肥料，坚持常规消毒。

2. 治疗：传统的克球粉药物因残留不允许使用。可选用：①复方磺胺甲基异口恶唑（复方新诺明），每千克饲料添加 400 毫克，混匀，连喂 7 天，停药 3 天，再喂 7 天。②常用的合成类的抗球虫药物有氨丙啉、氯苯胍、二硝托胺、尼卡巴嗪、地克珠利，像氯苯胍每千克体重 10～15 毫克，内服，每日 1 次，连服 10 天。按照说明使用即可。③常用的抗生素类抗球虫药物有：盐霉素、莫能菌素、马杜霉素、拉沙洛西、塞杜霉素等，按照说明使用即可，比较简单。④黄连 6 克、黄柏 6 克、大黄 5 克、黄芩 15 克、甘草 8 克，混合研末，每只兔每次 2 克，内服，每日 2 次，连服 5 天。介绍这么多，是因为球虫具有很高的抗药性，要注意轮换用药。

问：獭兔有哪些常见病，如何治疗？

答：

1. 臌胀。獭兔多吃了易发酵、易膨胀饲料，霉败、变质的饲料，含露水的豆科饲料等，都可引起臌胀。患兔表现为食欲废绝，腹部膨大，呼吸困难，心跳加快。

（1）预防。喂料定量、定时，精粗饲料合理搭配，不喂霉败、变质的饲料。

（2）治疗：只要是症状不是十分的危重，通过泄导，一般都可以痊愈。①食醋 5～10 毫升,1 次内服。②硫酸镁 5 克,1 次内服。③大黄苏打片 1～2 片,内服。④植物油 15 毫升,内服。⑤十滴水 5 滴,薄荷油 1 滴,加水适量,内服。⑥姜酊 2 毫升,大黄酊1 毫升,内服。

2. 便秘。本病由于饲养管理不当,精、粗饲料比例不合理,缺乏青绿饲料,饮水不足,缺乏运动等原因引起。患兔食欲废绝,粪球细小,干燥坚硬,几天不排粪,精神不安,回顾腹部,嘴啃肛门等。预防采取对应的措施,按照其生理规律要求提供饲料、饮水。

治疗:①液体石蜡或蓖麻油,成年兔 16 毫升,幼兔 8 毫升,加等量水,内服,每日 1～2 次,连服 2 天,便秘消失,立即停药。②花生油或菜籽油 25 毫升、蜂蜜 10 毫升,加水适量,内服,每日 1 次,便秘消失停药。③人工盐或硫酸钠,成年 5 克,幼龄 2.5 克,加水适量,内服,每日 1～2 次,便秘消失停药。④大黄苏打片,1～2 片,内服。⑤果导片(每片含酚酞 0.1 克,人用的也可以),成年 2 片,幼龄 1 片,内服,每日 2 次,便秘消失停药。

3. 腹泻,兔吃了霉败、腐烂、变质的饲料,饲喂不定时定量,贪食过多,饲料突然改变,饮水不清洁,吃了化学药品、农药等,圈舍潮湿,阴雨天气等都可发生腹泻。预防采取适当的对因措施就可以了。

治疗:①土霉素 0.2 克,内服,每日 2 次,连服 2 天。②大蒜 2～4 克,捣碎,内服,每日 2 次,连服 2 天。③痢菌净,每千克体重 8 毫克,内服。注射剂,每千克体重 4 毫克,肌肉注射,每日 2 次,连用 2～3 天。④2%氟哌酸注射液每千克体重 20 毫克,肌肉注射,每日 2 次,连用 2 天。口服剂每千克体重 30 毫克,内服,每日 2 次,连服 2 天。

其他的消炎药物也可以,但是用药期不要过长,很容易导致耐药性。

4. 感冒,本病多发生于秋末至早春时期,气候突变,贼风侵袭,遭受雨淋等诱发。患兔流鼻涕，打喷嚏，咳嗽，不吃，体温有的40℃以上，呼吸困难。

(1)预防。在气候突变时防止兔受风寒，防贼风侵袭，防雨淋。常言道：不怕狂风一片，就怕贼风一现。

(2)治疗：针对发病原因，使用些解热镇痛药物。①柴胡注射液1毫升，肌肉注射，每日1次，连用2天。②安痛定注射液1毫升、维生素C注射液1毫升，肌肉注射，每日2次，连用2天。③复方氨基比林注射液1毫升，肌肉注射，每日2次，连用2天。④安乃近注射液1毫升，肌肉注射，每日1次，连用2天。⑤复方阿斯匹林(A.P.C)，每只兔1/4片，内服，每日2次。

对于那些体质弱，病情较重的兔子，可以酌情使用抗生素防止继发感染。

问：在饲养獭兔过程中遇到有机磷中毒该如何治疗？

答：兔误食喷洒过有机磷农药的青菜、青草、牧草等而发生中毒。表现精神沉郁，反应迟钝，食欲废绝，流涎，有时有呕吐，流泪，瞳孔缩小，呼吸急促，痉挛，衰竭，昏迷，窒息死亡。

治疗：

(1)解磷定：对1059、1605、乙硫磷中毒解毒效果好，每千克体重20～40毫克，缓慢静脉注射。病情严重者，2小时后重复1次。本药对敌敌畏、敌百虫、乐果等中毒，解毒效果差，不可用。

(2)0.1%硫酸阿托品注射液，0.5～1毫升，皮下注射，重病者，2小时后重复注射1次。主要是控制症状，防止流涎。

(3)双解磷粉针，注射用水配制成5%溶液，肌肉注射。用5%葡萄糖盐水溶解成5%的溶液，静脉注射。用药量为0.1克。

(4)氯磷定注射液，每千克体重20毫克，静脉注射。

(5)绿豆20克、甘草5克，加水适量，煎汤，内服，每天2次。

同时提供充足的清洁饮水，提供可口的、易消化的青绿饲料。

问:养殖过程中母兔得乳房炎,该如何治疗?

答:新生乳兔吮乳时咬破母兔的乳头,兔笼、箱的铁丝、铁钉及锐利物损伤乳房,而感染细菌。另一种是内源性的,没有损伤,细菌通过循环系统到达乳房而引发。乳房发炎后会严重影响幼兔的哺乳和生长。

1. 预防:清除兔笼、兔箱内的尖锐物,防止损伤乳房。每天细致观察母兔,要早发现、早治疗。产前 3 天,适当减少精料有利于降低该病的发生。另外,提供充足的清洁饮水,保证兔子怀孕后期的代谢平衡,有助于防止本病的发生。

2. 治疗:①患乳房炎初期,把乳汁挤出,用毛巾或布沾冷水,在局部冷敷,并涂擦 10%鱼石脂软膏。②0.25%普鲁卡因 30 毫升,青霉素10 万单位,局部分 4～6 个点,皮下注射。③青霉素 10 万单位、链霉素 10 毫克,肌肉注射,每日 2 次,连用 2～3 天。④体温升高者,安痛定 1 毫升或安乃近 1 毫升,肌肉注射。⑤2.5%恩诺沙星注射液 0.5 毫升,肌肉注射,每日 1 次,连用 2～3 天。

全身用药可选用广谱的抗菌药物,如环丙沙星等。

问:在母兔分娩后出现子宫脱出,如何治疗?

答:母兔分娩后很短时间子宫外翻,从阴道脱出,形似两条肠管,黏膜紫红色。时间略长,黏膜水肿、变厚,极易破裂,出血,引起死亡。

用 3%温明矾液或 0.1%高锰酸钾液清洗子宫黏膜上的被毛、褥草、粪便等污物。如脱出时间长,水肿者,用 5%～10%浓盐水清洗,使其脱水回缩。在子宫黏膜上撒布少许青霉素粉和链霉素粉。整复方法是助手提起兔两后肢,术者一手轻轻托起子宫角,另一手细心地将子宫从四周轮换推入腹腔,再提起后肢左右摇摆几次,并拍击患兔臀部,促使子宫复位。也可以使用平滑的木托帮助其复位，但是一定注意不要用力过大，造成穿孔。

在外科治疗的同时，还要进行抗生素治疗：方案一：青霉素10万单位、链霉素100毫克，肌肉注射，每日2次，连用2天。方案二：磺胺二甲嘧啶1片(0.5克)，内服，每日2次，连服2天。

八、貉的养殖管理及病害防治技术

貉是一种珍贵毛皮动物，它的毛绒厚，保温性能好，貉皮轻而暖，是国际毛皮市场上销路最广的一种上等毛皮。貉肉质嫩味鲜，营养价值较高，是高级滋补营养品。貉性情温顺，食性杂而广，适应性强，对生活环境与条件无特殊要求，且抗病力很强，易于饲养，是一个非常好饲养品种。本篇主要介绍貉的养殖管理技术。

问：我国貉的品种有哪些？

答：貉的品种不是很多。貉属食肉目、犬科、中等毛皮动物，据《中国动物志》(1987)，我国貉可分为3个亚种，也有的资料介绍说是7个亚种，但是覆盖的范围一样。分为乌苏里貉、朝鲜貉、阿穆尔貉、江苏貉、闽越貉，湖北貉及云南貉7个亚种。但习惯上将我国长江以北各省所产的貉为北貉，以乌苏里貉为代表，长江以南各省区所产的貉为南貉。目前我国人工饲养、经济价值较高的是东北亚种，也就是以乌苏里貉为主，还有朝鲜貉和阿穆尔貉、白貉。

问：乌苏里貉有什么生物学特性？

答：乌苏里貉的体形外貌：体形似狐，但较肥胖、短粗，尾短，四肢亦短小。被毛长而蓬松，底绒丰厚。趾行性，以趾着地。前后肢均有发达的足垫。爪短粗，不能伸缩。

乌苏里貉是皮毛动物养殖品种里最容易饲养的品种，近年来国际市场需求旺盛，养殖效益可观，如能和白貉杂交饲养可以提高很大的经济效益，貉子适宜在北纬 30 度以北的地区饲养。

问：在修建貉的饲养圈舍上应注意什么问题？

答：根据貉繁殖率高、怕惊吓、野性大、适应范围广的特点，貉养殖场应建在高爽，向阳，通风，干燥，易排水的地方，最好是渔业区，畜牧业区或靠近肉鱼类加工厂等饲料来源和水便利的地方。大型养殖场应与居民区和其他养殖场保持 500～1 000 米的距离，个体养殖场可充分利用现有条件和房前屋后的土地，但远离喧闹的公路、铁路和工厂。场地应保证冬季背风防寒，夏季阴凉防暑。

问：对貉的养殖笼舍有什么要求？

答：貉的棚舍一般为“人”字顶，也可因地制宜，能遮挡雨雪，烈日暴晒，便于采光即可。棚檐一般高 1.5～2 米，宽 2～4 米。貉的笼舍和产仔箱，其规格式样较多，原则上以不影响貉的生长发育和正常活动、繁殖，不跑貉为好。一般采用钢筋或角钢制成骨架，也有用 8 号铁线或木方做的，用以固定铁线网片。笼底用 12 号铁线织成，网眼不大于(3×3)厘米^2 的网片；四周可用 14 号铁线织成，网眼不大于(2.5×3)厘米^2 的网片围成。种貉笼一般为(90×70×70)厘米^3，皮貉笼一般为(70×60×50)厘米^3。笼舍稍大些会更好。笼舍行距以 1～1.5 米、间距以 5～10 厘米为好。

问：母貉产仔用的产仔箱和一般笼舍有何不同？

答：貉的产仔箱一般是用木板、竹子或砖制成。一般为(60×50×45)厘米^3，稍大些会更好。产仔箱出入口处要高出箱底 5 厘米，防止仔貉逃跑，出入口直径 20～23 厘米。皮用貉最好要提供休息的小木箱，一般为(40×40×35)厘米^3。貉的用具和养殖狐狸的一样。

问：貉的引种最佳时间在什么时候？

答：引种的最佳时间在10～12月份。选择良种的标准是：种貉（乌苏里貉）质量标准为公貉在二级以上，母貉在三级以上，但三级母貉比例不超过总数的30%，10月初体重不低于6千克，体长不低于60厘米；体质健康，注射过犬瘟热、病毒性肠炎疫苗，并获得确实免疫。

问：貉的主要饲料是什么？

答：动物性饲料是貉饲料组成中的重要部分，人工养貉的成本主要是动物性饲料，如果动物性饲料的来源无保证或者对可使用的动物性饲料认识不到位、利用不好，那就会极大地影响养貉的经济效益。可利用的动物性饲料的种类有：鱼、肉、下杂、乳蛋、干蛋白类。

问：貉为什么喜欢吃鱼类饲料？

答：貉生活在湖泊沼泽丛林地，所以喜欢吃鱼类。鱼类是动物性蛋白质的主要来源，除河豚等毒鱼外，大部分海鱼和淡水鱼均可作为貉的饲料。貉在繁殖期要喂质量好、蛋白质含量较高的鱼类，如海鲇鱼、偏口鱼等；秋季换毛季节可喂些脂肪含量较高的鱼类，如带鱼等；其他时期可以喂些廉价的杂鱼。新鲜鱼类生喂比熟喂营养价值高，但部分海鱼（如红娘鱼、虾虎鱼、香鱼等）和大部分淡水鱼（特别是鲤科鱼类）含有硫胺素酶，可破坏维生素B_1，因此均应熟喂。喂鱼时要注意品质一定要新鲜，要尽量与肉类及肉类下杂等饲料混合饲喂，以加强营养物质的互补作用。

问：什么是肉类饲料？

答：肉类是营养价值很高的全价蛋白质饲料，它含有与貉机体相似数量和比例的全部必需氨基酸，同时还含有脂肪、维生素和无机盐等营养物质。适口性强、消化率也高，是貉饲料中的理想品种。

貉几乎对所有动物的肉类均可采食。新鲜的肉类可以生喂，适口性强，消化率高。对来源不清或不新鲜的肉类要熟透再喂。新鲜碎骨连同骨上的残肉也是貉肉类饲料的一部分，用鲜碎骨、小骨架（兔骨架）喂貉时，连同残肉一起绞碎饲喂。鲜碎骨喂量可占动物性饲料的 10%～15%。囊虫猪肉（痘猪肉）和其他无害化处理的肉类经高温熟制后喂，可占动物性饲料的 20%左右，不宜过多。

问：下杂类饲料包括哪些？

答：

1.鱼类下杂。沿海地区和水产制品厂有大量的鱼头、鱼骨架、内脏及其他下脚料，年产量不小，亟待利用，是貉的蛋白质饲料。新鲜骨架可以生喂，繁殖期喂量不能超过动物性饲料的 20%；幼貉生长期和冬毛生长期可增加到 40%，新鲜程度较差的一定要熟喂。

2.畜禽下杂。主要有动物的头、四肢下端及内脏等，是较理想的廉价动物性饲料。①肝脏含 20%左右的蛋白质，5%的脂肪和多种维生素、无机盐，是貉繁殖期及幼貉育成期的必要饲料。新鲜肝可以生喂，由于肝有轻泻作用，故喂量可占动物性饲料的15%～20%。应由少到多逐渐增加，以免引起腹泻。②心脏、肾脏的蛋白质和维生素的含量都十分丰富，适口性好，易消化吸收。一般在繁殖期喂给，新鲜心脏和肾脏可以生喂。③肺脏含有一定的蛋白质、铁和维生素，但结缔组织多，消化率低，另外对胃肠有刺激作用，貉吃后易发生呕吐现象，肺脏常带有病原和寄生虫，必须熟喂，喂量可占动物性饲料的10%～15%，不宜过多。④胃、肠也可喂貉，但营养价值不高。胃、肠一定要高温熟透利用，可占动物性饲料的20%～30%，日粮中如加用胃、肠时，要增加饲量。⑤脑含有大量的卵磷脂和各种必需氨基酸，营养价值很高，特别是对貉的生殖器官的发育有促进作用，故称为催情饲料，一般在准备配种期和配种期适当喂给。脑还对貉毛绒生长和改善毛绒品质有一定好处。⑥血的营养价值很高，新鲜血最好生喂，陈旧血要熟喂，血粉和血豆腐可直接混于饲料内喂给。用量可占动物性饲料的10%～15%。⑦兔头是兔肉加工的副产品，可绞碎喂貉，营养价值较高，可按动物性饲料的30%投给。但在繁殖期用量不宜过多，以免因蛋白质缺乏而造成不良后果。⑧禽类副产品主要有颈、皮、内脏等，可熟后绞碎喂貉，一般用量是动物性饲料的20%左右。

特别注意：在饲喂鱼、肉下杂时，要特别注意在母貉繁殖期避免使用含雌激素的畜、禽内脏，如子宫、胎盘、乳腺、睾丸、肾上腺、甲状腺、胎儿及使用雌激素处理过的畜禽肉。尤其是流产的胎盘或胎儿，都不能利用，会造成生殖机能紊乱，受胎率下降，产仔少或全群不孕。

问：如何饲喂乳蛋类的饲料？

答：乳、蛋类饲料资源也比较丰富，主要有牛、羊鲜乳和酸凝乳、脱脂乳、乳粉等乳制品。蛋类是指鸡、鸭、鹅蛋以及孵化过程中的无精卵等，为营养成分十分丰富的全价饲料，极易消化吸收。一般在貉繁殖期饲用，它可促进泌乳和仔貉生长，在日粮中不应超过饲料总量的20%，过多易出现下痢。禁止用酸败变质的乳、蛋喂貉。鲜乳需加热至70～80℃，灭菌15分钟后再喂貉。

问：饲喂干动物性饲料有什么注意事项？

答：干动物性饲料主要有鱼粉、肉粉、骨肉粉、肝渣、羽毛粉、蚕蛹粉、干鱼等，蛋白质含量较高，可以用来喂貉。一般用量可占动物性饲料的20%～25%。要注意,大部分干饲料含盐较多,要彻底水浸洗出盐分才能利用。

问:貉在饲喂管理上有什么注意事项?

答:

第一,要喂熟的温食。除少数生喂的饲料外,都要熟喂。维生素或者其他添加剂一定要在临喂时添加。

第二,饲料要制成糊状,既便于食用,也减少浪费。然后加入青菜,现制作现喂,每天每只喂量400～700克。每个时期的饲料标准及饲料组成是不一样的。配种、怀孕和产仔哺乳阶段要适当增加蛋白质含量高的动物性饲料。此时粗蛋白质可占日粮总能量的25%～30%。

问:貉配种期间需要注意什么?

答:只有多产仔才能够赚钱,要多产仔,就得从配种入手,所以做好配种期的管理十分重要。

1.加强营养。要供给公貉质量高、营养全价、适口性好和易于消化的日粮,以保证其有旺盛持久的配种能力和良好的精液品质。此外,中午要进行补饲,饲料要以鱼、肉、乳和蛋为主。

2.合理使用。在配种前期,由于发情的母貉数量较少,可选发情早的公貉与之交配,每日每只公貉可接受3～5次试情性放对,以保持公貉的配种能力。试情放对时要注意防止未发情的母貉咬伤公貉,一旦发生咬斗,应立即把母貉抓出。如果公貉爬跨交配母貉时,母貉犬坐在笼底或不抬尾,不要让公貉长时间地保持交配动作,对性急的公貉,长时间配不上会滑精,或误配。

在配种中期,母貉发情较多,而公貉还有复配的任务,配种工作显得很紧张,这时公貉可多次交配,但每次交配的间隔时间不少于4小时,间隔期要给配种的公貉少加些含蛋白质高的补饲料,公貉连续交配 4～5 天，要让其休息 1～2 天。

在配种的旺季，还应注意选择发情好、性情温顺的母貉与初次参加配种的小公貉交配，锻炼其配种能力。一旦年幼的公貉交配成功，就能顺利地交配其他母貉。

在放对过程中为了减少貉的咬伤，可以在母貉放入公貉笼之前，先让公貉隔笼闻闻母貉的阴部，如果公貉发出咕咕咕的求偶叫声，说明公貉对该母貉有兴趣，可以放入；如果公貉发出“哈—哈—哈”的威胁叫声，说明公貉对该母貉很反感，放入一定会发生撕咬，说明他们不适合交配。

在配种的后期，多数公貉性欲下降，性情变的粗暴，有的甚至形成狂咬母貉的恶习，所以要注意挑选那些无恶习的公貉完成最后的配种任务。

问：貉在怀孕哺乳期都需要注意什么？

答：产仔哺乳期(4～5 月上旬)，保障产仔成活，促进仔貉发育，保证母貉奶水充足，日粮配合应补充乳类或豆浆，饲料加工要细，混合饲料要调得稀一些，满足供应，每天应有充足的饮水。饲料中动物性饲料 38%、谷类 39%、蔬菜 10%、乳类 13%、酵母10 克、骨粉 10 克、食盐 3 克、维生素 A 1 000 单位、维生素 C 500 毫克。

应注意：怀孕 35 天最易流产，因此要密切观察，严禁受惊吓。出现流产症状时及时保胎。

哺乳期间母貉的母性一般都比较强，能够自己做窝、哺乳。但是要定期清理产仔箱的卫生，定期更换垫草等。

问：貉的常见疾病有那些？

答：貉的疾病主要是四类：

1. 病毒和细菌类的传染病：有犬瘟热、狂犬病、病毒性肝炎、病毒性肠炎。

2. 寄生虫病，又可以分成体内和体外两类，体内寄生虫梨形虫病、附红细胞小体病，体外寄生虫有体虱子、癣病、螨等。

3. 代谢病有白鼻子病、自咬病、尿湿病。

4. 普通病多见直肠脱出、外伤、感冒、腹泻、不发情等。

问：什么是犬瘟热病？

答：这种病是由犬瘟热病毒引起的高度接触性传染病，呈暴发性流行和散发性流行，任何季节均可发病。该病毒的自然宿主为犬、貉、狐、狼、豺和鼬科动物，像鼬、貂、狸、獾及浣熊、小熊猫等均可感染，自然发病的死亡率高达 90％以上，是毛皮动物的天敌，故应引起高度重视，患本病的水貂、狗、猫、鼠和其他动物是主要的传染源，被其污染的水、工具、工作服、病兽的分泌物、排泄物、病兽与健康貉接触等都是这种病的传播途径。

该病的主要症状特点是由犬瘟热病毒对上皮细胞有特殊的亲和作用，因而病变分布非常广泛，病兽表现为发热、眼、鼻、呼吸道和消化道黏膜发炎，中后期除表现拒食、呕吐、恶臭下痢（水样血便）外，往往还出现眼鼻内流出浆液性、黏液性、脓性分泌物和神经系统的病状，惊厥、尖叫、昏迷、抽搐、四肢瘫痪等。急性型体温超过 40 度，超急性型口吐白沫，数分钟撞笼死亡，慢性型更为可怕的是病程长，传播广，2～4 周才被发现，给养殖户造成的损失也相对较大。如果发现应及时隔离，避免大规模的传播。

防治措施：注射犬瘟热疫苗。目前我国对犬瘟热的防治已达到世界先进水平，疫苗的有效率已达 100％，因此只要做好防疫工作，毁灭性的死亡是不会发生的。一定要注射，大意不得。根据母源抗体的水平情况，发病场一般在幼兽 45 日龄时接种，年底再来 1 次。

当被确诊为犬瘟热时，在治疗上可以使用被动免疫治疗法，皮下注射高免血清 20 毫升早期可得到效果，同时对症治疗，主要是补充能量、对症消炎，防止继发感染，亦可挽回损失。同时注意，凡是发病的貉，必须早期进行隔离，必要时封锁发病区域。

需要注意的是，即使是已经发病痊愈的貉子，还可以带毒6个月，所以即使是治疗好了，也不要和未发病的动物合群，并且不要作为种兽使用，或者使用发病的公貉与未发病的母貉交配，以免引起交叉感染。要牢固树立防重于治的观念，切不可存在侥幸心理。

问：貉子会患上狂犬病吗？

答：貉属脊椎动物门，哺乳纲，食肉目，犬科的杂食性毛皮动物，因为貉和犬是一个科的，所以和狗比较接近，它也可以感染狂犬病。

狂犬病是一个很古老的疾病，病毒宿主很广泛，几乎所有的温血动物都可以感染，所以其病毒污染面很大。更重要的是，很多带有狂犬病病毒的动物不表现症状或者一时不表现症状，给你一种健康动物的假象，很容易麻痹人们导致丧失警惕，从而导致该病的扩散。貉感染狂犬病，主要是通过患病或带毒的狗和其他野生动物如兔子、老鼠、蝙蝠等进入到养殖场内，咬伤了貉导致其感染。通过被狂犬病污染的器具感染的几率不大，但是通过养殖场免疫用具消毒不严格而导致发病的危险性最大。感染狂犬病的貉其唾液可以感染人，所以如果养殖户在饲养过程中被貉咬伤了，应该按照犬类咬伤的规程进行处理，不要大意。

问：貉患上狂犬病有什么症状？

答：貉子患上狂犬病后，其临床症状与狗一致，其经过多为狂暴型，大体上区分为三期。

第一期：前驱期，毛皮动物发现短时间的沉郁，运动有限制，此期间不易觉查。

第二期：兴奋期，毛皮动物兴奋，表现为攻击性增强，病兽不觉胆怯，猛扑人和动物，撕、咬、扒所有遇到的物体。此期内，病兽表现习性异常，反复出现狂躁表现，损伤自己的舌头、牙齿、牙龈，严重时可以折断下门齿。此时，病兽拒食，不饮水，常常吞咽投到笼舍内的物体。在兴奋发作时，病兽呻吟、流涎，并伴有腹泻。有时后期下颌麻痹。腹泻症状有时直至死亡。

第三期：麻痹期，此期内麻痹过程增强，表现为后躯摇晃不稳定，逐渐后肢麻痹。再后来，病兽体温下降，不能够站立无意识的躺卧不起，最后在痉挛和抽搐中死亡。一般病程在1周左右。

防治措施：狂犬病以预防为主，应坚决防止狗猫及其他动物进入养殖场内，可以使用较高的篱笆或围墙将饲养场与外界隔离开来，不要将野外抓到的野貉直接进行饲养。场内的饲养人员必要时要接种狂犬病疫苗。

发现有患上狂犬病的动物，应及时隔离患病的动物，并及时向有关部门报告疫情。对死亡的动物必须进行无害化处理，禁止从病死动物身上取皮，对可疑的动物进行紧急预防接种。对被病兽咬伤的未表现症状的动物，不超过8天的允许进行疫苗接种，超过的不再进行接种，应该隔离观察或无害化处理。自最后一个动物死亡后，经过两个月无新发病例方可解除封锁。

问：什么是钩端螺旋体病？

答：钩端螺旋体病是多种动物的传染病，特征是呈现短时间发热、黄疸、血尿、黏膜坏死、出血性素质、消瘦及四肢无力。貉子所感染的钩端螺旋体和其他动物的一样。

貉子感染该病主要是通过消化道，也可以通过损伤的皮肤黏膜感染，其途径大多数是因为饲料、饮水及饲养用具被感染钩端螺旋体的啮齿类动物如老鼠或其他家畜的尿液、粪便、分泌物污染所致，也有的是因为吞食了感染钩端螺旋体病的动物肉尸。一般该病易发生于7～10月份，但是一年四季都有零散发生，呈现地方性流行。一般很少波及整个兽群，特点是在大批动物发病后经过5～10天的时间疫情平息，以后经过5～10天又重复以上过程。

问：貉子患钩端螺旋体病时有什么表现症状？

答：患上这种病最急性的表现貉子突然拒绝进食，并呕吐、下痢，精神显著沉郁，心跳呼吸加速，在发病初期体温升高，而后下降到常温以下，很少发生钩端螺旋体特有的黄疸表现，经过半天到一天，口吐白沫、痉挛死亡。

急性病例是比较典型的，突然拒绝进食，呕吐、下泄，体温在正常范围内，发病动物长久躺卧，消瘦，精神沉郁，步行缓慢。出现明显的黄疸，在口腔黏膜、齿龈处有坏死或溃疡灶，舌面有时也有坏死溃疡变化。从黄疸出现开始，体温开始下降，泌尿频繁，尿色黄红，少数病例尿色暗红。不出现黄疸的极少。濒死期间伴发背、颈和前肢肌肉痉挛性收缩。强烈流涎，口唇周围被覆泡沫样液体，最后窒息死亡。病程2～4天，很少康复转归。

亚急性和慢性病例在临床上大致相同，只是黄疸和销售更加明显，还可以发现淋巴结肿大，伙伴有角膜炎和化脓性结膜炎症状，后肢虚弱或不全麻痹，病死率可达到80%。

防治措施：在污染场，每只动物注射免疫疫苗5毫升，也可以使用多联苗进行预防。

在治疗上，早期可以使用抗血清治疗，效果良好，一般注射一次就可以了。效果不明显的，可以补充注射一次到两次，成年貉一般为25～30毫升，幼小的貉子3个月以内5毫升，3～6个月的10～15毫升。同时可以采用对症治疗，大多采用芒硝导泄、咖啡因强心，静脉注射葡萄糖补充能量，肌肉注射氢链霉素防止继发感染。

应该注意的是，即便是痊愈的动物，其仍然带毒并排毒，所以所有患病的动物一律到季节后取皮处理，不要留作种用。

问:传染性肝炎是一种什么性质的疾病?

答:传染性肝炎也是毛皮动物的一种病毒性传染病,有时也称为狐狸脑炎,主要发生在犬,此外还容易发生于貉、狐、狼、山狗和熊等动物上。

犬传染性肝炎病毒属腺病毒属。犬腺病毒Ⅰ型发现最早。该病毒的化学环境的耐受力很强,对乙醚和氯仿有耐受性,在室温能抵抗95%酒精达24小时,如果仅用酒精消毒注射器和针头,仍有可能传播本病。

一般认为犬和狐对本病的易感性大,其他如山狗、浣熊、黑熊、貉子等也有易感性。

问:传染性肝炎是如何传播的?

答:本病与犬瘟热不同,一般不通过飞沫传播,主要是通过食入被病毒污染的物体而传播的。在急性阶段,病毒分布于全身各组织,可通过分泌物和排泄物排出体外,污染环境。痊愈后在肾持续带毒数月甚至数年,可长期从尿中排毒,成为常见的传染源。但是,最近的研究证明,本病的呼吸型可能经气溶胶传播,所以它的危害比较大。

在毛皮兽养殖场,如果发生发病突然、病程短促,一般不超过24小时。首先表现食欲废绝,未能见到明显症状即已死亡。神经症状包括过度兴奋、痉挛、麻痹和昏迷。有时可流鼻液和腹泻,几乎所有出现症状的病貉都转归死亡,那么就可以考虑是否发生了本病。本病一旦发生,在养殖场可持续存在多年,老龄动物一般发病率不超过5%,2~3月龄的幼畜发病率高、死亡率高。由于成年动物表面痊愈后带毒排毒,所以导致养殖场内每年反复发生,导致严重损失。

防治措施:进行人工免疫,目前在很多国家已有犬传染性肝炎灭活疫苗或弱毒疫苗,可单独使用,或与犬瘟热疫苗联合应用,或再加上犬钩端螺旋体菌苗。如应用二联苗或三联苗,而不了解幼龄动物对这两种病的母源抗体滴度,则一般可在9周龄时进行1次免疫接种,然后在15周龄时再接种1次。现已确知,致弱的犬传染性肝炎病毒可从免疫接种的犬尿中排出,易感染犬与此减弱的病毒接触后可获得免疫而不表现症状。康复后的动物就获得了终生免疫。

由于有很高比例的犬带有传染性肝炎病毒,所以养殖场内应该严格禁止犬科动物进入,更不许散养犬进入养殖场。

问:貉在代谢病方面都有什么病症?

答:由于是集约化饲养,所以可见到尿湿症、自咬症、白鼻子病。

问:什么是貉的尿湿症,如何防治?

答:貉的尿湿症多见于幼貉,多在断奶后一个月内发生,病貉尿频,会阴部、腹部及后肢内侧被毛浸湿黏结。皮肤湿疹或肿胀。其病因可能与幼貉代谢机能不全有关。饲料品质不好或缺乏维生素都可能诱发本病。轻微病例不治可自愈,严重的需用双氧水清洗尿湿部位,并注射强心剂。重点还是要提供全价的新鲜饲料。

问:什么是貉的自咬病,如何防治?

答:自咬病的病因说法不一,种貉春季易发,幼貉8~9月份易发。症状是病兽自己咬自己的尾部、臀部或身体的其他某一部位,可造成死亡。病势急剧,常突然发作,一夜的时间便可将尾全部咬掉或咬腹侧时,将肠管掏出。也有慢性经过的,先咬尾尖,后咬尾根,再咬臀或腹侧。病兽安静时,精神状态和食欲正常。严重时几天不吃,消瘦、抽搐或营养不良、贫血而死亡。

目前防治应对症施治。原则是镇静和外伤处理，还可注射抗菌素类药物。盐酸氯丙嗪 0.25 克，乳酸钙 0.5 克，复合维生素 B 0.1 克，研碎混均，分两份放于饲料中喂给，每日 2 次，每次 1 份；局部外伤处理是用双氧水或碘酊清洗消毒后，抹磺胺软膏(夏季为防蝇可掺入 2%的敌百虫)；还可试用自咬灵、自咬停等新药，用法用量按说明书执行。另据有关的报道采用中西药物，内服外用相结合的治疗方法，收到了较好效果。其方法是：

(1)每千克饲料中加入硫酸铜和硫酸锰各 0.1 克。

(2)用 2%盐酸普鲁卡因 2 毫升后海穴注射。

(3)苦参 15 克、百部 15 克、猪苓 15 克、蒿本 10 克、黄连 10 克、元芩 10 克、陈皮 10 克、甘草 10 克，水煎浓汤过滤，取汁后加等量的 40～50 度白酒，待温凉后，将患部浸入药液中 10～15 分钟，每天 1 次，连用 3 日。

问：什么是貉的直肠脱出病，如何防治？

答：直肠脱出就是直肠从体内经过肛门到了体外。直肠脱出常发生于幼龄兽，多因胃肠炎、下痢后引起的。常在排粪后发生，有时可自行缩回，但若长时间受刺激，黏膜肿胀，则不能自行缩回。

防治方法：把从肛门内脱出的圆柱形弯曲的肠管用温水清除污物，用 0.1%高锰酸钾洗涤脱出的直肠，再用 1%～2%奴佛卡因溶液蘸湿脱出的区域予以麻醉，用手指从脱出的末端开始，轻轻压迫黏膜，往腹腔中推入，全部送入后，肛门周围实行袋口缝合，要留出能使粪便通过的缝隙，3～5 天视直肠不再脱出时，拆除缝合。此间护理措施是对引起直肠脱出的胃肠炎、下痢进行治疗，可以肌肉注射青霉素 10 万～20 万单位，以预防感染。

九、冬季易发猪病的防治措施

冬季气候干燥，气温变化比较剧烈，猪极易患病，影响育肥。为此，冬季养猪一定要采取科学防寒增温的办法，预防易发猪病的发生，才能促进猪的健康育肥。下面介绍一些冬季易发猪病的防治技术。

问：冬季的养殖过程中有哪些需要注意的地方？

答：冬季天气寒冷，猪舍空气流通不好，猪很容易患消化道疾病和呼吸道疾病。冬季是猪病多发，不易控制的季节。尤其是秋冬季节交换和冬春季节交换的时候，天气变化剧烈，更容易发生大规模的传染病，所以在猪病多发的季节，做好充分思想准备和工作计划。通过加强猪场管理和猪群保健，保证猪群安全度过。

问：冬季主要有哪几种常发病？

答：冬季主要有以下几种疾病多发，传染性胃肠炎、气喘病、猪繁殖呼吸道综合征（蓝耳病）、流行性感冒、伪狂犬病、五号病、疥螨等。

问：传染性胃肠炎发病症状和防治措施是怎样的？

答：传染性胃肠炎：是病毒引起猪的一种急性传染病，以各种年龄的猪消化道感染为特征，其中以仔猪的症状最为严重。

临床症状：架子猪、肥猪和成年猪症状较轻，减食，腹泻，体重迅速减轻，时有呕吐。哺乳母猪发病后，乳房迅速干瘪，泌乳减少和停止。一般3～7天恢复，极少发生死亡。哺乳仔猪有20%表现呕吐，紧接着发生急剧水样腹泻，迅速脱水，2～3天死亡，10日龄内的死亡率较高，甚至达到100%。断奶仔猪基本不死亡。哺乳仔猪死亡的主要原因是母猪发病或带毒,泌乳减少或停止,导致仔猪腹泻,脱水死亡。

剖检:病变主要在胃和小肠。仔猪胃底部黏膜轻度充血,小肠壁变薄,呈半透明状。

防治:本病无特效治疗方法。据临床观察,天气突然降温可以引起疾病在猪场发生和流行。在季节交换的时候加强饲养管理,尽量降低猪舍温度的变化幅度。可以选用哈尔滨兽医研究所生产的猪传染性胃肠炎与流行性腹泻二联灭活苗或活疫苗在每年的9月底或10月初进行预防。也可以在全体猪群阶段性使用抗病毒中草药,如浙江金大康生产的圆蓝清预防。如果发病,一定在仔猪患病期间使用口服补液盐补液,可以减少死亡。肥猪或母猪使用抗生素减少继发感染。如果哺乳母猪发病注意母子同治,并且注意提高哺乳母猪的能量水平,如在饲料中添加豆油10~15千克/吨,可以提高发病哺乳母猪恢复期的泌乳水平,减少仔猪的死亡。

问:冬季猪场的猪咳嗽、喘的较多,体温还不高,是什么原因,如何防治?

答:主要是由气喘病引起的。气喘病又名猪霉形体肺炎,是由肺炎支原体引起猪的一种接触性慢性传染病。本病广泛存在于世界各地,发病率一般在50%左右,患猪长期生长发育不良,生长率下降12%,饲料利用降低20%。在一般情况下,本病的死亡率不高;如果是在流行暴发的早期以及饲养管理条件不良,猪的抵抗力降低,发生继发性其他细菌或病毒感染也会造成严重的死亡,将会给养猪业的发展带来严重的危害。

临床症状:体温、食欲通常无显著变化,主要表现咳嗽和气喘。咳嗽在早晚或吃食明显,呈连咳,呼吸增数,后变慢而加深。全身皮肤苍白,病猪贫血。本病一年四季均可发生,没有明显的季节性。但寒冷、多雨、潮湿或气温骤变时,猪群发病率上升。尤其通风不良，潮湿和拥挤的猪舍，最易发病和流行。

剖检：病变特征是肺尖叶、心叶、中间叶和隔叶前缘呈“肉样”实变。病变部切面湿润而致密，常从小支气管流出微浑浊灰白色带泡沫的浆性或黏性液体，随着病程延长或病情加重，病变部的颜色变深，呈淡紫色或灰白色带泡沫的浆性或黏性液体，半透明的程度减轻，坚韧度增加，俗称“胰变”或“虾肉样变”。

防治：主要通过改善猪舍的环境，协调保温和通风的矛盾。可以选用海博来，辉瑞、梅里亚的气喘病灭活疫苗。发病个体可以选用长效土霉素、恩诺沙星、卡那霉素、氟本尼考注射液进行药物治疗。

问：猪“蓝耳病”是一种什么病，如何防治？

答：“蓝耳病”是猪繁殖与呼吸综合征病俗称，是由猪繁殖与呼吸综合征病毒引起的一种传染病，传播迅速及危害广泛，造成的损失严重。

临床症状主要表现在公猪表现厌食，精神差，性欲减退，精液质量下降。母猪表现为咳嗽，呼吸困难，产后发情推迟，甚至不发情。怀孕母猪前期流产，后期产木乃伊胎和弱仔。产的弱仔猪呼吸困难，运动失调，几天内死亡。母猪发病本身呈良性，很少死亡。断乳前后的仔猪最易感染，感染后体温升高，呼吸严重困难，呈腹式呼吸，眼球突出，眼睑发青，肛门周围发青，耳尖边缘呈紫色，肌肉震颤，共济失调。有些仔猪呈“八”字形呆立，鼻有分泌物，渐进性消瘦，少部分仔猪皮肤发紫，死亡率高达80%～100%。育肥猪体温突然升高41℃上下，食欲减少或废绝，多数皮肤全身发红，呼吸加快，咳嗽明显，眼结膜水肿，潮红，极少数两耳发蓝或发紫。10天左右能自愈，很少死亡，但生长缓慢，饲料报酬低。

剖检主要表现为弥漫性间质性肺炎。

防治：受本病威胁和流行地区，采用哈尔滨兽医研究所生产的猪繁殖与呼吸综合征灭活疫苗进行预防接种，使用抗病毒的中药预防如浙江金大康动物保健药业生产的圆蓝清。

如果发病可选用圆蓝清饮水抗病毒，提高机体抵抗力，选用30%安乃近或复方氨基比林控制体温升高；可用磺胺类药和恩诺沙星抗菌消炎，防治继发感染；可用卡那霉素、地塞米松消除肺部炎症，解除呼吸困难。

问：猪伪狂犬病的症状和防治办法有哪些？

答：该病是由伪狂犬病毒（又名猪疱疹病毒Ⅰ型）所引起的猪的一种发病急、传播迅速的烈性传染病。多发生在寒冷的季节，但其他季节也有发生，这是因为低温有利于病毒的存活。病毒主要通过已感染猪排毒而传给健康猪。仔猪发病率和死亡率都高，对生产危害较大。

主要临床症状：1～20 日龄的新生哺乳仔猪最易感染，体温升到 41～42.5℃，运动不协调，全身发抖，爬在地上口吐白沫，腹泻，痉挛抽搐，同窝中的发病率和死亡率可达 100%。21 日龄以上及3～4 月龄幼猪患本病时，体温也升高、且稽留，呼吸困难，状如狂犬病，但不攻击人畜，只在垫草上乱钻，间或跳墙，前撞后冲，或转圈；唇肌、耳肌及四肢肌肉麻痹，不能吞咽，声音嘶哑或发出尖叫声，一般于病后 4～6 天死亡。4 个月以上的育成猪发生本病时，仅见打喷嚏、咳嗽及体温升高等轻微症状，不采用药物治疗，一般经过 4～5 天能自愈。母猪患本病时，伴发便秘、厌食、眼睑水肿，呼吸困难；近几年发现有的猪场春季爆发伪狂犬病，出现死胎或断奶仔猪患伪狂犬病后，紧接着下半年秋季母猪配不上种，返情率高达 90%，有反复配种数次都屡配不上，耽误了整个配种期。自愈后产死胎、弱仔和木乃伊胎；也有超过预产期 21 天才产出弱仔。

剖检：肺部暗红色；胃底部黏膜有炎症；脾脏肿胀、充血、出血；肝暗紫色，胆囊肿大 1～2 倍；肾肿大，表面有出血点；脑膜明显充血。

防治:在疫区、疫点及受威胁区,使用哈尔滨兽医研究所或武汉科前生物生产的猪伪狂犬病活疫苗紧急接种,能有效地预防和控制本病的暴发和流行。使用时每瓶疫苗用生理盐水 40 毫升稀释,肌肉注射,乳猪每头 0.5 毫升,断乳仔猪每头 1 毫升,成年猪每头 2 毫升。生产母猪于每次配种前接种为宜,其所产乳猪通过吮吸初乳获得被动免疫可不接种疫苗,但待断奶后仔猪需再次接种,每头 1 毫升。

问:猪感冒的症状和防治办法有哪些?

答:猪流行性感冒是由猪流行性感冒病毒引起猪的一种急性呼吸器官传染病,多发生在冬季或春季,气候变化是主要诱因。常突然发病,可波及全群。同场的成年猪中,发病率很高,几乎达100%,但病死率低,一般只有 2%~3%。

临床症状:突然发病,并迅速蔓延全场。体温 41~42.5℃,呼吸困难,呼吸和心跳次数增加,最后严重气喘,呈腹式呼吸;食欲废绝,四肢乏力,喜卧懒走;眼结膜潮红,眼分泌物粘染眼睑,眼角有黑眼屎;阵发性咳嗽,打喷嚏;大便干燥、秘结,尿少、发黄。

剖检:鼻、喉、气管、支气管黏膜充血、出血呈紫红色,似鲜牛肉样;淋巴结肿大、充血性炎症。

治疗:当前尚无疫苗预防本病。用药物对病猪进行对症治疗和防止继发细菌性感染是治疗本病的常用手段,可在基础日粮中添加抗病毒的中药,如双清粉和在饮水中添加泰妙净;同时使用板蓝根注射液、30%安乃近注射液和 2.5%恩诺沙星注射液分别肌肉注射,每天 2 次,连续 4~5 天,一般可痊愈。

问:猪五号病的发病情况以及预防办法是怎样的?

答:五号病是口蹄疫病毒引起的偶蹄动物共患的急性、热性、接触性传染病。冬春季多发，易感猪高度集中时，极易暴发。

临床症状：成年猪体温升高，厌食，在蹄冠、蹄踵、蹄叉和吻突、口腔黏膜、乳房出现大小不等的水泡和溃疡。死亡率不超过3%。仔猪感染时，水泡症状不明显，主要表现为心肌炎和胃肠炎。死亡率80%。妊娠母猪可以发生流产。

病理变化：主要发生在蹄部和口腔的水泡。

防治：我国政府对五号病实行强制免疫接种制度，严格按照免疫程序接种五号病灭活疫苗进行预防。成年猪3毫升，仔猪2毫升。

问：五号病的免疫程序是怎么的？

答：一般规模化的猪场对种公猪群实行一年3～4次免疫，对妊娠母猪产前30天免疫一次，后备母猪配种前21天免疫一次，仔猪在40日龄和80日龄各免疫一次。

问：冬季如何综合预防猪病发生？

答：

1. 加强饲养管理，注意保温和通风，给猪创造一个比较舒适的环境，可以大大减少呼吸道疾病和消化道疾病的发生。

2. 实行严格的隔离制度，禁止外来人员或车辆直接进入生产区。

3. 接种疫苗预防疾病的发生。尤其是病毒性疾病。如传染性胃肠炎、流行性腹泻、蓝耳病、五号病、伪狂犬病等。

4. 做好猪舍消毒工作。带猪消毒、清圈消毒、场区消毒、出入猪舍消毒。

5. 药物保健。选择合适的药物组合轮换使用，选择合适的时机给猪群定期投药预防疾病的发生。

问:猪场猪群保健投药的时机怎么把握?

答:一般养猪户的投药时机,可以选择1~1.5个月全场投药1次,1次5~7天一个疗程。规模化猪场可以在以下关键环节投药:妊娠母猪产前产后1周,仔猪断奶前后1周,保育猪下床后1周,小猪料换大猪料之后1周。体重在75千克左右投药1周。种公猪1~1.5个月投药1周。

十、猪高热病的正确认识与综合防治

近年来,肥猪、仔猪的价格已创历史新高,养猪市场行情非常好,正确认识高热病并有效地防止高热病的发生是养猪大户能否赚钱的关键。本篇介绍综合防治高热病的有关知识。

问:猪高热病是什么病菌引起的?

答:猪高热病疫情主要是由高致病性猪蓝耳病引起的,并混合其他病菌感染。

问:高致病性蓝耳病有多大危害?

答:高致病性猪蓝耳病是由猪繁殖与呼吸综合征(俗称蓝耳病)病毒变异株引起的一种急性高致死性疫病。仔猪发病率可达100%、死亡率可达50%以上,母猪流产率可达30%以上,育肥猪也可发病死亡。导致母猪繁殖能力下降,生猪存栏量下降。

问:高致病性蓝耳病主要有哪些症状?

答:体温明显升高,可达41℃以上;眼结膜炎、眼睑水肿;咳嗽、气喘等呼吸道症状;部分猪后躯无力、不能站立或共济失调等神经症状;仔猪发病率可达100%、死亡率可达50%以上,母猪流产率可达 30%以上,成年猪也可发病死亡。

问:高致病性蓝耳病主要有哪些剖检病变? 这病传染人吗?

答:高致病蓝耳病不传染人。主要病变有脾脏边缘或表面出现梗死灶,肾脏呈土黄色,表面可见针尖至小米粒大出血点斑,皮下、扁桃体、心脏、膀胱、肝脏和肠道均可见出血点和出血斑。肾间质性炎,心脏、肝脏和膀胱出血性、渗出性炎等病变;有些病例可见胃肠道出血、溃疡、坏死。

问:这种病有哪些有效的防治措施?

答:猪高致病性蓝耳病易防不易治,有以下预防措施:

1. 首先使用国家提供的免费猪高致病性蓝耳病灭活疫苗,这是防止发病的根本措施。可以从当地动物防疫站领取疫苗。要注意疫苗贮存、运输的低温保存。使用时先做小范围的试验,了解该疫苗的特性,注射的局部反映和有无过敏现象。为了减少局部反映注射用针头应在 3.8 厘米以上,深部肌肉注射,一只猪一个针头。并准备好 0.1%的肾上腺素或的赛米松注射液,如果有过敏反映及时注射肾上腺素或地赛米松。注射疫苗后注意观察猪群 2～3 天,如果有发烧不食的使用退烧药物。

2. 做好其他传染病的疫苗接种工作,比如猪瘟、伪狂犬、五号病、乙脑、细小病毒、链球菌等,防止继发或并发感染。

3. 保持猪圈的干净整洁、经常消毒。把猪舍及厂区中的细菌病毒控制在较低水平。

4. 积极学习,提高对高致病性蓝耳病的认识。不论是猪场技术人员还是个体养猪户积极学习掌握高致病性蓝耳病的发病规律,临床症状、剖检变化。积极主动参加防控猪高致病性蓝耳病的研讨班。在养猪人群中展开认识高致病性蓝耳病的宣传学习活动。提高对该病防控能力。

问:用药中还有什么好的方法?

答:应该重视中药使用,合理的药物保健预防,做到事半功倍效果。发挥中药在抗病毒方面的优势。中药是我国 2 000 多年来抗击疾病的主要武器。特别清热解毒类中药在抗病毒,提高机体抵抗力方面的作用,是西药不可比拟的。在 2003 年抗击“非典”和近年来抵抗禽流感的斗争中,证明了中药在这方面的优势。特别是对付没有有效的疫苗的病毒性猪病或免疫抑制性疾病。如,圆环病毒、蓝耳病。猪场合理把中西药结合使用,做猪群的预防保健,不仅可以提高机体免疫力,提高抗病能力,还可以促生长,达到事半功倍的效果。现在把在生产实践中使用比较有效的中西药结合的比较有效的组方介绍给养殖户,供大家参考:

组方 1:饮水使用,10%泰妙净 600 克/吨水+金谱康(10%水溶性氟苯尼考)200 克/吨水+圆兰清(又名双清粉,浙江金大康动物保健品有限公司生产)500 克/吨水,供哺乳母猪,仔猪使用。

组方 2:10%泰妙净 1 200 克/吨+15%金霉素 2 千克/吨+圆兰清 1 000 克/吨,拌料供妊娠母猪使用。

组方 3:金谱康 400 克/吨+黄芪多糖 200 克/吨,拌料供仔猪、生长猪使用。

组方 4:泰乐菌素 200 克/吨+磺胺间甲氧嘧啶 200 克/吨+圆兰清 1 000 克/吨,拌料供妊娠母猪母猪、种公猪、哺乳母猪、仔猪使用。

问:一般猪场猪群保健投药的时机怎么把握?

答:一般养猪户的投药时机,可以选择 1~1.5 个月全场投药 1 次,1 次 5~7 天一个疗程。规模化猪场可以在以下关键环节投药:妊娠母猪产前产后 1 周,仔猪断奶前后 1 周,保育猪下床后

1周，小猪料换大猪料后1周。体重在75千克左右投药1周。种公猪1～1.5个月投药1周。

除以上措施，另外还要积极配合上级兽医主管部门的疫病监测，定期检测猪瘟、五号病、高致病性蓝耳病等烈性疾病。猪瘟是养猪业的大敌，每次大的疫情总有猪瘟的影子。一定做好猪瘟的免疫监测。有条件的猪场自己经常做猪瘟的免疫抗体水平监测。没有条件的猪场应积极配合上级兽医主管部门的春、秋季节猪瘟、五号病免疫抗体监测，掌握本场猪瘟免疫水平，确保猪瘟的免疫到位确实，做到猪瘟疫情的安全。在猪病的复杂的今天，排除一个病，放心一个。

问：如何减少"高热病"发生？

答：随着养猪规模化、集约化发展，猪病越来越多，我们需要从改善猪的生存条件，猪病的检测与净化，转变养猪观念等多方面入手，提高猪抗病能力。

1.筹集资金，改善猪场硬件。一般规模化设备比较完善，但是随着猪的生长速度越来越快，猪的免疫抑制疾病的出现，猪的抵抗力越来越差，猪病的越来越复杂。现有的猪场设备条件，往往不能满足猪健康生长需要。比如，在去年极端气候的条件下，怎样防暑降温，成了南方猪场的头等大事；在北方暖冬，气温忽高忽低，短时间内变化剧烈，怎样减少猪舍温差，成了北方猪场不得不注意管理事项。高热病在条件差猪场首先发生，也说明了这一点。改善圈舍通风、降温防暑、卫生条件，给猪创造舒适居住生活环境，是我们养好猪的保证。完善猪场的消毒设施设备，提高猪场的生物安全水平是我们养猪发财的保障。如严格隔离生产区和办公区，设立人员、车辆出入的消毒通道，防止疫情传入。

2.定期采血化验监测本场疾病情况，根据自己猪场的实际情况，修改完善本场的免疫程序，并严格执行。猪场应分春、秋两次，主动采血到有条件的疾病预防控制中心监测本场病原体存在情况,根据结果增加或减少免疫疫苗项目。有专人保存好化验监测结果,以备疾病发生时为诊断提供参考。结合监测,努力净化我国有能力净化的疾病,如猪瘟、猪伪狂犬病。随着我国科学技术发展,猪瘟,猪伪狂犬的疫苗制造工业化,价格低廉;病原监测技术已经商业化,监测费用养猪场也能接受。需要兽医部门给予一定的引导和鼓励,需要媒体的宣传,让各养猪场认识净化猪病的重要性。

3.重视对病毒性疾病的免疫,选择性免疫细菌疾病的疫苗。重点免疫以下病毒性疾病,猪瘟、五号病、细小病毒、乙脑、伪狂犬、传染性胃肠炎、流行性腹泻、蓝耳病。选择正规的厂家的疫苗,一定严格按照免疫程序做好这些疾病的免疫工作,防止病毒疾病的发生。因为病毒性疾病发生,对猪场损失巨大。一般如果猪场卫生条件好,管理到位,可以减少细菌疫苗的使用。因为频繁的注射疫苗对仔猪也是应激反应,仔猪产生抗体也需要大量蛋白质,影响仔猪的生长。如果有卫生条件的猪场,可以不做大肠杆菌疫苗、萎缩性鼻炎等细菌性疫苗。可以通过有计划猪群药物保健控制细菌性疾病。猪群药物保健不仅可以减少细菌疾病发生,还可以促生长。做好各种疫苗免疫记录和药物保健记录,当猪群有异常情况时,或疾病发生时,可以根据记录使用排除法,尽快找出原因。

4.转变观念重饲养,轻治病。养猪户要将疾病防控工作重点从预防为主,治疗为辅,转变为“重饲养,轻治病”。意思是从饲养管理环节入手,预防疾病的发生。不要总是认为猪场饲养管理工作总是这样,没有什么可以改进的。只有猪病的发展,没有管理的更新。技术人员只是应付猪病的预防和治疗,而忽略猪饲养管理模式更新。场长应带头学习猪场饲养工艺流程新方法,管理新观念。可以试着从以下几个方面入手。①产房,保育实行全进全出是猪场防控疾病行之有效的方法。②逐步改造废除母猪限位栏的使用，或减少母猪限位栏使用。母猪一生在狭小的空间生活，心情压抑，抵抗力下降，增加感染疾病的几率。③在母猪饲料使用一些青草或草粉，苜蓿粉或花生秧粉。不要让本来吃杂食的猪，光吃细粮。导致猪胃肠道功能紊乱，猪场养的母猪排驴粪的现象。总之，猪场在猪病复杂的今天，应该按照猪的生理习性从饲养管理环节入手，在保障猪的身体健康，生活舒适基础上，再求经济效益。达到猪与人类的和谐。

十一、生猪高热病防治技术

2007年我国大部分省市发生猪高热病疫情，造成大批猪死亡，使许多养殖户蒙受重大损失，严重影响了养猪业的健康发展。本篇就如何防治猪高热病作一介绍。

问：什么是生猪高热病？

答：高热病是导致生猪发热的一种疾病。高热病的病因到现在还没有确定的结论，多数人认为：猪"高热病"是由猪繁殖与呼吸综合征病毒、猪瘟病毒、猪伪狂犬病病毒、圆环病毒、乙型脑炎病毒、猪链球菌、副猪嗜血杆菌、放线杆菌、巴氏杆菌、猪弓形虫、猪附红细胞体等两种或两种以上病原体混合感染或继发感染引起。

问：高热病有什么流行特点和临床症状？

答：高热病发病时的流行特点是呈区域性流行。流行季节明显，主要发生于高温、高湿季节。发病急、发病率高、治疗效果差、死亡率较高。不同日龄、不同品种的猪均可发生；主要以饲养管理和卫生条件较差的散养户和中、小型养猪场多发；免疫不到位、免疫程序和用药不合理的猪场尤为明显。

主要临床症状：本病的主要症状是猪群突然发病，体温升高到

40℃以上，精神沉郁、采食量下降或食欲废绝，呼吸困难，喜伏卧，患猪皮肤发红，耳部发绀，腹下和四肢末梢等身体多处皮肤呈紫红色斑块状。发病猪群死亡率较高，一般为10%～30%，高的可达50%以上，仔猪更为明显。部分母猪在怀孕后期出现流产，产死胎、弱仔和木乃伊。

问：高热病死亡的猪有什么病例变化？

答：病死猪剖检病变呈多样性。胸腔、腹腔内有大量黄色积液和纤维性渗出物，呈现多发性浆液纤维素性胸膜炎和腹膜炎。肺脏水肿，呈斑驳状到褐色状大理石样病变；肺间质增宽，间质性肺炎病变明显。淋巴结，特别是腹股沟淋巴结和肺门淋巴结明显肿大。部分病死猪肾脏肿大，呈褐色或土黄色，质地较脆，有淤血现象；脾脏肿大、质脆；个别猪有消化道病变。要做出确切的诊断，需要采集病料送实验室检查。

问：送病料时具体需要怎么办？

答：在采集病料时，对于发病猪可以采全血（分离血清），使用试管采集5毫升加盖子密封；也可以采集鼻腔棉拭子，棉拭子也要保存在干净的容器类密封。对于已经死亡的猪，可以采集心、肺、肝、脾、肾、扁桃体、脑、淋巴结、胃肠等器官中的病变组织，采集一部分就可以了，不可混样，并分别进行登记、编号、备份。

在保存与运输上，样品除密封于防渗漏的容器（如塑料袋或瓶）中，如果直接送检则冷藏（加冰块）运输；备份样品应置于－20℃以下冷冻保存。

问：发生了该病如何进行治疗？

答：目前主要是对症治疗。对发病猪群，在隔离饲养、严格消毒的基础上，根据确定的病原，在兽医人员的指导下，采取对症治

疗。并划分为三个类型:

1.病毒感染型:迄今尚无治疗特效药物,建议使用治疗用生物制剂。为防止细菌性继发感染,适量使用抗菌素药,配合使用扶持营养类药物(补充电解质和多种维生素)。

2.细菌感染型:除使用退热药外,通过药敏试验选择敏感性高的抗菌素类药,把握剂量、疗程和配伍禁忌。

3.原虫感染型:选择有效抗原虫类药物,按规定剂量和疗程使用,须注意毒副作用。

问:如何预防生猪高热病?

答:要想预防控制该病,需要采取综合措施,效果才好。具体做好以下五个方面的工作:

1.加强饲养管理。养猪场户坚持自繁自养,不得从疫区引种,采取“全进全出”和封闭管理的饲养模式,杜绝猪与其他动物混养,保持合理的饲养密度,减少猪群转圈和混群次数,使用全价配合饲料,减少应激,增强抗病能力。

2.改善防疫条件。养殖场户应建立健全并严格执行动物卫生制度;夏季注意防暑降温和蚊蝇叮咬;冬季注意保暖和通风。保持猪舍干燥,提供清洁饮水。及时清除猪舍粪便、排泄物及垫料。对不合理的厂址设计尽快进行改造。

3.定期环境消毒。养猪场户要定期对环境、圈舍进行消毒,减少和消灭病原微生物。

4.预防免疫接种。在落实口蹄疫、猪瘟强制免疫的同时,各地根据流行病种,有针对性地实施免疫接种。

5.遵守检疫规定。严格遵守动物检疫规定,禁止从发病地区收购仔猪和生猪产品。引进猪只要按规定进行检疫,并隔离观察45天,确认健康后方可混群饲养。

问:生猪高热病对消毒环节有什么具体要求?

答:消毒是有效清除和杀灭病原微生物,切断传染途径,预防、控制传染病发生、传播和蔓延的根本措施。特别是在当前病原不是十分明确的情况下,针对不同的对象进行消毒便变得十分必要。

消毒需要注意四个方面:①设施设备:房屋、圈舍、饲养用具、运输工具、工作服等。②畜体污物:畜体及排泄物、分泌物、垫料、废料、污水等。③周围环境:门口、通道、库房、宿舍、食堂以及办公场所等。④工作人员:饲养员、兽医及参观人员等。

消毒的方法主要采用以下三个方式:

1. 物理消毒:清理、打扫、冲洗;通风、干燥、日晒、高压、蒸煮、火焰等方法。

2. 化学消毒:用消毒药物进行清洗、浸泡、喷洒、熏蒸等方法。

3. 生物消毒:采用堆积、密封、发酵等方法。

问:消毒有什么具体程序要求没有?

答:不但有具体的程序,还要有明确的消毒制度。只有按照合理的程序做,消毒的效果才有保证。具体是按照清理、冲洗、药物消毒、无害化处理的顺序实施消毒。

1. 清理:清除消毒对象表面的污物、杂物,特别是附着在圈舍地面、墙壁、饲养用具、运输工具上有灰尘、粪便、被毛、垫料、废料、污渍等。

2. 冲洗:经过清理后,用动力喷雾器或高压水枪进行冲洗,冲洗按照从上至下,从里至外的顺序进行。注意对角落、缝隙、设施背面的冲洗,做到不留死角。

3. 药物消毒:选择碱类、醛类、酚类、卤素类、氧化剂、双链季胺盐等有效消毒药品,采用合适的消毒方法实施药物消毒。一般2~3种不同类型的消毒药交替使用,第一次使用碱性消毒药,第二次使用表面活性剂类、卤素类、酚类等消毒药。

4. 无害化处理：清除的垃圾、粪便、垫料、污物以及冲洗产生的污水采用深埋、化制、高温、焚烧、密封发酵等方法进行无害化处理。

消毒要做好以下几点：

1. 猪场门口设立消毒池，长度以进出车辆车轮的 2 周长以上为宜，可用 2%烧碱等消毒液，每周更换 1 次，保持消毒池内消毒药液的有效性。

2. 猪场生产区通道设消毒垫、紫外线消毒灯，饲养人员、兽医进入须穿专用胶鞋和工作服，并用消毒药液洗手。

3. 猪场生产区道路、圈舍周围环境，可用 2%烧碱或生石灰等消毒剂，每周定期消毒 1 次。

4. 猪场排粪坑、污水池、下水道出口每月用漂白粉消毒 1 次。

5. 饲养用具每周定期消毒 2 次。可移动用具冲洗干净后，用 0.1%新洁尔灭或 0.2%～0.5%过氧乙酸等消毒液消毒，然后在密闭的室内进行甲醛熏蒸消毒。

6. 每周定期带猪消毒 2 次，需选用对人畜无害的消毒液，如百毒杀或 0.2%过氧乙酸等。

7. 猪群出栏后和进猪前在彻底清理、冲洗的基础上，进行喷雾或熏蒸消毒。

8. 工作人员离开生产区前，工作服放在紫外线消毒间，并每周用消毒药物浸泡清洗 1 次。

9. 来人参观猪场后，需对参观路径或全场进行喷雾或喷洒消毒。

10. 发生疫情时，增加消毒次数，并按国家有关规定执行。

问：高热病都需要免疫什么病种？

答：需要免疫的主要是免疫八个病种：

1.猪瘟。免疫接种使用猪瘟兔化弱毒疫苗或猪瘟细胞苗。

种猪:公猪每年春、秋两季各免疫1次;母猪配种前免疫1次。

仔猪:25日龄、55～60日龄各免疫1次;必要时,可采取超前免疫。

2.猪繁殖障碍与呼吸综合征,也就是所说的蓝耳病。生产中免疫接种使用猪蓝耳病灭活疫苗。

母猪:配种前免疫1次;初产母猪间隔20天再加强免疫1次。

仔猪:免疫母猪所产仔猪10日龄免疫1次;未免母猪所产仔猪3～4日龄免疫1次。

3.猪伪狂犬病。免疫接种使用猪伪狂犬基因缺失疫苗。

种猪:每4个月免疫1次。

后备母猪:在配种前1个月和产前1个月各免疫1次。

仔猪:7～10日龄初免,断奶后加强免疫一次。

4.猪肺疫、猪丹毒。接种使用猪丹毒疫苗、猪肺疫苗或猪丹毒-猪肺疫二联苗。

种猪:春、秋两季各免疫1次。

商品猪:仔猪断奶后免疫1次,70日龄加强免疫1次。

5.猪大肠杆菌病。

(1)仔猪黄白痢。免疫接种使用仔猪黄白痢二价菌苗。未经免疫的初产母猪,产前30～40天和15～20天各免疫1次;经产母猪,产前15～20天免疫1次。

(2)猪水肿病。仔猪生后半个月,使用猪水肿病油乳剂灭活疫苗免疫1次。

6.仔猪副伤寒。仔猪于30～35日龄使用猪副伤寒弱毒冻干菌苗免疫1次。

7.猪细小病毒病。免疫接种使用猪细小病毒疫苗。种公猪每年免疫1次;母猪配种前4～5周免疫1次。

8.猪气喘病。仔猪于7～15日龄使用猪气喘病弱毒菌苗(进口)免疫1次。

问:政府主管部门在防治猪病上都采取了什么措施?

答:省政府、省级兽医主管部门对猪病的防治也是十分重视的,主要采取以下四个方面的防治原则:

1. 综合防控。采取"预防为主,防治结合,加强监管,消毒灭源"的综合防控措施。

2. 属地管理。县级畜牧兽医主管部门在本级政府的统一领导下,具体负责辖区猪"高热病"的预防、控制和疫情处置工作。省、市畜牧兽医主管部门负责监督指导和技术支持。

3. 逐级认定。县级畜牧兽医主管部门根据本病的流行特点、临床症状和病理变化初步认定疑似疫情;市级畜牧兽医主管部门经调查核实认定疑似疫情;省级畜牧兽医主管部门根据实验室诊断结果确定疫情。

4. 及时报告。按照动物防疫法,疫情报告有具体的程序、内容和形式要求。具体是:

(1)报告程序。

①任何单位和个人发现可疑病、死猪,应立即向当地动物防疫监督机构报告。

②县级动物防疫监督机构接到报告后,应当立即派出调查组进行临床检查和实验室诊断,初步认定为疑似疫情的,报告市级动物防疫监督机构。

③市级动物防疫监督机构接到报告后,立即派出调查组进行调查核实和实验室诊断,认定为疑似疫情的,报告省动物防疫监督机构,并采集病料送省级兽医实验室确诊。

④省动物防疫监督机构及时将诊断结果报告省畜牧兽医主管部门;上级畜牧兽医主管部门及时将认定结果向下级畜牧兽医主管部门反馈。

(2)报告内容。报告内容主要包括疫情最早发生的时间、地点、存栏数、发病数、死亡数、各种疫病免疫情况、临床症状、病理变化、诊断结论,流行病学和疫源追踪情况、已采取的控制措施,以及报告的单位、负责人、报告人、联系方式等。

(3)报告形式。畜牧兽医主管部门以文字形式报告,动物防疫监督机构按《动物疫情报告管理办法》的格式报告。报告要经主要负责人签字并加盖公章。确诊结果通过动物防疫网络传输报告。

十二、科学养牛技术

养牛,特别是肉牛的养殖是农民致富的一条好门路,但要想获得高效益,必须科学饲养、精细管理,特别是注意肉牛的育肥技术。本篇就科学养牛知识进行介绍。

问:当前肉牛养殖是一个什么形势?

答:我国人口多、耕地有限,发展牛、羊等草食家畜更具有战略意义。牛肉是西方发达国家主要肉食品种,肉牛养殖在西方国家畜牧业中占有重要地位。目前国内外肉牛养殖规模不断扩大,并且有从草原上游牧放养逐渐向饲养场圈养发展的趋势,有很多的农民朋友靠养肉牛致富了。

问:当前肉牛生产中存在哪些问题?

答:主要的问题是:

1.肉牛生产水平较低。肉牛饲养管理粗放,生产过程科技含量低。尤其在偏远山区和坝上地区,由于饲草饲料不足,仍按传统的有啥喂啥的饲养习惯饲喂,不能按照牛的品种、不同生长发育阶段的营养需要进行科学合理地喂养,使牛在冬春严重营养不良;一些平原农区的肉牛养殖也延袭传统习惯,基本不喂精料,使肉牛不能按时出栏，造成市场竞争力不高。

2. 规模化程度低。肉牛生产主要还是以千家万户分散饲养为主体，规模化、专业化的育肥牛场和育肥小区占的比重少，不利于配套技术推广应用，综合技术含量不高，因此，生产过程不规范，产品规模化程度低。

3. 加工企业辐射能力不强，与农户连接不紧密。企业与农户间尚未形成长期、稳定的利益连接机制，一旦市场出现波动，企业与农户的连接就会出现障碍，农户的风险大大高于企业。

4. 牛肉品质差。表现在能够生产高档牛肉的牛源少，肉牛胴体优质肉块所占比例小，牛肉出口量少。

问：肉牛都有哪些好的品种？

答：适合养殖的肉牛品种有本地牛、引进牛、杂交改良牛三大类。国产品种主要是四个：

1. 秦川牛。产于陕西省渭河流域关中平原地区。具有役肉兼用牛体型。

2. 南阳牛。产于河南省南阳地区，属大型役肉兼用品种。

3. 鲁西黄牛。产于山东省西部，黄河以南及运河以西一带。济宁、菏泽地区为中心产区。属役肉兼用品种。

4. 晋南牛。产于山西省运城、临汾两个地区，属于大型役肉兼用品种。

问：引进的肉牛品种都有哪些？

答：改革开放后，我国引进了不少国外的良种肉用育肥牛。主要是以下六种：

1. 海福特牛。原产于英国，属小型肉用牛品种。该牛肉质细嫩多汁，味道鲜美。早熟，增重快，耐粗饲，抗病力强，适于放牧。

2. 安格斯牛（无角黑牛）。原产于英国，属早熟的中小型肉牛品种。成熟早，耐粗饲，耐寒，适应性强。性情温顺，适于放牧饲养。

3.夏洛来牛。原产于法国，属大型肉牛品种。产肉性能好，一般屠宰率为60%～70%，胴体净肉率为80%～85%，肉质好，瘦肉多。具有适应性强，耐粗饲，耐寒，抗病等特点，但繁殖率低，难产率高。

4。利木赞牛。原于法国，属大型肉牛品种。具有适应性强，耐粗饲，适于放牧，补偿生长能力强，饲料利用率高的特点。难产率较夏洛来牛低。

5.皮埃蒙特牛。原于意大利，属中型肉用牛品种。其主要特点是早期增重快，皮下脂肪少，屠宰率高，眼肌面积大，肉质鲜嫩，皮张弹性极高。但易发生难产。

6.西门塔尔牛。原产于阿尔卑斯山区，即瑞士西部及法国、德国和奥地利等。是世界著名的兼用牛品种。适应性好，耐粗饲，性情温顺，适于放牧。

问：杂交改良牛都有哪些，有什么特点？

答：1.主要有三种：

(1)西门塔尔杂交改良牛，体躯高大，结构均匀，体质结实，肌肉发达，乳房发育好，属乳肉、肉乳兼用型。

(2)利木赞杂交改良牛，体躯较长，后躯发育良好，臀部宽平，肌肉发达，四肢稍短粗，是肉用型。

(3)夏洛来杂交改良牛，背腰宽平，肌肉发达，四肢粗壮，体质结实，呈肉用型。

2.其特点是：

(1)生长发育快：改良牛无论是西杂、夏杂、利杂，普遍初生牛犊体重大，以后生长发育也快。随着级进代数的增加，初生重也加大，生长速度也加快。据统计最高可提高68%，最低的也达到了21%。

(2)产肉性能好:根据测定,一代、二代、三代杂交牛的产肉量比本地牛的平均产肉量分别增长25%、60%、60%。总的来讲,日增重高了、肉料比降了,杂交的经济效益就好了。

(3)杂交改良牛的适应性:引进国外良种对我国黄牛进行改良,杂种优势十分明显。除上述生产性能明显提高外,其适应性也强。严寒的东北草原冬季最低气温-40~-35℃,改良牛没有出现弓腰缩背现象;在炎热的南方各省最高气温35~40℃的酷暑下,也没有发生气喘怕热的症状。改良牛放牧能力强,抗逆性强,耐粗饲,采食增膘快。

问:科学养牛如何进行肉牛的育肥?

答:无论是什么牛,一般在肉用屠宰前均需催肥。催肥后不仅体重增加,而且肌肉内和肌肉间的脂肪量也增加,使肉的大理石纹明显,肉的品质,如嫩度、多汁性及香味等也有所改善。因此,育肥是肉牛生产中一个十分重要的环节。

问:在肉牛育肥过程中,养殖户需要遵循什么原则?

答:根据育肥牛的特点,牛育肥时应遵守以下原则:

第一,进行驱虫。育肥牛在育肥前应进行体内外驱虫。体外寄生虫可使牛采食量减少,抑制增重,育肥期增长。体内寄生虫会吸收肠道食糜中的营养物质,影响育肥牛的生长和育肥效果。一般可选用阿维菌素,一次用药同时驱杀体内外多种寄生虫。

第二,减少活动。对于育肥牛应减少活动,对于放牧育肥牛尽量减少运动量,对于舍饲育肥牛,每次喂完后应每头单拴系木桩或休息栏内,缰绳的长度以牛能卧下为宜,这样可以减少营养物质的消耗,提高育肥效果。

第三,坚持"五定"、"五看"、"五净"的原则。

1.“五定”。

定时:每天上午 7～9 点,下午 5～7 点各喂 1 次,间隔 8 小时,不能忽早忽晚。上、中、下午定时饮水 3 次。

定量:每天的喂量,特别是精料量按每 100 千克体重喂精料 1～1.5 千克,不能随意增减。

定人:每个牛的饲喂等日常管理要固定专人,以便及时了解每头牛的采食情况和健康,并可避免产生应激。

定刷拭:每天上、下午定时给牛体刷拭一次,以促进血液循环,增进食欲。

定期称重:为了及时了解育肥效果,定期称重很必要。首先牛进场时应先称重,按体重大小分群,便于饲养管理。在育肥期也要定期称重。由于牛采食量大,为了避免称量误差,应在早晨空腹称重,最好连续称两天取平均数。

2.“五看”。指看采食、看饮水、看粪尿、看反刍、看精神状态是否正常。

3.“五净”。

草料净:饲草、饲料不含砂石、泥土、铁钉、铁丝、塑料布等异物,不发霉不变质,没有有毒有害物质污染。

饲槽净:牛下槽后及时清扫饲槽,防止草料残渣在槽内发霉变质。

饮水净:注意饮水卫生,避免有毒有害物质污染饮水。

牛体净:经常刷拭牛体,保持体表卫生,防止体外寄生虫的发生。

圈舍净:圈舍要勤打扫、勤除粪,牛床要干燥,保持舍内空气清洁、冬暖夏凉。

第四,牛舍及设备常检修。缰绳、围栏等易损品,要经常检修、更换。牛舍在建筑上不一定要求造价很高,但应防雨、防雪、防晒、冬暖夏凉。

问：肉牛的育肥都有哪些方式？

答：有持续育肥、后期强度育肥（架子牛育肥）、犊牛育肥、淘汰牛育肥等。持续育肥是指犊牛断奶后，立即转入育肥阶段进行育肥，一直到出栏。持续育肥由于在肉牛生长速度快、饲料利用率较高的阶段进行，加上饲养期较短，所以育肥效果良好，生产的牛肉，肉质鲜嫩，且成本较低，是值得推广的方法。

后期集中育肥也称强度育肥或快速育肥，将牧区或山区未经肥育的架子牛（体重 300 千克以上），或者从市场上选购 15～20 月龄左右的架子牛转移到精料条件好的农区进行育肥，经过驱除体内外寄生虫后，利用精料型的日粮（以精料为主搭配少量的秸秆、青干草或青贮饲料），进行 3 个月左右的短期强度育肥，达到出栏体重（400～450 千克），即屠宰或出售。这种育肥方法消耗精料不多，成本较低，并可增加周转次数，比较经济。近年来，我国许多养肉牛户都是靠采用强度育肥方法走上致富路的。

问：肉牛的育肥方法都有哪些？

答：

第一，秸秆和氨化秸秆舍饲育肥。农作物秸秆是丰富且廉价的饲料资源。秸秆经过氨化处理，可以提高营养价值，并改善适口性和消化率。让牛自由采食秸秆或氨化秸秆并补喂适量能量饲料，可以满足肉牛的增重需要。

据资料报道，将体重 200 千克的肉牛在简易的牛棚内拴系饲养，日喂氨化玉米秸粉 14 千克，混合精料 2 千克，促生长添加剂和食盐各 33 克，每日单槽定时饲喂 2 次，并限制其过量运动，平均日增重可达 1 千克以上。有试验证明，平均体重 297.4 千克的杂种公牛，每 100 千克活重日均采食氨化小麦秸 2.48 千克或氨化玉米秸 2.83 千克，另外每日每头平均喂 1.5 千克棉籽饼。在 80 天的育肥试验期中平均日增重分别为644克和744克,分别比喂未氨化小麦秸或玉米秸组的牛提高45%和85%。许多试验结果表明,以氨化秸秆为主要饲料,每日每头补饲1.5～2千克精料,可使育肥肉牛达到一定的增重水平。

第二,青贮料舍饲育肥。青贮玉米是育肥肉牛的优质饲料,如同时补喂一些混合精料,可以达到较高的日增重。据试验,体重375千克的荷斯坦杂种公牛,每日每头饲喂青贮玉米12.5千克,混合精料6千克(棉籽饼25.7%,玉米面43.9%,麸皮29.2%,磷酸氢钙1.2%),另喂食盐30克,在104天的育肥期内,平均日增重1 654克。

据用1.5～2岁、体重342.5千克的鲁西黄牛进行试验,青贮玉米自由采食,精料(玉米53.03%,麸皮28.41%,棉籽饼16.1%,磷酸氢钙1.51%,食盐0.95%)每日每头喂5千克,在60天的试验期内平均日增重1.36千克,最高的个体达1.5千克,比自由采食干玉米秸日增重提高0.45千克。

在肉牛育肥中一般用的玉米青贮,即玉米收获子穗后的秸秆铡碎青贮。虽然这种青贮营养价值较低,但比干玉米秸的饲喂效果要强得多。在饲喂育肥牛时,随着精料喂量的逐渐增加,青贮玉米秸的采食量逐渐下降,虽日增重逐渐增加,但饲养成本上升。因此育肥时精粗饲料的比例一定要合适。

在自由采食青贮饲料时,加喂青贮干物质2%的尿素对增重有利,尤其对体重300千克以上的育肥牛,效果更好。这是因为秸秆的蛋白质含量低,补充尿素可增加氮源。同时还应注意补充能量饲料、矿物质和维生素。如果每日每头添加10～15克小苏打,还可减少有机酸的危害。

第三,微贮秸秆舍饲育肥。秸秆微贮是在适宜的温度、湿度和厌氧条件下,利用微生物活菌发酵秸秆,从而改善秸秆的适口性和饲喂价值。据报道,牛采食微贮秸秆的速度比采食一般秸秆提高

30％～45％，采食量增加20％～30％；若每天再补饲精料2.5千克，肉牛的平均日增重可达1.32千克。

秸秆微贮工艺简便，易学易做，可制作的季节长，还可错开农忙季节和雨季，易于贮存，饲喂方便，并且微贮秸秆无毒无害。其制作成本约相当于氨化秸秆的1/5，饲喂效果与氨化秸秆相似，可见其成本低，效益高，值得在肉牛育肥中推广应用。

第四，糟渣类农副产品育肥。酒糟、啤酒糟、甜菜渣、豆腐渣等农副产品都是肉牛育肥的好饲料。据报道，用白酒糟加精料育肥肉牛，可取得较高日增重。据用荷斯坦小公牛及西门塔尔杂交牛进行试验，每日每头饲喂3.5千克混合精料，12.5千克酒糟及少量添加剂，在60天的育肥期内平均日增重1.42千克。

用豆腐渣喂牛也能取得良好效果。有试验每日每头牛饲喂豆腐渣20千克，玉米面0.5千克，食盐30克，谷草5千克，平均日增重可达1千克左右。在甜菜产区，可用甜菜渣育肥肉牛。育肥牛每日每头饲喂甜菜渣20～25千克、干草2千克，秸秆3千克，混合精料0.5～1.5千克，食盐50克，尿素50克，日增重可达到1千克以上。

用糟渣类饲料育肥肉牛时应注意，在大量喂甜菜渣时要减少饮水，饲喂干甜菜渣时应充分浸泡6～10小时后饲喂。饲喂酒糟时应保证优质新鲜，如暂时喂不完，可采用袋式、缸式、堆式或窖式等方法进行封闭贮藏，也可采用制作氨化饲料的方法对酒糟进行氨化处理。饲喂酒糟应遵循由少到多、循序渐进、逐步适应的原则。饲喂酒糟过程中如发现牛出现湿疹、膝部球关节红肿与腹部臌胀等症状，应暂停喂，并适当调剂饲料，以调整其消化功能。冬季还应避免喂冰冻酒糟，对冰冻酒糟要在室内化开以后再喂。

第五，高能日粮强度育肥。对2.5～3岁、体重300千克的架子牛，可采用高能量（每千克含10.88 MJ以上代谢能）混合料或精料型（70％）日粮进行强度育肥，以达到快速增重、提早出栏的目的。在由粗料型日粮向精料型日粮转变时，要有15～20天的过渡期。可采用如下方案：1～20天，日粮粗料比例为45%，粗蛋白质12%左右，每头日采食干物质7.6千克；21～60天，日粮中粗料比例为25%，粗蛋白质10%，每头日采食干物质8.5千克；61～150天，日粮中粗料比例为20%～15%，粗蛋白质10%，每头日采食干物质10.2千克。应注意的是，过渡期要实行一日多餐，防止育肥牛臌胀病及腹泻的发生。要经常观察反刍情况，发现异常及时治疗，保证饮水充足。以上这些方法都是可以借鉴的育肥方式。

问：小牛肉的经济效益较高，是怎样生产出来的？

答：在畜牧业发达的国家，大部分公犊和淘汰的母犊用做生产小牛肉和犊牛肉。即完全用全乳、脱脂乳或代用乳，或者用较多数量牛奶搭配少量混合精料饲喂犊牛，哺乳期可分为3个月或7～8月龄，断奶后屠宰。优良的乳肉兼用品种或乳用品种牛犊，均可生产优质犊牛肉。严格说来，犊牛生后90～100天，体重达到100千克左右，完全由乳或代用乳培育所产的牛肉，称为“小白牛肉”。而在生后7～8月龄或12月龄以前，以乳为主，辅以少量精料培育，体重达到300～400千克所产的肉，称为“小牛肉”。犊牛肉鲜嫩多汁，蛋白质比一般牛肉高27.2%～63.8%，而脂肪却低95%左右，并且人体所需的氨基酸和维生素齐全，是理想的高档牛肉，发展前景十分广阔。

问：小白牛的育肥有什么方法？

答：小白牛肉的生产是指犊牛从初生至3月龄（或100天），完全靠牛乳（或代用乳）来供应营养，不喂给其他任何饲料，甚至连垫草也不能让其采食。供生产小白牛肉的犊牛要选择优良的肉用品种、乳用品种、兼用品种或杂交牛的牛犊，要求身体健康、消化吸收机能强、生长发育快，初生重在38～45千克。

小白牛肉肉质细嫩，味道鲜美，全白色或稍带浅粉色，近似鸡肉，带有乳香气味，适于各种烹调方法。价格是一般牛肉的 8～10 倍；生产小白牛肉每增重 1 千克牛肉约消耗 10 千克牛乳，很不经济。近来采用代乳料和人工乳来喂养，平均每生产 1 千克小白牛肉需要 1.3 千克的代乳料或人工乳。犊牛初生时，瘤胃发有较差，其消化生理与单胃动物相同。如生后完全用全乳或代用乳饲喂，可以抑制胃的活动和发育，使犊牛不反刍和不发生“空腹感”。从而快速生长发育。

问：小牛肉的育肥有什么方法？

答：初生犊牛可以采用随母哺乳或人工哺乳的方法喂养，但出生 3 天后必须由人工哺乳。1 月龄内可按体重的 8%～9%喂给牛奶，精料量逐渐增加至 0.5～0.6 千克。1 月龄后日喂奶量基本保持不变，喂料量要逐渐增加。粗料（青干草或青草）自由采食。喂奶（或代用乳）直到 6 月龄为止，可以在此阶段出售，也可以继续育肥至 7～8 月龄或 1 周岁出栏。

为节省用奶量，提高增重效果并减少疾病的发生，所用的育肥精料应具有热能高、易消化的特点，并可加入少量的抑菌制剂。可以采用下述饲料配方：玉米 60%、豆饼 15%、大麦 13%、油脂 10%、磷酸氢钙 1.5%、食盐 0.5%。每千克饲料中加入 22 克土霉素，维生素 A 10 000～20 000 单位。

问：这两种犊牛在饲养管理上有什么特殊的要求？

答：育肥犊牛的管理要求是：初生犊牛要及时哺喂初乳，初乳哺用 5～7 天，可以提高机体免疫力，减少疾病（尤其是胃肠炎和肺炎）的发生。对 4 周龄以内的犊牛，喂奶要做到定时、定量、定温，并保证奶及喂奶用具的卫生，以预防消化不良和下痢的发生。夏季奶温控制在 37～38℃，冬季以 39～42℃为宜。天气晴朗时应让犊牛到室外晒太阳，但要控制运动量。如无条件晒太阳，可每日每头补饲维生素D 500～1 000单位。5周龄以后可拴系饲养，减少运动，但每天应晒太阳3～4小时。夏季要注意防暑降温，冬季宜在室内饲养，舍温应在0℃以上。犊牛育肥的最适温度为18～20℃，相对湿度80%以下。公犊可不用去势。每日应刷拭牛体，保持牛体卫生。

犊牛在育肥期内每天喂2～3次，自由饮水，夏季可饮凉水，冬季饮20℃左右的温水。犊牛发生软便时，不必减食，可以给予温开水。但给水量不能过多，以免造成“水腹”。若出现消化不良，可酌情减喂精料，并用药物治疗。如下痢不止，是顽固性症状时，则应进行绝食，并注射抗生素类药物和补液。在乳中加入抗生素，可以预防胃肠道病和呼吸道病。

问：高档牛肉有什么划分标准？

答：对于高档牛肉的基本要求。由于各国传统饮食习惯不同，高档牛肉的标准各异。通常高档牛肉是指优质牛肉中的精选部分，国外称特级牛肉或精选级牛肉，也称一级或二级牛肉。美国、加拿大等美洲国家希望高档牛肉中含有适度脂肪。英国、德国、法国等欧洲国家则希望少含或不含脂肪。但日本、韩国及东南亚各国均希望含较丰富的脂肪。

目前我国肉牛和牛肉等级标准尚未统一规定，综合国内外研究结果，高档牛肉至少应具备以下基本要求，供国内生产高档牛肉参考：

1. 活牛。健康无病的各类杂交牛或良种黄牛。年龄30月龄以内，宰前活重550千克以上。膘情满膘（看不到骨头突出点）；尾根下平坦无沟、背平宽；手触摸肩部、胸垂部、背腰部、上腹部、臀部，有较厚的脂肪层。

2. 胴体评估。屠宰后胴体外观完整，无损伤；胴体体表脂肪覆盖率 80%以上，色泽洁白而有光泽，质地坚硬；胴体 12～13 肋骨处脂肪厚度 10～20 毫米，净肉率 52%以上。

3. 肉质评估。大理石花纹符合我国牛肉分级标准(试行)一级或二级(大理石花纹丰富)；牛肉嫩度，肌肉剪切力值 3.62 千克以下，出现次数应在 65%以上；易咀嚼，不留残渣，不塞牙；完全解冻的肉块，用手触摸时，手指易进入肉块深部。牛肉质地松软、多汁。每条牛柳 2.0 千克以上，每条西冷重 5.0 千克以上，每块眼肉重 6.0 千克以上。

问：生产高档牛肉都有什么要求？

答：高档牛肉的生产需要有以下几个方面的要求：

1. 品种选择。生产高档牛肉的品种应选择利木赞或皮埃蒙特牛与本地牛的杂交后代、红安格斯牛与本地牛杂交后代发及我国良种黄牛(鲁西牛、秦川牛、晋南牛、南阳牛)。这样的牛易于达到育肥标准。

2. 性别与年龄。生产高档牛肉以阉牛育肥最好。最佳开始育肥年龄为 12～16 月龄，终止育肥年龄为 24～27 月龄。30 月龄以上牛只不宜肥育生产高档牛肉。

3. 饲养与饲料。生产高档牛肉的牛，6 月龄体重不低于 140 千克，以后按照日增重 1 千克日粮饲喂，到 22～26 月龄体重达到 650 千克左右。也可选择 12 月龄、体重 300 千克牛进行育肥，同样按日增重 1 千克日粮饲喂，到 22 月龄时，体重达到 600 千克。此时，膘情为满膘，脂肪已充分沉积到肌肉纤维之间，使眼肌切面上呈现理想的大理石花纹。育肥到 18 月龄以后，日增重稍低，应酌情增加日料量 10%左右。最后两个月要调整日粮，不喂含各种能加重脂肪组织颜色的草料，例如大豆饼粕、黄玉米、南瓜、红胡萝卜、青草等。改喂使脂肪白而坚硬的饲料，例如麦类、麸皮、麦糠、马铃薯和淀粉渣等，粗料最好用含叶绿素、叶黄素较少的饲草，例如玉米秸、谷草、干草等。在日粮成分变动时，要注意做到逐渐过渡。最后两个月最好提高营养水平，使日增重达到1.3千克以上。高精料育肥时应防止发生酸中毒。

日粮配方有四种供读者参考：

配方1（适应于体重300千克）：精料4～5千克/（日·头）（玉米50.8%、麸皮24.7%、棉粕22.0%、磷酸氢钙0.3%、石粉0.2%、食盐1%、小苏打0.5%，预混料适量）；谷草或玉米秸3～4千克。

配方2（适应于体重400千克）：精料5～7千克/（日·头）（玉米51.3%、大麦21.3%、麸皮14.7%、棉粕10.3%、磷酸氢钙0.14%、石粉0.26%、食盐1.5%、小苏打0.5%，预混料适量）；谷草或玉米秸5～6千克/（日·头）。

配方3（适应于体重450千克）：精料6～8千克/（日·头）（玉米56.6%、大麦20.7%、麸皮14.2%、豆饼12%、油脂1%、磷酸氢钙1.2%、小苏打0.3%～0.5%，添加剂1%～2%），谷草或玉米秸5～6千克/（日·头）。

配方4（适用于体重450～500千克，主要用于肉质改善）：精料6～8千克/（日·头）（玉米82%～83%、大麦20.7%、麸皮14.2%、棉粕6.3%、石粉0.2%、食盐1.5%、小苏打0.5%，预混料适量），玉米秸5～6千克/（日·头）。

4.肥育牛的管理。实施卫生防疫措施；夏季防暑，冬季防寒；天天刷拭牛体，清洗牛床、牛槽和水槽；保证充足干净饮水，每日3～4次。育肥后期，每日喂料3～4次；安全运输，防止牛只损伤。

5.屠宰及胴体成熟。当肉牛年龄在24～30月龄、体重达到550千克以上时，及时出栏屠宰。

问：提高肉牛育肥效果的措施有哪些？

答：

第一，选好品种。由于我国没有专用肉牛品种，所以可利用国外优良肉牛品种的公牛与我国地方品种的母牛杂交，或国内优良地方品种间的杂交后代进行育肥。杂交后代的杂种优势对提高育肥肉牛的经济效益有重要作用。如西门塔尔杂交牛产奶、产肉效果都很明显；皮埃蒙特杂交牛生长迅速、肉质好；海福特改良牛早熟性和肉的品质都有提高；利木赞杂交牛的牛肉大理石花纹明显改善；夏洛来改良牛生长速度快、肉质好等。

第二，利用公牛育肥。研究表明，性别影响牛的育肥速度，在同样的饲养管理条件下，以公牛生长最快，阉牛次之，母牛最慢。这是因为公牛体内性激素—睾酮含量高的缘故。一般公牛的日增重比阉牛提高 14.4%，饲料利用率提高 11.7%，可在 18～23 月龄屠宰。因此如果在 24 月龄以内肥育出栏的公牛，以不去势为好，胴体瘦肉多，脂肪少。

第三，选择好的架子。架子牛的选择非常重要，有“架子牛七成相”之说。因此，应尽可能选择易于饲喂，容易长膘，资质好，能卖大价钱的牛入栏喂养育肥。

第四，选择适龄牛育肥。年龄对牛的增重影响很大。一般规律是肉牛在 1 岁时增重最快，2 岁时增重速度仅为 1 岁时的 70%，3 岁时的增重又只有 2 岁时的 50%

幼龄牛的增重以肌肉、内脏、骨骼为主，而成年牛的增重除增长肌肉外，主要是沉积脂肪。饲料利用率随年龄增长、体重增大而呈下降趋势。在同一品种内，牛肉品质和出栏体重有非常密切的关系，出栏体重小的牛肉质往往不如体重大的牛，但变化没有年龄的影响大。按年龄，大理石花纹形成的规律是：12 月龄以前花纹很少；12～24 月龄之间，花纹迅速增加，30 月龄以后花纹变化很微小。由此看出要获得经济效益高的高档牛肉，需在 18～24 月龄时出栏。

第五，抓住育肥的有利季节。环境温度影响肉牛的育肥速度。最适气温为 10～21℃，低于 7℃，牛体产热量增加，维持需要增加，要消耗较多的饲料；环境温度高于27℃，牛的采食量下降，增重降低，所以在四季分明的地方，春秋季节育肥效果最好。此时气候温和，牛的采食量大，生长快。夏季炎热，不利于牛的增重，因此肉牛育肥季节最好错过夏季。但在牧区肉牛出栏以秋末为最佳。

第六，合理搭配饲料。要按照育肥牛的营养需要标准配合日粮，正确使用各种饲料添加剂。日粮中的精料和粗料品种应多样化，这样不仅可提高适口性，也利于营养互补和提高增重。

肉牛在不同的生长育肥阶段，对饲料品质的要求不同，幼龄牛处于生长发育阶段，增重以肌肉为主，所以需要较多的蛋白质饲料；而成年牛和育肥后期增重以脂肪为主，所以需要较高的能量饲料。

1.精、粗饲料比例。在肉牛的育肥阶段，精饲料可以提高牛胴体脂肪含量，提高牛肉的等级，改善牛肉风味。粗饲料在育肥前期可锻炼胃肠机能，预防疾病的发生，这主要是由于牛在采食粗料时，能增加唾液分泌并使牛的瘤胃微生物大量繁殖，使肉牛处于正常的生理状态，另外由于粗饲料可消化养分含量低，防止血糖过高，低血糖可刺激牛分泌生长激素，从而促进生长发育。

一般肉牛育肥阶段日粮的精、粗比例为：前期粗料为55%～65%，精料为45%～35%；中期粗料为45%，精料为55%；后期粗料为15%～25%，精料为75%～85%。

2.营养水平。采用不同的营养水平，增重效果不同。在育肥全期使用高营养水平，虽然前期日增重提高，但不利于全期育肥，后期日增重反而下降，所以从日增重和育肥天数综合考虑，育肥前期，营养水平不宜过高，营养类型以中高型为好。

3.饲料形状。饲料的不同形状，饲喂肉牛的效果不同。一般来说颗粒料的效果优于粉状料，使日增重明显增加。精料粉碎不宜过细，粗饲料以切短利用效果最好。

第七，对育肥牛要精心管理。饲养管理的好坏直接影响育肥速度。育肥前要进行驱虫和疫病防治,育肥过程中要勤检查、细观察,发现异常及时处理。严禁饲喂发霉变质的草料,注意饮水卫生,要保证充足、清洁的饮水,每天至少饮2次,饮足为止。冬春季节水温应不低于10℃。要经常刷拭牛体,保持体表干净,特别是春秋季节要预防体外寄生虫的发生。圈舍要勤换垫草、勤清粪便。保持舍内空气清新,冬暖夏凉。育肥期间应减少牛只的运动,以利于提高增重。每出栏一批牛,要对厩舍进行彻底的清扫和消毒。

十三、犊牛的饲养管理及常见病的防治

奶牛生产是农民发家致富的阳光产业,能否作好这项产业,犊牛的饲养管理是关键,本篇介绍有关犊牛的饲养管理及常见病的防治知识。

问:犊牛的饲养管理的重要性有哪些?

答:犊牛是指从出生到6个月龄的小牛。这个阶段的犊牛极易生病。由于出生牛犊体质弱,需经过哺乳和断奶等过程,稍有疏忽就会造成犊牛发育不良或死亡。而且,犊牛饲养的好坏还直接影响到成年牛的采食能力和产奶性能。因此,搞好犊牛的饲养管理非常重要。

问:如何搞好犊牛的饲养管理?

答:在犊牛饲养管理过程中要做到"三早"即早吃初乳、早补饲、早断乳;把好三关:出生关、补饲关、断乳关。

问:犊牛的出生关很重要,这时应该注意些什么?

答:犊牛出生后,应用干净的布或干草清除口腔内及鼻孔内的黏液,以免造成犊牛的窒息或死亡。若发现新生犊牛不呼吸,可用

一根干净的稻草或手指插入犊牛的鼻孔 5 厘米，搔痒使其呼吸。如果这个办法不能见效，也可倒提犊牛，轻轻拍打胸部和喉部，使喉部黏液从鼻孔中排除，并立即将口鼻擦干，以免黏液吸进气管。

犊牛身上的黏液最好让母牛舔干净，这样有利于小牛的血液循环，使犊牛尽快站起来。而且，犊牛身上的黏液就是羊水，含有多种激素，让母牛喝了还有利于胎衣的排出和子宫的尽快恢复。

问：犊牛的脐带该怎么护理？

答：黏液清除后，如果脐带已经断开，可在断端用 5%碘酒浸泡消毒；如果未断，则应反复揉搓脐部 2 分钟，用消毒剪刀，在距犊牛腹部 5～8 厘米处，用消毒的剪刀剪断脐带，并用 5%碘酒充分消毒，以免发生脐带炎。剪断脐带后一般不结扎，以便使其干燥。为了防止粪尿污染，可用纱布把脐带兜起来。然后，将犊牛移入事先铺好的干净柔软的垫草上。生后两天要检查犊牛脐带是否有感染。正常犊牛的脐带，脐部周围柔软。如发现犊牛精神沉郁，脐部红肿并有触痛感，应立即进行处理，否则脐带感染可能很快发展为败血症，引起犊牛死亡。

问：初乳关该注意些什么？

答：奶牛产犊后 5～7 天内所产的乳叫初乳，初乳是新生犊牛生存和健康不可缺少和替代的食物。尽量让犊牛在出生后 30 分钟内喂给初乳，最迟不宜超过 1 小时。并根据出生犊牛的体重大小及健康状况，确定初乳喂量，一般日喂量为体重的 10%。原则上首次喂量要大，至少应喂 2 千克。并在出生后 6 小时左右饲喂第二次，以便让犊牛在出生后 12 小时内获得足够的抗体。出生的当天饲喂 3～4 次，以后每日喂 3 次。挤出的初乳应立即哺喂犊牛，初乳的温度宜在 35～38℃。如奶温下降，奶要隔水加热再喂犊牛。据试验温度为 37℃最好，因为 37℃到胃内易凝固，如果不凝固易引起犊牛拉稀。

喂奶要做到“三定”，即定时、定量、定温。犊牛应实行人工哺乳，2～3 周内用奶壶喂奶，3 周以后用小桶喂奶。每次喂奶后擦干犊牛嘴部。每次喂初乳 1～2 小时后饮温开水（35～38℃）。15 天后改饮常温水。犊牛经过 5 天左右的初乳喂养后，可改为常乳喂养。

犊牛的哺乳期一般为两个月左右。全期哺乳量 300 千克左右。传统的哺乳期为 5～6 个月，哺乳量 600～800 千克，实践证明，过多的哺乳量和过长的哺乳期，虽然能使犊牛增重较快，但对犊牛的消化器官发育不利，还增大了犊牛培育成本。缩短哺乳期，减少哺乳量的犊牛，虽然头 3 个月体重增长较慢，但只要精心饲养，在断奶前调整好采食精料的能力，并在断奶后注意精料和青粗饲料的数量和品质，这样犊牛在早期受阻的体重在后期可以得到补偿，不影响后备牛的配种月龄、繁殖以及投产后的产奶性能。

问：初乳期过后，如何做好补饲与断乳？

答：初乳期过后，为促进犊牛瘤胃的发育，早日适应植物性饲料，可在犊牛出生 7 天后开始训练犊牛自由采食少量质量好、质地柔软的干草。出生后 15～20 天的犊牛开始训练采食精料，初喂时可用少量的奶拌精料，喂给犊牛。开食精料的搭配，应以玉米面、麸皮、豆饼为主，再加一些草粉等。大致比例为，玉米面 40%、麸皮 8%、豆饼 20%，加 20%～25%的苜蓿草粉，再加 1%的盐、2%的骨粉，开食饲料的蛋白质含量要求在 15%～20%。或从大的生产饲料的厂家购买犊牛的开食饲料。

一般在 60～70 日龄，当犊牛采食精料量达到 1～1.5 千克时即可以断奶。断奶受个体和季节影响，和饲养技术水平高低、培育犊牛的条件及饲料条件有关。为补充维生素的不足，促进消化器官的发育，犊牛生后 20 天可在混合料中加入切碎的胡萝卜，最初每天可喂 20～25 克，2 个月时可加喂到 1～1.5 千克。两个月龄以后可给少量的青贮饲料，青贮饲料不能早喂，因为青贮饲料易酸败，犊牛易引起拉稀。开始每天喂 100～150 克以后逐渐增加，到 3 月龄时每天可喂 1.5～2 千克，4 月龄时每天可喂 4～5 千克。最初 1 周断奶时间随日龄增长喂奶量递减 50%，再用 1 周时间递减到不喂，以粪便不干不湿为度。

问：犊牛的牛舍等生活环境和用具该怎样管理？

答：对犊牛的牛舍等生活环境和用具要定期刷洗消毒，喂奶用具每次用后都要严格进行清洗消毒。消毒程序为：冷水冲洗—洗涤剂擦洗—温水漂洗干净—晾干—用前用热水或蒸汽消毒。勤换垫草，勤打扫，勤观察，喂奶时要观察食欲，运动时要观察精神，扫地时要观察粪便。要注意是否有咳嗽和气喘。牛舍要冬暖夏凉，空气清新，阳光充足，干燥清洁，牛舍温度以 10～25℃为宜。饲料要新鲜不能霉变或有杂质，不饮冰水。牛体每天要刷拭一次，以保持牛被毛清洁卫生，促进皮肤血液循环。在 7～10 日龄时应对犊牛去角。去角能方便成年牛的管理，减少牛体相互受到伤害。常用的去角的方法有：苛性钠法和电动去角器法。利用苛性钠去角原料来源容易，易于操作，但在操作时要注意防止操作者烧伤和要防止苛性钠流到犊牛的眼睛和面部。

具体做法是：先剪去角基周围的被毛，在角基周围涂上一圈凡士林，然后手持苛性钠棒，一端用纸包裹，在角根上轻轻地擦磨，直至皮肤发滑有微量血丝渗出为止。约半个月后角基结痂不再长角。电动去角器法，或是用烙铁，直接烧烙角基，使被烧烙的角基生长点变为古铜色或灰黑色时结束。这两种方法都是利用高温破坏角基细胞，达到不再长角的目的。去角后注意避免雨淋，预防感染。

问：新生犊牛应注意预防哪些常见的疾病？

答：

1.脐带炎。是指犊牛出生后，脐带断端感染细菌而发生的化脓性、坏疽性炎症。由于接产时，脐带断端消毒不严或不消毒，产房或犊牛舍卫生不良，泥泞潮湿，褥草不及时更换，粪便不及时清除，致使犊牛卧地后脐带受到感染。也可能因犊牛相互吸吮脐带而发生炎症。

脐带炎一般发生于犊牛生后3～6天。症状初期常不易被发现，仅见消化不良，下痢。由于脐部化脓、坏死，患犊脐带局部增温，体温升高，呼吸脉搏加快，精神沉郁，弓腰，鼓胀，消化不良，瘦弱。检查脐部有蜂窝组织炎，脐带断端与其周围组织肿胀，触诊局部疼痛。脐管由于被腐败物充塞而呈索状，质地坚硬。断端由脓性物附着而结痂。除去痂皮，手挤可从脐管中挤出恶臭脓汁。肿胀波及周围腹部，脐孔周围形成脓肿。

防治脐带炎，首先在母牛进入产房前，应用1%～2%的火碱溶液对环境进行严格消毒，做好充分的接产准备。犊牛出生后，将脐带距腹部10厘米处用消毒剪刀剪断，随即将断端用5%的碘酒浸泡2分钟消毒。然后，同期犊牛单独饲养，防止互相吸吮造成脐带感染。再者，治疗初期用0.25%普鲁卡因10～20毫升内加青霉素40万单位，在脐孔周围进行封闭，如有脓肿和坏死应排出脓汁、清除坏死组织，用0.1%的高锰酸钾溶液冲洗、消毒后，撒布消炎粉或磺胺粉。

2.犊牛便秘。犊牛便秘是因犊牛没有及时吃到初乳，或犊牛体质弱，胃肠功能弱而引起胎便24小时不能及时排出。从而导致病牛生后24小时不排粪便，表现不安，努责、弓背、呈现腹痛状，有时出汗，直肠检查有干硬粪块。

防治犊牛便秘，首先，保证让犊牛生后30分钟内吃到初乳。

因初乳中含有多种抗体，能增强犊牛免疫能力，另外，初乳中的蛋白质、维生素、无机盐特别是镁盐含量丰富，可保证犊牛充足的营养，有利于犊牛排出胎粪。其次，发生便秘时，可用植物油或石腊油 30 毫升直肠灌注，也可用植物油或石腊油 50 毫升内服，用以润滑肠道，促使胎便排出。同时可辅以腹部按摩或腹部热敷，促进肠道蠕动而排出粪便。

3. 犊牛腹泻。犊牛腹泻是引起犊牛死亡的常见病之一，占犊牛疾病的 30％～60％，死亡率达 20％～30％。致命的腹泻多发生在出生后的前两个星期。腹泻分为营养性腹泻（如牛奶饲喂过量、牛奶突然改变成分、低质代乳品、奶温过低等引起）和传染性腹泻（诸如细菌、病毒、寄生虫等）。但是，这一分类是人为的，生产实践中往往是由于营养性腹泻或饲养管理不当而使犊牛更易患传染性腹泻。

犊牛腹泻的病因较为复杂，不但与犊牛免疫力、病原菌和病毒的作用有关，还与外界环境因素有直接关系。

犊牛腹泻的症状一般是：病犊出生后 1～3 天出现下痢，精神沉郁，体温升高，厌食，腹痛，拱背，步态不稳，喜卧而不愿行走。粪便呈稀汤或水样，内含凝乳块、血丝、血块和气泡，腥臭。机体组织水分和电解质大量丧失，呈现出水的负平衡导致脱水，眼睛塌陷、皮毛粗糙、皮肤无弹性；大量的水从血管内向外渗出，血液浓缩，循环血量减少，血液运氧速度减慢使组织中的氧供应量减少，结果引起缺氧症，组织分解产物在组织内积累，碱贮下降，导致酸中毒。

防治措施，应以预防为主：

（1）加强对成年母牛在干乳期的饲养管理，保证供应充足的优质粗饲料和优质干草，为临产期的母牛和胎儿的健康创造良好条件。

（2）新生犊牛在出生 30 分钟内一定要吃到初乳，因初乳中含有多种抗体，能增强犊牛的免疫能力。同时饲喂犊牛要做到“三定”，即“定时、定量、定温”，防止消化道疾病的发生。

(3)犊牛舍保持干净，干燥、通风，冬暖夏凉，安静舒适，并定期消毒。

(4)对患病犊牛尽早进行治疗，治疗应根据全身状况，如有无体温升高、脱水、酸中毒以及食欲不振等，分别采取不同的方法对症治疗。如用犊牛康治疗犊牛腹泻，用量是每日 20 克，早晚各 10 克，放在奶中饲喂，8 天为一个疗程。还有用犊牛止痢粉剂治疗犊牛腹泻，它的用量是每日 10 克，放在牛奶中饲喂，2～3 天为一个疗程，效果良好。也可以使用中药方剂，清热凉血解毒，利水燥湿止泻，母仔同治。总之，轻度腹泻除了需禁食 1 次或 2 次外，可以不采取其他措施，严重腹泻时，要停止喂奶 12～24 小时，再进行上述治疗。

十四、科学养羊技术

养羊业具有投资省、周转快、效益高的特点，所以近年来，已经成为国内外畜牧业发展的重要组成部分。本篇针对羊的品种、饲养管理等问题作一解答。

问：适合河北省养殖的绵羊品种都有哪些？

答：

1. 河北细毛羊，这是河北的地方品种。河北毛肉兼用细毛羊体质结实、结构匀称、体躯皮肤宽松，无皱褶。各项指标都不错。

2. 蒙古羊是我国数量较多、分布最广的绵羊品种，属短脂尾羊，为我国三大粗毛绵羊品种之一。蒙古羊体质结实，骨胳健壮。以产肉为主，中等肥度羯羊的屠宰率可达 50％以上。它具有生活力强、适于游牧、耐寒、耐旱等特点，并有较好的产肉、脂性能。

3. 小尾寒羊是我国著名的地方优良品种，体质结实，生长发育快，产肉性能好，剪毛量高。早熟，四季发情，繁殖力高，遗传性能稳定。

4. 乌珠穆沁羊，体质结实，体格高大，是较好的肉用羊体型。生长发育较快，抓膘能力强，成年羊在夏季抓膘期最高日增重可达500克。

5. 德国肉用美利奴羊，肉毛兼用品种，被毛呈白色，体躯大，胸宽深，背腰平直，肌肉丰满，后躯发育良好，四肢强健。

6. 萨福克羊，早熟性好，耐粗饲，采食性好，并具有独特的抗病能力。体格较大，骨骼坚实，生长发育快，产肉性能好，且瘦肉率高，是生产大胴体和优质羔羊肉的理想品种。

7. 无角陶赛特羊，生长发育快，易肥育，肌肉发育良好，瘦肉率高。该品种引入我国时间较早，性状相对比较稳定，该品种遗传力强，是理想的肉羊生产的终端父本之一。

8. 德克塞尔羊，瘦肉率高、肉味鲜美、产毛量大。德克塞尔杂种羔羊抗逆性强，断奶成活率高。

9. 杜泊羊。肉用绵羊品种。适应性极强，采食性广、不挑食，能够很好地利用低品质牧草，生长发育快，早熟。

10. 夏洛莱羊，对寒冷、潮湿气候适应性良好，是生产肥羔的优良草地型肉用羊。

问：适合养殖的山羊的品种都是哪些？

答：

1. 辽宁绒山羊是我国产绒量多、质量好的绒用山羊品种。辽宁绒山羊体质结实。羊绒洁白品质好，抓绒量高，适应性强，适合放牧饲养。

2. 内蒙古绒山羊，绒毛品质优良，属绒山羊中的绒肉兼用型地方良种。根据粗毛的长短，内蒙古绒山羊又分长毛型和短毛型两类。长毛型毛长而洁白，杂质少，光泽好，净绒率高。短毛型毛短而粗，绒毛短，较密。内蒙古绒山羊所产羊肉细嫩。这种山羊抗逆性强，适应半荒漠草原和山地放牧。

3.承德无角山羊，性情温顺，合群性强，肉用性能好，对林木破坏性小，易管理。承德无角山羊体质健壮，结构匀称，肌肉丰满，体躯深广，侧视呈长圆形。由于育成地区的自然条件和粗放的饲养管理，承德无角山羊生长发育和生产性能未能得到充分发挥，其后躯发育略显不足。改善饲养管理条件，是今后提高该品种肉用性能和经济效益的主要措施。

4.波尔山羊是南非育成的一个优良肉用山羊品种。波尔山羊性格温顺，适应性良好，合群性强，可长距离放牧，能适应灌丛以及半荒漠等各类饲养管理条件，耐湿热环境。我国自 1995 年由陕西、江苏等省首次引进，现已有 20 多个省、市、自治区引入进行纯繁或以其为父本进行杂交改良，取得了良好效果，对国内肉用山羊业的发展起到了积极的推动作用。

问：养羊的关键技术有哪些？

答：养羊的饲养管理关键技术主要包括五个方面：提高羊繁殖性能技术、饲养管理技术、羊饲料配制技术、粗饲料的调制及饲喂技术、非蛋白氮的使用技术。

问：如何提高繁殖力技术？

答：

第一，选用多胎羊的后代留作种用。羊的繁殖力是有遗传性的。一般母羊若在第一胎时生产双羔，这样的母羊则在以后胎次的生产中，产双羔的重复率较高。另外，引入具有多胎性绵羊的基因，也可以有效地提高绵羊的繁殖力。

第二，提高种公羊和繁殖母羊的营养水平。羊的繁殖力不仅要从遗传角度提高，而且在同样的遗传条件下，更应该注意外部环境对繁殖力的影响。这主要涉及到肉羊生产者对羊只的饲养管理水平。

营养水平对羊只的繁殖力影响极大。种公羊在配种季节与非配种季节均应给予全价的日粮。在肉羊生产中,若只重视配种季节种公羊的饲养管理,而放松对非配种季节的饲养管理,结果往往造成在配种季节到来时,公羊的性欲、采精量和精液品质等均不理想,轻者影响当年配种能力,重者影响公羊的一生配种能力。因此,必须加强种公羊的饲养管理,应该有"养兵千日,用兵一时"的饲养种公羊的观念。但也要注意,种用体况并不是指公羊膘情越肥越好。种用体况是一种适宜的膘情状况,过瘦或过肥的体况都不是理想的种用体况。

公羊良好种用体况的标志为:性欲旺盛,接触母羊时有强烈的交配欲;体力充沛,喜欢与同群或异群羊只挑逗打闹;行动灵活,反应敏捷;射精量大,精液品质好。

母羊是羊群的主体,是肉羊生产性能的主要体现者,量多群大,同时兼具繁殖后代和实现羊群生产性能的重任。母羊的营养状况具有明显的季节性,在枯草期和青草期是不相同的;而且妊娠母羊、哺乳母羊及断奶后恢复期的母羊,其营养情况也不相同。草料不足,饲料单一,尤其缺少蛋白质和维生素,是羊只不发情的主要原因。为此,对营养中下等和瘦弱的母羊,要在配种前1个月给予必要的补饲。进行肉羊生产时,至少应做到在妊娠后期及哺乳期对母羊进行良好的饲养管理,以提高羊群的繁殖力。

第三,增加羊群中适龄繁殖母羊比例。羊群结构主要指羊群中的性别结构和年龄结构。从性别方面讲,羊群中母羊的比例越高越好;从年龄方面讲,羊群中年龄由小到大的个体比例应逐渐减少,形成有一定梯度的"金字塔"结构,从而使羊群始终处于一种动态的、后备生命力非常旺盛的状态。

第四,实行密集产羔。在气候和饲养管理条件较好的地区,可以实行密集产羔,也就是使羊 2 年 3 产或 1 年 2 产。

第五,应用繁殖新技术。一些繁殖生物技术的应用,对肉羊生产和繁育产生了极其显著的影响。如人工授精技术、同期发情技术、超数排卵技术、胚胎移植技术以及转基因技术等,是有效提高肉羊繁殖力的重要措施。

第六,运用生殖免疫学技术。免疫是生物识别和清除"异己"的机制,从而使机体内外环境保持平衡的生理功能。利用激素作抗原,给母羊主动免疫,使之产生对该激素的抗体,从而改变下丘脑、垂体、卵巢轴系的正常反馈调节,增加促卵泡素和促黄体素的释放量,提高发育卵泡数和排卵率,使产羔增多。

问:饲养管理方面有什么关键技术要求?

答:饲养管理方面按照羊的性别和年龄分成三个方面:种公羊的管理、母羊的管理、羔羊的培育管理。

第一,种公羊饲养管理。种公羊的饲养要细致周到,使其既不过肥也不过瘦,保持中上等膘情,活泼健壮,精力充沛,性欲旺盛,配种能力强,精液品质好。对种公羊应单独组群放牧和补饲,避免公母混养,防止偷配和影响羊群的放牧采食。种公羊舍应通风向阳,宽敞坚固,清洁卫生,防寒保暖性能良好。

种公羊的饲料要求营养价值高,适口性好,容易消化。适宜的精料有燕麦、大麦、豌豆、黑豆、玉米、小米、高粱、豆饼、麸皮等。多汁饲料有胡萝卜、甜菜和青贮玉米等。粗饲料有苜蓿干草、青莜麦干草、青燕麦干草、三叶草等。

种公羊的饲养最好采用放牧和舍饲相结合的方式,在夏秋季节以放牧为主,在冬春季节以舍饲为主。非配种期的种公羊,除放牧采食外,冬春季节每日可补给混合粗料 400～600 克,胡萝卜等多汁饲料 0.5 千克,干草 3 千克,食盐 5～10 克。夏秋季节因以放牧为主,不补青粗饲料,每天只补喂精料 500～800 克。

种公羊配种期的饲养分为配种准备期(配种前1～1.5个月)、配种期和配种后复壮期(配种后1～1.5个月)等3个不同的阶段。配种准备期应逐渐增加种公羊的精料饲喂量,从按配种期60%～70%喂量供给开始,逐渐增加至配种期的精料供给量。配种期种公羊的放牧主要是为了达到运动的目的,其营养供给应以补饲为主,尽可能满足种公羊对各类营养物质的需要量。除了要保证供给日粮的数量外,还必须考虑饲料的品质,对配种或采精任务繁重的种公羊,其日粮中的动物性蛋白质要占有一定比例。这一时期种公羊每天的饲料补饲量大致为:混合精料0.8～1.2千克,胡萝卜0.5～1千克,禾本科、豆科混播牧草3～4千克或青干草2千克,食盐15～20克。草料分2～3次饲喂,每日饮水3～4次。在配种后复壮期,公羊的饲养水平在1～1.5个月保持与配种期相同,使种公羊能迅速地恢复体重,并根据公羊体况恢复的情况逐渐减少精料,直至过渡到非配种期的饲养标准。

第二,母羊的饲养管理可分为空怀期、妊娠期和哺乳期3个阶段。对每个阶段的母羊应根据其配种、妊娠、哺乳等不同的生产任务和生理阶段对营养物质的需求,给予合理饲养,使母羊能正常的发情配种和繁殖。

空怀期母羊的饲养管理相对比较粗放,其日粮供给通常略高于维持需要的饲养水平即可,一般不补饲或只补饲少量的干草。但是,由于年龄、胎次、带羔的数量和时间长短等因素的影响,母羊的体况差异很大。对于后备青年母羊,发情配种前仍处在生长发育的阶段,需要供给较多的营养;泌乳力高或带双羔的母羊,在哺乳期内的营养消耗大、掉膘快、体况弱,必须加强补饲,以尽快恢复母羊的膘情和体况。

由于母羊的体况直接影响着母羊的发情、排卵及受孕情况,营养好、体况佳的母羊发情整齐,排卵数多,受胎率高。因此,加强空怀期母羊的饲养管理,尤其是配种前的饲养管理,对提高母羊的繁殖力十分重要。在配种前1～1.5个月，应安排繁殖母羊在较好的草地放牧，促进抓膘，使母羊在繁殖季节能正常地发情配种。对体况较差的母羊，要单独组群，给予短期补饲(每日补精料200～300克)，促使母羊快速复壮。羊群膘情一致，有利于母羊集中发情、配种、产羔，有利于提高劳动效率，降低生产成本。

羊的妊娠期约5个月。妊娠期可分为妊娠前期和妊娠后期两个阶段。妊娠前期即妊娠前3个月，其特点是胎儿增重较缓慢，所需营养与空怀期基本相同。夏秋季节，妊娠前期母羊的饲养一般以放牧为主，不补饲或少量补饲精料，在冬春季节应补些精料或青干草。

妊娠后期，即妊娠的最后2个月，此时胎儿生长迅速，因此，这一阶段需要给母羊提供营养充足、全价的饲料。母羊妊娠后期日粮能量水平比空怀期高20%～30%，蛋白质增加40%～60%；除放牧外，需补饲一定的混合精料和优质青干草。根据母羊放牧采食情况，每天可补精料0.45千克，青干草1～1.5千克，青贮料1千克，胡萝卜0.5千克。

在妊娠母羊管理上，前期要防止发生早期流产，后期要防止母羊由于意外伤害而发生早产。母羊在预产期前1周左右，可放入产圈内饲养，并适当进行运动。

第三，羔羊的培育管理。羔羊的哺乳期为3～4个月，可分哺乳前期和哺乳后期两个阶段。哺乳前期即哺乳期前2个月，母乳是羔羊的主要营养来源。母乳量多、充足，则羔羊生长发育快，体质好，抗病力强，存活率就高。因此，必须加强哺乳前期母羊的饲养管理，促进其泌乳。

在北方地区，母羊的哺乳前期一般正处于早春枯草期，放牧条件差，单靠放牧不能满足母羊泌乳需要，因此必须补饲草料。补饲量应根据母羊体况及哺乳的羔羊数而定。产单羔的母羊每天补精料0.3～0.5千克，青干草1千克，多汁饲料1.5千克。带双羔母羊每天补精料0.4～0.6千克，青干草1千克，多汁饲料1.5千克。

产羔后1个月左右，母羊的泌乳量达到高峰，2个月以后逐渐下降。此时羔羊的生长发育强度大、增重快，对营养物质的需求量多，单靠母乳已不能完全满足羔羊的营养需要。同时，2月龄以上羔羊的胃肠功能已趋于完善，可以利用一定的优质青草和混合精料进行补饲，而母羊的泌乳也进入了后期。对哺乳后期的母羊，应以放牧为主，补饲为辅，逐渐取消精料补饲，而代之以补喂青干草。母羊的补饲水平要根据母羊的体况作适当的调整，体况差的多补，体况好的少补或不补。羔羊断奶后，可按体况重新组群，分别饲养，以提高补饲的针对新性和补饲效果。

问：对于羊羔的培育需要注意些什么？

答：羔羊时期是羊一生中生长发育最旺盛的时期，加强对羔羊培育，为其创造适宜的饲养管理条件，既是提高羊群生产性能，培育高产羊群的重要措施，也是增加羊肉产量，提高羊肉品质的重要措施。

羔羊出生时身体各器官发育都未成熟，体质较弱，适应力较差，总的讲比较娇气，极易发生死亡，这一阶段是羊一生中饲养难度最大的时期。为了提高羔羊的成活率，减少发病死亡，需对羔羊进行特殊的护理工作。

1.防寒保温。初生羔羊体温调节能力差，对外界温度变化极为敏感，舍内温度要保持在5℃以上。地面铺上一些御寒的材料，如柔软的干草、麦秸等，并注意检查门窗是否密闭，墙壁不应有透风的缝隙，防止因贼风侵袭造成羊只患病和其他不必要的损失。

2.初生护理。羔羊出生后，应迅速用干净毛巾擦掉鼻端和口腔内的黏液，再用干草将身上黏液擦干。如果羔羊包在胎膜内，要立即撕破胎膜，以免羔羊窒息死亡。羔羊出生后，脐带一般自行中断，应在脐断处涂以5%碘酊消毒，否则，将会发生肝、肺、脐带、关节的化脓疾病。遇羔羊生后呼吸困难或窒息时，可将羔羊横卧，轻轻拍打羔羊胸部，撬开口腔向口中吹空气。如仍不能苏醒时，可进行人工呼吸，方法是将羊仰卧，头向助产者，两手握其前肢，由里向外旋转或闭合周而复始运动，几分钟后便可呼吸。

3.吃好初乳。初乳黏稠，含有丰富的蛋白质、维生素、矿物质等营养物质，其中镁盐还有促进胃肠蠕动和排出胎粪的功能。初乳中还含有大量抗体，对增强羔羊的体质、预防疾病具有重要的作用。因此，要保证羔羊在初生 30 分钟内吃到初乳。由于母羊产后无奶或母羊产后死亡等情况，吃不到自身母羊初乳的羔羊，也要让它吃到代乳羊的初乳，否则很难成活。

多数羊的母性强，产后就会主动识别和哺乳羔羊，但有少数母羊特别是初产母羊，无护羔经验，母性差，产后不去哺羔，必须强制人工哺乳。即先将母羊定住，把羔羊推到乳房跟前，让羔羊去寻找乳头和吸乳，调教几次之后，母羊就能让羔羊自己吮乳了。对于缺母乳的羔羊，应为其找保姆羊代养。可把保姆羊的奶汁或尿液涂抹到羔羊头部和后躯，以混淆母羊的嗅觉。对于 1 胎多羔母羊，要采用人工辅助方法，让每一只羔羊吃到初乳。

4.哺乳时间和次数。母羊产后至少 3～7 日内，母仔应在产羔室生活，一方面可为羔羊随时哺乳，另一方面可促使母仔亲和、相认。对于有条件的羊场，母仔最好一起舍饲 15～20 天，这段时间羔羊吃奶次数多，几乎隔 1 个多小时就需要吃 1 次奶。20 天以后，羔羊吃奶次数减少，可以让羔羊在羊舍饲养，白天母羊出去放牧，中午回来哺 1 次羔，这样加上出牧和归牧时哺 1 次羔，可保证羔羊 1 天吃 3 次奶。7～10 日龄开始训练羔羊采食青干草和饮水，15 日龄补饲精料，以刺激瘤胃发育和促进羔羊生长。

5.搞好环境卫生，减少疾病。初生羔羊体质弱、抗病力差、发病率高，发病的原因大多由于羊舍及其周围环境卫生差，使羔羊受到病原菌的感染。因此，搞好圈舍的卫生管理，减少羔羊接触病原菌的机会,是降低羔羊发病率的重要措施。饲养人员每天在添草喂料时要认真观察羊只的采食、饮水、排便等是否正常,发现病情及时诊治。

采用人工哺乳时,搞好人工哺乳各个环节的卫生消毒,对羔羊的健康和生长发育非常重要。喂养人员在喂奶前要洗净双手,平时不接触病羊。发现病羔应及时隔离,由专人管理。迫不得已病羔和健康羔都由一个人管理时,应先喂健羔,再喂病羔,并且喂完后马上洗净消毒手臂,脱下衣服,开水冲洗消毒处理。羔羊所食奶粉、饮水、草料等都应注意卫生。奶粉、豆粉等溶解后应用 4 层纱布过滤,在喂前煮沸消毒。奶瓶等用具应保持清洁卫生,喂完后随即冲洗干净。饲喂病羔的奶瓶在喂完后要用高锰酸钾消毒,再用清水冲洗干净。采用机械哺乳时,喂奶器械必须清洗和严格消毒。

问:羊羔出生后,还需要注意些什么问题?

答:

第一,加强母羊妊娠后期饲养,保证母羊妊娠后期营养是羔羊正常发育、增强羔羊体质的关键。妊娠期营养良好的母羊,到分娩前应增重 10～15 千克以上。对配种时营养不良、体况较差的母羊,在妊娠后期更应加强补饲(每日补喂优质青干草 1～1.5 千克,混合精料 0.45 千克),以保证母羊健康和胎儿的正常发育。同时,使母羊在妊娠期内能贮备必要的营养,以满足产后泌乳的需要。在预产期前 1 周,要减少或停止补喂精料,以减少由于胎儿初生重过大造成的难产。这种情况在初产母羊以及用大型肉用品种羊与小型地方品种羊杂交时容易发生。

第二,人工哺乳,如果由于母羊产后死亡、患乳房炎或产羔多而又找不到合适的保姆羊时,可人工哺乳。人工乳可用鲜牛奶、羊奶、奶粉、豆浆等代替。用牛奶、羊奶喂羔羊时，尽量用新鲜奶，奶越新鲜，味道及营养成分越好，病菌及杂质也越少。用奶粉喂羔羊时，应该先用少量温开水把奶粉溶解，然后再加热，防止对好的奶粉起疙瘩。有条件时再加些鱼肝油、胡萝卜汁、多种维生素等。用豆浆、米汤、豆面等自制食物喂羔羊时，应添加少量食盐，有条件的再添加些蛋黄、鱼肝油、胡萝卜汁等。传统的人工哺乳方法费工、费时，仅适于饲养量较少的羊场，在大型肉羊场，提倡采用自动哺乳机械进行人工哺乳，以降低工人的劳动强度，提高工作效率。

人工哺乳的关键是掌握好温度、浓度、喂量、次数等主要环节。

1. 温度：羔羊食用人工乳的温度一定要掌握好。温度高，容易伤害羔羊，或发生便秘；温度低，容易发生消化不良、腹泻、腹胀等。一般冬季 1 月龄以内的羔羊，奶的温度在 38～39℃，夏季 35～36℃。随着羔羊日龄的增长，人工乳的的温度可适当降低些。

2. 浓度：主要观察羔羊的粪尿来确定，特别是人工哺乳第一周要注意观察，根据不同的情况及时调整。如果羔羊尿多，羊舍潮湿，说明乳太稀；尿少，粪呈油黑色、黏稠发臭或消化不良，腹泻，说明乳汁太稠。人工乳浓度在羔羊前期应浓一些，后期可适当稀一些。

3. 喂量：羔羊人工哺乳的喂量宁少勿多，切忌过量。每次饲喂可掌握在“八成饱”的程度，做到少喂多餐。具体喂量应根据羔羊体格健壮程度来确定，初生羔羊全天喂量相当于初生重的 1/5 为宜。喂粥、汤时，其量应低于喂奶量的标准，尤其是最初几天内，先少给，适应后再加量。羔羊食欲良好时，每隔 1 周应比上周喂量增加 1/4～1/3；如果消化不良时，应减少喂量，加大饮水，并采取相应的治疗措施。

4. 次数：初生羔羊每天应喂 6 次，每隔 3～5 个小时喂 1 次，夜间睡眠时可延长时间或减少次数。10 天以后每天喂 4～5 次，每隔 5～6 个小时喂 1 次。20 天以后羔羊即可采食一定的草料，每天喂奶次数可减少到 3～4 次。

问：如何对羔羊进行补饲？

答：羔羊补饲，母羊的泌乳量在羔羊出生后 4 周左右达到高峰，以后逐渐下降。而羔羊的增重随日龄的增加而上升，2 月龄以后，仅靠母乳不能满足羔羊快速增重的营养需要，对羔羊必须进行补饲。一般羔羊生后 15 天左右开始学习采食一些嫩草、树叶或精料，应抓住这一时机对羔羊进行诱饲或补饲。用豆科子实补饲时要磨碎，最好炒一下，并添加适量食盐。补饲多汁饲料时要切成丝，并与精料混拌后饲喂。补饲量可做如下安排：15～30 日龄的羔羊，每天补混合精料 20～75 克；1～2 月龄，每日 100 克；2～3 月龄，每日 200 克。每只羔羊哺乳期需补精料 9～10 千克。羔羊习惯采食草料后，可将青绿饲料或优质青干草放在草架上，任羔羊自由采食。

问：什么时候羔羊就可以进行放牧？

答：羔羊的放牧为了促进羔羊生长发育，早日采食，以减少母羊负担，便于管理，增强合群性，在羔羊 1 月龄左右将母仔分开，羔羊单独组群放牧。母仔分开放牧有利于增重、抓膘和防止寄生虫病的传播。

羔羊放牧不同于成年羊。放牧羔羊时一定要有责任心和耐心，走路时要让羔羊慢行。放牧头几天，要把羔羊圈在一起吃草，对于离群的羔羊要把它赶回来归群。放牧羔羊时要注意远离母羊群，避免互相干扰，影响放牧和采食。刚开始放牧要将羔羊放在圈舍附近的专用优质草场上，时间不宜太长，以后可逐渐远牧，并增加放牧时间。放牧羔羊的哺乳在1.5～2月龄前,每隔4个小时母羊、羔羊回来喂奶1次。2月龄以后,羔羊瘤胃微生物区系已形成,羔羊可以大量利用植物性饲料,母羊可晚出早归,中午不回来喂奶。对放牧羔羊也要补给适量的精料、食盐,并给予充足卫生的饮水。

问:什么时间对羔羊进行断奶? 如何断奶?

答:羔羊的断奶时间各地不一,一般为3个月。条件好的羊场,采取全年频密繁殖时,可2月龄左右断奶。如果自然条件差、饲养管理粗放,过早断奶会增大羔羊的死亡率,造成不必要的损失,但断奶时间过晚(超过4月龄),既不利于羔羊的生长发育,也不利于母羊的生产和繁殖。

羔羊断奶有两种主要方法,一次性断奶和逐渐断奶,规模羊场一般多采用一次性断奶。即将母仔一次性分开,不再接触。逐渐断奶法是在预定的断奶日期前几天,把母羊赶远离羔羊的地方,每天将母羊赶回,让羔羊吃几次奶,并逐渐减少羔羊吃奶的次数直到断奶。断奶对羔羊是一个较大的刺激,处理不当会引起羔羊生长缓慢。为此,可采取断奶不离圈、不离群的方法。即将羔羊留在原羊圈舍饲养,母羊另外组群。尽量保持羔羊原有的生活环境,饲喂原来的饲料,减少对羔羊的不良刺激和对生长发育的影响。羔羊断奶后要加强补饲,日粮的精粗比应为6∶4,高品质的蛋白质饲料或优质青干草要占一定比例。

问:如何配制羊饲料?

答:养羊最大的成本是饲料。配置好饲料,不仅长的快,而且效益会更高。常用的饲料是青绿饲料、粗饲料、青贮饲料、能量饲料、蛋白质饲料、矿物质、维生素、添加剂饲料这几种。

1. 青绿饲料主要包括天然牧草、人工栽培饲草饲料、农作物秸秆、树叶及枯枝等，其水分含量在60%以上。青绿饲料含水量高、蛋白质含量高，质量好、粗纤维含量变化大、钙磷比例适宜、维生素含量丰富。

2. 粗饲料是指饲料干物质中粗纤维含量在18%以上的饲料，粗饲料主要包括干草、纤维性农副产品（如秸秆、秕糠类等）和林业产品（如枯枝、树叶等）三大类。粗饲料的营养特性：豆科牧草干草的蛋白质和矿物质比禾本科干草的丰富。农副产品和林业类粗饲料中粗纤维含量高达30%～35%，通过动物消化道的速度非常缓慢，适口性较差，在饲喂肉羊时要注意限制其用量。秸秆类饲料的蛋白质含量较低。粗饲料是一种大容积性饲料，可刺激羊消化系统的充分发育，使其具有较大的生理有效容量。另外，胃肠道的蠕动、粪便的形成和排出都需要一定量的粗纤维性物质。因此，肉羊饲料中必须有一定量的粗饲料。

3. 青贮饲料指由新鲜的天然植物性饲料，或者在新鲜的植物性饲料中加各种辅料、防腐剂及其他青贮添加剂后，在无氧环境下，使青贮物中的pH值下降到3.8～4.2，达到长期保存青绿饲料。青贮饲料的营养特性：①青贮饲料中干物质的营养成分与原料饲料有很大的差别。青贮饲料的粗蛋白质主要由非蛋白氮组成，而无氮浸出物中，糖分极少，乳酸和醋酸含量相当高。②青贮饲料与原料相比，蛋白质的消化率非常接近。在饲喂青贮饲料时，必须添加易发酵的碳水化合物，以满足微生物对能量的需要。③制作良好的青贮饲料代谢能为10～12.5兆焦/千克，这主要取决于原料收割时成熟阶段和保藏方法。第四，羊对青贮饲料干物质的采食量比原料和同源干草都要低。

4. 能量饲料。干物质中粗纤维含量小于18%或细胞壁含量小于35%，同时粗蛋白质含量低于20%的谷实类（如小麦、玉米、大麦、高粱、稻谷等)、糠麸类(如麦麸、米糠、玉米皮等)、淀粉质的块根块茎类(如马铃薯、木薯、甘薯等)和糟渣类(如醋渣、酒糟、甜菜渣等)均属能量饲料。能量饲料的能值高、粗蛋白质和必需氨基酸含量低、粗纤维含量低、粗灰分含量低、维生素含量不平衡。

5. 蛋白质饲料干物质中粗纤维含量小于18%,同时粗蛋白质含量在20%以上的饲料均属蛋白质饲料。生产中常用的蛋白质饲料主要有植物性蛋白质饲料、动物性蛋白质饲料、非蛋白氮及单细胞蛋白质饲料。

植物性蛋白质饲料植物性蛋白质饲料指豆类子实及其饼粕类。油料作物种子压榨取油后的副产品称为饼,如大豆饼、菜籽饼等。预榨、浸提取油后的副产品称为粕,如豆粕、棉籽粕等。

动物性蛋白质饲料动物性蛋白质饲料主要指用作饲料的水产品、畜禽加工副产品及乳、丝工业的副产品等,如鱼粉、肉骨粉、血粉、羽毛粉、乳清粉、蚕蛹粉等。

非蛋白氮饲料非蛋白氮饲料主要指蛋白质之外的其他含氮物,如尿素、双缩脲、硫酸铵、磷酸氢二铵等。

6. 单细胞蛋白质饲料是指利用糖、氮、烃类等物质,通过工业方式,培养能利用这些物质的细菌、酵母等微生物制成的蛋白质,如饲料酵母。这种蛋白质的生物效价高,生产率高,世界各国对单细胞蛋白质的生产都十分重视。但需要注意的是,来源于石油化工、污染物处理工业的单细胞蛋白质中,往往含有较多的有毒、有害物质,不宜作为该类饲料原料。

7. 多汁饲料,包括块根、块茎及瓜类等饲料,其特点是水分含量高,一般为75%~90%;干物质中富含淀粉和糖,纤维素含量低,一般不超过10%;粗蛋白质含量低,只有1%~2%;矿物质含量不一致,缺少钙、磷、钠,而钾的含量丰富;维生素含量因种类不同而差别很大,如胡萝卜中含有丰富的维生素,尤以含胡萝卜素最多,而甜菜中仅含维生素 C。多汁饲料适口性好,能刺激肉羊食欲,有机物质消化率高。

胡萝卜是肉羊生产中最常用的多汁饲料。由于其水分含量高,容积大,在生产中的重要作用是在冬春季节补充胡萝卜素。

8. 矿物质饲料,凡天然可供饲用的矿物(如白云石、大理石、石灰石等)、动物性加工副产品(如贝壳粉、蛋壳粉、骨粉等)和矿物盐类均属矿物质饲料。可以补充动植物饲料中某些矿物元素含量的不足。使用微量元素盐砖,是补充肉羊微量元素的简易方法。若使用复合盐,最好添加瘤胃中易溶解的硫酸盐。饲料砖能为瘤胃提供良好的发酵环境,促进瘤胃微生物的大量繁殖,增加肉羊采食量,同时也能促进纤维性饲料的消化、吸收和利用。常用饲料砖有矿物质盐砖、精料补充料砖和驱虫药砖。其饲喂方法简单,可放于羊舍或饲槽内供肉羊自由舔食。但在贮存和使用中,要谨防雨水浸泡。

9. 维生素饲料是指用工业提取的或人工合成的饲用维生素,如维生素 A 醋酸酯、胆钙化醇醋酸酯等。维生素在饲料中的用量非常小,常以单独一种或复合维生素的形式添加到配合饲料中,用以补充饲料中维生素的不足。羊的瘤胃微生物可以合成维生素 K 和 B 族维生素,肝、肾可合成维生素 C。因此,一般除羔羊外,不需额外添加。但当青饲料不足时,应考虑适量添加维生素 A、维生素 D 和维生素 E。

10. 饲料添加剂是指为补充饲料中所含养分的不足,平衡饲粮,改善和提高饲料品质,促进羊生长发育,提高抗病力和生产效率等的需要,而向饲料中添加的少量或微量可食物质。其作用可归纳为补充营养成分,促进动物生长;改善饲料品质,增加饲料适口性,提高饲料利用率,缩短饲养周期;增强抗病能力,防治某些疾病等。目前饲料添加剂的品种繁多，可归纳为两大类：一类为营养性饲料添加剂，如氨基酸、维生素、矿物质及微量元素和非蛋白氮等；另一类为非营养性饲料添加剂，如酶制剂、饲用微生物制剂、抗氧化剂和稳定剂及其他添加剂。中华人民共和国农业部公告《允许使用的饲料添加剂品种目录》规定，允许使用的饲料添加剂共173 种。

水产篇

一、春季鱼苗放养注意事项

鱼苗放养工作,是全年养殖生产的基础。5月份天气逐渐变暖,水温逐渐升高,是放养水产苗种的有利时机。认真准备池塘,抓紧时机放养,可以为一年的收获打下坚实的基础。本篇主要介绍苗种放养的一些注意事项。

问:什么是鱼苗和鱼种?

答:在养殖生产上,鱼苗也叫做水花,一般是指刚孵化以后的仔鱼。饲养到全长5~8分时,又称做乌仔。达1寸以后就统称为鱼种了。

问:鱼苗放养有哪些注意事项?

答:需要注意好这么几个方面:①清整池塘,清除敌害;②在合适时间放苗;③选好鱼苗,保证质量;④正确操作放养;⑤合理搭配放养;⑥巧施肥,培肥水质;⑦加强饲养管理。

问:如何做到清整池塘,清除敌害?

答:在放养鱼苗前应抽干池塘里的水,曝晒,清除池塘里的杂物,去掉过多的淤泥,平整塘底,修补加固塘基,疏通排水渠道、进水渠道。如果有抽不干水的池塘,一定要用细拉网捞净野杂鱼,再用生石灰、漂白粉灭害。

具体的方法是：按池水的多少，每立方米水用20克漂白粉，或者按每亩水面、水深1米用生石灰75～100千克，加水溶解后全塘泼洒。这样能够杀灭和消除大部分病原体、寄生虫及其虫卵、有害水生昆虫、敌害鱼类、蝌蚪等，既可以预防鱼病，又可以增强池水肥度，加快鱼类饵料生物的繁殖生长。

问：那么什么时间做这项工作比较好？

答：一般在放苗前7～10天进行。消毒应选在晴天进行。如果是阴雨天，药性就不能充分发挥，操作起来也不方便。

需要特别强调的是，一定要把野杂鱼杀灭干净。因为野杂鱼可大量吞食鱼苗，明显影响成活率。另外，一定要在使用生石灰等药物清塘后，毒性消失后（一般要经过7天以上），才可放苗。因为生石灰的主要成分是氧化钙，遇水后会发生化学反应，变成氢氧化钙，并放出大量热量。氢氧化钙是一种强碱，可以使池水的pH值急剧上升到12，因此，能杀死一般的生物体，例如，鱼类、蝌蚪、螺、蚌、蚂蝗、虾、蟹、病菌、寄生虫、青泥苔和一些根浅的水生植物。用生石灰清塘，施用后发生作用有一段时间，一般在5～6天后毒性可以消失，所以，在生产中施用生石灰时，一定要用水化成浆全池泼洒，在清塘时，一定要等到7天后再放入鱼种。在实际生产过程中，经常有这样的情况：有的养殖者清塘后没有等到7天就直接放入鱼苗、鱼种，结果造成死亡。

用漂白粉清塘，可以杀灭鱼类、病菌、寄生虫和敌害的效力不次于生石灰，而且用量少，省人力，毒性消失快，一般有3～4天毒性就可消失了。用生石灰不方便的地方，或急着等池塘用时，可改用漂白粉。但是，池塘中有机物质多的情况下，使用漂白粉不如生石灰效果好。

问：什么时间放苗好？

答：一般春季气温、水温比较低，鱼苗的活动能力低，在捕捞、运输和投放过程中，要避免鱼体不受伤或少受伤，提高成活率。有条件的话，尽量提早投放鱼苗，促使鱼苗早开食，延长鱼类全年有效生长期，利于提高产量。但不能盲目提早。鱼苗最好在水温稳定、达到18℃以上时放养，鱼种的放养要早些，在惊蛰以后水温上升至8～12℃时放养较好。在北方地区，水花下塘，一般在4月底到5月中旬较好，乌仔下塘，一般在5～6月份。太早，水温低或不稳定，成活率就低，太晚的话，就会耽误生长期，影响全年的生长。

问：怎样才能选到好的鱼苗？

答：选择水花鱼苗时，要选择孵出以后4～5天、用肉眼观察到鱼苗的鳔已充气、能够正常水平游动、身体变黑、开始吃食的鱼苗。鱼苗质量除了通过检查腰点来判断外，还应通过看体色、游泳活动情况进行鉴别。群体色素相同，无白色死苗，身体光洁不拖泥的为优质苗，否则为劣质苗；搅动容器中的水，鱼苗能在旋涡边缘逆水流动的为优质苗，如果大部分被卷入旋涡的为劣质苗。鱼苗孵出4～5天后，腰点出现，说明鱼鳔已充气，可以正常平游和摄食，鱼苗就应立即下塘了。

在选择鱼种的时侯，要求肌肉丰满，尾柄粗短，体色鲜艳，皮肤光洁，鳞片完整，眼睛明亮，游动活泼，逆水力强。

鱼种的选择除了要求规格齐整、体质健壮外，要注意选择经过了三次拉网锻炼的鱼苗，而且要在运输前停喂饵料一天。特别强调，选择鱼种时，一定要选择经过了拉网锻炼的鱼种。这是提高苗种成活率的关键之一。

问：鱼苗为什么要经过拉网锻炼、并在运输前停喂饵料？

答：经过了拉网锻炼的鱼苗，在运输过程中，分泌的黏液和粪便就少得多，水质污染较差，体质也比较强健，能够经受住运输时的操作，提高运输和放养的成活率。要求在运输前一天停喂饲料，也是为了使鱼苗在运输时减少粪便的排泄，以防污染水质，从而提高成活率。

问：如何正确操作、放养鱼苗？

答：

1. 要注意水温。一般水温在 20～25℃时，池塘施肥后 5～7 天是鱼苗放养的最佳时期。水花、乌仔一般是用尼龙袋充氧、带水运输。放养时要先将袋子在池塘水中浸泡 20～30 分钟，使袋中水温与池塘水的温度差上下不超过 2℃时，再将袋口打开，轻轻将鱼苗倒入水中。

2. 要小心操作。因为鱼苗身体嫩弱，游泳能力很差，所以在倒鱼苗时，袋子不要离开水面，要在池塘水面以下倒入水中。如果遇有风浪时，应在上风头一边，离岸边 1～2 米处的水中放鱼，以免鱼苗被风浪冲到岸上。

3. 注意运输时间。鱼苗采购回来，一般要经过一定时间的运输。运输时间长短是决定运输成败的关键因素之一。一般情况下，运输时间和装运密度、运输成活率成反比，与运输成本成正比。因此，在条件许可的情况下，应千方百计缩短运输时间，提高运输成活率。

4. 鱼种放养前要注意消毒。鱼种消毒是切断病原体传染、预防鱼病切实有效的方法。鱼种放养前，应先用 10%的漂白粉或 8%的硫酸铜溶液，浸泡 20 分钟左右，或者两种药物同用。通常实用的方法是：用 4%的食盐水溶液浸洗鱼体 20～30 分钟，消毒效果也很好。

5.注意池塘的水深。分期注水是提高鱼苗成长率和成活率的有效措施。池塘的水不要一次加的太深。在消毒、施肥等工作做了以后,可以开始注水。鱼苗刚下塘时的水深以50厘米左右为好,这样便于升高水温,也容易肥水,有利于浮游生物的繁殖和鱼苗的生长,并可节约饵料用量。随着鱼体生长,分批加注新水。一般4～5天注水一次,每次注水10～20厘米,逐步加到最高水位。当养到1～1.5寸规格后(我们通常把这种规格的鱼种叫做夏花),达到夏花规格后,就该按规格分一次塘。分塘后的池水可加深到1米左右,鱼种池则加深到1.5～2米。

问:怎样合理搭配放养鱼苗?

答:在鱼种阶段,为充分利用水体和饵料,提高池塘鱼产量,可以根据不同的养殖鱼类的食性和生活习性,合理搭配投放鱼种。一般的搭配原则是:

1.肥水养鱼塘,以投放鲢鳙鱼为主,其混合搭配比例为:鲢鱼占55%～60%,鳙鱼15%、草鱼10%、鲤鱼、鲫鱼、鲂鱼等占20%～25%。

2.水瘦而且饲料充足的,如果青饲料充足,应以草鱼为主,其搭配比例为:草鱼占45%～50%,鲢鱼占20%,鳙鱼占5%～10%、鲤鱼、鲫鱼、鲂鱼等占5%～10%。

3.如果全价饲料供应充足,应以鲤鲫鱼等吃食性鱼类养殖为主,其搭配比例为:鲤鱼或鲫鱼占80%,鲢鱼鳙鱼占20%,这样整个水体都能被充分利用,水体中的各种饵料也能循环利用,以提高养殖效果。鱼种投放密度一般每亩放300～500尾较好,养殖条件好和管理技术高的,可放养800～1 000尾。

在乌仔以前的鱼苗阶段,各种养殖鱼类生活习性差别不大,吃的食物和活动的水层基本相同,但摄食能力有强有弱,所以一般不进行混养，大多数是单养。放养密度一般每亩水面放养 20～30 万尾比较合适。管理技术好的，多的可以每亩水面放养 70～80 万尾以上。因为鱼苗阶段消耗的饵料和溶氧不多，活动的范围也不大，所以合理密养可以充分利用池塘，节约饵料、肥料和人力。

问：鱼苗放养后，如何进行施肥和培肥水质？

答：刚下塘的鱼苗，主要吃轮虫等较小型的浮游动物。因此，在鱼苗放养前应掌握好施基肥的时间，使鱼苗下塘时，正好处在轮虫繁殖高峰期。以后，定期施肥，以繁殖浮游生物，并辅助投喂人工饵料。基肥如果施用腐熟粪肥，一般在鱼苗下塘后 3～5 天，每亩 150～300 千克；如果施用绿肥，必须在鱼苗下塘前 5～10 天，每亩 200～400 千克。

施肥的方法是：粪肥加水后全池泼洒；绿肥则堆在池塘边浅水中腐烂分解，过几天后翻动草堆，促使肥分在池中扩散，最后将残渣捞除。

鱼种的养殖，也要在放养鱼种前施足基肥，培肥水质，使鱼种下塘后，也能够有较丰富的饲料。一般在放养鱼种前 7～10 天，每亩施人畜粪 350～500 千克，追肥要掌握及时、勤施、少施的原则。一般每亩鱼塘每隔 7 天左右施人畜粪 50 千克左右，以鱼不浮头为主。对主养鲢鱼的鱼塘，以施绿肥和人畜粪为主，水呈绿豆色；配养较多鳙鱼的，以施牛粪为主，水为茶褐色。人畜粪要经过发酵腐熟后，才可做基肥、追肥使用。

问：人畜粪为什么要经过发酵腐熟后才可做基肥、追肥使用？

答：因为人畜粪作为肥料施到池塘里以后，会经过微生物的分解矿化，消耗掉水中大量的溶氧，这对鱼苗的生长极为不利，严重的会大批死亡。所以，人畜粪一定要经过发酵腐熟后才可做基肥、追肥使用，以防引起水质恶化，妨碍鱼类生长或生存。还可杀灭部分致病菌，有利于卫生和防病。

问：鱼苗下塘后，还有什么饲养方法？

答：鱼苗下塘后的饲养方法，除了前边提到的粪肥饲养法以外，常用的还有豆浆饲养法、饼粉饲养法、草浆饲养法、化肥饲养法等。

在北方地区通常采用豆浆饲养，鱼苗下塘后半天即可投喂豆浆。方法是：先将黄豆或豆饼用水浸泡，为提高出浆率，黄豆要泡到豆瓣中央泡平为止，一般在水温25℃时浸泡6～7小时，1千克黄豆可磨成15千克豆浆；1千克豆饼可磨成10～12千克豆浆。磨浆时加水要适度，边磨边加，豆浆要随磨随用，这样豆浆不会沉淀。磨好的豆浆要及时投喂，把浆均匀的泼洒于池塘水面，每天喂4次，上午下午各2次。每亩水面每天喂1.5～2千克黄豆浆。10天后根据水色和鱼生长的情况适当增加投喂量。一般来说，养成一万尾夏花鱼种需要黄豆5～7.5千克，或者豆饼7.5～10千克。

问：在日常饲养管理方面还要注意些什么？

答：搞好苗种放养一定要加强日常管理工作。要从这几个方面着手：

1. 要坚持每天早、中、晚三次巡塘，到池塘查看水质，观察水环境的变化和鱼种适应环境的情况，以便发现问题及时处理。

2. 要管理好水质。定期向池塘注入新水，调节池水的透明度、溶解氧、pH值等，为鱼类创造好的生活环境。

3. 要严格按照养殖技术规程进行操作。

4. 及时清除敌害。对鱼苗危害较大的有：水蜈蚣（通常叫水夹子）和蝌蚪等。它们繁殖很快，是鱼苗的大敌。要及时杀除，注水时过滤水源，及时捞除水中的蛙卵、清除杂草等。

5. 搞好鱼病预防。春季鱼病发生率较高，在投放鱼苗特别是鱼种时，做好鱼病的防治很重要。

二、水库生态养鱼技术

我国水库数量多、分布广、水面大，在满足水库灌溉、防洪、发电和航运等功能的同时，积极发展水库养鱼，是进一步发挥水库工程效益、综合利用的一个重要方面。水库养鱼投资较少，收效大。本篇介绍一些有关水库生态养鱼方面的知识。

问：水库养鱼会不会污染水库的水质？

答：有计划的增殖放流是不会污染水库水的，相反还可以有效地净化水质，又可生产大量的无公害水产品，解决库区群众的就业，增加农民经济收入，还可以保护生态环境，保持人与自然和谐共处，社会效益、经济效益、生态效益显著，是一举多得的好事情。

问：政府为什么取消了水库的网箱养鱼？

答：水库作为城市生活饮用水源后，政府对水源地进行保护是必要的。取消网箱养鱼，是因为投喂饲料的网箱养鱼生产中，饲料残留会对水库水质造成一定的影响。政府提倡生态化的养鱼模式。大水面的鱼类资源增殖还是可以搞的。每年春季投放一定数量的鱼种，不需要投喂任何饲料，到秋季捕捞上市，效益是很可观的。

问：水库养鱼是怎样净化水质的？

答：由于水库上游的河流淹没区、水库消落区的腐殖质以及水体自身的光合作用，加上工业污水、生活污水的排放，常常会造成水库中氮、磷严重超标。很多水库由于生活污水及流域面积内使用化肥不合理，使库水的氮、磷一般超过饮用水标准的5倍左右，有的超过十几到几十倍，导致了水体富营养化，细菌、浮游生物、水生植物等大量繁殖。这些存在于水库中的各种养分和能量，不论他们能不能被利用，在水库中会一直存在，并且随着水库库龄的增加，水质越来越肥，生物量越来越大。如果不加以利用和调整，会直接造成整个水库的生态系统崩溃，而一旦崩溃，其生态系统的恢复将需要相当长的时间。

但是，水中的细菌等微生物、浮游生物、腐殖质、水草等等，却正好是鱼类的好饵料。像鲢鱼、鳙鱼、银鱼、草鱼、鲤鱼、鲫鱼、鲂鱼、青鱼以及近几年引进的匙吻鲟等，分别生活在水中的上层、中层、底层，能够充分消耗水中的营养物质，根本不需要投喂任何的饲料和施用任何药物，就能达到净化水质、生产无公害产品、富裕农民的目的。

问：鱼对水库水质的净化作用有多大？

答：据研究结果表明，每生产1吨鱼，可以消耗掉10吨的浮游生物。北京的密云水库就是很好的例子。这个水库每年投放10亿粒池沼公鱼卵，成活3亿尾鱼，每条鱼都是一个生物净化器，被称为水库水质的“环保小使者”，加上水库中原有的200万尾草、鲢、鳙鱼以及人工放流的鲟鱼、鳜鱼、鲶鱼等400万尾净水鱼类，构成了密云水库“鱼类立体作业，生物链净化水质”的模式，使密云水库的水干净得能够直接饮用，甚至经过了73公里的京密引水渠在穿越密云、怀柔、昌平、海淀四县区到达颐和园后仍保持二类水质。

问：自来水常常有一股“鱼腥味”，这是不是养鱼产生的？

答：这种“鱼腥味”实际上并不是由鱼产生的，而是水中的藻类产生的，是一种浮游植物。在水库中适当养鱼和养上合适的品种，不仅不会加重水中的鱼腥味，还会减少鱼腥味。

问：搞好水库养鱼需要具备什么条件？

答：由于水库面积大，水较深，自然环境比池塘等小水体复杂。在目前条件下，人为条件还比较难控制水体的自然变化，放养的鱼类主要或者是全部要依靠摄食水体的天然饲料而生长。因此，发展水库养鱼，必须解决好以下5个问题：①配套的鱼种生产基地；②设置拦鱼设备；③清理库底障碍物；④清除凶猛鱼类和敌害；⑤扩大鱼类饲料来源。

问：水库养鱼为什么要具备配套的鱼种生产基地？

答：因为水库水面一般比较广阔，需要投放的鱼种数量多，而且要求放养大规格鱼种(13～17厘米)，如果依靠外购，不但花钱多，增加养鱼成本，而且增加了运输路程，影响放养鱼种的质量，降低成活率。所以，发展水库养鱼，必须配套建设鱼种生产基地。当然，如果水库较小，根据实际情况也可以外购鱼种。

问：按什么标准和要求来配备鱼种生产基地？

答：一般小型水库(面积900亩以内)每100亩水面需配套鱼种塘2～4亩。中型水库(面积900～9 000亩)每100亩水面需配套鱼种塘1～2亩。大型水库(面积9 000亩以上)根据具体情况配套鱼种场。

鱼种场一般是选择水浅、底质较平坦的库湾，筑起防水堤，建设好必要设施。有相当规模的大中型水库，不但要建立鱼苗场，还要配备人工繁殖设备，培育亲鱼，自繁自育鱼苗。

水库养鱼需要外购的鱼苗、鱼种，应该选择人工繁殖的，因为江河捕捞的鱼苗，野杂鱼多，会带进凶猛的鱼类。

有些水库因为条件限制，鱼种塘配备不足，可以利用网拦库湾，或者用网箱养鱼来培育鱼种。

问：在水库怎样设置拦鱼设备？

答：为了防止鱼类外逃，在水库的入水口、放水口或溢洪道等地方，都应设置拦鱼设备。水库在泻洪放水的时候，流速大，漂浮物多，在设置拦鱼设备时，既要考虑能拦截不同品种和规格的放养鱼类，并能使其顶流洄游，离开拦网设备；又要能抵抗水流冲击和大风袭击，不影响泻洪排水，并能较好地拦阻和去除漂浮物。

设置在大中型水库库内的拦鱼设备，可用电栅、铁丝网、拦网等。一般的小型水库，可用竹、木栅、竹箔作拦鱼设备。而分级涵管式的小水库或山塘，可根据放水涵管的粗细用竹子编织的拦鱼篓，在放水时套在涵管上拦鱼。

如果在库内不方便设置拦鱼设备，可在水库溢洪道和输水管外侧设置拦鱼栅，既可捕捞起下逃的成鱼，并又能回捕部分幼鱼，又不影响工程的安全。

问：水库养鱼为什么需要清理库底障碍物？

答：因为水库一般建在山区或丘陵地区，水库淹没区地形复杂，障碍物太多，影响捕捞效果。因此，要尽可能将库底障碍物清理干净。大中型水库，不能全面清理库底，应选择水库的一些适宜地方作为今后的捕鱼场所，去除妨碍捕捞的杂物，并将地形整理，使蓄水后相应的渔具能正常作业。库底清理工作最好建库工作一起进行，在蓄水前完成。已建成的水库，也应有选择地做力所能及的清理工作，抓住水位较低的有利时机，将裸露的各种障碍物及时清除，削高填低，使库底平坦，利于下网作业。

问：怎样清除凶猛鱼类和敌害？

答：在大中型水库中，尤其是与江河相通的大水库，凶猛鱼类和其他敌害较多,对放养鱼类的危害很大。水库中对放养鱼类危害较大的有鳡鱼、鳜鱼、翘嘴红鲌、黑鱼等凶猛鱼类。在水库蓄水以前,应对未来水库淹没区内的凶猛鱼类进行清除。投放鱼种时要严防将凶猛鱼类带进库内。面积在900亩以下的水库,在放养鱼种前可以彻底清库,清除凶猛鱼类的小杂鱼,有条件的可以把库水排干。面积小的水库还可以使用生石灰、漂白粉等清库。在日常管理中,要密切注意敌害(包括污染物)的来源和活动情况,及时采取措施,进行歼捕处理。凶猛鱼类较多的水库,还要采取措施,破坏其产卵条件并歼捕亲鱼,控制种群繁殖。

问:扩大鱼类饲料来源指的是什么?

答:水库养鱼一般以利用天然饲料为主,为了提高水库的鱼产量,有条件的水库,特别是中小型水库,可利用枯水季节,在消落区广种绿肥、青饲料,到春汛淹水时,即成为草食鱼类的饲料。鱼没有吃去的腐烂物作为肥料,提高水库肥力。还可以通过综合经营,在库区养禽畜,增加养鱼肥饲料的来源,提高水体生产力。

问:在水库鱼种的放养上,有什么技术要求?

答:要做到:"因水放鱼,合理密养。"水库养鱼的特点是:鱼类的生长全部或主要依靠水体的天然饲料。因此,必须认真研究饲料资源的综合利用,做到合理放养,使水体的饲料资源全面又合理地转化为鱼产品,从而获得尽可能高的鱼产量。合理放养密度就是"因水放鱼",要求鱼类的品种、规格、密度等指标同水库的天然饲料资源相适应,既能充分利用饲料资源,又不影响天然饲料维持再生产。

首先,要正确估计水库养鱼面积 。在生产上,一般根据常年平均水位时的面积作为养鱼水面。尤以历年6～10月份的水面面积计算放养量最切合实际。因为1～5月份,刚投放鱼种,鱼体相对较小,一般情况下,饲料和空间均能满足鱼种的生长要求;11～12月份,鱼类的个体虽然较大,但由于水温降低,鱼类的代谢水平也随着降低,摄食强度减弱,而且陆续起捕成鱼,饲料和水体对鱼类生长的制约作用并不明显。而6～10月份,水温升高,鱼类活动量大,新陈代谢旺盛,摄食较多,鱼体生长较快,如放养密度过大,天然饲料和水体同鱼类生长的矛盾就会突出;反之,则会浪费水体的生产力。因此,依据这段时间的水库面积制定放养量是比较适宜的。

其次,是要选择适宜的品种。在决定放养鱼类的品种时,要选择其食性与水体饲料资源相适应的品种。多数水库的天然饲料构成以浮游生物为主,还有较多的外源性有机碎屑和细菌,底栖动物和水草的生物量相对较少。因此,在这种情况下,应以滤食性和杂食性鱼类为主,适当搭配草食性鱼类。按目前情况来看,以选择鲢、鳙鱼作为主要放养对象较适宜。为了合理地利用水层和饲料资源,还应该搭配其他不与主养品种争饲料的混养品种。在建库初期,旱草和水草资源丰富,可适当多养草鱼、团头鲂等草食性鱼类;水库中的底栖动物可适当搭配些鲤、鲫鱼类来利用。还可以混养细鳞斜颌鲴等经济鱼类。由于各水库的自然条件不同,各种鱼类搭配比例,必须因地、因水制宜,并逐年加以调整。鳙鱼比鲢鱼生长速度快,个体大,回捕率高,因此应多放些。一般鳙鱼占总放养量的50%～60%,鲢鱼占20%～40%,草、鲂、鲤、鲫鱼等共占10%～20%。水质经常混浊的水库,鲢、鳙鱼的搭配可各一半。

第三,要尽量放养大规格鱼种。水库养鱼放养大规格鱼种,这是夺取水库渔业高产的关键措施。由于水库面积大,自然环境条件比较复杂,应尽快放养大规格鱼种,才能有较高的生长率、成活率和回捕率。入库鱼种不但要求规格大,而且要求体质健壮。

优质鱼种应该是规格整齐,头小背宽,身体肥满,体色光泽好,行动活泼。

第四,要掌握合适的放养密度 。一般大型水库的鱼种放养量,以每亩放养 50～100 尾为宜,中型水库可放 200～400 尾。如属富营养型水库,天然饲料充足,可增加放养量。采用人工投饲施肥的小水库,在便于管理的条件下,放养密度和搭配比例和池塘养鱼基本相同。

问:在水库里怎样进行捕鱼?

答:水库养鱼,由于库内环境比较复杂,因此,其捕鱼方法及网具与池塘养鱼有所不同。水库捕鱼常用的网具及其使用方法:

1. 刺网:这是水库捕鱼广泛使用的渔具。刺网有结构简单、装配容易、小巧灵活、成本低、捕鱼效果好等特点,能够常年作业。捕捞对象包括水库各层主要经济鱼类。

2. 索罟:适宜捕捞集群鱼类。具有操作简便、机动灵活、起捕量高的优点,为捕捞水库中上层鱼类的优良网具。

3. 大拉网:大拉网拖曳范围有限,适用于在较浅水库围捕游近岸边的鱼群,应有意识地驱集鱼群进入渔场,再行捕捞。

4. 张网:常使用的是簸箕型定置张网,设置在渔场通道,两翼八字形网张开而呈长方形锥体,锥体八字口端为网口,锥体后墙带有倒须网袋,鱼入张网后,易进而难出,即被捕获。

5. 联合捕鱼法 全称为:"赶、拦、刺、张"联合渔法,是把各种网具联合起来使用,可捕捞水库中、上层鱼类,基本解决水库中、上层鱼类(主要是鲢、鳙鱼等)的捕捞问题。

联合渔法网产量高,经常一次捕鱼多达几万千克。但要配备一定数量的网具、渔船和作业人员,作业面大,作业时间长,一般需要 5～10 天。

三、鱼-鸭混养实用技术

在养鱼过程中，为了提高综合经济效益，把渔业与种植业、畜牧养殖业、观光旅游、休闲度假、垂钓餐饮等产业有机地结合起来，这样可以相互促进，互相补充，收到显著的社会效益、生态效益和经济效益。池塘鱼—鸭混养是渔—牧结合的综合养殖模式之一。它通过形成人工复合生态系统，既能充分利用了水面，又增产降耗，养殖效益非常显著。

问：鱼和鸭混养，是怎样相互促进、互相补充、增加效益的呢？

答：

第一，鸭子可以为鱼塘水质增氧。鸭群在池塘中嬉水击起浪花，有利于增加鱼塘水体中下层的含氧量。

第二，鸭食剩下的残饵可以为鱼类提供饲料。鸭粪中含有大量的有机物未被消化吸收，它可以培育水体中的浮游生物，间接提供鱼的饵料。鸭群不断地潜入水中捕捉食物的运动，促进池塘底部淤泥中有机物的分解，加速有机碎屑和细菌凝聚物的扩散，又可以为鱼类提供饵料。

第三，鸭群可为鱼除害。鸭子不仅可以吞食漂浮在水面的病鱼、死鱼、小野杂鱼、螺类，还可以吞食鱼塘中的水蜈蚣等鱼类的敌害昆虫，而且还能清除池塘中生长的青苔、藻类等有害物质，只要搭配比例得当，鱼鸭混养，资源共享，就能实现良性循环。

问：这种技术是一种很好的循环经济？

答：目前我国畜牧业集约化养殖发展迅猛，畜禽粪便的处理、转化、利用已成为社会化问题。根据国家环保总局的调查显示，仅1999年，我国畜禽粪便的产生量为19亿吨，是工业固体废物的2.4倍。专家预计，到2010年，我国每年畜禽粪便产生量将达到45亿吨。而通过水产养殖业，把养鱼与养鸭和谐地结合起来，能够在生产过程中对粪便进行转化利用，是非常符合我国目前倡导的建设资源节约型、环境友好型社会的要求的。

一只鸭子一年可产鸭粪15～20千克，规模化养鸭场的鸭粪处理就是个问题。但只要鱼、鸭搭配比例适当，鸭粪完全可以在鱼—鸭混养的过程中处理转化掉，而且是作为鱼的饵料，转化成了商品鱼。鸭粪中含有丰富的营养物质，包括粗蛋白、粗脂肪、各种氨基酸、微量元素和矿物质等。据测定，每2.32千克干鸭粪可以转化为1千克鲜鱼。就是说，一只鸭子一年产的鸭粪可以转化为近4千克的鲜鱼。

问：鸭粪施放到池塘中，会对池塘的水质造成污染吗？

答：这是一个很关键的问题。鸭粪的施用，必须要科学、合理地使用。在实际生产中，很多人习惯将粪肥直接投入到池塘中，作为杂食性鱼类（如鲤、鲫鱼等）的饵料。这种做法，不符合科学养鱼的要求，弊大于利。因为，一方面，鸭粪及其残渣、剩饵等有机碎屑，直接施入池塘内，在池塘水体中会腐烂分解。在腐烂分解过程中，需要消耗掉大量的氧气，严重影响水体的溶解氧，严重的会造成鱼类死亡；另一方面，粪肥在分解过程中，还会产生氨氮、硫化氢等有害物质，影响水体环境，不利于鱼类的生长。同时，粪肥中往往含有大量的致病细菌，容易导致细菌性疾病的发生，甚至蔓延。

只有将鸭粪在坑窖中进行发酵腐熟，使它的腐烂分解耗氧的过程在坑窖中进行，这样既可以避免耗用池塘水体中的溶氧，还可以杀灭大部分的致病细菌，同时再施用一定量的杀菌消毒药物，如生石灰、强氯精等，杀灭粪肥中的病原体，然后再根据池塘的水色，合理地施用。另外，在鸭粪做追肥施用的时候，一定要坚持在晴天中午的时候，用全池泼洒的办法施用，因为这时候池塘水的含氧量最高。同时，坚持量少次多，少施勤施，可避免因为有机物分解大量耗氧而对鱼类造成的影响。

需要注意的是，粪肥常年累月地使用，也容易增加池塘底部淤泥的厚度。过多的淤泥是细菌和寄生虫赖以生存和繁殖的土壤，很容易导致鱼类疾病的发生。因而在生产过程中，除及时地对水体进行定期消毒、杀灭水体中的致病菌体预防疾病的发生外，还要在成鱼全部上市后，及时地清理挖出池塘中的淤泥，可作为种植草食性鱼类（草、鳊鱼等）青饲料的基肥或者其他农作物的基肥，以利避害，发挥生态优势，为草食性鱼类提供饵料，同时增加了池塘的水体，扩大了鱼类生存的空间，更有利于鱼类的生长。

问：鸭群在水中活动，会吃掉鱼种吗？

答：规格小的鱼种，鸭子是能够逮住吃掉的。所以，在池塘中一定要放养50克规格以上的鱼种，才能解决这个问题。

问：搞好鱼和鸭子混养，需要做什么准备工作？

答：首先是池塘建设。池塘底部要求平坦，可略微向排水口的方向平缓倾斜，以利于排水、干塘、出鱼。池塘面积大小以3～7亩为好，水深在2～3米，池塘的进水、排水系统要分开，并且设有拦鱼设施，对原有的浅、小、旱的旧池塘，可以按上面说的标准要求，在冬季干塘的时候，进行彻底改造。

其次，是鸭棚建设。鸭棚应选择座北向南，地势较高，阳光充足，比较干燥，池埂坡度平缓，有利于稚鸭苗下塘上岸觅食。冬季能密封保温，夏季能通风降温，雨季泄洪排水良好，鸭棚面积在

120～150 平方米/间，如果养鸭数量大的情况下，可在池塘基段多设几间鸭棚。鸭棚一般用红砖水泥沙石砌墙，打水泥地，以便于清洗消毒。另外设两个鸭子活动场所：一是用旧网片或竹蔑栅围起鱼塘一角，（网围应不超过池塘总面积的 1/4）作为鸭群觅食生长的活动场所；二是在鸭棚附近用竹蔑笆围一段池基或池坡地面作为活动场子，面积可为鸭棚的 2～3 倍。

上述的基础设施也基本上适应山塘水库的鱼鸭混养。如：广东省正隆村一农民，用这样的方法进行鱼—鸭混养，承包了一个山塘（面积 250～300 亩）配套养鸭 10 万只，一年养鸭 2 批，总收入 175 万元（其中水产品 15 万元），收入很好。

问：在具体放养中，怎样掌握鱼类品种的搭配和鸭群的搭配比例？

答：鱼鸭混养这个模式，是以水面为中心，以养鱼为主，鱼鸭养殖合理配置，达到发鸭促鱼，鱼鸭双丰收的目的。一般可采用以下三种混养模式：①每亩投放鱼种 75～85 千克，滤食性鱼类（如鲢、鳙鱼等）占 70～80%，每亩养鸭 150～200 只，鱼种增重快，亩产量可达 550～650 千克；②以养杂食性鱼类（罗非鱼、鲤鱼等）为主，占比例 60%，其他是滤食性鱼类，每亩养鸭 150～200 只；③以鲫、鲤鱼、鲢鳙、白鲫等杂食性、滤食性鱼类为主（占 80%），搭配养殖草、青、鲂鱼等。主养鱼放养规格 50～70 克/尾，每亩放养总量 35～50 千克，放养品种 7 个月以上，要求冬放，中期适当套养夏花。每亩水面配养鸭 100～200 只，要选择良种或优化杂交组合品种，春夏以养肉鸭为主，秋季养蛋鸭。亩产成鱼 350 千克以上。

总之，可根据自己的技术和池塘（山塘、水库）具体环境结合实际，灵活应用，才会产生良好的经济效益。

问:鱼类养殖过程的具体饲养管理都需要注意什么?

答:养鱼管理要注意六点:

1. 清塘消毒。鱼种在下塘前,鱼池要曝晒,然后按每亩 50~70 千克的用量施生石灰,在池塘内用容器化水全塘泼洒。如果池塘里的水不能排干,按每亩水面、1 米水深用生石灰 100 千克溶水后全塘泼洒,7 天后毒性消失以后可放鱼种养殖。

2. 鱼种消毒。鱼种下塘前,用 3%食盐水浸泡鱼体 10 分钟,草鱼种则最好注射疫苗进行免疫预防后下塘。

3. 施肥投饵。鱼种放养前 5~7 天每亩水面施用沤熟的鸭粪 100 千克做基肥,施基肥的方法是:将粪肥分为若干小堆置放在沿池岸边的浅水区,经日光曝晒几天,适当分解矿化后,翻动肥料,再暴晒几天,即可注水。注水后隔几天翻动一次,使营养物质逐渐分解扩散出来。放养鱼种后每天平均施用鲜粪肥为鱼体重的 8%左右,讲究少量勤施,均匀泼洒;25℃以下隔天施肥,25℃以上每天施肥,全池均匀泼洒;搭配有草鱼等草食性鱼养殖的,每亩水面配置青饲料地 0.15 亩,冬天种黑麦草,夏天种苏丹草,割草喂鱼;另外,根据鱼的生长情况,以 3%~5%的投饲率补喂精饲料或配合料。投喂饲料作到"四定"(定时、定质、定量、定点),要投喂质量好、适口性好的饲料,夏秋季可按鱼体总重的 3%~5%投喂,冬春季可按总重的 1%~3%投喂。

4. 管好水质。俗话说,养鱼先养水,水好半塘鱼。鸭粪肥水耗氧量高,平时注意观察水色,调节水质,及时清理水中污物残饵,使池水肥瘦适中,溶氧充足,池水要保持肥、活、嫩、爽,透明度控制在 25~30 厘米,池水 pH 值保持在 7~8,每隔 7~10 天加注新水一次,排去 30 厘米老水,灌入 30~40 厘米新水,保持水质相对稳定,每 7~10 天要用 1 毫克/千克浓度的漂白粉化水溶化全塘泼洒,达到杀菌调节水质。

5. 鱼病防治。夏秋高温季节是鱼类生长旺季，也是鱼病高发期。在池塘中要搭设草架、食台，4～11 月份每半月药物挂篓（袋）一次，用 30 毫克/千克生石灰全池泼洒一次；进入高温季节后少施粪肥，注意加注新水或者要适时开动增氧机，防止鱼类浮头，发生泛池；适时投喂药饵，增强鱼体抗病能力，促进生长。

6. 勤巡塘。及时检查鱼类的吃食和活动情况，遇有异常及时采取措施，特别是鱼的“浮头”情况。同时要作好防逃、防病、防汛、防盗等工作。

问：养鸭的管理都有什么注意事项？

答：要按照肉鸭、蛋鸭、兼用型鸭的不同生活习性与生长规律科学饲养管理。一是要保持鸭舍通风良好，清洁干燥，勤放垫草，适时放牧鸭群活动、游泳；二是养鸭饲料合理配备（以用全价饲料为佳），保持饲料日粮相对稳定，不要随意更换，影响鸭群消化吸收与生长发育，每日投喂应定时、定量、定质，保持饮水不断；三是实行严格防疫措施，按时注射各类疫苗，发现病鸭及时隔离清除、灌喂防治药物；四是注意防风雨、兽害、以及农药、化肥中毒。

问：鱼—稻—鸭共生养殖技术是怎样的？

答：鱼—稻—鸭共生养殖技术其关键是需要把稻田设施简单改造一下。

田块选择：要求地势平坦，倾斜度小，土质保水力强；水源充足，注排水方便；田间设施：稻田内埂高 30～40 厘米，顶宽 30 厘米，外埂高 50 厘米，顶宽 40 厘米。田埂要留有溢洪口；进出水口要对角设置，并设有拦鱼栅。鱼栅的高和宽要大于进排水口和溢洪口 10～15 厘米。

稻田内要建鱼溜和鱼沟。鱼溜的作用是既可保(蓄)水,又是投饲喂养和收捕成鱼的场所。一般设在排水口附近或田埂边,其面积为稻田的5%左右,深度低于田底0.5米左右,形状、大小具体因田块而定;鱼沟:鱼沟与鱼溜相连通,在稻田修整时同时开挖。鱼沟顺着进、出水方向开挖成呈“口”、“丁”、“十”、“日”、“井”、“田”等字形状,以能贯通全田、鱼类能快速集散为好。沟宽0.4米,深度为低于田底0.2米;在稻田的中间池埂上选一处较宽的田埂,稍加平整,以做鸭子的固定宿营地。

问:鱼苗、雏鸭怎样放养呢?

答:鱼苗、鸭雏的放养:插秧后5～7天,稻秧长出新根、叶片返青时放养。鱼苗放养每尾重50克左右鲤、鲫鱼种,在不投食情况下,放养20～35尾/亩;鸭雏的放养密度为10只/亩。鱼苗放养前要用3%～5%的食盐水浸洗3～5分钟后,方可放入稻田的鱼沟或鱼溜中;鸭雏的放养方法是:稻苗彻底返青后,选择晴天把清晨空腹不喂的鸭雏运到所选的固定宿营的田埂上,放上饲料,任其自由入田活动和觅食。其饲槽不动,过1～2小时在投料点边喂边唤,到傍晚再边喂边唤一次,饲料组成和平时一样。鸭雏经1周左右的唤喂,使其在此固定露宿,以后可不用人工看管,也不用喂食了。

日常管理:一要注意巡查。检查池埂、鱼栅等;二要注意保持稻田水位;三要注意防病、防盗、防害;四是稻田需要使用农药时,注意选择低毒无害的农药,并在中午或下午无露水时使用;五是稻田最好施肥效长的基肥,尽量追施发酵的畜禽粪肥。

效益分析:10周龄鸭子,平均个体可达2千克,成活率95%以上,每亩产商品鱼15千克,水稻增产3千克。

四、泥鳅人工养殖技术

泥鳅是一种分布广、群体数量大的小型鱼类。泥鳅肉质细嫩，味道清爽鲜美，营养丰富，号称是“水中人参”。泥鳅具有对环境适应能力强、容易养殖、运输方便，生产成本低等优点，是一个非常适合农民朋友们养殖的水产品种。本篇主要讲解有关泥鳅人工养殖方面的知识。

问：泥鳅人工养殖的市场前景如何？

答：市场前景很看好。泥鳅原来主要是靠捕捞野生资源上市，近年来随着野生资源的减少和市场消费需求的增大，野生资源已经不能满足人们的需要了，人工养殖泥鳅不断发展。

泥鳅不仅在国内需求量大，在国际市场上也属于畅销的水产品之一，特别是在日本，泥鳅深受日本人欢迎。目前泥鳅在我国还仅限于小规模养殖生产。如果能规模生产，还可以组织出口，经济效益会更高。

问：泥鳅生活习性怎样？

答：泥鳅属于底层鱼类，常见于底泥较深的湖边、池塘、稻田、水沟等浅水水域，尤其喜欢在中性或弱酸性的底质处栖息，常常出没于水底淤泥中。

泥鳅是温水性鱼类，生活水温为10～30℃，最适水温为25～27℃。在夏季水温超过30℃时，泥鳅潜入泥中度夏。冬季水温降到5℃以下时，又钻入泥中20～30厘米深处造一个洞穴，卷曲着身体冬眠，待第二年水温升到10℃以上后，才外出活动。

泥鳅对低氧环境的适应能力较强，这是因为它除了能利用鳃进行呼吸外，还能利用肠管和皮肤进行呼吸。当水中缺氧时，它会跃出水面吞吸空气，空气在肠中进行气体交换，所产生的二氧化碳从肛门排出，这种肠呼吸作用常占到泥鳅全部呼吸量的1/3以上。在冬季水体干涸的情况下，泥鳅钻入泥中依靠少量的水分湿润皮肤，靠皮肤和肠的呼吸来维持生命。泥鳅的眼睛很小，视觉很差。但其触觉、味觉极为灵敏，借此选择饵料。

问：泥鳅的食性怎么样？对饵料有什么样的要求？

答：泥鳅是杂食性鱼类。幼鱼阶段取食动物性饵料，主要摄食浮游动物和摇蚊幼虫、丝蚯蚓等底栖生物。当它的体长长到约8厘米时转变为杂食性，除了摄食小型甲壳类、摇蚊幼虫、丝蚯蚓、昆虫幼虫、蚬子、幼螺、蚯蚓外，还摄食丝状藻以及植物的根、茎、叶碎片和种子，有时也摄食池底泥渣中的腐殖质。当泥鳅体长大于10厘米以后，则以摄食植物性饵料为主，兼食部分适口的动物性饵料。

泥鳅吃食的强度与水温密切相关。水温10℃时，泥鳅开始摄食，15℃时，它的摄食量增加，25～27℃时，它的食欲旺盛，水温超过30℃时泥鳅的食欲减退，甚至停食。

在天然水体中，泥鳅大多在夜间觅食。但生殖期间由于性腺发育对营养需求量大，泥鳅白天也常外出寻食。

问：如何建造泥鳅养殖池？

答：场地选择要求地形开阔，背风向阳，近水源，水量充足，排灌方便（大雨不涝），没有工矿以及农业废水排入。建池土质以黏土、壤土为好（保水保肥），天然饵料容易繁殖。泥鳅养殖池有土池、水泥池和稻田改建池几种。

土池、水泥池建池材料不同，但用来养殖泥鳅时，各方面的要求基本相似。

面积：小池塘为30～50平方米，用于泥鳅苗种培育池和亲鱼产卵池，大池塘100～200平方米，用作成鱼养殖池。

池深：进水口端深80～90厘米，排水处深约1米。池埂高出水面约40厘米。

水深：通常为30～50厘米。水过深，不利于饵料生物繁殖以及泥鳅进行肠呼吸，过浅，水温、水质则变化剧烈，对泥鳅养殖不利。

池底：要求平坦并逐渐向排水口倾斜。在出水口附近挖一个深30～40厘米、面积1～3平方米的集鱼坑，作为泥鳅避暑、越冬和人工捕捞的场所。水泥池底需要铺土约30厘米厚，以供泥鳅潜伏和天然饵料繁殖。

防逃设施：进排水口设置拦鱼设备。进水口最好高出池水水面30厘米左右。土池堤埂和池底应夯砸结实，防止漏水、漏肥或逃鱼。

此外，池内边角处可种藕、茭白等水生植物，这样既遮阴，又增收，一举两得。

问：稻田改造池有什么要求？

答：稻田的田埂要夯实加固，埂顶高出田面30～40厘米，田埂边缘内侧最好用塑料板或塑料布围拦，底脚插入土中30厘米。进排水口处安装可靠的防逃设施。田中挖有与进排水口连通的鱼沟、鱼溜。鱼沟宽、深均为30～40厘米，鱼溜深40～50厘米，面积2平方米。鱼沟、鱼溜总面积为稻田面积的2%左右。鱼沟、鱼溜既是投饵施肥场、捕鱼场、施药晒田暂养场，又是泥鳅避暑场。

问：泥鳅的苗种怎么解决？

答：泥鳅苗种可以人工繁殖解决，也可以从外边购进。购苗时要注意选择3厘米左右的泥鳅苗。因为泥鳅体长达到3厘米后，就初步具有成鱼的特点了，已经有钻泥的习性，于是就可以进入食用鳅养殖的阶段了。

问：泥鳅苗种的放养有什么具体要求？

答：泥鳅池塘在放养泥鳅前，应先清塘、注水、施足基肥。基肥用牛、马、猪等家畜粪，用量为30千克/100平方米，也可以用堆肥代替，用量为50千克/100平方米。肥水时间长短与水温高低有关，一般在鱼类生长季节，短则6～7天，长则10多天，当发现池中枝角类、桡足类浮游动物密度较大的时候，就可放养鱼种了。

放养密度：放养全长3厘米以上的鱼种，密度为100～150尾/平方米，等鱼体长到4厘米左右时，进行一次分池，以减少密度，分池后密度保持在50尾/平方米左右。

问：鱼苗下塘以后，饵料投喂有什么要求？

答：在泥鳅成鱼的养殖中，除了用施肥方法培养天然饵料外，还应因地制宜地选用剁碎的动物内脏、鱼粉、蚕蛹粉、猪血粉和贻贝粉等动物性饲料，混以米糠、麸皮、豆渣、苜蓿粉、蔬菜屑、酒糟等植物性饲料，制成颗粒状或面团状饵料，投放在饲料盘内沉入水中，供泥鳅摄食。

投喂泥鳅时，要注意动、植物性饲料搭配。水温20℃以下时，投放以植物性为主的饲料；水温在20～23℃时，动、植物性饲料各半；水温在23～28℃时，泥鳅摄食旺盛，生长加快，最好投以动物性为主的饲料。但是，不要连续多天投喂高蛋白的单纯动物性饲料，因为这样会使泥鳅过于贪食，而造成肠道充塞度过大，肠呼吸不能正常进行。

问：具体的饲料投喂量和投喂次数有什么要求？

答：开始投喂时，每天傍晚喂1次，并逐渐驯化泥鳅养成白天摄食的习惯。驯化后，每天投喂2次（上、下午各1次），日投饵量一般为鱼体重的5%左右。在适合泥鳅生长的温度范围内，投喂量随水温升高而增加，最高时可达鱼体重的10%～15%。如果水温在10℃以下、30℃以上或者在放养初期，池塘天然饵料充足时，则应减少投饵或不投饵。

问：鱼苗下塘以后，管理上有什么要求？

答：在泥鳅成鱼的养殖过程中，要经常灌注新水，调节水质，以防浮头。

经过这样的养殖，泥鳅苗种在3～4个月后，规格可达到10厘米，体重达11克左右，这已符合出口规格了，可以捕捞上市了。如果要想获得体重15克以上的较大个体，则需要继续饲养1～2年。

问：在稻田养殖中，有什么操作要求？

答：在养殖以前，稻田要先施家畜、家禽粪50千克/100平方米，等粪肥腐熟后，再蓄水放鳅。饲养期间适时追肥，肥料应投放在鱼沟鱼溜中，以便繁殖天然饵料供泥鳅食用。

泥鳅鱼种的放养时间，一般在水稻插秧之后进行。鳅种的规格为3～5厘米，放养量50～100尾/平方米较为适宜。

问：稻田养殖泥鳅，饲料投喂有什么技术要求？

答：在养殖过程中，应按时投喂含有鱼粉、蚕蛹粉、米糠、麸皮等成分的混合饲料，以补充天然饵料的不足。一般每天投喂1～2次。开始投饵采取散投法，以后逐渐缩小范围，最后投在鱼溜中。

稻田养殖泥鳅，收捕时间可以选在当年的年底，也可以延长养殖期，到第二年6月份捕捞。只要养殖得法，每平方米可捕获泥鳅成鱼0.6千克，折合产量为60千克/100平方米。

问:泥鳅有哪些常见病,怎么防治?

答:泥鳅养殖过程中的病害不多。常见的有:赤鳍病、水霉病、气泡病、寄生虫病及其他生物敌害等等。

赤鳍病对泥鳅危害较大,发病率较高,是由杆菌引起的。发病的原因主要是,饲养过程中池水恶化,捕捞和运输中鱼体受伤。症状是:先是鱼鳍或体表部分表皮剥落,呈灰白色,肛门部位发红,继而在这些部位出现血斑,并逐渐变为深红色,肠管糜烂,进而引发水霉病。防治的方法就是要避免鱼体受伤;苗种放养前用4%食盐水浸泡15～20分钟消毒。

其他敌害的防治办法是:养殖池塘要用生石灰清塘。注、排水口要设密网拦滤,严防有害的鱼类、水生昆虫、蛇、青蛙、水鸟、鸭等进池危害泥鳅。如果发现池水中有水蜈蚣,应用90%晶体敌百虫5毫克/千克浓度药液,全池泼洒杀灭。

问:泥鳅怎样捕捞?

答:通常采用网捕、笼捕、盆捕和挖捕等方法。

用网捕捞就是把网片铺设在注水口附近的鱼溜底部,然后注入新水,诱集鱼群,定时起网捕鱼;或者把罾网沉入食场底部,再将泥鳅喜欢吃的沉性饵料投在网中央,待鱼群聚集网中,把网拉起即可捕获。也可以在排水口处张网,就是在夜间排水的时候,泥鳅随排水落入网内被捕获。

笼捕就是用鳅笼来捕。这种用竹蔑编成,长约30厘米、直径9厘米左右,笼口装有能进不能出的倒须,另一端出鱼口直径约2厘米。捕鱼的时候,先在笼内装入泥鳅喜欢吃的饵料团块,并堵住取鱼口,将笼沉入集鱼坑中,每隔0.5～1小时起笼取鱼一次,不要间隔时间太长,以防止笼内泥鳅过多窒息而死。

盆捕就是将脸盆内放入煮熟的猪、羊骨头,盆口扎一块白布,布中央开一个比泥鳅略粗的圆孔，将盆按入泥底，使盆口与池底相平，诱使泥鳅钻入摄食而被捕获。

挖捕就是在秋后水温逐渐降低以后，泥鳅畏寒纷纷钻入池底淤泥中，这时候只能在干池后逐块翻泥捕捉，或将含鳅淤泥挖入铁筛子，用水冲去泥土而捕获。

泥鳅因为在池塘底部生活，经常钻入泥中，鱼肉中含有一股泥腥味，所以在捕获后上市前要对泥鳅进行1～3天时间的暂养，来去掉鱼肉的泥腥味，并可以使它的肠内的粪便排空。这样既可以提高泥鳅的食用价值，又能保持运输水质的清新，提高运输的成活率。

问：泥鳅怎样进行暂养？

答：泥鳅暂养，可以在竹篓或木桶内进行。

竹篓是常用的暂养器具。就是将装鱼的竹篓放在水中，篓的1/3露出水面，以保证泥鳅进行肠呼吸。一个上口直径24厘米、底径65厘米、高24厘米的竹篓在静水中可暂养泥鳅7～8千克，在流水中可暂养15～20千克。若无竹篓，也可以用小型浮动式网箱进行暂养。

用木桶（或者水缸）暂养时，每升水放泥鳅140克左右，暂养之初，每天至少换水4～5次，两天后每天可换水2～3次。每次换桶内水量的1/3左右。

问：泥鳅的运输有什么技术要求？

答：运输方法多采用干法和尼龙袋充氧运输。

运输时间在2～3小时以内的时候，可以采用干法运输。就是把泥鳅装入有适量湿软草的容器内，保持泥鳅皮肤湿润的运输方法。

远程运输时，可采用尼龙袋充氧运输。每个60厘米×120厘米的尼龙袋中，加入少量的水或冰块后，装泥鳅 10 千克，再充入氧气，扎紧口袋，将袋放入纸箱或木箱中即可起运。

五、革胡子鲶鱼养殖技术

革胡子鲶鱼，原产于埃及尼罗河流域，1981 年引入我国，现在我国大部分地区均可养殖。革胡子鲶鱼具有养殖简易、生长快、风险低、产量高、抗病力强和经济效益显著等优势，在其他鱼类无法生存的水体中也能生存。在食用方面，具有营养价值高，肉质细嫩，味道鲜美，骨刺少等优点。是一个非常适合农民朋友们养殖的水产品种。本篇主要介绍革胡子鲶鱼的养殖技术。

问：革胡子鲶鱼在生活习性上有什么特点？

答：革胡子鲶鱼头部扁平坚硬，体表光滑无鳞，上下颌各有 4 条触须。它属于底栖性的鱼类，性情比较温和，它除了到吞咽空气和摄取食物外，很少到水面活动。白天吃饱了以后，喜欢聚积到池塘底部、洞穴或阴暗处。在夜间，活动比较剧烈，摄食频繁，有时候成群结队到水面猎取食物。

革胡子鲶鱼除了用鳃呼吸外，在它的鳃部还有一个珊瑚状的辅助呼吸器官，能够直接利用空气中的氧气，因此它耐低氧的能力很强。只要皮肤保持湿润，长时间离开水也不会死亡。它能在各种恶劣的水体环境中生活，能在无充氧条件下进行高密度长途运输。革胡子鲶鱼抗病力很强，一般非致命性的伤口能够自愈。

问：革胡子鲶鱼是否适合在北方地区养殖？

答：革胡子鲶鱼属热带性鱼类，耐低温能力较差。这是这种鱼的一个不足之处。当水温降到 8～10℃时，会造成冻伤、感染水霉病；当水温降到 7℃以下时，则开始死亡。高于 37℃时也会死亡。

它合适的生长温度范围是18～35℃,最合适的范围是25～30℃。

所以,在北方地区,它不能自然越冬,要依靠温棚或其他人工条件越冬。在人工越冬期间,水温至少要保持在13℃以上。

问:北方地区,当年的鱼在入冬前能够达到上市规格吗?

答:革胡子鲶鱼比较贪食,常常在饱食后潜伏在池底的阴暗处不动。因此它生长速度很快,产量很高,生产周期短。要比一般的鱼快很多。当年孵化出来的小苗,经过4个月以上的饲养,当年即可达到500克以上的商品鱼规格,最大个体可以达到500克以上。如果放养上一年的越冬鱼种,普遍可以达到1千克以上,最大个体可以达到4千克以上。一般亩产在2吨以上,在南方地区,每年可养2～3季,亩产可达到5吨多。

在不具备越冬条件的地方,最好在天冷以前把鱼销售掉。另外,要尽量放养上一年的鱼种,可以较早地达到商品鱼规格,在中秋节时就可以陆续捕捞上市,而且这时候销售价格也较高。

问:这种鱼的食性怎么样? 饵料主要有哪些?

答:革胡子鲶鱼是以肉食性为主的杂食性鱼类。它的食量大,日食量为自身体重的5%～8%,最大日食量可达15%以上。如果我们投喂过量,会产生摄食过多而胀死的现象。革胡子鲶鱼耐饥饿能力强,鱼种或亲鱼在人工越冬期间,4～5个月不投喂饲料也不会死亡。当水温升到15℃以上时开始正常摄食,温度在20～35℃时摄食旺盛。一般5～9月份为摄食旺盛期,这个时候生长速度最快。

在天然水体中,鱼苗主要摄食轮虫、水蚤、孑孓等,成鱼阶段主要食小鱼、虾、水生昆虫、底栖动物、腐败的动物尸体、有机碎屑、浮游植物以及水生植物的嫩茎叶。在人工养殖条件下,可投喂的动物性饲料有鱼粉、蚕蛹、蝇蛆、螺蚌肉、屠宰场下脚料(如鸡肠子)

等,也可投喂植物性饲料,如花生饼、豆饼、菜籽饼、米糠、麦麸皮及细浮萍。

问:革胡子鲶鱼在人工养殖过程中有什么特点?

答:

1.革胡子鲶成鱼养殖季节性很强。因为它在15℃以上开始摄食,20℃以上时摄食旺盛。因此必须抓紧在生长期内加强投饲与管理,强化饲养,切勿错过生长季节。

2.革胡子鲶鱼养殖密度高。由于它耐低氧能力强,对水质条件要求低,因此适合在各种水体中高密度养殖。单养时每亩可投放鱼种3 000～5 000尾,多的可达到10 000尾以上。

3.革胡子鲶鱼食量大,饲料质量要求高。由于革胡子鲶鱼是以肉食性为主的杂食性鱼类,在制作人工配合饲料时,成鱼阶段饲料中的动物蛋白含量不能低于25%。在饲料缺乏或质量差时,容易造成互相残杀。

4.革胡子鲶鱼的潜逃能力强。在它的两边胸鳍各有一个硬棘,可以支撑身体在地上爬行。在泥泞的地面上能够爬出很远。它能从进排水口拦网的狭缝中或底泥中潜逃。尤其是在夏天的暴雨季节特别活跃,它能轻而易举地翻越高出水面30厘米左右的池坎或拦网,在陆地上用胸鳍爬行逃窜。

问:革胡子鲶鱼有哪些养殖方式?

答:革胡子鲶鱼的养殖方式很灵活,主要有:小水体精养、池塘单养、池塘混养、稻田养殖、网箱养殖、大棚温室养殖、鲶—藕套养等形式。

问:小水体精养有什么特点?

答:小水体精养适合于家庭饲养。可以利用房前屋后的空地及田边土角修筑鱼池。由于面积小,易于干池捕捞,而且管理起来比较方便,产量也高。缺点是在大量投喂饲料期间,排泄物及残饲多,水质很易恶化,必须经常排污换水。

小水体精养可以采用水泥池或土池,面积一般在10～100平方米,水深0.6～1米,最好能靠近水源,有进、排水和排污设备。在水面上搭上阳棚或投放浮萍、水葫芦等遮阴,但遮盖水面不超过鱼池水面的1/5。

放养的鱼种要求规格整齐,体质健壮。放养密度为:3～5厘米长的鱼种投30～40尾/平方米,5～10厘米长的鱼种投20～30尾/平方米。

饲料应以动物性饲料为主,如水蚤、水蚯蚓、煮熟的猪血等,也可用鱼粉、蚕蛹、菜籽饼等制成配合饲料,沿池边泼洒。投饲量按鱼体重的8%～15%,随革胡子鲶鱼口径的增大,可用搅碎的禽畜内脏、螺蚌肉投喂,也可用蚕蛹或配合饲料喂养。每天可投喂2～3次,投饲量可按鱼体重的5%～10%。

良好的水质,能增进鱼的食欲,促进生长,并防止鱼病的发生。每隔3～5天可换水一次,每次换掉池水的1/4～1/2。如果长期有一股微流水注入,不断进行水体交换更好。

问:池塘单养中有什么具体要求?

答:池塘单养产量高,管理方便。由于革胡子鲶鱼不喜欢运动,并在白天喜欢静伏在池底,因此,池塘的面积不宜过大,一般以1～3亩为好,从池塘建造上以东西长为好;池塘的深度没有太严格的要求,一般为0.8～1.2米。以能干塘、而且靠近水源为好。为了防止逃跑,进排水口要设置好拦网,池坎和拦网的高度要高出水面40厘米以上。在池塘四角水面,应投放水浮莲或浮萍,这样既可遮阴、净化水质,又可作为鱼的辅助性饲料。

在池塘的建设中一般采取下挖上填的形式,对于漏水严重的,要采取塑料薄膜防渗。防渗用的塑料薄膜采用0.04～0.06毫米厚就可以。常年使用的鱼池,在塑料薄膜上要覆盖30厘米厚的泥土,最好是沙土;临时性的鱼池可在塑料薄膜的接头处压一道土楞即可。池塘建设最好是一头高,一头低,便于排水和捕捞。一般坡比为0.4%～0.6%。

鱼池经干塘、清整、消毒,并施入基肥后,可注入新水。当水中饵料生物繁殖达到高峰期时,即可投放鱼种。要求同一口池塘鱼种的规格必须一致,放养密度因鱼种规格不同而异,3～5厘米长的鱼种可投放4 000～5 000尾/亩,10～20厘米长的鱼种可投放3 000～4 000尾/亩。

鱼种下池后,饲料投喂方法与小水体精养相似。

为充分利用池塘,革胡子鲶鱼可以与其他鱼类混养,革胡子鲶鱼远远不如其他肉食性鱼类凶猛。只要饲料不严重缺乏,便可以和其他鱼类相处,革胡子鲶鱼和其他鱼类混养,能充分发挥池塘的潜力,控制野杂鱼的生长或罗非鱼的过度繁殖,增加单位面积产量,提高鱼池的经济效益。

问:革胡子鲶鱼可与哪些鱼类混养?

答:革胡子鲶鱼可与草、鲢、鳙、鲤、罗非鱼等鱼混养,但不能与其他肉食性鱼类混养。混养的鱼种,要求规格必须大于革胡子鲶鱼,并且当年能达到商品规格,能和革胡子鲶鱼一起在冬季捕捞上市。

问:池塘混养的模式有几种?

答:主要有两种。一种是以革胡子鲶鱼为主(占90%),其他鱼类占10%。这种混养形式要求饲料充足,水源丰富,其他鱼类的个体大。混养密度为3～6厘米长的革胡子鲶鱼种投放2 000～4 000尾/亩,鲢鳙鱼可混养100～200尾/亩。另外一种形式是以其他鱼种为主。即在其他成鱼养殖池中，搭配规格为15～20厘米长的革胡子鲶鱼种，每亩搭配量为100～150尾。

在饲养过程中，如果以其他鱼类为主，对革胡子鲶鱼可不再单独投饲，主要利用池中现存的可以利用的饵料；如果以革胡子鲶鱼为主，搭养的其他鱼也不再单独投饲。

问：大棚温室养殖革胡子鲶鱼有什么技术要求？

答：在大棚温室内建鱼池养革胡子鲶鱼，一般是和种菜结合起来。冬季种菜，夏季养鱼，可充分利用大棚，成倍提高经济效益。在大棚内建池有三种形式：

1. 永久式：在大棚内按照养鱼的要求，建成深1米左右的水泥池，夏季养鱼时，将种菜的营养土层清除，秋季出鱼后在垫营养土层种菜。这种鱼池造价较高，但使用方便。

2. 半永久式：在大棚内沿四壁用砖砌上坡墙，养鱼时只在底上加防渗塑料薄膜即可，操作比较方便，面积利用比较充分。

3. 临时式：临时挖成深1米以上的土池，用塑料布进行表面防渗，这种鱼池造价低，但大棚内的有效面积利用较差。

问：网箱养殖革胡子鲶鱼具体技术有什么要求？

答：网箱养殖革胡子鲶鱼，一般每个箱的面积为20～25平方米，网目为1～2厘米，为了防止革胡子鲶鱼损坏网箱，一般使用双层网箱。为了不妨碍革胡子鲶鱼到水面换气，对于封闭式网箱的盖网，应用竹竿支撑悬空。

投放网箱的鱼种，要求规格整齐，体质健壮。10～20厘米长的鱼种，每平方米可投放150～200尾。鱼种投放后，每天可投饲4～6次，投饲量相当于鱼体重的6%～8%，喂至7～8成饱即可。同时要抓好防逃工作。

由于革胡子鲶鱼个体之间抢食差异大，同一规格的鱼种经一个月左右的饲养，个体间大小差异可达 2～3 倍。因此，每月应根据个体大小及时分箱。

问：革胡子鲶鱼的病害情况怎么样？

答：革胡子鲶鱼抗病力强，在鱼苗或成鱼阶段很少发病。为了预防鲶病发生，在饲养管理过程中，要注意保持良好的水质，严格进行科学饲养管理，保证饲料的数量和质量。在捕捞运输时，尽量减少机械损伤。在生长盛期和越冬期，应用生石灰、漂白粉、硫酸铜等定期进行池塘消毒。

在饲料不足、水质污染时容易患黑体病。除立即彻底换水外，可用 1 毫克/千克漂白粉或 30 毫克/千克的生石灰水全池泼洒，隔天一次，2～3 次即可；在水温较低或运输操作碰伤后，容易患水霉病。如果是轻度发生，迅速提高水温即可自行消除。治疗时用 2%～4%食盐水或 1 毫克/千克的漂白粉，或用 00.4%食盐加 0.04%的苏打合剂全池泼洒。

问：革胡子鲶鱼怎样捕捞上市？

答：当革胡子鲶鱼达到 500 克以上规格后，就可以陆续上市了。一般是先用网捕出大部分后，再采用干塘捕捉的方法。

捕捞的革胡子鲶鱼最好在清净的水中蓄养 2～3 天，以清除污泥的异味，提高上市质量，如果能在 0.5%的清净盐水中暂养，味道就更鲜美。

六、黄鳝人工养殖技术

养殖黄鳝是当今热门养殖项目，国内市场黄鳝供不应求，日本、韩国、泰国、港澳台地区的需求也呈增长趋势，仅韩国每年进口就达 20 万吨。黄鳝有很大的销售市场，本篇介绍有关黄鳝人工养殖的实用技术。

问:黄鳝的生物学特性?

答:黄鳝又叫鳝鱼或者长鱼,分布很广。在我国,除青藏高原外,陆地上的各种水体中,都有它的踪迹;黄鳝身体圆而细长,呈蛇形。表皮黏滑无鳞,体色为黄褐色,上面布满了黑色小斑点,腹部为灰白色。眼睛很小,被一层防泥沙的皮膜覆盖,视力很差,靠两个鼻孔灵敏的嗅觉找寻食物。

问:黄鳝的营养价值和经济价值怎么样?

答:黄鳝是宴席上的佳肴,它的肉质细嫩,味道清爽鲜美,骨刺少,含有丰富的蛋白质、多种维生素和矿物质,营养价值很高;另外,黄鳝还具有重要的药用价值,具有补血补气、消炎消毒、驱风除湿等功效。市场上,一直是深受人们喜爱的淡水产品之一,畅销国内外,长期维持着较高的价位。同时,由于黄鳝适应能力强,耐低氧,耐饥饿,便于运输,养殖方法简便,投入少,见效快,效益好,经济价值很高。

问:黄鳝人工养殖的市场前景如何?

答:市场前景看好。原来主要是靠捕捞野生资源上市,近年来随着野生资源的减少和市场消费需求的不断增大,野生资源已经不能满足人们的需要了,人工养殖黄鳝不断发展。因此它是渔业生产发展中值得提倡和推广的养殖对象,也是农民抓住市场机遇养鱼致富的值得重视的品种。如果能规模化生产,还可以组织出口,经济效益会更高。

问：黄鳝的生活习性怎样？适合河北省当地的水质、环境条件吗？

答：可以在河北省内推广养殖。黄鳝属于底层鱼类，适应能力强，喜欢生活在稻田、池塘、湖泊、沼泽等浅水水域的泥土或各种孔穴中。打洞时特别敏捷，用其头部瞬间便可钻入泥土深处。黄鳝在温暖季节喜欢昼伏夜出，白天静卧在洞穴中，晚上出洞寻食。

黄鳝是温水性鱼类，适宜生长的水温为15～30℃，其中水温为24～28℃时，摄食旺盛，生长速度最快。当进入冬天，水温降到10℃以下时，便钻入泥土深处越冬，等到第二年春天，当水温上升到15℃以上时，才开始出洞觅食。

黄鳝对低氧环境的适应能力较强。这是因为它虽然鳃耙退化，但因为口腔和喉腔内的表皮特化成的辅助呼吸器官，能直接从空气中呼吸氧气，人们经常可以看到黄鳝把头部伸出水面呼吸，因此它即使离开水也不容易死亡。

问：黄鳝对饵料有什么要求？

答：黄鳝是以肉食性为主的杂食性鱼类。摄食方式为啮食或吞食。喜欢吃鲜活饲料，不吃腐臭食物。在自然界中，主要捕食蚯蚓、蝌蚪、小青蛙、小鱼虾、螺蚌幼体、水陆生昆虫、浮游动物等，也吃人工饲料，如米糠、麦麸、米饭、豆饼、瓜果及配合饲料。其生性凶猛贪食，耐饥饿能力强，食量大，最大摄食量可达体重的14%以上。在饲料严重缺乏时，会发生互相吞食现象。

问：人工养殖黄鳝有什么具体要求？

答：黄鳝的具体养殖技术也不复杂。主要养殖方式有：稻田网箱养殖、池塘网箱养殖、小面积土池养殖、水泥池有土养殖、水泥池无土养殖、流水鳝蚓合养等几种。根据北方当地情况，我们主要介绍池塘有土养殖和池塘网箱养殖两种方式。

问:池塘有土养殖方式有什么技术要求?

答:黄鳝的饲养池应选择在背风向阳、靠近水源的地方建造。对于家庭小规模养殖,可选择在房前屋后的空地、土坑、水沟及田边土角等处,以便于饲养管理。鳝池可建成地上池、地下池或半地下池。

问:池塘面积建多大比较合适?

答:面积大小应因地制宜,要根据养殖者的技术水平和自然条件而定,一般为50~100平方米。对于家庭小规模生产,每口池塘以10平方米大小为好。池塘深度要求1~1.2米,形状为长方形、正方形或椭圆形都可以。

问:具体建造上有什么要求?

答:养殖池塘分土池和水泥池两种。土池的池埂要用硬土建造,池埂底部宽0.5米,池埂上面宽0.3米,池底要夯实,四壁和底部用塑料薄膜或塑料防雨布压贴;水泥池可用水泥、条石、砖块等材料建造,最后一定要用水泥勾缝。

连片的池塘要统一设计和建造进、排水系统,进、排水口要配套建设防逃、防漏设施。在养殖池的一端安装进水管,相对应的另一端安装排水管(便于干塘)和溢水管(以保持一定水位)。为了防止黄鳝外逃,池壁顶部要用砖块做成"T"字形,池坎顶部应高出水面30厘米以上,进、排水管和溢水管必须用铁丝网牢固封闭,严防黄鳝外逃。

将鳝池清整、消毒后,在底部铺上一层30厘米厚、软硬合适、含有机质较多的河泥或用青草、牛粪沤制的壤土,每年早春可挖取带草的河泥,放入池塘,为黄鳝创造一个舒适的人工巢穴。选用泥土时，要求泥土不能过稀。

问：泥土过稀会产生什么后果？

答：泥土过稀，会产生黄鳝混穴、相互干扰，甚至相互残杀等现象。这对黄鳝生长显然是不利的。

泥土铺好后，加注新水，使水的深度在5～15厘米。最后在池面上栽上水生植物，如水花生、茭白、慈姑、水浮莲等，但要求其所占水面在30%左右，这样既可为黄鳝遮阴，又可降低水温，有利于黄鳝生长。

问：什么时间放养鳝苗？

答：黄鳝池经过消毒注水以后，当自然水温稳定在10℃以上时，就可以放养了。一般，南方在4～5月份放养，北方在5～6月份放养。

问：放养过程中，有什么具体技术要求？

答：鳝苗入池前，必须要做好入池前的温度适应和苗种的消毒及清肠处理。这是保证苗种入池成活的关键技术措施之一。必须要注意做好。

问：怎样来做好入池前的温度适应？

答：采购的鳝苗，经过长途运输到达目的地后，运输容器内的水温要比池塘的自然水温高很多，而黄鳝对急剧变化的水温的承受能力一般不超过2℃。所以，放养前要给予1～2小时的适应变化的时间，否则黄鳝容易患感冒，养殖成活率降低。适应变温的方法可将自然温度的清净池水通过细塑料管缓慢的加入运输黄鳝苗种的容器内，以使黄鳝苗种运输容器内的水温和放养池塘的水温保持一致。

问:鳝鱼苗种的消毒和清肠处理工作是怎样的?

答:将黄鳝苗种放入5%的食盐水中浸泡8分钟,注意观察苗种的活动情况,翻腾、蹦跳激烈的,可能是受伤或者是患有腐皮病,应剔除掉。然后,放入清水中,如发现有懒洋洋的,而且用手抓而挣扎无力的,也要剔除掉。最后再用8%的食盐水浸泡5分钟,这时鳝苗肠道基本吐空洗净,便可放养下池了。

问:放养苗种的规格和密度有什么要求?

答:放养密度根据具体情况来定。缺乏经验、管理水平低、水源条件差的养殖者,每平方米放2.5~4千克;如果管理水平较高,饲养条件好,饲料充足,每平方米可以增加到5千克左右。黄鳝苗放足以后,要搭配混养5%~10%的泥鳅。

另外,放养密度与所放养的苗种规格也有关系。一般随着规格的增大,密度相应减少。投放时,要求同一口池塘的鱼种规格必须整齐。作为黄鳝养殖来讲,鳝苗规格以20~40尾/千克,尤其是以每尾50克左右的规格最为理想。

如果只是囤养数月,利用季节差赚取一定利润,那么上述条件都可放宽,而且密度也可增加,例如,夏末秋初选购,冬春销售,那么每平方米可放养15~20千克,另外再搭配放养20%的泥鳅。

问:在池中放养泥鳅有什么作用?

答:放养泥鳅,是为了充分利用池塘中残余的饲料,保持泥土中水和空气的畅通,防止黄鳝因密度过大,产生混穴、相互缠绕和鳝病的发生。因为泥鳅上下窜动,可以改善水体环境,提高溶氧量。

问:鱼苗下塘以后,怎样进行黄鳝的日常管理?

答:要从合理投喂、水位水质调控、做好夏季管理与越冬管理几方面进行注意。

首先,要合理投喂。黄鳝是以肉食为主的杂食性鱼类,特别喜欢吃鲜活饲料,如小鱼、小虾、蚯蚓、蝇蛆、昆虫、螺蚌肉、蚕蛹、禽畜内脏等,也可投喂些植物性饲料,如米糠、麦麸、豆渣、瓜果等,但由于黄鳝具有偏食和昼伏夜出寻食的习惯,因此在鳝种入池后,必须立即进行饲养驯化工作。在入池后 2~3 天内不要投喂饲料,几天后用动物性和植物性饲料配合投喂。投喂量应由少到多,逐步增加。投饲时间从傍晚开始,逐步提前投饲时间,并结合条件反射训练,直到能吃多种配合饲料,并能在上午 9 点、下午 4 点左右摄食为止。

黄鳝在 15℃以上时开始明显摄食,25~30℃时摄食旺盛,因此 5~9 月份是摄食盛期,应抓紧在生长季节加强投喂。一般投喂量为鱼体重的 3%~5%。在 6~8 月份的生长旺季,投喂量可增加到 6%~7%。每天投喂 1~2 次,应做到“定时、定质、定量、定位”投喂。每个池塘中设置 1~2 个饲料台,每天应及时清除饲料台上的污物与残饵,并每隔 5 天放置太阳底下曝晒一次;饲料不能投放过多,以当天能吃完为准,否则不仅浪费饲料,而且剩下的饲料还会腐烂败坏水质。当水温降到 15℃以下时,可以少喂或不喂。

从养殖场实践看,以鲜活饵料为主,黄鳝生长速度快,成活率高,肉质好。可以根据当地的资源特点选择适当的饵料,也可以人工培育蚯蚓、黄粉虫、蝇蛆等,腐败变质的饵料坚决不用。还要在池塘上挂几盏 3~8 瓦的黑光灯,灯距水面 5~8 厘米,引昆虫落水供黄鳝吞食。这种办法简单易行,可大大降低饵料成本,提高养殖的经济效益。

其次，对水位水质调控。由于黄鳝在池水缺氧的情况下，经常把头伸出水面呼吸空气，如果池水过深，黄鳝必须游出洞外呼吸或寻食，造成不必要的能量损耗和相互干扰，因此水位必须长期控制在5～15厘米，不能超过20厘米。

黄鳝虽然耐低氧，但它喜欢生活在水质清新、溶氧充足的水体中，在低氧条件下其生长发育将受到严重影响。特别是在夏天高温或低压的天气，很容易发生缺氧现象。所以养殖黄鳝一定要做到勤观察水质、勤换水。当发现黄鳝经常将头部伸出洞外、摄食量减少，即表示水中缺氧，应及时更换池水。

一般早春和晚秋每月换水一次，高温季节每3天换水一次，每次换水量为全池水的1/3～1/2。所换之水要求水质清新、水温与养殖池水的温差不超过3℃，池水水质保持“肥、活、嫩、爽”，pH值控制在6～8之间，小于6时，及时用生石灰进行调节。

第三，做好夏季管理。夏季是黄鳝养殖的关键环节，也是管理上最具风险的季节，因此要切实注意。一要做好水温调节。可通过搭盖天棚、池中种植植物、增加水位、换水等办法使水温保持在30℃以下；二是控制pH值。黄鳝喜爱偏酸性环境，一般要求其平衡值在6.5～7.0之间，应定期测定池水的pH值，必要时用生石灰进行调节；三是对浮游植物、浮萍及漂浮物的控制：鳝池不允许有任何漂浮物存在。如油膜、浮沫、树叶、残饵等，必须当天清除干净。一旦发现漂浮物质沉淀，必须设法清除或全部换水。浮萍虽然可以吸收水中的氨氮，但老死后的残根腐叶给水体造成的负面作用更大，所以养鳝池中也不应该存留。

第四，做好冬季管理。黄鳝是变温动物，环境温度下降时其体温也随之下降，生长逐渐减缓甚至停止生长。采用人工防寒保暖的办法，可相对延长黄鳝的生长期，即在鳝池上用透明的塑料薄膜搭设人工保温棚，可延长一个月左右的生长期，效果十分明显。

当每年的11月份之后，水温逐渐降到15℃以下，黄鳝开始钻入土层深处越冬,一直到第二年的2月份。黄鳝越冬的方法有两种:一是干池越冬法。在黄鳝停食后,将池水放掉,等黄鳝潜入池底泥中,上面覆盖15~20厘米厚的草包或农作物秸秆等,保持低温湿润不结冰。覆盖物不要堆积过密,以防黄鳝窒息死亡;二是深水越冬法。即在黄鳝进入越冬期前,将池水升到1.0米左右,让黄鳝钻入到水下泥中越冬。越冬期间如果池水结冰,应及时人工破冰,以防长期冰封导致黄鳝因缺氧而死亡。

第二年春季当自然水温达到10℃以上时,就开始消毒,首先揭去黄鳝池表面的越冬覆盖物,立即向泥面和池塘内壁喷洒饱和的生石灰水,然后检查黄鳝越冬情况以及黄鳝池的设施是否完好,尤其是防逃设施和进排水设施,另外,池内泥埂也要修整,种植水生植物。

问:黄鳝网箱养殖有什么技术特点?

答:网箱养殖黄鳝模式,网箱的底部完全无土,黄鳝完全栖息在箱内的水生植物浮排上。具有占用水面少、病害少、成活率高、生长快、便于管理、易于捕捞等特点,缺点是清残困难,越冬易遭冻害。在我国北方地区,利用现有的精养池塘或水库,发展黄鳝深水无土网箱养殖,是非常可行的,很有前途。

问:对网箱结构有什么技术要求?

答:网箱应制作成长方形,箱长为宽的3倍以上,以利采用"推排法"进行管理。选用聚乙烯无结节网片,网目大小为16~20目/平方厘米。在池塘中,一般单只10~15平方米的网箱比较便于操作(在其他开阔的水域中,根据实际情况,网箱面积可以大些。但最大不宜超过100平方米)。网箱总高度应设计制作为1.5米左右,(即沉水深度0.5~0.7米,出水面高度0.8~1.0米)。网箱上下纲绳直径0.6厘米。

问:网箱制做好,如何安装?

答:网箱应选择安装在阳光充足、水质清洁、寂静无波的水域中。如塘、堰以及水位基本稳定的河、湖和水位中。选择作为网箱养殖的池塘,应该水质清新无污染,水源充足,进、排水系统分开,面积 1 亩以上,水深不超过 1.5 米。

在套置网箱时,先要根据水体的深度灵活确定网箱沉水深度或高出水面的高度。一般来说,网箱沉水深度为 0.5～0.7 米,出水高度为 0.8～1.0 米;其次,要将支起网箱的木棍或竹竿插紧,并将网箱四周的钢绳绷紧;然后用四个小包装袋,分别装上 25 千克黄泥,压在网箱沉水的底角。如果水位太深,网箱底部不能落入池底,可将 4 个装有黄泥的小包放入网箱四角附近的水底,用四根长短适宜的绳子分别拉系住网箱的四角,使网箱上下的网片垂直于水面或水底就可以了。新制的网箱一定要放入水中浸泡 10～15 天。目的就是使网箱有害物质散发消失,同时使网衣上附着丝状藻类组成生物膜,避免黄鳝苗种下箱后摩擦受伤。

问:网箱装好后何时投放鱼苗,还需做好哪些前期准备?

答:需要进行水草移植。这是黄鳝养殖不同于其他鱼类网箱养殖的地方。因为在深水无土网箱养殖的黄鳝,完全栖息在水生植物浮排上,因此,要选择既生长快、又能形成浮排的水草,如水花生、水葫芦等等。

移植和培植水生植物浮排时,最好是在网箱的两端各取 1/3 的位置,分别培植出厚 20～30 厘米的浮排。中间留 1/3 的空白水面,以利推排管理。具体做法是:将水草藤蔓,先在岸上一根一根地理顺,并堆积成堆,然后用脚在堆上踩一踩,再用五股铁叉将堆积的水草藤蔓,一块一块地竖植于网箱内。一般每平方米网箱内面积,竖植水草藤蔓 25 千克左右。

经过了 10～15 天浸泡的网箱，等箱内水草成活后，就可以开始投放黄鳝苗种了。

问：网箱养殖黄鳝，放养多大规格的苗种、多大密度？

答：黄鳝种要选择笼捕野生、体色黄色、无病无伤、活动力强的鳝种，一般规格要求在 30～40 尾/千克。投放前将鳝种进行消毒，可用 3％的食盐水浸浴 5～8 分钟，或者用 20～30 毫克/升聚维酮碘浸浴 10～15 分钟。水温 18～25℃时，选择晴天投放鳝种。根据水温和天气情况，在 4～7 月底前投放。投放密度要根据网箱内的水生植物浮排的面积大小来决定。一般每平方米浮排，可投放 2～2.5 千克鳝种。

另外，在放网箱的池塘中，可套养一些花、白鲢，可净化水质，增加产量。

问：饲养管理上有什么要求？

答：黄鳝苗种入箱后 2～3 天即开始投喂蚯蚓、鲜鱼、小虾、蚌肉等饲料，鳝种摄食正常后即开始驯饲。驯饲前要停食一天，而后将鱼浆、蚌肉或蚯蚓与配合饲料按照 9∶1 的比例搭配使用，然后在 4～5 天内逐渐将配合饲料的使用比例提高，最终确定配合饲料的用量在 60％～70％，动物性饲料的用量在 30％～40％。

一般每 50 千克黄鳝，日投喂量 2.5～3 千克。最好在傍晚投食，一般都投于水生植物浮排上。

问：黄鳝网箱养殖的日常管理有什么操作要求？

答：深水无土网箱养殖黄鳝，在捞取残食、清除死鳝等方面都有较大困难。为此，应采用“推排法”进行操作和管理。

“推排法”就是将网箱一端的水生植物浮排缓缓推向另一端，使网箱两端的水生植物浮排在一端合并。这样就使网箱的一端出现 1/3 面积的空白水面，以利操作。如果需要操作另一端时，可将其合并的水生植物浮排再缓缓推向又一端。如果需要检查中端，可将其合并的排再分开，使其两排各归原位。如此推排，可使整个网箱内轮换检查或进行日常管理。

对于池塘养殖的网箱，要保持水位稳定，夏季注意黄鳝防暑工作，水位不宜过浅，防止水温过高而影响生长。

问：在北方地区网箱养殖黄鳝该怎样注意安全越冬？

答：深水无土网箱养殖黄鳝，因为网箱内没有泥层，黄鳝无法安全越冬。因此需要我们在每年的 12 月上旬以前，一定要将其全部出售。

如果不能全部出售，或者是需要留种，或者是要等到春节前后淡季上市，想卖个好价钱，那么就必须将网箱内的黄鳝在秋末冬初转入专用的越冬池安全越冬。越冬池的面积，按每 50 千克黄鳝挖一边长为 3 米的正方形土池计算，池深 1 米。

问：要进行人工养殖黄鳝，苗种问题怎么解决？

答：目前饲养黄鳝，苗种来源主要有自然界中捕捉、人工孵化培育两个途径。

人工孵化培育的鳝种规格整齐，不易受伤和发生鱼病，成活率较高。但是，人工繁殖鳝苗很困难。因为黄鳝在生理上具有独特的性逆转现象，就是黄鳝从出生到第一次性成熟均为雌性。雌鳝在产卵后就逐渐转化为雄性，以后终生不再转变。这给人工繁殖鳝苗带来极大困难。所谓的人工孵化培育，也就是在黄鳝繁殖期间，人工捞取自然水域中的泡沫团（黄鳝的孵化巢）进行人工孵化培育。

问:市场采购种苗,需要注意什么?

答:对于许多初养者来说,选好苗种是养殖成功的关键因素,也是获得最大经济效益的前提条件。特别是北方地区,所需苗种一般要从南方调运。所以,把好苗种这一关,对养殖成败非常重要。

首先,从来源上把住关。要严格选择体质健壮无伤、游动活泼、规格整齐、肌肉肥厚、体表无寄生虫、体色为鲜黄色的鳝种。对于体表发白、破皮、断尾、口及鳃骨处有伤痕的,均不宜选购。具体来说,要从来源、品种、外形、规格四个方面来注意。一是,要知道苗种来源。人工繁育的黄鳝苗种质量稳定,规格齐整,但目前数量很少,难以满足人工养殖的需要;自然水域中捕获的苗种,又分为笼捕、电捕、药捕、针钓、叉捕、徒手捕捉等等,其中只有笼捕苗种的成活率较高,而其他几种方式所得的苗种成活率都较低。所以,在选购苗种时,一定要掌握其来源途径,提高鳝苗的成活率。

其次,细察体色辨品种。常见的黄鳝品种有四个:①深黄大斑鳝。该品种黄鳝个体肥壮,体色深黄,在背部和两侧分布不规则黑色大斑,大斑从身体前端至后端在背部和两侧连接成数条斑线;②土红大斑鳝。其体色土红,尤其以两侧较明显,其他特征与深黄大斑鳝相似;③浅黄细斑鳝:体色浅黄,斑点细密,不明显,几乎无斑线;④青灰细斑鳝:体色青灰,身体上有较细点状褐黑色斑点,但不形成斑线。实践证明,前三种鳝易于驯养,生长速度快,尤其是前两种,是人工饲养的最佳良种。

问:从外形上该怎么来把握鳝苗质量?

答:

1. 看有无外伤。一般以口中带血有针眼,头部皮肤擦伤,腹部皮肤磨伤,身体有针叉眼等比较常见。腹部磨伤,如果腹部不朝上很难发现，应注意检查。如将黄鳝倒入3%～5%的食盐水中，受伤个体会立即窜跳起来，这类鳝苗在挑选时一定要剔除。

2.看有无疾病。体表有明显红色带血块状腐烂病灶的，是腐皮病，尾部发白、黏液脱落的，是水霉病，头大身细甚至是僵硬状卷曲、颤抖，是体内寄生虫病，肛门红肿发炎、突出的，是肠炎病。凡带有这些症状的，一律剔除。

3.摸黏液、试挣逃力量。病伤黄鳝全身或局部黏液脱落或减少，手抓无光滑感觉或光滑感觉不强。黄鳝一旦失去起屏障作用的黏液就不能存活。同时，健康的黄鳝，手抓时，感觉鳝体硬朗并有较大的挣逃力量，一抓就着、柔软无力，两端下垂的，为不健康的鳝苗。不要选购。

4.看敏感程度。将黄鳝倒入盛浅水的盆中，游姿正常，稍遇声响或干扰，整盆黄鳝会因为突然受惊抖动一下而发出水响声，说明黄鳝敏感健康。那些浮头、肚皮朝上的，属于不健康个体，都要剔除。

问：从规格大小上该怎样来挑选？

答：在自然温度下，人工饲养商品鳝的时间为5～6个月，增重一般2～8倍，增重3倍左右的居多。而到年底，只有规格达到100克以上的个体才有较高的价格。所以，4～5月份放养的苗种应在30克以上，而且随着时间的推迟，选育的苗种大小也需要随之增大，当年才能获取较高的养殖效益，同时也要求放养的苗种规格一定要整齐。

问：黄鳝的鱼病情况是怎样的？

答：黄鳝在自然水域中具有很强的抵抗力，一般染病的机会很少。但在高密度的人工养殖中，也会导致病害发生，甚至造成死亡。

常见的有腐皮病，又叫打印病。身体上出现许多圆形或椭圆形红斑，皮肤糜烂，尤以腹部两侧最为严重。防治的方法就是放养前用生石灰清塘消毒，治疗时直接在病灶上涂抹高锰酸钾；黄鳝还有个常见的病叫“发烧病”，就是黄鳝在养殖或运输途中，因密度大，导致水温升高，容易缠绕成团窒息而死。预防的方法是在池中投放少量泥鳅，让其吃掉残饵和上下窜动，增加溶氧，发病时在每平方米的池中泼洒 0.07 毫克/千克的硫酸铜溶液 50 毫升进行治疗。还有水霉病等，与家鱼的防治方法相同。

网箱养殖的黄鳝只要严把鳝种质量关，定期做好消毒和驱虫工作，一般很少发病。消毒每 20 天 1 次，可用 25 毫克/升的生石灰或 1 毫克/升的漂白粉全箱泼洒；驱虫每 40 天 1 次，可用 0.45 毫克/升的 90%晶体敌百虫全箱泼洒。

问：黄鳝有穴居钻泥的习性，如何进行捕捞？

答：黄鳝较为有效的捕捞方法是草垫诱捕法：初冬或晚秋放掉池水之前，做好诱捕准备的工作，将较厚的新草垫或草包用 5%的生石灰溶液浸泡 23 小时消毒处理后，再用 2%的漂白粉溶液冲洗除碱，晾置 2 天备用。将草垫铺在鳝池泥沟上一层，撒上一层厚约 5 厘米的消毒稻草、麦秆，再铺上草垫后，撒上一层约 10 厘米的干稻草。当水温降至 13℃以下时，逐步放水至 6～10 厘米深，水温降至 6～10℃时，再在泥沟中加盖一层约 20 厘米的稻草，温度明显下降时，彻底放掉池水，此时由于稻草的逆温效应，温度偏高于泥层，黄鳝就会进入下层草垫下或两层草垫之间。此法适宜于大批量捕捞黄鳝。

问：黄鳝苗种或成鱼销售运输过程中，需注意些什么？

答：黄鳝运输前，应停止喂食并放入盛有清水的木桶、水缸或水泥池中暂养，让其体表或体内的污物排出，以免在运输途中败坏水质。暂养时，为了防止黄鳝相互缠绕成团，使团内温度过高而造成“烧缸”等现象，应经常换水，每隔 3～5 小时应上下翻动黄鳝并换水一次，经一天左右的暂养就可以起运了。运输的方法有三种：

1. 干运法。因为黄鳝具有辅助呼吸器官，能直接呼吸空气中的氧气，因此可用鱼篓、箩筐和蒲包等容器进行干运。干运时，先在容器内放上一层水草或其他细软物，再装入黄鳝。为了便于其呼吸和防逃，在容器口可用塑料纱窗布封盖。在上下车船时，注意决不能推压。在运输途中，每间隔 3～4 小时要淋水和上下翻动黄鳝一次，以保持鳝体湿润，降低内部温度，防止互相缠绕。在炎热的夏季，可在容器上方放少量冰块，让缓慢溶化的冰水滴入容器内，降低鳝体温度，提高运输成活率。

2. 水运法将黄鳝装入木桶、水缸、帆布篓或塑料桶中，按 1∶1 的比例注入新水和放入黄鳝，并盖上带有孔的盖或用网封闭。为了防止黄鳝缠绕成团，可在每个容器内装入 1～1.5 千克的泥鳅，让其上下窜动，增加水中溶氧。在运输途中，要定时换水。当发现鳝体浮于水面，头部下垂，口吐泡沫时，如用手捉住鱼体，鱼体发软而不挣扎，就表示水质恶化，应及时进行彻底换水。换水时水温差不能超过 3℃，并注意每隔 3～4 小时上下翻动黄鳝一次。

3. 充氧法。就是用规格为 80 厘米×40 厘米的塑料鱼苗袋中装入 10～15 千克的黄鳝和少量清水，充氧密封后放入纸箱中包装运输。此法适合于长途运输。

蔬菜篇

一、农业病虫害防治方法

农业病虫害常年发生,危害着各种农作物,防治病虫害的方法也是多种多样的。现在大多所采用的病虫害防治方法比较单一,有一些还不能根据作物的发病情况,发病部位,以及药物特点来科学防治,本篇介绍几种常见的农业病虫害防治方法。

问:农业病虫害防治方法都有哪些?

答:农业病虫害防治方法主要有:喷雾法、灌药法、涂药法、烟剂法、毒饵法、物理防治法、生物防治法、高温闷棚法、利用害虫趋向性的方法、土壤灭菌法、土壤换土法、熏蒸法,农艺方法等。

问:喷雾法如何防治病虫害?

答:配制药液用喷雾器喷雾来防治病虫害。用喷雾的方法一般是全田预防或整株用药除治,利用药剂的触杀、胃毒等作用杀灭病菌和害虫,还有的药剂有内吸及传导作用,喷上药剂后可到达植株其他部位。在蔬菜害虫的防治之中运用喷雾的方法比较多,棉铃虫在7月上旬和8月中下旬到9月期间应特别应注意观察落卵情况,在卵量急增期用药,如5%抑太保1 500～2 000倍液,BT 200倍液,菜喜乳油1 000～1 500倍液喷雾。发现甜菜夜蛾幼虫后,用1.8%阿维菌素3 000倍液,5%抑太保1 500～2 000倍液、4%阿维啶虫乳油2 500～3 000倍液喷雾防治。

问:利用喷雾的方法进行全田预防或灭杀害虫的技术要点有哪些需要注意的?

答:首先要注意药液量与防效的关系。同样的亩用药量,稀释的水量会有不同。特别是高温季节喷药,如果水量少了,药剂还未被作物吸收,药液很快干了,防治效果不好。而触杀型的药剂更是要求药液直接喷到虫体或病菌上,如果用水少了,喷不均匀,防治效果会大大下降。如近两年的麦蚜防治,以往是5月10~20日之间喷一次,而近两年,少则2次,多则3次,原因是这几年的麦蚜除了以往分布在麦穗的穗蚜之外,植株中下部的麦蚜到穗蚜发生时仍有大量发生,仔细查看,中下部的叶、杆以至叶背有大量蚜虫。因此喷雾时不光仅在植株上部喷药,而应一亩地用2~3喷雾器药液,上下打透。

问:在喷施药剂时如何选择植株部位?

答:着药部位与防治效果有着很重要的联系。棉铃虫三代用药有一个顺口溜"上翻下扣,四面打透",指的就是着药部位与防效的关系。因为棉铃虫三代发生时棉花处于花铃期,除顶尖的嫩尖外,还有棉株四围的群尖,二代卵的分布主要集中在上部3~4层叶片的正面和背面,而三代的卵就分散的多,以蕾、铃、花为多,其次是叶片、群尖和茎杆。因此不四面打透,使各部位都着药,就不能保证防治效果。而病害的防治,有许多病斑的霉层是在叶背,如最典型的是黄瓜霜霉病,叶背有灰紫色霉层,用药强调将喷雾器喷头翻过来,由下向上喷。

问:在喷药时遇到大风该如何处理?

答:大风天不要喷药,因为药剂还未被作物吸收,药液就被风吹干了。二是因为药剂的漂移问题,目前的种植均是插花方式,成方连片的单一种植比较少。由于各种作物对药剂的承受反映不同,因此,喷药时如果风大,漂移到邻近作物上,可能发生药害,特别是除草剂,选择性针对性特强,稍微不慎,漂移到敏感植物上,药害严重。最常见的是春季3月份的麦田用2,4-D丁酯除草,往往相邻的棚室番茄发生药害,番茄叶变成皱缩,扭曲的小叶,严重的果实不正常膨大。而夏季的玉米田药剂除草,也由于药剂漂移造成相邻的西瓜以至边上的杨树叶形成鸡爪状。因此喷雾除了无风天作业外,尽量将喷头压低。

喷药的温度也是重要的因素。温度不能过高,如喷施部分杀菌剂,过高温度下,果实发生药害,形成药斑、果锈。而过低的温度,也不能保证药剂正常发挥作用。如秋季的化学除草,要求白天气温高于10度,低了不但杀草效果差,还可能产生药害,原因是低温下小麦植株生理活动趋缓,对除草剂的分解速度下降,中药害的可能性增加。

问:喷药的时间该怎样掌握?

答:掌握好喷药时间对防治病虫害有事半功倍的效果。这里有一天的时间,也有季节或特殊时段。一天的时间里有需要根据害虫活动规律确定防治时间,如棉花盲蝽象早晚在棉花的嫩尖、幼蕾等处危害,当温度上升后,往往躲藏到植株的下部或土缝中,或迁移到边上阴凉的树下的草丛中,因此防治用药强调早晚喷雾防治。而春季的3~4月份麦田红蜘蛛的防治则与此相反,由于春季温度尚低,红蜘蛛只有中午到下午3点钟时才从小麦的心叶中、土中、分叉股中爬到叶面取食,因此用药时间应掌握在中午到下午3点钟的高温阶段。

用药季节的掌握,也是根据病虫害的发生活动规律,找准薄弱环节才进行防治。如近年麦田的禾本科恶性杂草问题突出,施用除草剂不光强调用对应药剂,同时提出一定要冬前喷,原因是禾本科恶性杂草与小麦同期出苗，当杂草分蘖后抗药性成倍增加，也就是草龄越大抗除草剂的能力越强，因此禾本科恶性杂草必须早除治。而一般的作物花期不用药，是为了保证作物正常授粉。如小麦扬花时如果喷杀菌剂，可能造成小穗不孕，成为空穗。

问：兑制农药需要注意什么？

答：不是随意将农药与水混合就是合格的药液，而应根据药的特性和一些注意事项科学混合。如常用的芸薹素，正确的稀释方法是二次稀释，先用 40～50 度少量温水兑，然后搅 3～5 分钟，目的是将芸薹素激活，然后再按比率兑水。还有许多药需要随配随用，配制药液中可以加入展着剂，如配制除草剂彪虎可以加入洗涤灵。

喷施的质量与防效的关系。不重喷和漏喷。重喷的危害在除草剂喷施中易引起药害，因为这样做等于对药剂加倍使用，将超过植物耐受力。这种药害往往呈行状分布，就是喷施的两边行，容易形成交叉喷，使重喷处发生药害。

喷雾防治与个人防护。部分药剂有皮肤渗入的性质，或有挥发的熏蒸作用，因此除避免喷雾器的跑、冒、滴、漏等问题外，高温季节应在上午 9 点之前和下午 5 点之后喷药。部分过敏体质和妇女特殊时期应不参加喷药作业。

问：灌药法防治病虫害是如何操作的？

答：利用药剂进行灌入，来防治病虫害。一方面是根茎部用药，一方面是药剂通过根向植株其他部位传导来全株防治。当发生根茎部病害时必须灌药，或根部发生虫害时也必须灌药。2006 年 6 月 4 日，河北藁城市露地和拱棚西瓜发生了植株萎蔫。现场诊断为植株萎蔫，有的是侧枝先发病，部分发病处有白色霉粉状物，确认是发生了枯萎病，为典型的根茎部病害。询问户主得知用过药，但仅在地上部喷药，其防治效果很不明显。因此正确的方法是，在瓜根周围扒一坑，向内灌药2～3次。由此可见用药方法正确与否很重要。

问：灌药法对于防治这种根部病虫害的效果更好？

答：灌药时药液的浓度需要调整，一般比喷雾的浓度要大，如防治瓜类的枯萎病，喷雾用50%多菌灵600～800倍液，而灌根则为300倍液。灌药时应再加入生根和壮根的药剂，提高防治效果。灌药的方法可将喷雾器的喷头拧下，顺垄逐棵灌药。如番茄发生疫霉根腐病后，将药液兑好后，每株灌150～250克(3～5两)药液。也可以拌成药土顺垄撒施，然后浇水，如地下害虫的防治。也可以随水灌入土中，如韭菜田的休茬后灌药的方法，将药兑好，放入有管子的桶中，此桶置于浇水的水口，这样就将药随水灌入田中。

还有一种特殊的灌药方法就是将颗粒剂或药剂灌入作物心叶，用来杀虫或治病。常用的是玉米螟的防治，在玉米喇叭口期将辛硫磷颗粒剂抓入玉米喇叭口内，或将BT药液灌入玉米喇叭口，颗粒剂可以自行配制，用沙土或炉灰渣混合药液就可以防治玉米螟这种虫害。

问：涂药法是如何防治病虫害的？

答：涂药的方法多用在植株局部发病，或局部需要用药保护的情况之下。大棚嫁接黄瓜容易发生枯萎病，使处于盛瓜期的植株发蔫、枯死，在发病的大棚中，会有30%植株染病，甚至是整个大棚植株全部染病，使得原本一天一棚可摘上百斤瓜，现在却因病提前拔秧，损失惨重，令人痛心。这些瓜棚多是多年种植，菜农朋友都采取了黑籽南瓜作砧木的防病措施，但不知为什么仍然发生病秧、死秧。经在田间诊断和室内鉴定，分析发病原因之一是嫁接口没有保护好。因此，提出嫁接伤口一定严格用药控制，嫁接口涂药保护，用甲基托布津拌成药糊，涂抹在接口，直到嫁接口愈合，这就是用涂药法来防治病害。

还有的病害发病部位有时在局部，例如疫病，黄瓜烂尖病症发生后，治疗多采用撒药粉方法。而辣椒枝分叉处变褐初期，也可以局部涂抹药剂。对不同剂型的药剂是这样的，用可湿性粉剂兑水调成糊状，水剂或乳油先用水稀释后放一定量的白面调成糊状涂抹病部。

问：烟剂法是如何防治病虫害的？

答：烟剂法防治病虫害主要是用在保护地病虫防治，特别是冬季出现连阴雪，低温寡光照的不良气候条件时，常用不增加田间湿度的烟剂来防病虫。用烟剂时要注意的是蔬菜苗期的剂量，过大时引起药害。在防治烟粉虱这种虫害时就可以用熏虱灵亩棚250克、粉虱一熏500克、30%速罢蚜500克、12%科顺片剂2瓶于傍晚点燃闭棚12小时。在发生盛期可采用先熏，熏后喷雾防治；或间隔5～7天连续熏两次再喷雾一次，即一熏一喷或两熏一喷，所以烟剂法不但能有效控制烟粉虱，同时减少由于喷雾增加棚内湿度引发病害。

黄瓜霜霉病防治或预防常用40%百菌清烟熏剂，在傍晚密闭大棚后，把药分成4～5份，每份50克，均匀分布在大棚内，用暗火点燃，次日早晨通风，隔7天熏1次，连用3次。

烟剂的正确使用方法有：①使用之前检查棚膜，补好漏洞，使棚室密闭，保证防治效果。②阴天、雪天的傍晚施用，因为这时植物表面温度低，烟雾容易沉积。③掌握科学的施放时间。但是菌核净这种药剂，熏的时间不能过长，一般后半夜去熏。敏感作物菜豆，熏的时间为4～6小时。

问：用毒饵的方法如何防治虫害？

答：用毒饵的方法就是将药剂拌上诱饵，施于田间，主要用在地下害虫防治，也用于蟋蟀等的防治。这种方法也用于大棚。2004年地下害虫发生十分严重，在查看了花生、小麦等作物受害情况后，发现最有效的防治方法之一就是用毒饵诱杀，可以用炒香的麦稃加青菜叶，拌30倍液的90%敌百虫撒于田间，诱杀蝼蛄、地老虎。另外有毒谷的方法，用煮熟的谷子晾干后拌种，拌1%～0.3%甲基1605乳油。亩用1.5千克谷子，撒毒谷于田间，诱杀蝼蛄。

问：熏蒸法该如何使用？

答：利用某些药剂的熏蒸方式开展防治。如麦蚜的防治，干旱地区用80%敌敌畏乳油75毫升，拌土25千克，于小麦的穗期清晨或傍晚撒施，熏杀植株上的麦蚜。这种方法既简单，又很有效果。

问：利用害虫趋向性如何防治虫害？

答：部分害虫有特别的趋性，如趋色、趋味或避光、避色。利用害虫的习性，像蚜虫用银灰色膜可以避蚜，如部分金龟甲喜欢吃杨柳叶、蝼蛄喜欢酒糟味。黏虫蛾有趋糖醋味。所以利用这些趋向性来防治害虫，有着事半功倍的效果。

1. 利用害虫的趋色性。烟粉虱就是一种趋色性害虫，它对黄色的趋性显著高于绿色，在各种黄色中，以深黄的趋性最高，其次是浅黄、橘黄。通过试验，初步认定烟粉虱成虫对黄板有趋向性，烟粉虱喜欢在阴湿弱光的环境下活动，大多在叶子背面聚集，迁移扩散能力强，棚与棚间相互传播。因此利用黄板诱杀成虫，以此作为测报手段是值得考虑的。由于烟粉虱上升速度快、数量多，黄板诱杀可以作为综合防害的一项配套措施。

2. 利用害虫的趋光性，采用杀虫灯来诱集。或利用害虫的习性诱杀，方法简单有效。蛴螬是金龟子的幼虫，在河北省发生以华北大黑金龟子和铜绿金龟子为主，金龟子有趋光性。每年的6～8月份金龟子出土产卵，近三年农业病虫监测网监测，黑光灯诱金龟子数量特别大，6～8月期间高峰期日诱数千头，连续数日如此，1周累计5 000～6 000头。面对严重虫情，应采取综合措施除治蛴螬，集中种植区设置杀虫灯，6～8月份晚上开等，诱杀金龟子，减少产卵量。

3. 利用堆草诱杀法。在蟋蟀的防治上利用它们有栖息在潮湿杂草下的习性，在田间堆草诱杀，就非常有效果了。

4. 利用趋味性。诱杀花生田金龟甲可以在金龟甲出土的高峰的6～7月份用30～40厘米的新鲜带叶杨柳枝蘸药，浸40%乐果30～40倍液，傍晚插入花生田，亩用10～20枝，防治效果好。北方地区防治春季苗期的主要地下害虫有蛴螬、蝼蛄、金针虫、地老虎、蒙古灰象甲，用50%辛硫磷800倍液浸新鲜带叶杨柳枝，三根一把，傍晚隔2～3行插一把，可很好的防治害虫。防治蝼蛄用酒糟和30倍液的敌百虫混合液，诱蛴螬用生鸡粪和敌百虫或辛硫磷400～500倍液的混合液，诱蝼蛄用生牛粪(生猪粪)和敌百虫或辛硫磷400～500倍液混合液。

5. 种植诱集作物。利用棉铃虫喜欢在玉米上栖息、产卵的特性，在棉田间作春玉米。在棉田中按8∶1行比例种植玉米，每穴2～3株，3～5米一穴，也可以在田边、水沟种植，每亩100株左右。到了6月20日前后，棉花开始现蕾，玉米抽雄，棉铃虫进入二代发生盛期，玉米是棉铃虫产卵的喜好作物，发挥着诱集带作用。每天五、六点到玉米心中捉蛾。不能超过7点，晚了蛾子就飞走了。而产在玉米上的卵，成活率低。实验表明种植玉米田的诱集带的棉田，棉铃虫的产卵量可减低40%～80%。

6. 利用性诱剂。提取雌性害虫的激素，制成诱芯，如目前已经商品化的棉铃虫、小菜蛾、桃小食心虫、玉米螟的性诱剂，将诱芯挂在一个水盆上，水里放杀虫剂，雄蛾误入后将掉到水中，可以降低雌蛾卵的孵化率，从而达到防治的效果。

问：用物理防治的方法如何防治病虫害？

答：

1. 耕翻土地，破坏害虫栖息环境，同时机械损伤部分害虫。用在地下害虫防治效果显著。棉铃虫的防治上提倡秋耕冬灌，棉花、玉米等寄主作物收获后，应拔除棉柴，并进行冬灌，试验表明，秋耕田的越冬蛹死亡率为41%，秋耕冬灌田的越冬蛹死亡率为78.5%，不耕不灌越冬蛹死亡率仅为7.7%。

2. 利用防虫网阻隔害虫，一般要求在放风口设置40目以上的防虫网，对防治粉虱、蚜虫等小害虫有效。放置防虫网时需按照害虫发生规律，北方地区保护地用防虫网的关键时期是定植后到12月中旬和3～6月期间。

3. 利用遮阳网预防高温，特别是7～8月份的蔬菜育苗，应配上遮阳网，预防蔬菜发生高温高湿的病害，如立枯病。安置遮阳网还可以预防蔬菜苗的徒长。

4. 灌水。如小麦红蜘蛛防治，可以浇水时搅动水，让泥水冲击苗，小麦红蜘蛛掉到泥水中就淹死了。

问：如何利用生物防治的方法防治害虫的？

答：利用生物防治病虫，常见的是菌药和寄生蜂。如玉米螟防治上用释放赤眼蜂，棉铃虫防治用BT。

菌药的使用多使用轮枝菌，采用中国农科院生物研究所研制的复方蜡蚧轮枝菌，将菌药稀释后喷在发生粉虱的番茄上，间隔7天用3次，防治效果比较明显。从试验看，该药具有杀成虫、若虫的作用，但是对卵没有防治效果，对成虫和低龄若虫防治效果非常明显。而且用药后，喷一般杀菌剂也不影响防治效果。

寄生蜂多使用的是丽蚜小蜂，放蜂 20 天后开始有寄生烟粉虱若虫的效果，6 月 1 日烟粉虱若虫寄生率达 53.1%。有一定的控制作用。施放的方法和数量是，当每株番茄有粉虱 0.5～1 头时，每株放蜂 3～5 头，10 天放一次，连放 3 次。丽蚜小蜂的施放简单，买来一种制作好的蜂卡，挂在植株上即可，使用方便，再配合黄板诱杀、防虫网，防治效果好。

问：高温闷棚方法如何防治病虫害？

答：通过高于病菌适宜生长的温度将病菌杀死。番茄叶霉病的防治上用高温闷棚的方法，在晴天中午，将密闭棚的温度升到 30～33 度，持续 2 小时，然后放风降温。注意闷棚前一天要浇水，闷棚后也要浇水。且在植株顶尖处挂温度计，严格掌握温度和时间，需要注意每种病害闷棚的时间和要求各自不同。

黄瓜霜霉病采用高温闷棚的温度控制在 42～48 度，1.5～2 小时。温度低了效果达不到，而高于 48 度，对植株有伤害，顶稍如弯曲下垂是被灼伤。闷棚后的放风也应缓慢，通风快会引起叶片卷曲变干。经过高温闷棚，植株生长受到抑制，应促进恢复，叶面喷 1%尿素和 1%糖液，并浇水给肥。检查闷棚效果，看病斑是否变黄褐色，干枯。如果病斑周围为黄绿色，叶背仍有霉层，效果不理想。

高温闷棚一定掌握好技术细节，温度不能过高，时间应严格掌握，前后浇水，缓慢通风，然后补充营养。

问：利用病虫害对温度的敏感程度如何防治病虫害？

答：温度的控制法也是常用的病虫防治方法，如冷冻的方法，高温干燥法。

冷冻的方法，用于储粮害虫的防治。在寒冷的冬天，把有虫的粮食摊10厘米左右厚，并且经常翻动粮食，气温在－10度下，经过12小时的冷冻便可杀死害虫。并且，趁气温低时密闭储存，以保持储粮长时间的低温。

高温干燥法用于种子处理上。番茄病毒病可以是种子带菌，因此为预防发病，催芽前应对种子处理灭菌。方法之一是将干燥的种子置于70度恒温箱内72小时，进行干热消毒。

还有免疫法、注射防治等，有的方法是交替使用，或者配合使用。如防治瓜类枯萎病用药是地上部喷药，地下部灌药。总之，采取综合的方法控制病虫，方法得当，事倍功半。

问：土壤病菌如何进行灭菌？

答：由于连年种植，保护地的土壤中的有害物质积累，病原菌积累。因此土壤酸化，土传病害加重，要从根本上解决植株生长环境问题，可以用高温消毒的方法。如大棚在6～8月份休闲时期，拔秧后，施入粉碎的麦秸和有机肥或石灰等，灌水后覆盖膜，晒15～20天。杀死病菌，调节酸碱度。一般麦秸亩用500～1 000千克，石灰则根据土壤的pH值确定放入量。土壤灭菌效果的关键是温度，土壤灭菌中应有连续5个晴好天气，使土温达到50～70度，灭菌杀虫效果才能保证。

问：什么情况下进行换土？

答：目前蔬菜根结线虫发生严重，并且蔓延很快，而且线虫的防治难度大。因此根据线虫分布在土壤中20～30厘米的特性，可以将表土起出，换成没有种过蔬菜的大田土。

问：利用农艺措施防治该如何进行？

答：利用这种措施主要调整播期，如河北中南部地区近年不种春玉米，改麦收后种的夏玉米，目的是让玉米粗缩病的感病5叶期避开了一代灰飞虱的发生盛期，传毒媒介少，发病就轻。调查看，凡是晚种春玉米或套点玉米，发生粗缩病比麦收后播种的发病几率要高很多。

还需要改变栽培方式，如高垄栽培，在两行之间起垄，行间一道沟作为灌水沟，一方面作物根系避免常时间浸水，提高通透性。另一方面利用沟灌，改变大水漫灌，降低田间湿度，有效预防各种病害的发生。

在栽培中还要改变灌溉方式，目前比较成功的灌溉方式是膜下滴灌，两垄之间覆一膜，膜下有两根滴灌管，根据作物需水情况给水，实践证明这样给水的田块病害发生轻或不发生。

还要及时处理病残体。为什么病虫害发生比以前重了，其中一个重要的原因是病虫原充足，由于忽视病残体的处理，一方面病虫传播越来越广，如蔬菜根结线虫，发生过的植株堆在棚区或丢在沟里，调查看，即使经过冬季冰雪天，根部瘤内的虫卵仍然健康的存活着。这些虫卵混入泥土中，被人踩后粘带到其他棚，根结线虫就被传染上了。另一方面是病菌多是在病残体中越冬、越夏存活，不处理病残体，病菌可以被风吹，被水带回已经防治好的田块，因此及时处理病残体在一定意义上，比发病后打药还重要。

处理病残体方法有三种：①烧毁，严重的病害，拔除后在病穴中撒石灰消毒，病株带出田外烧毁。②深埋处理。③挖坑，把病残体集中，上面每次覆一层土或生石灰，这些病残体今后加入堆腐剂可以发酵，作为有机肥使用。

问：利用嫁接技术是否也可以防治病害？

答：嫁接防病也是重要的农艺防治措施，主要是通过嫁接抗病的植物，避开病菌的侵染。蔬菜中黄瓜、茄子均采用此项技术。如黄瓜为防止枯萎病的发生，利用黑籽南瓜对黄瓜枯萎病菌免疫的特点，用黑籽南瓜作砧木，结上黄瓜苗，这样即使土中有枯萎病，也不能从根部侵入。近年还试验了更抗病，根系更发达的白籽南瓜品种，作为嫁接的砧木。凡是连种瓜类的棚，一定要进行嫁接育苗。

二、蔬菜常见病害防治药剂及配方使用技术

经常有农民朋友询问各种蔬菜病害的防治用药，其实药剂有多种，如果按照病害类别归纳，选择起来将得心应手，特别是除了用相应的农药除治病害外，再配合调节剂，或混和其他品种的药剂，可以显著提高防治效果，还有配合其他系统控制方法，达到降低防治成本，提高蔬菜产量和品质的目的。为此将蔬菜常见病害防治药剂及配方使用技术总结如下。

问：蔬菜栽培中常见的病害有哪些？

答：蔬菜常见病害主要有霜霉病、疫病、灰霉病、叶霉病、蔓枯病、白粉病、炭疽病、枯萎病、黄萎病、病毒病、细菌性病害等。由于这些病害在不同的蔬菜上发生，但病菌有的是同种，或大的类别一致，因此防治用药一般相同。

问：具体介绍一下各种病害的防治方法？

答：霜霉病发生在多种作物上，常见的有黄瓜、白菜、萝卜、油麦、甘蓝等霜霉病。其病菌就叫霜霉菌，但各作物的病菌的种有所不同，如黄瓜霜霉病由古巴假霜霉菌侵染，白菜霜霉病由寄生霜霉菌侵染。但病菌均属于鞭毛菌中的霜霉菌。发生霜霉病害后的病症类似，一般是叶正面退绿，后出现受叶脉限制的多角形褐色病斑，叶背生灰黑（紫黑）色霉层。发病初期病斑水浸状，早晨尤为明显。霜霉病发生后蔓延极快，如不及时控制，3 天后病斑布满整个

叶片和全株发病，造成田间一片枯黄，因此发病严重而迅速，俗称跑马干。我省的保护地和露地蔬菜常年发生霜霉病。由于霜霉病菌属于卵菌，用药上一般广谱性的达不到要求，要求针对性用药。

问：如何防治霜霉病？

答：常用药剂有：72%普力克水剂800倍液，58%雷多米尔-锰锌可湿性粉剂、72%杜邦克露600～700倍液、64%杀毒矾可湿性粉剂400倍液，其中部分药剂由于连年使用，病菌已经产生了抗性。

新药剂：2005年新登记的防治霜霉病的药剂有：烟酰胺、氟吡菌胺(拜耳)，用于黄瓜霜霉病。吡唑醚菌酯用于霜霉病。

新型药剂：10%科佳悬浮剂，主要用在预防方面。成分为氰霜唑，是一种新的进口药。用在黄瓜、甜瓜和葡萄的霜霉病的预防，一般在定植缓苗后喷2～3遍，用2 000倍液，间隔7～10天。也可以作为治疗剂，发病初期用1 000～1 500倍液，连用2～3次，间隔7～10天。此药持效期为10～14天，施药后1小时降雨不影响药效，可于大多数杀虫剂、杀菌剂混用，如与53%金雷500倍液混合，增加内吸传导性。

还有0.5%氨基寡糖素水剂(os-施特灵)1 000倍液，该药剂施用后通过诱导植物体在短时间内产生抗病物质，溶解真菌、细菌等病原体的细胞壁，干扰病毒RNA的合成来杀灭病菌。该药剂还能调节促进植物生长，解除药害。

问：除了用药剂防治以外，还需要进行哪些管理来提高防治效果？

答：霜霉病的药剂中配合食用的糖，如72%普力克800倍液或50%霜霉威800倍液混加300倍液糖；而冬季为养护植物叶子，可喷糖醋液，糖∶醋∶水=1∶1∶100。经验有一例：黄瓜伸蔓初-结瓜期发生霜霉病，一般用霜脲·锰锌，严重时用安克+灭克，还用70%丙森锌(安泰生)700倍液或25%佳斯奇900倍液，必要时混入600倍液霜霉威，当结瓜量大后，混入300倍液尿素和150倍的糖。

霜霉的防治还可以喷药与高温闷棚结合，高温闷棚是大棚防治病害的重要手段之一，可以用它来防治霜霉病、白粉病、角斑病，灰霉病、黑腥病等多种病害。具体方法是：在晴天中午前后，浇透水后将大棚密闭，使温度升高，当温度达45～46℃时维持1.5～2小时，之后缓慢通风，降低温度，注意闷棚时温度计水银球要和植株最高处地同一水平线上。闷棚后再浇一水。

问：疫病的发病原因是什么？

答：疫病也是蔬菜重要的一类病害，黄瓜疫病、西瓜疫病，俗称死秧子病。番茄晚疫病、马铃薯晚疫病是这两种作物毁灭性全株性病害，而辣椒疫病更是发病迅速，流行后治疗效果差而拔园毁种的严重病害，特别是雨后暴晴后，从发病中心迅速蔓延全田，田间一片深褐色塌秧。它们发病均是一类病菌引起，如番茄晚疫病病菌是致病疫霉，辣椒疫病病菌是辣椒疫霉菌，均属鞭毛菌亚门的疫霉菌。而与霜霉菌同属卵菌，因此霜霉、疫病用药多可一致。如常用药有66.8%霉多克可湿性粉剂700～800倍液，52.5%疫快净2 000倍液，75%克得灵1 000倍液，另加300倍液的糖防治。

问：疫病的防治方法是什么？

答：由于疫病是比较难以控制的病害，防治策略上与霜霉菌有一定差距，主要是立足于预防。方法是定植缓苗后及时用药预防，用10%科佳1 500～2 000倍液喷雾2～3次，控制发病。如果出现发病中心期后可以用53%金雷500倍液+10%科佳1 500～2 000倍液混合施用。疫病发病部位有时在局部，如黄瓜顶尖烂尖病症发生后，治疗用撒药粉方法。辣椒枝分叉处变褐初期，可将以上药剂用水或放一定量的白面调成糊状涂抹病部。

治疗疫病有特效的新药剂：50％福帅得悬浮剂，作用原理是阻止病菌孢子的萌发和侵入器官的形成。用法是辣椒疫病 2 000～2 500 倍液，马铃薯晚疫病 2 000～2 500 倍液，另外还防治灰霉病、霜霉病、炭疽病、菌核病、黑腥病等常见病害。注意瓜类易产生药害，不能使用。

问：灰霉病的发生原因及防治方法？

答：蔬菜中黄瓜、番茄、辣椒、茄子极易感染灰霉病，韭菜也容易发生灰霉病。特别是病菌从花器侵入，造成果实腐烂，密生灰色霉层。而叶子上形成“V”字形病斑，发病一般在连阴天的低温高湿环境，而且流行后防治比较困难。

防治药剂及使用：

1. 常用药剂：50％速克灵 2 000 倍液，60％防霉宝超微粉 600 倍液，50％扑海因 1 500 倍液。其中速克灵本是防治效果很高的好药，但由于连续使用，已经产生很强的抗性，因此一般不提倡使用。

2. 有效药剂：40％施佳乐悬浮剂 800～1 000 倍液，有效成分为嘧霉胺；特立克 600～800 倍液，（木霉菌活孢子），阴天使用效果更明显；65％克得灵 1 000 倍液，今年在连阴天后防韭菜灰霉病取得理想效果；45％扑霉灵乳油，通用名咪鲜胺，也是近年用于防治灰霉病的药剂，黄瓜灰霉病 2 000 倍液。

3. 由于灰霉病菌随风漂移到棚的各处，收获蔬菜后应对室内消毒，用 50％消毒灵喷地面、竹竿、立柱，另外果实发病应及早摘除埋掉。

问:叶霉病该如何防治?

答:主要是番茄发生叶霉病。发病初期在植株的下部叶正面出现退绿黄斑,叶背生白色后转为紫灰色的绒状霉层。严重的叶正面也布满霉菌。每年冬季番茄均要连续防治几次叶霉病,因此为避免药剂抗性,也需轮换使用一些药剂。

1. 常见药剂:有烟剂,45%百菌清 250～300 克/亩。喷雾 50%速克灵 2 000 倍液、50%扑海因 1 000 倍液、40%福星乳油 6 000～8 000 倍液。47%加瑞农 600～800 倍液,加瑞农是一种保护和治疗作用兼有的杀菌剂,还有杀细菌病菌的作用,防治叶霉外,还防治霜霉病、炭疽病、白粉病、角斑病、软腐病、溃疡病等多种病害,但注意不能与铜制剂混用。

2. 新型药剂:10%世高水分散剂 1 500 倍液,通用名:恶醚唑。为广谱性内吸性杀菌剂。还用于防白粉病、炭疽病、蔓枯病,以及许多叶斑病;40%施佳乐悬浮剂 800～1 000 倍液也防治叶霉病。

防治叶霉病还应注意温室消毒,因为叶霉病菌可以存活在棚室的竹竿等处,定植前每亩用 2～3 千克硫磺粉＋80%敌敌畏 0.25 千克拌锯末,分堆点燃,闭一昼夜,放风无味后定植。

而用药可以结合高温闷棚,以提高防治效果,方法是利用病菌高温限度为 33 度,在短时间内提高温度杀死病菌,即在晴天中午,密闭棚室升到 30～33 度,持续 2 小时,然后缓慢放风降温。

问:对于蔓枯病该怎样进行防治?

答:蔓枯病主要发生在瓜类上,特别是近年保护地黄瓜发生普遍。发病后瓜秧节部裂口,流胶,最后茎干枯为乱麻状。蔓枯病是一种真菌病害,发病部位上生白色霉层。

1. 常用药剂:9281(菌杀特)蔬菜定植后发病前,一瓶 100 毫升兑水 30 千克,预防发病喷茎基部。发病后 9281 100 毫升兑水

15 千克，或 9281：水＝1：4 涂抹病部；95％恶霉灵 3 000 倍液，47％加瑞农。

2. 新型药剂：咪鲜胺，结瓜初期用 1 500 倍液＋75％百菌清 500 倍液＋40％百可得可湿性粉剂 700 倍液，5～6 天 1 次，2～3 次防治。百可得也对预防蔓枯病有效。10％世高水分散剂 1 500 倍液也可防治蔓枯病。

问：白粉病的防治方法？

答：

蔬菜中瓜类最易得白粉病，而辣椒、番茄、茄子也发生白粉病。当温度低于 21 度时易引发病害。叶面上生白色的粉斑，严重时粉斑连成片，叶子干枯。

1. 常用药剂：粉锈宁，40％福星乳油 8 000 倍液，甲基硫菌灵、多硫悬浮剂。

2. 新型药剂：由于瓜类的白粉菌与茄果类白粉菌不同，茄果类病菌为鞑靼内丝白粉菌，对硫制剂有很强的抗性。茄果类白粉病的防治改用"三唑"：30％氟菌唑（特福灵）1 500～2 000 倍液、12.5％晴菌唑 500 倍液、10％世高（恶醚唑）2 000 倍液。

白粉病菌侵入植株后有一个潜育期为 10～12 天。到病害流行时已极难医治，因此要注意提早预防。为保护叶片可喷 27％高脂膜 80 倍液或 80％甲壳素 6 000 倍液。除了用药外，可根据病害菌怕高温的特性，发病后想办法提高棚室温度，以此抑制病菌繁殖，也同样有一定效果。

问：蔬菜炭疽病的防治技术有哪些？

答：炭疽病为黄瓜、辣椒、白菜、豆角的常见病。辣椒发病危害大，发生有轮纹的凹陷病斑。豆角果上生红褐色病斑，严重影响品质。

1. 常用药剂:25%溴菌晴 500 倍液,80%波尔多液(必备)可湿性粉剂 400 倍液,70%丙森锌(安泰生)可湿性粉剂 600 倍液喷雾。

2. 新型药剂:0.5%氨基寡糖素 600～800 倍液,10%世高(恶醚唑)2 000 倍液。40%百可得可湿性粉剂 700 倍液;25%使百克乳油 1 000 倍液、50%施保功 1 000 倍液。施用要求连续防治 2～3 次,间隔 7～10 天。

问:枯萎病该如何防治?

答:常见发生枯萎病的作物以瓜类为主,如黄瓜、西瓜、甜瓜,而茄果类的番茄、辣椒也发生。特别是近年的嫁接黄瓜也发生枯萎病。病症主要是茎开裂,流胶,形成红色胶粒。西瓜发病后有时出现一侧枝萎蔫,另一枝没病症。该病为镰刀菌侵染,各作物的专化型不同。

1. 常用药剂:多菌灵、琥·乙膦铝。

2. 新型药剂:50%氯溴异氰尿酸,用的配方:50%氯溴异氰尿酸+营养药剂(全质性的),摘掉小喷片,灌根,2～3 次。发病初期 1 500～2 000 倍液,重病田 750 倍液。注意西瓜、甜瓜灌药应先在根围扒一个小坑,每株 3～5 两药液,治疗好后再填坑。

另外为预防土壤传的病害如立枯病、蔓枯病、枯萎病和病毒病,有一种生物产品叫保得,它有两种剂型,一是土壤接种剂,可作育苗、基肥、灌根、追肥使用,另外还有叶面增效剂,苗期、初花期和果实膨大期使用。

问:对于蔬菜黄萎病该如何防治?

答:茄子多发生黄萎病,又叫半边疯。叶黄、萎蔫,死棵。茎的维管束为黑褐色。

新型药剂:50%氯溴异氰尿酸。配方:50%氯溴异氰尿酸+营养药剂(全质性的),摘掉小喷片,灌根,2～3 次。发病初期

1 500～2 000 倍液，重病田 750 倍液。

问：病毒病的防治方法有哪些？

答：病毒病是蔬菜常见病害，有瓜类、茄果类发病，也有十字花科得病毒病，病症多种多样，一般多为花叶、小叶、厥叶、条斑、果实凹凸不平。叶子为顶部嫩叶发病。病毒病中有种子带菌、蚜虫传毒、田间抽烟引起发病等。但防治中的治疗效果不理想，如用病毒灵、病毒 A，因此近年防治病毒试验了配方治疗和新型药剂。

其一治疗剂：绿叶神，为复方的中草药。一瓶 200 克配 2 喷雾器水。发病后喷用，7 天后见效。同时此药还是一种好的调节剂，可以解药害。

另一个防治配方是：0.5％氨基寡糖素 600～800 倍液，起免疫调节剂作用，配合病毒药，分别在苗期、结果前和果期使用 3 次。

第三个配方是：2 桶水，芸薹素 4 克＋尿素 20 克＋病毒立克 20 克＋安泰生 25 克，用 2～3 次。

问：对于细菌性病害该如何防治？

答：常见的有黄瓜角斑病、番茄青枯病、辣椒疮痂、青枯，十字花科软腐病等。

1. 常用药剂：农用链霉素，但效果一般不理想。77％可杀得 500 倍液、12％绿乳铜 500 倍液、47％加瑞农 500 倍液，均是铜制剂。但有的作物对铜制剂敏感，应注意，还有的药剂不能与铜制剂混用如多菌灵。

2. 新型药剂：20％龙克菌水悬浮剂，成分为噻菌铜。杀细菌、真菌。喷雾为 600 倍液，它比一般铜制剂安全，可以与其他农药混合使用。

三、蔬菜节水灌溉技术

蔬菜种植多年来一直采用的传统明水沟灌技术，用水量逐年上升，不仅造成了水资源的浪费，还会增加蔬菜病害发生几率。河北省是严重的水资源短缺型省份，蔬菜生产如何节水？这一章介绍蔬菜节水灌溉技术。

问：蔬菜采用节水灌溉技术的意义？

答：我国是一个水资源短缺的国家，在时间和空间上分布不均匀，搞好农田节水对保护和合理利用水资源具有十分重要的意义。有资料显示，全国年总用水量约 230 亿立方米，一般年份缺水 50 多亿立方米，农业用水就占全社会总用水量的一半以上。积极发展现代农业，突破资源和市场对我国农业的双重制约，提高农业可持续发展的能力，其中一个重要方面就是突破水资源的制约。蔬菜是农作物中耗水最大的。据世界粮农组织统计，我国蔬菜播种面积达到 2.7 亿亩，占世界的 43%，产量 5 亿多吨，占世界的 49%，面积和产量分别居世界首位。每年蔬菜出口量在 700 多万吨，为世界第一。随着蔬菜产业在农民增收中地位逐渐提高，蔬菜种植规模逐年增加，每年递增速度在 10%以上。发展蔬菜产业已成为许多地区农民增收、农业增效的主要途径，在蔬菜生产上多年来主要采用传统的明水沟灌和漫灌方式，不仅造成了水资源的大量浪费，还因湿度过大增加了病虫害发生的几率。因此，改变传统灌溉方式，推广先进高效节水灌溉模式是解决水资源短缺最直接、最有效的途径，是实现节本增效、提质增收的有效举措，同时，也是建设节水型农业、促进农业可持续发展、推进现代农业的重要内容。

近年来，在我国推广以水肥一体化运用为主体，将现代灌溉技术与农艺技术进行有机结合，开发了适宜在蔬菜产区大面积推广的膜下滴灌等多项蔬菜节水技术，初步实现了节水、节肥、省工、省力、高产高效的目标。据不完全统计，目前，在河北、河南、山东、新疆等省份蔬菜生产已逐步推广膜下暗灌、滴灌、微灌等节水技术200多万亩。

问：目前推广应用的有哪些蔬菜节水技术？

答：目前推广应用的蔬菜节水技术有四种：滴灌、膜下暗灌、膜下微灌和喷灌。

问：滴灌技术怎么操作，有哪些优点？

答：蔬菜滴灌技术，是将水加压、过滤，通过低压管道送达滴头，以点滴方式滴入蔬菜作物根部的一种灌溉方式。它由水源（一般为节省成本可以选用废旧柴油桶，去盖、清洗、改装而成为水箱）、阀门、输水管道和滴头四大部分组成。输水管线间距随种植不同蔬菜品种而调整。滴灌管（带）上覆一层地膜处理效果会更佳。其优点有六点：

1.省水：滴灌用水仅为地面灌溉的1/3、喷灌的1/2。在棚室蔬菜生产上采用滴灌，可显著节约水资源、扩大温室种植面积、改善棚室内蔬菜生产环境、降低生产成本、提高经济效益。

2.省肥：较沟灌平均省肥40％。

3.省工：实现管理自动化，不需要平田整地、开沟作畦、人工或机械追肥，减少了田间灌水和追肥的劳动量和劳动强度。

4.节能：与喷灌比，要求压力低，灌水量少，抽水量少和抽水强度低，减少了能量消耗。

5.减少病害：膜下滴灌不打湿植物叶面，垄沟内基本没有水，空气湿度下降，棚膜上没有水滴，抑制了病菌对作物的危害。

6.提高产量：滴灌能适时适量向作物根区供水供肥，还可调节植株间的湿度和温度，使农田水分状况经常维持在适宜的状态；同时，土壤水分运动主要借助于毛细管作用，不破坏土壤团粒结构，有利于土壤养分的活化。因此，产量一般较大水漫灌高20%～30%以上。

问：滴灌技术适宜哪些区域和环境？

答：滴灌系统采用管道输水和完备的压力及水量调节系统，可以有效调节灌水流量，适用于山区、丘陵和平原各种地面坡度条件下不同土壤的灌溉。由于滴灌投资大，技术含量高，适用于经济条件较好的地区、种植效益较高的蔬菜、花卉等经济作物。

建议在设施蔬菜生产中重点推广膜下滴灌技术。膜下滴灌是在棚室中将地膜栽培技术与滴灌技术有机结合，即在滴灌带或滴灌毛管上覆盖一层地膜，通过安装在毛管上的滴头、孔口或滴灌带等灌水器，将水逐滴均匀缓慢地渗入农作物根际土壤中。这种技术与科学施肥、农药喷洒、种植管理技术和栽培有机地结合起来，可节水、节肥、节药、提高有限的棚室土地利用率；可压盐降碱、提高地温，使土壤始终保持疏松和最佳含水状态，提高设施蔬菜的品质和产量。

问：滴灌技术有哪些缺点和预防措施？

答：缺点有三个方面：

1. 滴头容易堵塞：由于滴头的孔径较小，容易被水中的杂质、污物堵塞。因此，滴灌用水需进行净化处理。一般应先进行沉淀除去大颗粒泥沙，再经过滤器过滤，除去细小颗粒的杂质等；特殊情况下还需进行化学处理。

2. 限制了根系发展。滴灌只湿润作物根区部分土壤，加上作物根系生长的向水性，因而会引起作物根系向湿润区生长，从而限制了根系的生长范围。因此，在干旱地区采用滴灌时，要正确布置滴头，在平面上布置要均匀，在深度上最好采用深埋式。

3. 灌水量小。所以在连续采摘的果类蔬菜上使用应适当加大灌水量，否则对产量有一定影响。

问：膜下暗灌（膜下沟灌）技术怎么操作？有哪些优点？

答：膜下暗灌技术，是蔬菜定植后，在两小行之间的沟上覆盖一层塑料薄膜，做成灌水沟，在膜下沟中进行灌溉，两个相近大行之间不覆盖地膜。

其优点有三个：①投资成本少，每亩成本 50 元左右；②省水，易于管理，根据试验，膜下沟灌技术比传统的畦灌节水 50%～60%，比不覆膜沟灌可节水 40%左右；③适合设施、露地等各种形式的瓜菜栽培。由于成本较低，目前在蔬菜生产中推广应用的较为普遍。

问：膜下微灌技术怎么操作？有什么优点？

答：膜下微灌一般由微型首部、输水管道和灌溉器三个部分组成，是用很小的微喷头将水喷洒在土壤表面上或喷洒在地膜下流到土壤表面。在灌溉的同时，把肥料加入微灌系统，可实现肥水同灌。膜下微灌一般包括膜下微喷灌、渗灌、涌流灌和雾灌等。

膜下微灌的优点是：比大水漫灌节水 50%以上，增产幅度达 30%以上。能准确地控制灌水量，要求的工作压力较低，灌水的流量较小。每次灌水时间较长，两次灌水之间的时间间隔短，所以土壤水分变化幅度小，即根区内土壤能一直保持在最适合作物生长的湿度。

问：膜下微灌适应哪些情况？

答：膜下微灌主要适用于设施蔬菜生产上地面灌溉或其他灌水方式难以保障的保护地生产，如温室工厂化育苗等。用微灌技术可直接实现对作物的灌溉或调节保护地室内环境湿度或温度，目前设施蔬菜生产上应用较多的就是膜下微灌技术。

膜下微灌是在滴灌和喷灌的基础上逐步形成的一种新的灌水技术。微灌时水流以较大的流速由微喷头喷出，在地膜或空气阻力的作用下粉碎成细小的水滴降落在地面。由于微喷头出流孔口和流速均大于滴灌的滴头流速和流量，从而大大减小了灌水器的堵塞。微喷灌还可将可溶性化肥随灌溉水直接喷洒到作物叶面或根系周围的土壤表面，提高施肥效率，节省化肥用量。

问：在蔬菜生产上，常用的有哪几种微灌模式？

答：常用的蔬菜微灌模式有三种：

1. 小单元微灌系统：系统由微型首部、输水管道和灌溉器三个部分组成。微型首部采用单相或三相小功率自吸式水泵，在其上组安装滤网式过滤器和吸肥器，形成体积小巧、功能齐全、移动轻便的枢纽整体。吸肥器置于水泵入水口，通过水泵的吸力，在灌溉的同时，把肥料吸入微灌系统，可实现肥水同灌，肥料的用量和浓度可人为调控；输水管采用外径 25 毫米、管壁厚 2.5 毫米的黑色聚乙烯塑料管；灌溉器可根据不同蔬菜作物的需求采用内镶式滴灌管或微型喷灌器。该系统具有成本低、结构紧凑、轻巧实用的特点，适用于家庭式小规模生产。一般每亩成本 400～600 元。

2. 自流式微灌系统：在有自然落差（5～10 米）的耕地上部建造容积数十或数百立方米的小型蓄水池，利用山坡地势落差产生自然水压，用塑料管连接蓄水池和田间的滴灌系统，利用地势高度产生的水压自流灌溉。该系统可有效解决用电不便的问题，使滴灌系统能在不用电和泵的情况下使用，适合在山区、半山区和丘陵等非平坦地形上的蔬菜灌溉。这种灌溉装置可把山区以往流失的细小水源蓄集起来，成为宝贵的可灌溉水资源，做到了“小水大用”。

3.变频恒压微灌系统:该系统可根据用水量的变化自动确定水泵运行台数及电机泵组的速度以调节流量,实现节电和自动化控制,即在管网中设置水压传感器,当供水系统用水量发生变化时,变频控制器根据供水系统中瞬时变化的流量和相应压力,自动调节水泵的转速和运行台数,改变水泵出水口压力和流量,使供水管网系统中的末端压力按设定压力保持恒定。水泵能自动开闭,管网随时供水,达到供水需水平衡。这种微灌系统能自动运行,无需人工值班管理,可避免“大马拉小车”的现象,一般可节电50%,且能保障水泵和管网的安全,达到提高供水品质和高效节能的目的,适合大型设施蔬菜生产园区或基地应用。不适合单家独户使用。

问:喷灌节水技术怎么操作,什么特点?

答:喷灌是喷洒灌溉的简称,是利用动力机、水泵、管道等专门的设备把水加压或利用水的自然落差将有压力水送到喷灌地段,通过喷头将水喷射到空中散成细小的水滴后均匀地喷洒在田间的一种灌溉方法。主要应用于大田蔬菜种植上。

1.优点:既适用于平原也适用于山区,适用于各种土壤。不仅可以用于灌溉,还可用于喷洒肥料、农药、防冻霜、防暑降温和防尘等。喷灌的灌溉水利用系数可达0.72～0.93,比明渠输水的地面灌溉省水30%～50%,在透水性强、保水能力差的砂质土地,省水可达70%以上。喷灌后地面均匀湿润,均匀度可达0.8～0.9。该项技术要求较高,工程建设投资较大(亩投资200～650元)。

2.适应区域:①集中连片、经济效益较高的作物种植区;②经济条件较好,劳动力紧张的地区;③水源有足够的落差,适宜修建自压灌溉的山丘区;④需要调节田间小气候的作物;⑤灌溉水源不足或高扬程深井灌区;⑥地形复杂或土壤透水性较强,采用地面灌溉较困难的地区。

问：喷灌节水技术有什么缺点？如何预防？

答：这种喷灌技术有三方面的缺点：

1. 天气情况对喷灌质量影响较大。首先，受风的影响较大，一般 3～4 级风以上，水滴在空中易被风吹走，从而加大了蒸发损失，而且大大降低了灌溉均匀度；其次，天气干燥时，水滴在空中的蒸发损失较大，有时可以达到 10%，这样增大了灌溉用水量，不利于节约用水。因此，在多风或干旱季节，考虑到一般早、晚风小，湿度相对较高，喷灌常利用夜晚和早上进行。

2. 喷灌强度过大时，对土壤表层湿润比较理想，但深层湿度不足。只有延长喷灌时间(12 小时)，才可以提高喷灌质量。

3. 喷灌比一般地面灌溉投资大。

以上四种灌溉技术都比普通浇水、明渠输水的地面灌溉省水，节水情况比较：膜下滴灌＞膜下微灌＞膜下沟灌＞喷灌＞明水畦灌。

问：在日光温室蔬菜生产上，室内的微灌系统应该怎样布置？

答：日光温室蔬菜种植一般为南北向，种植畦较短，因而灌水毛管的布置长度一般为 6～8 米，而支管布置为东西向，长度为日光温室长度。日光温室内蔬菜种植一般为每一双垄铺一地膜，地膜下设一到两条毛管或微灌带。双垄的中心距长为 1 米左右，典型的滴灌毛管布置间距为 1 米。管径一般选用支管为 25～40 毫米，毛管选用 10～15 毫米。供水设施可在棚首建池或使用能为大棚灌水提供一定压力和调蓄能力的集中供水设施。在棚内首部安装控制阀，对集中供水还需安装水表。

问：滴灌系统在蔬菜生产上是怎么应用的？

答：目前生产上应用的有两种：

1. 双翼软管微滴灌。这种系统广泛适用于日光温室、大棚等小面积田地，一家一户使用很方便，在全国推广有数万亩。主要特点是抗堵塞性能好，采用地下水源可不用过滤设备，运行水压低（1～3 米水柱），田间各级管道采用片状盘卷的薄壁软管，体积小、重量轻，由于不需要投资昂贵的水源净化和过滤设备，因而大大地方便了一家一户单独使用，符合目前我国农村现状。

2. 中外合资企业设计制造的“润佳”小型滴灌系统，该系统可广泛适用于大棚温室蔬菜灌溉。90％的滴灌均匀度。系统设计简单，安装灵活，每套灌溉设施（包括水源工程）成套购买，用户需要做的只是向水箱加水，打开阀门灌溉作物。

问：在日光温室蔬菜生产上滴灌系统在使用中应注意哪些事项？

答：

1. 滴灌开始前，先打开支管上的阀门，使滴头能够出水；在此基础上打开上游阀门，以保证灌溉系统各个部分的安全。

2. 严格控制滴灌的工作水头，水头不可超压或过低，否则影响灌溉质量。

3. 作物需施肥时，将肥料装入施肥罐，之后封闭罐盖；打开供肥阀门，再打开进水阀门；然后关小支管阀门，使阀门前、后的输水管道内压力产生压差，从而使肥料进入输水管道中，给作物施肥。

4. 定期检查过滤器，做到定期排沙冲洗，如发现滤网破烂需及时更换。

5. 滴灌管（带）在收放时不可用力拉扯扭曲，以延长其使用寿命。

四、设施蔬菜简易无土栽培技术

近年来，随着科技知识的普及，无土栽培在我国开始逐步运用于生产，已成生产绿色蔬菜的有效途径，被广大市民所关注。同时，无土蔬菜栽培也已成为农民朋友迫切需求的一项高新技术，现将设施蔬菜无土栽培中容易出现的问题总结如下。

问：什么是设施无土栽培技术？

答：无土栽培就是不采用天然土壤作基质进行农业生产的一项种植技术。科学地讲，无土栽培又称营养栽培、水耕栽培。栽种作物时不用土壤，不施粪肥，一般仅用化学肥料或化学试剂配成的营养液供给作物所需养分的特殊栽培方法。无土栽培既是室内进行作物栽培的方法，也是实验室进行作物培养实验的一种研究手段。一般在较封闭的室内环境进行，因此受病虫害感染的机会很小，很少施用农药，所以可生产出无污染、无公害的农产品。这项栽培技术的产生和运用改变了自古以来农业生产依赖于土壤的种植习惯，并把农业生产推向工业化生产和商品化生产的新阶段，这也将成为未来农业的雏形。

问：无土栽培技术有哪些种类？

答：目前比较普遍的分类方法，是根据基质不同区分。大体上可以分为无基质（也称介质）栽培和有基质栽培两大类，具体分有五种：即水溶液培养法、砂培养法、培养基栽培法、混合培养法、营养膜培养法，其中最常用的是水培法和培养基栽培法。

问：水溶液栽培法是怎么栽培作物的？

答：水栽培法是指植物根系直接与营养液接触，不用基质的栽培方法，栽培介质主要是水。最早的水培是将植物根系浸入营养液中生长，这种方式会出现缺氧的现象，影响根系呼吸，严重时造成根系死亡。经过改进和完善，现在的水栽培是使用一层很薄的营养液层，不断循环流经作物根系。一般要有10厘米左右深的营养液，既保证不断供给作物水分和养分，又不断供给根系新鲜氧气。

问：培养基的栽培法是怎么栽培作物的？

答：基质栽培是无土栽培中推广面积最大的一种方式。是将作物的根系固定在有机或无机的基质中，通过滴灌或细流灌溉的方法，供给作物营养液。栽培基质可以装入塑料袋内，或铺于栽培沟或槽内。基质栽培的营养液是不循环的，称为开路系统，这可以避免病害通过营养液的循环而传播。而且设备较水培法简单，甚至可以不需要动力，所以投资少、成本低，生产中普遍采用。从我国现状出发，基质栽培是最有现实意义的一种方式。

问：无土栽培技术到底有什么优点？

答：

1. 产量高，商品性好。无土栽培能充分发挥作物的生产潜力，与土壤栽培相比，产量可以成倍或几十倍地提高。例如，我国一般土壤种植的西红柿，亩产3 000～5 000千克，而水培法亩产可达2万千克以上，土壤种植的单株产量为5～8千克，而无土栽培的单株产量为15～20千克。采用无土栽培的番茄，一级果率高，商品性能好，经测试维生素、番茄红素含量较高。

2. 有效地避免土壤连作障碍。在进行保护地生产时，温室、大棚一旦建好，就不会轻易搬动，设施中的土壤极少受自然雨水的淋溶，水分养分运动方向是自下而上。通过土壤水分蒸发和作物蒸腾，使土壤中的矿质元素由土壤下层移向表层，常年累月、年复一年，土壤表层积聚了很多盐分，对作物有很大危害。不仅土壤盐分积聚，加上多年栽培相同作物，又造成土壤养分失衡，发生连作障碍，出现一些土传病害，难以解决。无土栽培则是有效的避免或从根本上解决土壤盐分的积化、连作障碍和土传病害等问题。

3. 节水节肥。北京农业大学园艺系在北京地区秋季进行大棚黄瓜无土栽培试验，自7月30日播种至9月14日，共计46天，浇水(也就是营养液)共21.7立方米。若进行土壤栽培，46天中至少浇水5～6次，需用50～60立方米的水，统计结果，节水率为50%～66.7%。节水效果非常明显，是发展节水型农业的有效措施之一。另外，无土栽培不但省水，而且省肥，农业部门对一些地区调查结果发现土壤栽培养分损失的比率在50%左右，我国农村由于科学施肥技术水平低，肥料利用率更低，仅仅是30%～40%，一半多的养分都损失掉了。利用无土栽培可以针对不同作物种类以及同一作物的不同生育阶段，科学合理地供应养分，提高植物养分吸收率，节省肥料，又将植物增产潜力充分发挥出来。

4. 省力省工、易于管理。土壤栽培除了浇水施肥以外，一般都需要翻地、中耕、锄草等环节。而且浇水时，要对每一个畦进行开口和堵口，劳动强度很大。而无土栽培只需要水肥管理，且浇水追肥同时解决，操作时只需开启和关闭供液系统的阀门，大大减轻了劳动量。一些发达国家，采用电脑控制，供液及供养分的调控，已经形成了工业化生产方式，管理起来方便、简单。

5. 不受地区限制、充分利用空间。无土栽培使作物彻底脱离了土壤环境，因而也就摆脱了土地的约束。耕地被认为是有限的、最宝贵的、又是不可再生的自然资源，尤其对一些耕地缺乏的地区和国家，无土栽培就更有特殊意义。对于沙漠、荒原或难以耕种的地区，都可采用无土栽培方法加以利用。此外，无土栽培在生产叶菜时，可以采用立体种植，大大节约了空间，提高了单位面积的产量。

6.有利于实现农业现代化。无土栽培使农业生产摆脱了自然环境的制约,可以按照人的意志进行生产,所以是一种受控农业的生产方式。较大程度地按数量化指标进行耕作,有利于实现机械化、自动化,从而逐步走向工业化的生产方式。目前在奥地利、荷兰、美国、日本等都有无土栽培“工厂”,是现代化农业的重要标志。

问:无土栽培都有哪些技术环节?

答:由于营养液无土栽培投入大,技术含量高,操作难,不能广泛地被我国农民所接受。为了方便广大农民对无土栽培这项高新技术的应用,近几年来,通过广大科技工作者的努力,开发出了与沼气池相结合进行简易的无土栽培技术。其中沼渣是上好的基质,不仅含有丰富的营养外,还可改良基质;沼液可以稀释后作肥料进行追肥,也可用叶面肥进行喷施还有防病抗病的作用;如将沼气池建在温室内,沼气燃烧可增加室温,发生的二氧化碳可补充温室内的浓度,一举多得。

问:沼气池式的简易无土栽培技术环节有哪些?

答:结合沼气池进行简易的无土栽培技术,首先要进行设施建造,这里有三个环节:

1.选建高效节能型日光温室。这种结构的温室,室内无立柱,便于栽培槽的建造,也使室内温光环境较好,无遮阴,有利于作物生长。

2.建造沼气池。沼气池的建造,可根据当地情况和习惯进行建造,一是可建在家中,二是可建在温室内。无论建造哪种,都建议建成第一次进料后,连续进料、连续出料的结构形式,既方便又有利长期连续使用。如果建在温室中,一般1亩的日光温室建10～12立方米的沼气池即可,但应注意:一为保证沼气池冬季正常发酵所需的温度,沼气池必须建在温室内一侧。二要沼气池的结构设计应便于出料和进料，有利于操作。三是沼气池的施工质量必须优良，严防跑气露气。

3. 建造栽培槽：采用砖垒栽培槽。有两种方式，一是三砖平铺式。二是单砖立铺式。无论是哪种槽，其走向都以南北向最好，并且北比南高出 3 厘米左右，茄果类、瓜类槽内净宽 48 厘米，槽四边是半砖宽 12 厘米，槽高 18 厘米，走道宽 68～72 厘米。单砖立铺的下挖 12 厘米，再立砖，槽的宽高与三砖一致。

三砖平铺式在做槽时先码好一层砖，再铺上一层较厚的聚乙烯塑料薄膜与土壤隔离，薄膜两端压在第一和第二块砖之间，薄膜上填 5 厘米厚、直径 2 厘米大小的粗炉渣，然后盖上干净的编织袋，再码两层砖，这样栽培槽就做好了。如果是单砖立铺的膜压在立砖下，添加粗基质，再覆编织袋，就做好了。槽的长度根据温室的跨度而定，一般内跨 7 米的温室，槽的长度为 5.5～6 米。

问：如何配置栽培基质？

答：推荐三种基质配比方案，可根据当地情况任选其一：

(1)炉渣 1/3＋草炭 1/3＋锯末 1/3。

(2)炉渣 1/3＋草炭 1/3＋废棉子皮 1/3。

(3)炉渣：草炭＝6：4。

这三种形式，每亩可用 25 平方米基质，每平方米加 20 千克湿润状态的沼渣。采用这种形式定植后 20 天不用追施肥料，使用前要求基质全部过筛，搅拌均匀再装槽。填入栽培槽中，厚度 10～13 厘米，即填到与槽平为宜。

问：滴灌设施该如何安装？

答：要搞好无土栽培，在配制好栽培基质的同时还要进行滴灌设施的安装。因为槽内基质数量较少，蓄水量受到限制，所以供水一定要均匀及时，也就是要采用滴灌设备。每个生产棚要建立独立的供水系统，每畦用1～2根直径1.5厘米、每隔30厘米一孔的塑料滴灌软管。滴灌管上铺宽40厘米塑料薄膜。这样以来整个栽培系统就做好了。

另外，还要注意夏季生产蔬菜时不要揭掉棚膜，并在上下风口增设防虫网，高温期的时候要加盖遮阳网。

问：在无土栽培中需要注意什么？

答：

1. 培育无病壮苗，包括选种和育苗两个环节。

(1)选种：要选择适合生产及具有市场前景的国外品种为好。如西红柿，选用荷兰温室专用品种百利、玛瓦、卡依罗、卡鲁索等品种。彩椒可选用卡佩诺、奥林匹亚，尖椒可选日本的长剑，茄子可选用布利塔长茄等。

(2)育苗：营养块育苗是近两年来推广的一项较为先进的育苗技术。先将种子在55℃温水中浸泡15分钟，边浸泡边搅拌，当水温降至30℃左右后再浸泡4～6小时，然后播种；将处理后的种子放入营养块凹槽中，上撒一层经消毒后的细沙，播后管理只须保持营养块水分充足，定植前停水炼苗。营养块育苗应适时定植，一般一个月左右的苗龄，只要根系布满营养块，白尖嫩根稍外露，就要及时带基移栽，防止根系老化。

2. 合理稀植。作物定植前一天将基质浇透，选择生长健壮、大小均匀一致的秧苗进行移栽，西红柿、彩椒、尖椒密度为小行距28厘米，大行距112厘米，株距43厘米，每亩2 000株，茄子小行距28厘米，大行距112厘米，株距50厘米，亩1 900株，采用双行错位定植法，秧苗连同营养块一同栽植，栽植时营养块与栽培槽基质畦面相平即可。

3. 控制浇水。定植前一天将基质浇透，定植后浇一次定植水，5～7天后，视基质情况每天1次或2次灌溉，当植株开始开花坐果后，每1天浇1次水；每次浇15～20分钟，夏天气温较高时，一天2次浇水，上午9～10点，下午5点左右增加一次浇水，并可延长灌溉时间，以后视天气情况、基质情况、植株状况灵活掌握。一般阴天不浇水，冬季要控制水分供给的尺度。注意每3天检查一次基质水分状况，保持基质相对含水量65%～80%。

4.科学施肥。

(1)混合基质时每立方米掺入有机无土栽培专用肥1～2千克作为基肥。

(2)为保证作物在整个生育期内处于最佳供肥环境，养分供应采用少量多次、分期施用的办法。定植20天后开始用沼液第一次追肥，取自正常产气达30天以上的沼气池内第二层液，苗期沼液与水的的比例为1∶4，成株期及结果期与水按1∶1比例配制，夏季每隔7天1次，冬季每隔10～15天1次，每株施肥液0.5千克。拉秧前一个月停止追肥。

5.植株调整、疏花疏果。因为无土栽培的植株生长旺盛，做好植株整形和打除老叶，增加通风透光是很重要的。如彩椒、西红柿、茄子等高大作物都要吊蔓牵引枝条，西红柿采用单杆、茄子采用双杆、彩椒采用4杆整枝，上端用塑料线固定在铁丝架上。此外，还要注意疏花疏果，及时去除主枝上弱小的不结果枝。

另外，虽然无土栽培可以避免连作障碍和土传病害，但不等于没有病害发生的危险，特别是当病菌侵入营养液的灌溉系统中，就会在设施内很快传播开来。因此，要强调使用无病菌污染的水源、栽培基质和种苗。

通过以上无土栽培技术生产的各种蔬菜不仅产量高，而且品质好，还达到了绿色食品的标准，应该说是一项优质高产，带动农民致富的高新技术。

五、设施蔬菜连作障碍的防治与改良技术

近年来，随着作物复种指数的不断提高和设施蔬菜的连茬种植，设施蔬菜土传病害的发生越来越严重，已经严重制约了蔬菜产业的发展，如何解决土传病害问题已显得尤为重要。为此，总结设施蔬菜连作障碍的防治与改良如下。

问：连作障碍的危害性以及防治连作障碍的意义？

答：随着现代化农业的发展和人民生活水平的提高，全国设施蔬菜的面积不断增长。但伴随着种植年限的延长，问题日渐突出，连作三、四年以后因土传病虫害、土壤盐化等因素导致的病害逐渐加重，减产幅度达 20%以上，严重的会导致闲置不用。连作障碍问题已成为制约设施蔬菜持续发展的瓶颈。目前国内外还没有行之有效的防治方法，但随着人们生活水平的提高和国际贸易的增多，对食品安全和质量提出了更高的要求，安全无害化是新型农产品的发展方向。因此，解决设施蔬菜连作区域土壤连作障碍问题，对于提高设施蔬菜产品的产量和质量具有重要意义。

问：菜农该如何判断蔬菜连作障碍？

答：连作障碍的表现有三方面，一是土传性病虫害严重；二是土壤盐渍化、土壤板结；三是蔬菜出现缺素症。这些都可导致产量降低，品质下降。

问：导致蔬菜连作障碍的原因有哪些？

答：

1. 化肥施用量超标导致土壤盐渍化，氮磷钾比例失调。在设施蔬菜生产中，一些菜农凭经验施肥，施肥量偏大甚至超过蔬菜生

产需要的几倍甚至10倍以上，这是导致土壤盐渍化和氮磷钾比例失调的最重要原因。

2.土壤中养分不均衡，氮磷钾比例失调。据调查，大棚蔬菜施用氮磷钾比例与蔬菜需要的氮磷钾比例有很大差距。如大棚黄瓜吸收的氮(N)、磷(P_2O_5)、钾(K_2O)分别为36%、17%、47%，而在种植大棚黄瓜时菜农平均施用的氮(N)、磷(P_2O_5)、钾(K_2O)分别为36%、38%、18%。很明显，施用的磷比例偏高，钾偏低。

3.施用化肥品种和方法不符合蔬菜生产要求。大棚蔬菜禁止施用易释放氨的化肥品种，但仍有部分菜农用碳酸氢铵表面撒施。复合肥是菜农施用的主要化肥品种，磷酸二铵、三元复合肥在土表面撒施也占了较大比例，造成了磷钾资源的浪费。

4.有机肥施用量偏高。据调查，目前不少蔬菜地存在着施粪肥过多问题，有的地方蔬菜地一次施用鸡粪高达25米^3/亩，然而，许多研究表明，长期大量施用有机肥会影响土壤的理化性质，导致一系列不良后果。

5.土壤生态环境恶化。连茬作物根系的多年分泌物和代谢物长期积累，就会引起土壤生态环境的变化，进而影响作物生长。

问：用什么措施可以防止连作障碍？

答：由于造成设施蔬菜连作障碍的因素复杂，危害严重，损失较大，因此可采取农业防治、生物防治、物理防治和化学防治等多项措施进行综合防治。针对近几年出现的土壤连作障碍问题，摸索了一些防治和改良措施，如实行轮作倒茬、选用良种及嫁接技术、氰氨化钙土壤消毒、科学施肥、科学栽培等一系列措施来防治连作障碍。

问：介绍一下轮作倒茬？

答：实行不同作物间的合理轮作倒茬，特别是水旱轮作，对预防土传病害的发生可收到事半功倍的效果。合理轮作能使寄主专一性的病原菌得不到正常的生长和繁殖,从而减少致病菌的数量。轮作还可以调节地力,提高肥效,改善土壤的理化性能。如茄果类、瓜类、豆类等深根性作物可与白菜类、绿叶菜类、葱蒜类等浅根性作物进行轮作,可减轻病害发生。

问:如何选用良种及嫁接技术?

答:选用抗病、优质、高产的蔬菜品种,是提高抗病能力的前提,也是防治土传病害最为经济有效的措施。选择高抗根结线虫和根部健壮的品种作为嫁接砧木,如用黑籽和白籽南瓜嫁接黄瓜,托鲁巴姆嫁接茄子等都有多年成熟的经验。近年来,国内外针对番茄和甜椒等蔬菜品种也采用了嫁接技术,效果不错。

问:氰氨化钙对土壤消毒有什么效果,操作方法如何掌握?

答:氰氨化钙(又称石灰氮)是一种高效的土壤消毒剂,其消毒原理是指氰氨化钙遇水分解后生成气体的单氰胺和液体的双氰胺对土壤中的真菌、细菌等有害生物具有广谱性的杀灭作用,可防治多种土传病害及地下害虫,并且对一直困扰设施农业生产的根结线虫也有一定的防治效果。氰氨化钙分解的中间产物除生石灰外,单氰胺和双氰胺最终都进一步生成尿素,具有无残留、不污染环境等优点。氰氨化钙消毒技术的突出作用是能促进有机物腐熟,改良土壤结构,调节土壤酸性,消除土壤板结,增加土壤透气性,减轻病虫草的危害,降低蔬菜中亚硝酸盐的含量等。

氰氨化钙消毒技术的使用方法为:前茬蔬菜拔秧前5～7天浇一遍水,待土壤不黏时拔秧,拔秧后立即将30～60千克/亩(60～80千克/亩可防治根结线虫)的氰氨化钙均匀撒施在土壤表层,旋耕土壤,使氰氨化钙与土壤表层10厘米混合均匀,再浇1次水,覆盖地膜，高温闷棚 7～15 天，然后揭去地膜，放风 7～10 天，定植前可用生菜籽检验是否能正常出苗，若能出苗则即可定植。此外，旋耕土壤前也可将未完全腐熟的农家肥或农作物碎秸秆如麦秸、麦壳（麸）、稻草（糠）、玉米秸等均匀地撒在土壤表面。

问：科学施肥防治连作的障碍包括哪些环节？

答：合理施肥是无公害蔬菜生产中的一个重要方面，也是防治与改良设施蔬菜连作障碍的一项重要措施。针对目前蔬菜施肥过程中存在的主要问题，在设施蔬菜的施肥原则上，应以有机肥为主，化肥为辅，有机氮肥和无机氮肥之比不应低于1∶1。在应用上重点掌握好两个方面：一是强化有机肥的施用，二是合理使用化肥。

问：如何强化有机肥的施用？

答：有机肥品种繁多，生产有机肥的原料来源各异，有些原料含有重金属、有毒物质、病原菌等，在推广过程中，一是将所使用的有机肥都进行无害化处理。一般农家肥（如鸡粪、厩肥、畜禽粪便等）与磷肥混合后进行堆沤或高温发酵后使用；或采用蔬菜专用有机肥、有机无机复混肥等。二是将有机肥做基肥，采用普施与沟施相结合，60%左右普施，40%左右沟施。

问：如何科学合理地使用化肥？

答：合理使用化肥主要包括四个环节。

1. 在设施蔬菜生产区域应明确禁止使用下列肥料：①城市生活垃圾、污泥、农村工业废渣、以及未经无害化处理的有机肥料；②不符合相应标准的无机肥料，未经正式登记手续的新型肥料和复混肥料；③不符合 GB/T 17419 和 GB/T 17420 要求的叶面肥料和含有激素或化学合成的生长调节剂的叶面肥料。④限量使用含氯化肥和含硝态氮肥的化肥。

2.控制用肥量，推广蔬菜平衡施肥技术。以土壤养分测定分析结果和蔬菜作物需肥规律为基础确定肥料施用量；一般掌握最高无机氮肥(纯氮)施用限量为15千克/亩，高肥力区域(有效磷在80毫克/千克以上、速效钾在180毫克/千克以上时)，当季不施无机磷、钾肥。

3.强化阶段合理施肥。①苗肥或苗床土施肥。具体施肥品种和数量根据采取的育苗形式和蔬菜苗品种而定。如营养块育苗就不用施肥。②基肥。基肥数量一般占总施入肥量的50%～60%。磷肥全部做底肥，生长期内发现缺磷可适当追施或叶面喷施；氮钾肥40%～60%做基肥。微量元素肥料、微生物肥料等也可以基施。③追肥。以速效性氮肥和钾肥为主。施用数量占总肥量的40%～50%。一般在蔬菜的各个营养临界期前分次施入。

4.推广蔬菜叶面肥。因土壤中营养不全面，常会造成植株生长不良或“缺素病”。为此，在蔬菜生长过程中通过推广叶面肥补充微量元素，调节了作物生长，防治了生理病害。在茄果类蔬菜上，从苗期、开花前后、结果期分别多次进行叶面施肥，可提高植株抗病性，减轻生理性和病源性病害发生，减少病果、畸形果。

问:采用栽培措施防治连作障碍有哪些具体办法?

答:搞好科学栽培管理也是有效防治连作障碍的好途径，这里包括改进栽培技术、湿热杀菌法、施入生物菌肥法、利用秸秆生物反应堆技术、利用夏季高温闷棚技术、增施微量元素以及采取综合农业措施等方面。

问:改进栽培技术有哪些环节?

答:可采用有机生态型无土栽培技术、深沟高畦栽培等，小水勤浇、合理密植、覆盖地膜、降低地面湿度、合理增施有机肥和微生物菌肥技术等都能有助于防止或减轻土传病害的发生。

问:湿热杀菌法有哪些环节?

答:采用这种方法,可以有效的杀死土壤中的各种线虫、有害真菌和细菌,解决重茬蔬菜死苗的难题。具体方法:在华北地区一般处理时间是6月下旬至7月份,在冬春茬蔬菜拉秧后进行。每亩撒施100千克生石灰粉,10～15方生鸡粪或其他畜、禽粪便,3 000千克的植物秸秆,8千克微生物多维菌种,喷施美地那活化剂400毫升。用旋耕犁旋一遍,使秸秆、畜禽粪便、菌种搅拌均匀,然后深翻土地30厘米,浇透水,盖上地膜,扣严棚膜,保持1个月左右,去掉地膜,耕地一遍,裸地晾晒1周,即可达到杀灭病菌、活化土壤的效果。湿热杀菌法对于蔬菜重茬导致的土传病害具有明显的防治效果,其中对于危害黄瓜最严重的嫁接黄瓜根腐病和根结线虫病防效最好,到黄瓜拉秧时调查,防治效果分别达到87.03%和99.6%,即湿热杀菌法解决了根腐病引起的重茬黄瓜严重死苗和线虫病这两个最大的难题。对于嫁接口细菌性腐烂病也有明显效果,防治效果为59.6%。试验中处理比对照平均增产率36%,此项措施成本低,方法简单,便于农民操作,适合在设施蔬菜区大面积推广。

问:施入生物菌肥有哪些具体环节?

答:

1.鸡粪、秸秆为原料,加入多维复合菌种。方法是:先将每1千克菌种与10千克麦麸搅拌均匀,喷水5～6千克,堆闷5～6小时;再将鸡粪和粉碎的秸秆菌种三者搅拌均匀。发酵好的鸡粪干燥、无臭味,使用方便。菌种一般采用多维复合菌种。使用方法和用量:一般作底肥使用,也可作追肥使用,每亩使用3吨。

2.施入美国亚联微生物肥。亚联微生物地面肥与叶面肥配合使用效果最佳,可节省大量化学肥料,明显提高肥料利用率,培肥改土,治理、消除土壤污染和连作障碍,提高蔬菜的商品率。在使用过程中要特别注意按使用说明使用。

3. 推广多功能根际益生菌 S506。定植前挖好苗穴,按每棵 30 克的用量,将调好基质均匀撒入定苗穴中。定苗后需浇透水一次。以后的田间管理同常规栽培。

问:如何利用秸秆生物反应堆技术?

答:秸秆生物反应堆不仅能有效防治这些土传病害,还能改善土壤结构、增高地温、增加棚内 CO_2 浓度。

1. 利用麦秸、玉米秸等平铺法。按照日光温室的种植习惯,南北向挖沟,沟宽 60～80 厘米,深 60 厘米,长度与温室的种植行相同,挖沟时间在每年的 7～8 月份,正处夏季高温季节,沟挖好后,沟内填麦秸、碎玉米秸等物,然后踏实。每亩撒 2～2.5 千克酵素菌肥,菌肥要均匀撒在秸秆上,将土填回,准备定植。一沟一沟的铺,将棚室内满铺一层玉米秸或麦秸覆土成垄,在垄上定植蔬菜苗。目前华北的南部地区运用这项措施取得了非常明显的效果。

2. 利用玉米秸秆开沟施入法,技术要点是:南北向挖沟,沟宽 60～80 厘米,深 50～60 厘米,长度与温室的种植行相同,沟内填玉米秸等物,填至沟深的 1/2 处时,踩压找平。每亩施秸秆速腐菌种 2 千克,随之加第二层秸秆,再撒 1～2 千克菌种,然后覆土 5 厘米,沟内灌水,以充分湿透秸秆为宜。再以 30 厘米×40 厘米距离打孔,孔径 3～4 厘米,发菌 7～8 天,再进行第二次覆土,覆土厚度控制在 30 厘米左右,结合第二次覆土可施入腐熟圈肥,每亩地 7 000～8 000 千克,鸡粪 2～3 立方米,尿素 30 千克,磷酸二铵 40 千克,硫酸钾 10 千克,在施入秸秆处做小高畦,小高畦做好后用地膜覆盖最好,盖后再一次打孔。

需注意的是:建造反应堆时间要早于应用时间 15～20 天。打孔要及时，一般浇水后2～3天内就要及时打孔。覆土不宜过深，一般不要超过20～30厘米。

问：如何利用夏季高温闷棚技术？

答：利用夏季强光和薄膜覆盖密闭棚室，高温杀死病菌和虫卵。在晴天的上午将棚室密闭，浇水后闷棚，棚内的温度最高可达到70℃以上，可有效地杀死棚内残存的病菌和虫源等。闷棚时间一般掌握在15～20天，一个月更好。

问：增施微量元素怎么掌握？

答：在西瓜、黄瓜上使用微量元素肥料，防病、增产效果均十分明显。2004年河北省的高邑县就开始在西瓜上使用微量元素肥。微肥配方是：硫酸亚铁、硫酸铜、硫酸锌、硫酸镁、硫酸锰、硼砂按1∶1∶1∶1∶0.5∶1的比例混合均匀后施用。施用微量元素的西瓜，茎蔓粗壮，叶色嫩绿，病害轻，对叶斑病的防治效果达到40%，平均增产率11.6%。2005年高邑县在秋茬西红柿上又做了施用微量元素肥试验，微肥配方为硫酸亚铁、硫酸铜、硫酸锌、硫酸镁、硫酸锰、硼砂按2∶1∶2∶1∶0.5∶1的比例混合均匀底施后，效果也很好。

问：采取综合农业措施都包括哪些？

答：综合的农业措施包括很多，如：高垄栽培，扣严地膜，膜下暗灌，浇小水，多放风，降低棚室湿度，可有效地降低死苗。另外，推广蔬菜叶面肥喷肥，也可补充微量元素，调节作物生长和防治生理病害，高植株抗病性，减轻生理性和病源性病害发生，减少病果、畸形果。

总之，解决设施蔬菜土壤连作障碍问题需要系统综合技术，目前只靠一个单项技术还不能很好解决，需要在科研和生产实践中进一步探索和试验示范，以便找到更简便和有效的创新技术方法。

六、大棚黄瓜病虫害防治技术

黄瓜已经成为我们餐桌上的一道美味，随着保护地种植的发展，在冬季人们仍然可以吃到新鲜美味的黄瓜。但在黄瓜的种植和生产过程中仍然会受到各种病虫害的侵扰，特别是在冬季，想要生产出直溜、味甜的好瓜来，并非一件易事，要克服连阴多雪的不良天气条件，协调好温、光、水、肥，培育出品质上乘的黄瓜，从而才能卖个好价钱。下面介绍大棚黄瓜病虫害防治技术。

问：种植大棚黄瓜的基本管理有哪些？

答：黄瓜的种植管理在冬季主要是温度管理，另外还要因地制宜的浇水，适时适量施肥。主要注意九个方面：

1. 催芽：采用温汤浸种，温度要控制在 28～30℃，催芽 24 小时，直到有 70%以上种子露白时进行播种。

2. 育苗：大棚中加装小拱棚（或大棚电热温床）育苗。播种量每亩用种量约 0.1 千克，苗龄 40～45 天，棚室内温度白天保证在 20～25℃，夜间在 16℃。

3. 定植：当株高 17～20 厘米，茎秆粗壮，有 5～6 片真叶，60%植株出现雌花就可以定植。

4. 缓苗：要求棚室密闭，白天温度控制在 28～30℃，夜间温度 20～22℃。

5. 进入初花期：可放风，白天 22～25℃，夜间 13～15℃，不低于 10℃。

6. 结果期温度：晴天白天保证在 25～30℃，夜间 14～15℃，阴天温度低于 2～3℃。

7. 其他管理：主要注意插架整枝，绑蔓使龙头排列在南高北低的一条斜线上，植株长到25片叶时进行摘心。

8. 水分：定植1周后浇缓苗水，根瓜坐住后蹲苗。根瓜15厘米，蹲苗结束。浇一小水。根瓜采收浇一次透水，以后保持湿润。

9. 施肥：根瓜采收后追肥，每隔一水追一肥，中后期叶面喷0.3%磷酸二氢钾和0.5%尿素。

问：黄瓜整个生理过程会遇到哪些病虫害？

答：黄瓜在苗期主要有猝倒病、立枯病和生理性的沤根，成株期经常发生的病害有霜霉病、角斑病、疫病等，冬季还容易发生各种影响植株和瓜条生长的瓜打顶、苦味瓜等等生理性病害，因此黄瓜生育期必须切实抓好病虫害的防控。

问：黄瓜苗期病害的发生情况？

答：苗期病害一般容易发生在根部。每年的12月份至翌年1月份进行蔬菜育苗，如果这时候天气条件不理想，此时小苗易感染猝倒病、立枯病，造成苗倒伏，死苗。猝倒病的病症表现为黄瓜小苗茎基部或中部缢缩为线状，植株迅速在苗床上一片片地倒伏，直至植株死亡。立枯病主要引起烂种、烂芽，幼芽茎基部生圆形暗褐色病斑，从而引起白天子叶萎蔫，病部缢缩枯死，立而不倒。

问：苗期病害该如何提前预防？

答：对于苗期病害还是要以预防为主，需注意四点：

1. 种子消毒、床土消毒。瓜类种子用55℃的温水浸种10～15分钟，不断搅拌，冷却后再用30℃的温水浸种6小时，然后用10%磷酸三钠消毒30分钟，随后用饱和石灰水搓洗3～5分钟，最后用清水冲洗3次，捞起种子用干毛巾�櫆干或晾干。目的是杀灭种子所带病菌，例如疫病、病毒病、炭疽病、蔓枯病、角斑病。

2. 床土：每亩用50%多菌灵0.5千克，加细干土100千克，搅拌均匀覆盖在种子上。

3.出苗后管理:喷10%阿米西达1 500倍液、2%好普500~800倍液预防病症。

4.发病初期:如果苗期感染了猝倒病,那用98%恶霉灵可湿性粉剂3 000倍液、64%杀毒矾可湿性粉剂600倍液、50%多菌灵可湿性粉剂600倍液,连防2~3次。7~10天1次。立枯病发病后喷50%多菌灵可湿性粉剂加70%代森锰锌600倍液。立枯病与猝倒病混合发生时用72%普力克水剂800倍液加50%福美双800倍液喷淋。

问:苗期出现沤根和僵苗的时候该怎么办?

答:黄瓜苗期容易发生沤根,表现为根部不发新根而腐烂,叶片发黄、焦枯。另外还易发生僵苗,表现为叶小,根少。发生沤根的原因是地温低,土壤湿度大,土壤缺氧,根系处于不适宜的环境条件下而形成根系受损,也就是当温度长期处于10℃以下,土壤持水量大于25%时,土壤相对湿度高于75%,这时候根系活动能力降低,而发生沤根。据调查,连阴天时夜间棚室温度仅在3~7℃,根系处于低温的不适宜环境中。

僵苗的原因主要是蔬菜苗长期处于低温环境,据调查,上年12月至翌年1月连阴天时,没有加温的棚白天室温仅6~7℃。虽然没有死亡,但植株也停止生长。

解决的方法是:提高育苗棚的温度,可采用地热线、灯光、小拱棚等方式提温。另外叶面喷芸薹素内酯6 000倍液,或爱多收6 000倍液和核苷酸叶肥400倍液,以促进根的生长,使苗的生长恢复正常。

问:成株期都有哪些病害发生?

答:霜霉病是黄瓜最主要的病害。霜霉病为高温高湿型病害,由于发病迅速也叫跑马干，一般春季 3～4 月份发病重，出现叶肉退绿、受叶脉限制的多角形褐色病斑，叶背生灰黑（紫黑）色霉层。造成叶子很快干枯脱落，直至植株死亡。

防治方法：

1. 采用高温闷棚，是大棚防治病害的重要手段之一，可以用这种方法来防治霜霉病、白粉病、角斑病，灰霉病、黑星病等多种病害。具体方法是在晴天中午前后，浇透水后将大棚密闭，使温度升高，当温度达 45～46℃时维持 1.5～2 小时，之后缓慢通风，降低温度，注意闷棚时温度计水银球要和植株最高点处在同一水平线上。还可以闷棚前一天浇水，当闷棚结束后再浇水。

2. 药剂防治，用 66.8%霉多克可湿性粉剂 700～800 倍液，75%克抗灵 1 500 倍液，另加 300 倍液的白糖和醋防治霜霉病；当混合发生角斑病时加入 77%可杀得可湿性微粒粉剂 400 倍液。近年的新型药剂如 10%科佳悬浮剂，成分为氰霜唑，是一种新的进口药，用在黄瓜、甜瓜和葡萄的霜霉病的预防，一般在定植缓苗后喷 2～3 遍，用 2 000 倍液，间隔 7～10 天。也可以作为治疗剂，发病初期用 1 000～1 500 倍液，连用 2～3 次，间隔 7～10 天。此药持效期为 10～14 天，施药后 1 小时降雨不影响药效，可于大多数杀虫剂、杀菌剂混用，如与 53%金雷 500 倍液混合，增加内吸传导性。

另外近年推广的药剂还有 42%三氯异氰尿酸可溶性粉剂，也是防治蔬菜的霜霉病的新型铲除剂。商品名为克菌净。为广谱、内吸、治疗型杀菌剂。黄瓜霜霉病喷雾用 3 000～4 000 倍液，还有 0.5%氨基寡糖素水剂（os-施特灵）1 000 倍液，不但治病，还可提高植株的免疫力。喷施药液时一定要喷匀喷透，使叶背着药，药后检查叶背病斑的霉层是否干死，一般应连用 2～3 次。

问：黄瓜角斑病该怎么防治？

答：角斑病为细菌性病害，属低温高湿型病害，24～28℃为发病适温，发生温限为10～30℃。角斑病病症是叶正面先出现黄色突起的退绿斑，后叶背出现水渍的菌膜物，叶背病斑为多角形，边缘水渍状，后期干燥时病斑中央干枯脱落成孔，潮湿时产生乳白色菌脓，蒸发后形成一层白色粉末状物质，或留下一层白膜。瓜条、茎和叶柄病斑近圆形水渍状，表面也有白色菌脓，后期变浅灰色，中间产生裂纹。

防治方法：

1. 实行轮作。土壤里的黄瓜病残体碎块，是角斑病的重要侵染来源，连茬耕作时病原菌的积累，病原基数的增高，会导致角斑病的发生，所以应间隔2～3年与非寄主作物轮作，降低发病，减轻危害。

2. 无病株留种或种子处理。选没有种过黄瓜的园田或大田来繁殖种子，如果在曾经种过黄瓜的园田繁种，则要选无病株留种。市场出售的种子播前一定进行种子处理，用50%代森铵水剂500倍液浸种1小时取出，用清水冲洗干净，催芽播种。也可以用新植霉素200毫克/千克浸种1小时，沥去水再用清水浸3小时，催芽播种。在没有药剂的情况下，用55℃温水浸种15分钟后，再转入冷水里泡4小时，催芽播种。

3. 加强栽培管理。培育无病种苗，用新的无病土苗床育苗，保护地适时放风，降低棚室湿度，发病后控制灌水，促进根系发育增强抗病能力，收获结束后清除病株残体，减轻危害。

4. 药剂防治。植株如果发病，在初期喷施农用链霉素4 000倍液，或新植霉素4 000倍液。或喷30% DT杀菌剂500倍液。

问:黄瓜细菌性病害都有哪些?

答:黄瓜细菌性病害发生不如角斑病普遍和常见。主要是细菌性叶枯病和细菌性缘枯病。其中细菌性叶枯病近年有所发生。此病症状比较容易辨认。主要为害叶片,叶正面出现退绿的黄绿色圆斑,叶背面初呈水浸状退绿斑。病斑处变薄、白色、灰白色、黄色和黄褐色。有时病叶背面可见干菌脓。幼茎染病,病茎开裂。果实上形成圆形灰色斑点,其中有黄色干菌脓。

细菌性叶枯病为高温高湿型病害。一般种子带菌,病残体也带菌。当叶缘吐水或叶片结露时,病菌由水孔侵入,伤口也可侵入。病菌通过维管束传播。

细菌性缘枯病,发病从植株下部叶片开始,向上蔓延。多数病斑由叶缘向内发展,形成"V"字形的大病斑,灰白色或淡褐色。并逐渐连成沿叶缘的枯斑,还有的病斑出现在其余部位,也不规则。病斑很少龟裂或穿孔,但质脆干枯,茎、叶柄和卷须上的病斑为褐色水渍状。瓜条从柄处开始呈现褐色水渍状、凋萎、失水后僵硬,当空气湿度大时病部溢出菌脓。

细菌性缘枯病菌可由种子传播,土壤中的病残体为初侵染源。温室的昼夜温差较大,容易引起叶面结露,叶缘吐水,也有利于这种病害的发生,病菌经菌脓传播或人的操作进行传播。

防治细菌性叶枯病和细菌性缘枯病,应首先做好种子消毒,将种子上可能带的病菌杀灭,播种前用55℃的温水浸种20分钟,捞出晾干后催芽或播种,或用800倍高锰酸钾溶液浸种15～20分钟;或100万单位农用链霉素500倍液浸种2小时,冲洗干净后催芽、播种。

其次是控制温室内的湿度,采用膜下灌或滴灌的给水方式,降低相对湿度。而发病后对部分下部非功能病叶可摘除,并深埋处理。拔园后彻底处理残体。发病初期及时喷药,用77%可杀得可湿性微粒粉剂 500 倍液、12%绿乳铜乳油 500 倍液、47%加瑞农可湿性粉剂 500 倍液，20%龙克菌水悬浮剂（成分为噻菌铜）。喷雾为 600 倍液。5～7 天 1 次，连续用 3～4 次。

问：黄瓜炭疽病该如何防治？

答：炭疽病的病菌发病的适宜温度为 22～24℃，18℃以下或 28℃以上，病势减弱或受到抑制，适宜相对湿度在 90%以上，光照不足，通风排湿不及时，均可诱发此病。

成株期发病，在茎和叶柄上形成圆形病斑，初呈水浸状，淡黄色，后变成深褐色。叶片受害时，初期出现水浸状小斑点，后扩大成近圆形的病斑，红褐色，病斑边缘有明显的一圈黄晕，叶片上病斑多时，往往汇合成不规则形的大斑块。后期病斑上出现许多小黑点，潮湿时长出粉红色黏质物，干燥时病斑中部易破裂形成穿孔。瓜条发病时，表面形成圆形、淡绿色凹陷形病斑，上着生黑色小点，后期在病斑表面产生粉红色黏稠物。

炭疽病发病原因是土壤内的病残体和种子带菌，防治方法：

1. 选用抗病、无病品种。

2. 播前种子处理，用 55℃温水浸种 15 分钟。也可用 50%多菌灵可湿性粉剂 500 倍液浸种 60 分钟，然后清水冲洗播种。

3. 加强棚室管理，放风排湿，控温防病，一般上午温度控制在 30℃，下午和晚上适当放风。

4. 药剂防治，用 45%百菌清烟剂熏烟，每亩次 250 克。粉尘剂，用 5%百菌清粉尘剂或克霉灵粉尘剂，每亩 1 千克，进行喷雾；用 50%甲基托布津可湿性粉剂 700 倍再加 75%百菌清可湿性粉剂 200 倍液，或 80%炭疽福美可湿性粉剂 800 倍液或 65%代森锰锌可湿性粉剂 500～600 倍液，或 70%代森锰锌可湿性粉剂 400 倍液，或 2%抗霉菌素 200 倍液，10%世高水分散粒剂 1 500 倍液进行喷雾防治。同时混施叶面肥，使叶的生长恢复正常。

问:黄瓜白粉病该如何防治?

答:白粉病又称“白毛”病,阴天易发病。发病适宜温度为25～30℃。发病适宜的空气相对湿度为75%,干旱时亦可发病。分生孢子萌发时在空气不流通,管理粗放,偏施氮肥,植株徒长,枝叶过密,光照不足时易发生病害。

白粉病主要危害叶片、叶柄、茎蔓,不危害果实。发病初,叶片正面、反面均产生白色小斑点,后扩大、连片,上面布满一层白色的霉。白霉边缘不整齐,后变成灰白色。有时病斑上产生小黑点。叶片渐变黄、发脆、干枯。一般从底部叶开始,逐渐向上发展。

目前白粉病病菌已对多菌灵、托布津等杀菌剂产生抗药性,用药时应注意,在黄瓜上使用粉锈宁防治白粉病,稍不注意就会产生严重药害,一般不用。

防治方法:

1. 百菌清烟剂熏治。

2. 预防发病可用高脂膜30～50倍液;发病初可用100单位的农抗120,20%抗霉菌200倍液,10%世高1 500倍液,40%杜邦福星5 000倍液;粉必清可湿性粉剂1 000倍液;47%加瑞农600～800倍液,上述药轮换使用,每7～10天1次,连喷3～4次。

问:黄瓜灰霉病该如何防治?

答:灰霉病属低温高湿型病害。病菌发育适温18～23℃,最高30～32℃,最低4℃,适宜90%以上的高湿条件。当连阴天多,气温不高,棚内湿度大,结露持续时间长,放风不及时发病重。当棚温高于31℃,孢子萌发速度趋缓,产孢量下降,病情就不扩展。黄瓜结瓜期是该病侵染和烂瓜的高峰期。

灰霉病主要危害幼瓜、叶、茎。病部长灰长毛。病菌多从开败的雌花侵入、致花瓣腐烂,并长出淡灰褐色的霉层,进而向幼瓜扩展，致脐部呈水渍状，幼花迅速变软、萎缩、腐烂，表面密生霉层。较大的瓜被害时，组织先变黄并生灰霉，后霉层变为淡灰色，被害瓜受害部位停止生长、腐烂或脱落。叶片一般由于脱落的烂花或病卷须的附着引起发病，形成直径20～50毫米大型病斑，近圆形或不规则形，边缘明显，表面着生少量灰霉。烂瓜或烂花附着在茎上时，也能引起茎部的腐烂，严重时下部的节腐烂致蔓折断，植株枯死。

灰霉病防治方法：

1. 控制棚温，尽量提高温度到25～30度，阴天不浇水，提倡采用膜下灌小水的方式给水，晴天锄划散湿。发生灰霉病后及时摘除病瓜，带出深埋，拉秧后烧毁残体。

2. 发病后用药，40%施佳乐悬浮剂800～1 000倍液，特立克600～800倍液，65%克得灵1 000倍液，60%防霉宝超微粉600倍液喷雾，7天1次，连用2～3次。

问：黄瓜疫病该如何防治？

答：疫病俗称死秧或死藤，是一种严重危害和难以控制的病害。发病适宜温度为28～30℃。病菌需要水滴才能侵染，病菌在土壤中存活5年，是一种土传病害。

苗期主要在茎基部发生湿腐状缢缩，常致黄瓜苗青枯死亡。成株期瓜秧地上部分均可受害。茎部发病初呈油渍状，后软化缢缩，致使病部以上茎蔓萎蔫甚至死亡。果实发病多于近地面处，病部初呈油渍状凹陷，后迅速腐烂，并长出白毛，混生腐生性细菌时，有腥臭味。叶部发病表现为暗绿色油渍状，病斑较大，不定形，边缘不明显。潮湿时，病斑迅速扩大，引起全叶腐烂。扩大到叶柄、茎部，则引起该部发病。空气干燥时，病斑呈青白色或淡褐色，干枯易碎。发病可同时几节染病。但茎的维管束不变色，这一点可与枯萎病相区别。瓜条病部油渍状，明显凹陷，可与软腐病及菌核病相区别。

疫病的防治方法：

1. 及时摘除病瓜，深埋处理。

2. 预防用药，定植缓苗后用10%科佳悬浮剂2 000～2 500倍液，间隔7～14天，用2次。

3. 发病中心期用药，10%科佳悬浮剂1 000～1 500倍液，58%瑞毒霉锰锌可湿性粉剂500倍液，64%杀毒矾可湿性粉剂400～500倍液，72.2%普力克水剂600～700倍液，7～10天1次，连用3～4次。

问：黄瓜黑腥病该怎样防治？

答：由于黄瓜在低温下对黑腥病病菌的抗性弱，在冷凉高湿时发生这种病比较多。该病为真菌性病害，是国家检疫检验的对象，严重危害黄瓜生长发育。黑腥病病菌主要侵染黄瓜的生长点，小叶上出现暗绿色的水浸状斑点，扩大后成褐色，破裂成星状小孔。病情严重时，瓜蔓停止伸长，黄瓜瓜条流胶，病斑褐色，稍下陷，星状开裂，瓜条上着生黑褐色的霉，幼果向有病斑的方向弯曲。

防治方法：

1. 注意给种子和支架消毒，黑腥病病菌会附着在茎叶和卷须上，或者残留在支架上，但是附于种子上成为这种病菌的传染源。所以在防治方法上，一定要对种子做好消毒工作，用55℃温汤浸种15分钟。在定植前10天，还要对棚室消毒，可以用硫磺粉拌锯末，点燃熏棚灭菌。

2. 利用药剂进行防治，用50%多菌灵可湿性粉剂600倍液，75%百菌清可湿性粉剂600倍液，10%世高水分散剂3 000倍液，40%福星乳油6 000～8 000倍液，50%扑海因可湿性粉剂800倍液，70%福晴可湿性粉剂1 000～1200倍液进行防治，其中世高的效果比较好。

问:黄瓜的根茎部容易发生哪些病害?

答:黄瓜近两年死秧现象严重,主要发生的是枯萎病、蔓枯病和根腐病,特别是连年单一种植黄瓜的棚室,病菌在土壤中积累,极易发病。近两年还发现特殊情况,防病的嫁接黄瓜死秧同样严重,据研究由于土壤带菌,在没有保护好嫁接口的情况下,土壤病菌由没有愈合的伤口侵入,加上蔓枯菌在一起危害,瓜蔓纵裂,缢缩。发病后由于维管束坏死,水肥没法传导,才造成死秧。因此防治这些病害应采取系统控制的一系列措施,实践证明效果很好。

枯萎病防治措施:

1. 全面处理病残体。棚内清掉带病菌的叶子和瓜秧,集中到棚外一起烧掉,使整个棚区没有病原体。

2. 棚室消毒。亩采用硫磺粉 2～3 千克加 8%敌敌畏乳油 0.25 千克,拌上锯末,分堆点燃,密封一昼夜,放风无味后定植。

3. 种子处理。0.1%的 60%防霉宝超微粉和 0.1%平平加,浸泡 60 分钟,捞出后冲净催芽。注意种子耐温性及种子含水量,确保发芽率。

4. 育秧。采用大田未种过瓜类的土壤。土壤中撒入 50%多菌灵(每平方米 8 克)。苗期未发病时喷 2%氨基寡糖素(好普)500～800 倍,预防立枯病、枯萎病。

5. 定植。定植穴中施入 50%多菌灵可湿性粉剂亩用 4 千克,混土拌匀。

6. 嫁接口涂药保护。可用甲基托布津拌成药糊(50 倍),涂抹在接口。

7. 定植后预防用药。2.8%适乐时 1 500 倍液,50%多菌灵可湿性粉剂 500 倍液加生化黄腐酸灌根;定植后喷细胞分裂素 500～600 倍液。加入 0.2%磷酸二氢钾,喷 3～4 次,可提高植株抗病能力。发病初期用 3.2%恶甲水剂 300 倍液,60%琥·乙膦铝(DTM)可湿性粉剂350倍液,20%甲基立枯磷乳油1 000倍液灌根,每株灌0.5千克药液。间隔3～4天1次,连灌2～3次。

蔓枯病防治方法:

1. 预防,用“9281”100毫升加水30千克,喷植株基部。

2. 治疗,喷药“9281”100毫升加水15千克、10%世高1 500倍液,或用恶霉灵药糊涂抹病茎(50倍)。15%恶霉灵水剂450倍液。恶霉灵药也治枯萎病、根腐病。

问:黄瓜根结线虫病该如何防治?

答:蔬菜根结线虫侵染造成的蔬菜根部病害,近年我国蔬菜尤其是保护地蔬菜,由于连年种植,棚室小环境适宜,发生十分严重,并且范围正在迅速扩大。

蔬菜根结线虫除危害黄瓜外,还发生在番茄、芹菜、茄子、莴苣、甘蓝等多种蔬菜上,河北省主栽的番茄、黄瓜此病发生较为普遍,由于线虫处于根部,不易查觉,所以往往整个棚减产或毁种才引起注意。

根结线虫病的诊断应当以地上部症状为依据,连作棚如果发现植株生长不良,叶发黄,萎蔫枯死,结果少而小,应拔出植株观察根部,根部被害后发生一串串的根瘤,瘤内有白色柔软物,就应是线虫病。

线虫在土中可存活3年,用轮作的方式不太容易做到,而应从育苗开始防治,主要方法有:

1. 选用大田的无病土进行育苗。

2. 重病棚在夏季休闲时节,将棚内灌透水,铺上旧棚膜,封闭15～20天,使土温升到40℃以上,可杀死土中线虫。

3. 处理病株。收获后将有病棚中的植株全部烧毁,不要做肥料。

4. 用药剂防治。采用低毒高效环保型农药,10%福气多颗粒剂，亩用 1.5～2 千克，开沟 20 厘米，施入后混合土（均匀）立即定植，可有效防止线虫侵入，或杀死线虫，持效期可达 4 个月，即一个生长季。另外 1.8%爱福丁乳油 1 000～1 500 倍液加甲壳丰 500 倍液在蔬菜生长期灌根，连续 2～3 次，间隔 7 天，也有一定的防治效果。

问：黄瓜种植过程中还会遇到哪些生理性病害？

答：花打顶，也叫瓜打顶，为最易发生的生理性病害。症状为上部茎节明显缩短，花叶簇生，生长点有数朵花。而下部叶腋也生数朵花。叶片浓绿，向下卷，叶面凹凸不平。

造成花打顶的原因一般有几种：①植株根系受损。②结瓜期高温干旱。③药剂如福星、黑星丹等使用浓度过高时造成的药害。④营养障碍型的花打顶，是由于低温造成。当夜温低于 10℃时，黄瓜白天形成的同化物质不能完全输送到需要的各部位，才造成叶深绿，不平。而生殖生长过旺，形成大量的雌花，顶端生长受阻，生理不平衡而发生花打顶。适宜的正常的温度是：前半夜 15℃，凌晨 10℃以上，白天棚内温度降到 20℃及时放帘保温。

花打顶的防治：①花打顶是典型的失平衡的病害，由于连阴天使昼夜温差小，特别是夜温低，因此提高温度是防止发生花打顶的根本措施。调整黄瓜棚夜温为 10～15℃。②已经发生了花打顶，应及时摘掉成熟的瓜，去除多余的雌花。喷 6 000 倍液芸薹素，或 1%红糖水和尿素 1 000 倍液，平衡营养与生殖生长，将刚开花的雌花调到距生长点 40～50 厘米的正常位置。

问：出现肥害及缺素症时该如何应对？

答：肥害及缺素症是施肥、浇水不当引起的黄瓜生理性病害，主要有金边叶，降落伞叶，氨害，畸形瓜，苦味瓜等。

1. 金边叶，降落伞叶：中上部叶缘呈整齐的“镶金边”，组织一般不坏死，上部叶骤然变小；部分叶片呈“降落伞”，生长点紧缩。多由于施肥过多，土壤溶液浓度过大而造成叶片盐分积聚，而形成金边叶。另外是由于植株缺钙，但造成缺钙的根本原因却是根系受到低温冷害。由于连阴天时棚内温度低，特别是地温低，根系吸收受阻，导致植株缺钙，因此应保证植株生长的温度。

2. 氨害：主要是全棚的植株叶片边缘或叶脉间水渍状，干枯时为暗绿色、黄白色、淡褐色的大片枯斑，有时是植株的中部叶受害明显，也有时植株下部叶片由于距离施肥的氨挥发地近而由下至上发生病症，病部和健康部界线清晰是氨气积累危害的表现。在瓜苗定植前施入未充分腐熟的鸡粪，鸡粪排出大量氨气于已扣棚密闭的温室中，最易产生瓜苗氨害，还有冬季通风不好，施用速效氮肥，不覆土或覆土，由于其挥发性均会发生氨害。当氨害发生后要及时浇水、放风和叶面喷醋。

3. 缺素症：缺失元素会导致不同的症状，缺铁形成黄边叶，叶片黄化；缺锌上叶发黄；缺镁下叶发黄；缺钙金边叶、降落伞叶；缺锰下部片似降落伞；缺硼上部叶片深绿，增厚蜷缩。

防御措施：根据症状，及时诊断，对症下药，缺什么补什么，叶面喷施浓度以0.1%～0.3%为宜。还要科学施肥，以秸秆肥、腐熟的家禽畜粪等有机肥为主，饱施底肥，调施化肥。

4. 畸形瓜：黄瓜畸形瓜主要表现为细腰瓜，大肚尖嘴瓜、弯曲瓜等。

细腰瓜的发生是由于光照、湿度有时不适宜，土壤养分水分供应时足时缺，导致植株同化产物的积累供应不均匀形成细腰瓜。开花坐果前植株缺硼，雌花子房发育不充分，从幼瓜开始就细腰。

产生尖嘴瓜是由于雌花授粉不好或时间过迟，则授粉的先端先膨大，加之果实膨大前期营养供应不足或遇干旱，形成大肚尖嘴瓜。单性结实黄瓜，也易出现大肚尖嘴瓜。

产生弯曲瓜由于昼夜温差过大，夜间结露多，幼瓜不同部位挂露的轻重和时间长短不同，使不同部位膨大速度差别较大形成弯曲瓜。

无光泽的瓜条是因为磷肥施的较多，坐果期逢干旱时易出现粗短无光泽的瓜条。

防御措施：做好保护地温度、湿度、光照、水气的调节，达到适宜黄瓜生长发育的需求。应用配方施肥技术，重施有机肥。在雌花坐瓜后及时检查，摘除畸形瓜，减少养分消耗，弯曲瓜可用小重物吊直。

问：苦味瓜又是由于什么原因造成的？

答：原因是氮素过多，水分不足，低温条件下形成苦瓜素，导致瓜条苦味。遇到这种情况可喷施调节液如6 000倍爱多收和300倍红糖。

在种植过程中还要注意结瓜的部位异常。植株生长正常时，开花节位距离瓜蔓顶端40～50厘米，龙头呈“花蕾型”。若开花节位低于或大于这个标准，龙头生长异样则属于异常。主要表现在：

1. 开花节位低。如果开花节位距离瓜蔓顶端大于50厘米，是植株徒长的表现。肥水充足、夜温高、光照不足，容易形成这种株型。

2. 开花节位上升至顶部。开花节位距离瓜蔓顶端小于40厘米是植株生长势弱的表现。生长点呈“开花型”的特别容易出现这种株形。多数情况是开花节位距生长点为20～30厘米。但严重时开花节位会到达瓜蔓的顶端，这是营养生长极度衰弱、生殖生长过于旺盛的结果。黄瓜根系极度衰弱或受到严重损伤很容易出现这种状况。应针对性的管理水肥、温度和整枝等。叶面可喷6 000倍芸薹素和叶面肥，7天1次连用2次，进行调节。

七、大棚西洋芹栽培技术

西洋芹别名西芹。目前市场上西芹价格高，产品供不应求，大棚西洋芹栽培面积也逐渐扩大。已成为农民朋友致富的一条好途径。下面介绍大棚西洋芹栽培技术。

问：西洋芹有什么生物学特性？

答：西洋芹属伞形花科，芹属。根系分布浅，多在10～20厘米的土层内，横向达30厘米左右，营养生长期的株高达60～80厘米，茎端抽薹后发生分枝，异花授粉。西洋芹植株高大，叶柄实心、肥厚，含糖量比普通芹菜高出1倍，而且柔嫩、青脆、味甜，含纤维少，富含维生素、矿物质等，具有降血压、健脑、清肠利便的药效，备受消费者青睐。

问：目前市场上常见的西洋芹品种有哪些？

答：常见的西洋芹有黄色种、绿色种、杂种群等三大类型：

1. 黄色种。茎叶淡绿色，叶柄宽、肉薄、纤维较多，而易软化，空心早，对低温敏感，抽薹早。主要品种有金色自然软白、金色羽毛等。

2. 绿色种。茎叶浓绿，柄圆形，肉厚，纤维少，抽薹晚，耐逆性和耐病性强，成熟期晚，不易软化，品种中以犹太系列品种最有名。

3. 杂种群。是黄色种和绿色种的杂种，兼有黄色种的早熟、易软化的优点，叶绿，柄稍圆，肉厚纤维少。品种有抽薹早、耐热性强的康乃尔19；空心少、抽薹晚的康乃尔619等。

问：如何选择西洋芹的品种及播种时期？

答：栽培上要注意选用高产、优质、抗病虫、适应性广、商品性好的西洋芹品种，如美国文图拉、荷兰西芹、四季西芹、加洲王、百利等。在西洋芹播种时期的选择上，不同地域不尽相同，北方地区大棚西洋芹一般在 9 月初育苗，11 月中旬定植于大棚，翌年 1～2 月份即可上市。

问：育苗的苗床该如何准备？

答：育苗的苗床应选择在阴凉、排灌条件好、土质疏松、富含有机质的地方。用 3 年内未种过西洋芹的园土与优质腐熟有机肥充分混匀作苗床土，有机肥用量占 30％～40％。再用 50％多菌灵可湿性粉剂与 50％福美双可湿性粉剂按 1∶1 混合，按每平方米床土用药 8～10 克与 15～30 千克细土混合，制成药土。取 1/3 药土撒在畦面上，播种后再把其余 2/3 药土盖在种子上。苗期如有蝼蛄等地下害虫危害，可用辛硫磷作苗床底药在整地时施入。

问：育苗播种时该注意些什么？

答：播种前将种子在阳光下晒 8～10 小时，以利种子发芽。西洋芹种子发芽对温度要求严格，高温季节播种，应低温催芽。低温处理有利于打破休眠，促进发芽。

低温催芽的方法：先用 5 毫克/升赤霉素液浸泡 8～12 小时，然后白天置于冷凉处，夜间置于室温下进行变温处理，7～12 天后种子开始发芽，待 60％左右的种子露白即可播种。

播种量为：种植 1 亩西洋芹需要用苗床 50～70 平方米（用种量 50～70 克）。将苗床整细整平，浇足底水，水渗后将种子均匀撒播，播种后再撒一层细土。西洋芹种子小，拱土力弱，覆土 0.5 厘米即可，不能太厚。

问：播种后苗床该如何管理？

答：苗床覆土后盖上草帘、稻草、遮阳网等，并经常浇水，使床土保持湿润状态。幼芽拱出土表时揭去覆盖物,随即架遮阳网以防烈日暴晒。子叶平展,露心之前不宜浇水过多,以免造成点片死苗或黄苗。及时拔去密度过大的细弱苗、病苗。播种至齐苗期保持土壤和空气湿润,齐苗后视墒情勤浇水,但水过多影响根系的发育,移栽前1周控制浇水。

问:幼苗长到多大进行移栽定植?移栽的时间、方法等如何掌握?

答:西洋芹的定植需要掌握好三个环节:

1. 定植时间。幼苗长至5~6片真叶时即可移栽定植。定植宜选在下午高温过后或阴天进行。每亩需移栽的苗床为50~70平方米。

2. 土壤处理。西洋芹忌连作,应选择土壤疏松肥沃、排灌条件好、周围无污染源、交通方便的地块。入冬前及时翻耕,每亩施用优质腐熟有机肥4 000~5 000千克、尿素5~10千克、过磷酸钙50~70千克、硫酸钾20~30千克,缺硼时每亩增施硼砂0.5~1.0千克。施肥后深翻20厘米,使土肥混合均匀(过磷酸钙宜沟施),整细耙平后做畦。做畦前要翻田曝晒,水淹后覆膜曝晒、高温闷棚、药剂熏蒸消毒等措施消灭病菌,降低虫卵。

3. 定植方法。定植前1~2天将苗床淋透水,起苗时从主根下4厘米左右处铲断,选用健壮、无病的幼苗,按大、中、小苗分级分畦定植,便于管理。起苗时尽量少伤根、不伤幼苗叶片、带土移栽,随起苗随移栽。栽苗时还要掌握好深度,以埋住短缩茎,露出菜心为宜,一般深1~1.5厘米,以利成活。缓苗前每天浇水1次,缓苗后沟灌1次透水,必要时行间用稻草覆盖进行保湿一段时间。株行距为(25~30)厘米×(30~40)厘米,每亩栽6 000~8 000株。

问：西洋芹定植后该如何进行管理？

答：西洋芹定植后包括温度管理，肥水管理和病虫害防治三个方面：

1. 温度管理。当外界最低气温降至5～6℃时要抓紧扣膜，使棚内温度白天在15～20℃，夜晚不低于－2℃。扣棚后每天早晚放风，放风时棚内最低温度不得低于5℃。最低气温降至－3～－2℃时应在大棚内套上小拱棚，气温降至－5℃时，小拱棚上还应加盖草苫。

2. 肥水管理。西洋芹因植株高大粗壮，产量高，生长期较长，需肥量多，充足的肥水供应是优质高产的保证。定植后7～10天，要适当控水蹲苗，蹲苗期间要见干见湿，中耕松土1～2次，蹲苗期以15～20天为宜。蹲苗过后根据田间长势，适当追肥，结合浇水每亩追施尿素7～10千克，促幼苗形成良好的根系，恢复生长。以后每亩可用尿素10千克1～2次，促进心叶生长。定植后50～70天生长速度最快，是形成产量的关键时期，应该重施肥。每亩可用尿素15千克、复合肥10千克混合施用，以后每亩可用尿素10千克、复合肥5千克施用1～2次，全期追肥5～6次。每7～10天喷1次0.3%磷酸二氢钾或1%过磷酸钙溶液。发现植株有轻微缺硼症状时，可用0.2%～0.5%的硼砂水溶液进行叶面喷雾或用0.25%的硼砂水溶液灌根。采收前20天停止追肥。

问：西洋芹的栽培过程中容易出现哪些病虫害？

答：西洋芹常见病害有西洋芹斑枯病、西洋芹软腐病、西洋芹菌核病、西洋芹心腐病（俗称烂心）。虫害有蚜虫，蝼蛄和根结线虫。

问:西洋芹病害的发病症状都是怎样的?

答:

1. 西洋芹斑枯病:该病主要危害叶片,也可危害叶柄和茎。叶片初生淡褐色油浸状小斑,边缘明显,后扩大为圆形,边缘褐色,中央淡褐色到灰褐色,病斑上生许多小黑点,病斑外有黄色晕圈套。低温高湿的环境容易造成病害发生和流行。

2. 西洋芹软腐病:该病多发生在西洋芹移栽缓苗期或缓苗后的生长初期。一般先从柔嫩多汁的叶柄基部开始发病。发病初,病斑淡褐色,水渍状,纺缍形或不规则形,稍凹陷,迅速扩展后内部组织呈黑褐色腐烂,有恶臭,最后残留表皮。

3. 西洋芹菌核病:西洋芹全生育期均可发病,危害西洋芹茎和叶柄。从茎或叶柄基部开始出现褐色水渍状软腐,湿度大时病部生有棉絮状白色菌丝,病组织逐渐腐烂,无异味,后期形成黑色鼠粪状菌核。棚内低温、通风不良、湿度大、种植过密等都易于发病。

4. 西洋芹心腐病(俗称烂心):西洋芹长至10片真叶以后,沿嫩叶叶缘出现缺绿斑,不久变褐、坏死,严重时病株心叶变黄枯死。

问:导致西洋芹的发病原因都有哪些?

答:发病原因主要有二方面:一是缺钙引起的生理病害。当遇到干旱、施肥不当或棚室温度过高,水分缺乏时,阻碍根系对钙的吸收,发生烂心;或是土壤中氮、钾、镁过多,而阻碍植株对钙的吸收。二是缺硼烂心。土壤中有效硼含量偏低或由于颉颃作用而使植株不能正常吸收硼素。

问:对这些病害该如何进行防治?

答:针对这些病害应该从四个方面采取措施:

1. 选用抗病、耐病品种:如“津南实芹1号”、“美国西芹”等。

2. 种子处理：无病株采种，播种前用 48℃温水浸种 30 分钟，可有效杀死种子上的病原菌。浸种时不断搅动使之均匀受热，然后将种子投入冷水中冷却，晾干播种。

3. 农业防治：实行 2 年以上轮作，可减少病原菌积累，减轻病情；及时清除病残体，合理密植；加强通风透光度，尽量降低湿度；合理施肥，施足底肥并追施或喷施磷钾肥、钙肥和硼肥，培育健壮植株以提高抗病力；合理灌溉，不要大水漫灌。

4. 药剂防治：发现病株立即拔除并用药剂控制，防止蔓延。对斑枯病用 3%的农抗 120 水剂 100 倍液，75%百菌清可湿性粉剂 600 倍液，或 70%甲基托布津可湿性粉剂 800 倍液等防治；对软腐病，在发病初期喷洒 72%的农用链霉素或新植霉素 3 000～4 000 倍液，或用 14%络氨铜水剂 300 倍液，或 30%的 DT 胶悬剂 500 倍液喷雾防治；对菌核病用 50%速克灵可湿性粉剂 1 500 倍液，50%农利灵 1 000 倍液，或 50%菌核净 1 000 倍液喷雾防治。一般每 7～10 天施药一次，连续用药 2～3 次。

问：危害西洋芹的虫害情况以及如何防治？

答：一般情况下危害西洋芹的害虫有两种：

1. 蚜虫。蚜虫喜欢危害多种蔬菜的叶背及嫩茎。它的繁殖力极强，一旦发生，一般农药很难彻底根治，故应清理田园、使用防虫网、黄板诱杀及农药防治几方面齐头并进。黄板诱蚜：一般每 30～50 平方米一块，价格便宜，效果较好；化学防治：用 25%的阿克泰水散颗粒 5 000 倍液或 10%吡虫啉可湿性粉剂 1 500 倍液 6～7 天喷 1 次，连续 2～3 次。

2. 蝼蛄：用毒饵防治。饵料（秕谷、麦麸、豆饼、棉子饼或玉米碎粒）5 千克炒香，而后用 90%敌百虫晶体 0.15 千克 30 倍液拌匀、拌潮为好。每亩施用 1.5～2 千克，傍晚撒施。

问:西洋芹采收过程中需要注意些什么问题?

答:西洋芹具体的采收标准依栽培方式和市场需求而定。正宗的西芹产品应该23片叶以后的叶柄,其品质极佳。因此,一般多在定植后90~120天,株高达70~80厘米,心叶得到充分发育后开始采收,否则心叶叶柄未充分膨大,组织不充实,产量低。采后,应剥除第23片以外的外叶,并割去叶梢。定植于大棚栽培的,可适当延后采收,但收迟了叶柄易空心,品质下降,一般最迟采收时间为最外层叶片未枯黄、叶片未焦萎前采收为宜。一般每亩产量可达6 000千克以上,高者可达1万千克。采收时用刀平土面割下,以不散棵为准,削去黄叶,去泥土。

问:大量的芹菜收获后,如何进行芹菜的贮藏与保鲜?

答:对规模种植西洋芹的朋友,如何保持芹菜的新鲜、脆嫩、不空心的确是很关键的,这也直接影响着芹菜种植的经济效益。目前芹菜的贮藏与保鲜常用的有四种方法,一是芹菜的假植贮藏;二是冻藏;三是窖藏;四是塑料袋贮藏。

问:芹菜的假植贮藏是怎么进行的?

答:芹菜的假植贮藏方法各地不尽相同,冬季不很寒冷的地区多用深沟假植法。一般沟宽与深均为0.7~1.5米,长度不限,将修整好的芹菜假植于沟内。华北、西北大多数地区采用普通畦假植。近年天津等地采用高1.2~1.4米,宽3米的长形塑料薄膜拱棚进行假植贮藏。假植贮藏效果好,在寒冷的东北地区可用温室进行假植贮藏。入藏的芹菜要选用实心杆类型。入藏时一般是将预处理的芹菜成捆假植于沟、棚或温室内,捆间留有一定空隙,以利通风,此法贮量大。还有采取单株或双株假植的,此法贮量小但贮期长。假植后立即浇水,水量要足,以确保整个贮期有充足的水分。芹菜喜冷凉,贮温应控制在1～1.5℃范围内,前期温度高,应加强通风以降温。后期主要是防冻,随温度下降夜间应逐渐盖严,白天适当通风,寒冷季节更要加强防寒,以防芹菜受冻。

问:芹菜的冻藏技术是如何操作的?

答:冬季不太寒冷地区,可以在风障北侧建地上式冻藏窖,窖的四周用夹板填土打实,厚0.5～0.7米,高1米左右,窖底挖若干通风沟,通风沟的一端与南墙正中上下方向的通风筒相通,另一端穿过窖底在北墙外向上开口,形成一个完整的通风系统。窖底铺秫秸和细土,把芹菜捆成5～10千克的捆,根向下斜放窖内,装满后在芹菜上覆一层细土,使叶子似露未露,初期白天盖草帘,夜间揭开,以防窖内温度过高。随着天气转冷,分次覆土,总厚度为20～30厘米。严冬季节堵塞北边的通风口,使窖内温度保持在-1～2℃使菜叶上呈现白霜,叶柄及根系不受冻害为宜。芹菜的解冻方法与菠菜相似,可取出芹菜放在0～2℃的条件下缓慢解冻,恢复新鲜后上市,这种方法损耗小。各地可根据当地气候条件灵活掌握。

问:芹菜的窖藏是如何操作的?

答:首先要选择地势高燥,背风向阳的地方挖东西向菜窖,一般长3.3米,宽1.3米,深度应超过所贮芹菜高度15厘米左右。窖壁四周镶两圈棍棒隔潮,防止芹菜挨窖壁发生霉烂。下霜前,将地里芹菜移入窖内。移栽前一天,菜畦要浇足水,第二天成墩掘下(尽量少伤根),随即栽入窖内,一墩墩靠紧,空隙的地方撒湿土按实。待窖满后,立即浇足水,天黑前盖上草苫或再加一层塑料薄膜。刚入窖时,因气温较高,早晨可揭开草苫,天黑前再盖好。如窖内土壤缺水,可趁晴好天气再浇1～2次透水,始终保持湿润。天气转冷以后,一般应在10～16时揭开草苫晾晒窖菜。如遇大风，雨雪天气，则不揭草苫，以防冻害但最长3～4天也要抢时间晾晒1次，防止把芹菜闷黄。

问：塑料袋贮藏法如何操作的？

答：芹菜的塑料袋贮藏是将叶根鲜绿、生长健壮、无病虫害的实心或半实心芹菜，带3厘米左右长的短根，经挑选整理后，捆成1～1.5千克的把，在－2～2℃的冷库内预冷1～2天。然后采用根里叶外的装法装袋（袋是用0.08毫米厚的聚乙烯塑料薄膜，制成75厘米×100厘米的袋），每袋装12.5千克，然后扎紧袋口，分层摆在冷库的菜架上，库温在0～2℃保持袋内氧含量不低于2%，二氧化碳含量不高于5%。气体组分不符合要求时，可打开袋口，通风换气后再扎紧袋口，贮藏期间可视情况检查1～2次。注意防止袋子被扎破漏气，如有已漏气的袋子要及时更换。

八、无公害韭菜生产技术

韭菜是很多消费者喜食的蔬菜，是炒食、做馅和调味不可缺少的蔬菜之一。本篇介绍无公害韭菜生产技术。

问：河北省韭菜的生产情况和栽培模式怎样？

答：韭菜原产于我国，全国各地均有栽培。河北省每年种植面积30万亩左右。韭菜可露地栽培，也可利用温室大棚等保护地设施栽培，可直播也可育苗移栽。直播较省工，但苗期管理不便，往往稀密不均匀，生长不整齐，产量低，品质差；育苗移栽较费工，但苗期便于管理，移栽后生长整齐，产量高，品质好，无公害韭菜生产一般为育苗移栽。目前生产上保护地栽培面积较大的有日光温室栽培、塑料大棚栽培、小拱棚栽培、改良阳畦栽培。

问：目前生产上韭菜有哪些优良品种？

答：韭菜按叶片宽窄可分为宽叶韭和窄叶韭两类，由于宽叶韭外观品质好商品性好，因此，目前生产上种植的多为宽叶韭。优良品种有平韭四号、791、雪韭等，这些品种耐寒，抗逆性强，叶数多，叶片肥厚，分蘖力强，产量高，越冬休眠特性不显著，可以直接扣棚生长。露地栽培的韭菜品种有汉中冬韭、马兰韭等越冬休眠的品种。

问：韭菜什么时候播种？适宜的播种量是多少？

答：在华北地区露地春播一般在3～5月份，4月份播种较适宜，播种越早，苗子生长期越长，韭菜越壮，产量越高。秋播适期是立秋至秋分，幼苗在冬前要有2个月生长时间，要长到3～4片叶子大小，否则就会因为低温而死苗。

直播韭菜露地栽培一般每亩用重量3～4千克，日光温室栽培一般每亩播5千克左右种子；播种晚的需当年扣棚收割韭菜的，每亩播种需7千克左右的种子。

问：韭菜育苗播种前应做哪些准备？

答：

1. 准备苗床。韭菜育苗应选排水良好、肥沃的沙质壤土、不是葱蒜类茬的地建床。

2. 浸种催芽。韭菜种子种皮坚硬，吸水困难。春季播种温度低，出芽慢；秋季播种失墒快。为促进快发芽及出苗整齐，可在播种前3～4天浸种催芽。

问：韭菜播种时应注意些什么？

答：韭菜播种前可平畦干播，即在整平的苗床上普踩一遍，把催芽种子均匀撒上，上覆过筛细土 1.5～2 厘米，踏实，然后浇水；也可平畦湿播，即先向踏实整平的苗床内灌水，水渗后，把催芽种子均匀撒上，上覆过筛细土 1.5～2 厘米；还可在苗床内按沟距 6～10 厘米开 2 厘米深、5～7 厘米宽的小沟，把催芽种子均匀撒入，再用扫帚轻轻横扫一遍，把沟扫平，踩实后浇水。

问：韭菜什么时候适宜定植？

答：韭菜的定植期根据播种期和幼苗大小而定，一般以株高 18～20 厘米为定植适期。春播在播种后 70～80 天定植，秋播在翌年清明以后定植。定植应错开高温高湿季节，以利于幼苗缓苗；但也不应过晚，要考虑幼苗定植缓苗后有足够的生长天数，让韭菜积累养分，度过严冬。

育苗畦应在定植前 2～3 天浇一次水，以便于起苗。起苗时要少伤根，宜用铁锹铲苗，抖净泥土，大小苗分开，剪去须根末端，留须根 5～6 厘米；剪去叶尖端，留 8～10 厘米，沟栽或穴栽。沟栽按行距 30～40 厘米开沟，沟深 10～15 厘米，穴距 15～20 厘米，一穴栽苗 30～40 株。由于行距加大，便于培土，适于生产软化韭菜；畦栽行距 15～20 厘米、穴距 10～12 厘米，每穴栽苗 8～10 株。由于栽植较密，适于生产青韭。栽后立即浇 1 次水，高温季节定植的，需连浇 1～2 次水，并及时中耕 2～3 次，缓苗后停止浇水。遇雨需注意排水，以免烂根死苗。

问：韭菜定植后的管理应注意些什么？

答：定植当年的韭菜应着重养根壮秧，培养健壮的根株，长成强大的吸收和同化器官，既可积累养分顺利越冬，又为以后几年的生长发育、高产优质打下基础。所以定植当年不能收割，应着重养根壮秧。需注意以下几个方面：

1. 浇水追肥。定植 10 余天后，当幼株发出新根、新叶时，再浇一次水，而后中耕蹲苗。雨季要注意排水防涝，以防烂根死苗。入秋以后，天气较凉，气温 14～24℃，天气晴朗，光照充足，正是叶片生长的旺期，且分株力强，是韭菜生长的重要时期，应加强肥水管理，一般每 7～10 天浇一次水，追肥 2～3 次。

2. 中耕除草。韭菜地易发生草荒，应及时铲除。一般在蹲苗前中耕一次，耕深 3 厘米左右，以后还应在韭菜生长期间除草 2～3 次，结合松土，在伏雨前把垄台铲平成垄沟。

3. 浇冻水。当气温降至－5～6℃时地面结冻，韭菜地上部枯萎而休眠。在土壤夜冻日融时浇冻水最为适宜，早浇因地面没有结冻，土壤水分容易蒸发，不能蓄水；晚浇因地面结冰难消，根系容易缺氧窒息死亡。如果初冬有较长时间的回暖，还应补浇 1 次。

问：韭菜的跳根现象发生挺普遍，采取什么措施才能获得优质高产？

答：由于韭菜跳根，新生须根的位置逐年上移，不断的接近地面，从而使根茎外露而造成倒伏。所以生产上每年应该采取培土措施。从其他地方取土加高地面，这种措施又叫“客土”。一般多年生的韭菜每年应培土 2～3 厘米厚。如畦面太高浇水困难时，就应该倒栽。

问：第二年及以后的韭菜田怎么管理？

答：上一年直播或定植的韭菜，从第二年开始即进入正常生长周期，即收获养苗并重的阶段，管理上以养为主，养收结合。要正确处理养与收的关系，以延长生长周期，连年获得丰产。注意以下几个方面：

1. 春季管理。返青前及早把地上的枯叶清除掉，有条件的可于 2 月中旬至 3 月上旬在韭菜地施行地膜覆盖，可比不覆盖的提早上市 7～10 天；土壤解冻后，中耕松土 1 次，以提高地温；出苗后，一般不旱不浇水。可在收割第一刀后，韭菜长到10厘米高时浇一水。如果墒情不足，可在苗高15厘米左右时浇一水，因早春气温低，蒸发量小，灌水量不宜过大。

除一般的田间管理外，还可采取剔根、紧撮、客土、培土等技术措施。

2.夏季管理。韭菜收割后，进入夏季高温多雨季节，不仅生长缓慢，而且叶片组织纤维增多，质地粗糙，食用价值下降。因此和第一年一样，除加强除草、雨后排水外，还要控制水肥。

两年生以上的韭菜，大暑以后陆续抽薹开花，应及时采摘花薹上市，以免消耗养分，影响营养积累和生长。

3.秋季管理。秋季气候凉爽，昼夜温差大，最适合韭菜生长。和第一年一样，应加强水肥管理，施肥量可适当增加，一般不收割，如植株长势较强，市场需要，且经济效益较好，也可收割1～2次。但必须早割，在韭菜回秧前40～50天停止收割，以利于根茎营养积累、安全越冬和翌年春季获得较高的产量。韭菜回秧后，土壤上冻前浇一次冻水，在地面或垄上铺肥、垫土，厚度1.5～2厘米。

问：韭菜为什么要进行无公害生产？

答：在大面积韭菜生产中，由于韭蛆等病虫害的危害和使用化肥农药不合理，造成污染，食用污染韭菜危害人们身体健康，时有中毒事件发生。但是，近几年由于韭菜被污染而导致食用者中毒的事件时有发生。因此，为了保障人民身体健康，发展韭菜无公害生产非常必要。

问：怎样才能生产无公害韭菜？

答：生产无公害韭菜要遵守无公害蔬菜生产技术规程，首先产地环境评价要符合国家有关的规定，允许限量、限时、限种类合理使用化肥、农药，禁止使用剧毒农药，产品无农残检测要符合国家有关限定的指标。

问：哪些农药禁止在蔬菜上使用？

答：甲拌磷(3911)、治螟磷(苏化 203)、对硫磷(1606)、甲基对硫磷(甲基 1606)、内吸磷(1069)、杀螟威、久效磷、磷胺、甲胺磷、异丙磷、三硫磷、氧化乐果、磷化锌、磷化铝、甲基硫环磷、甲基异柳磷、氰化物、克百威、氟乙酰胺、砒霜、杀虫脒、西力生、赛力散、溃疡净、氯化苦、五氯酚、二溴氯丙烷、401、六六六、滴滴涕、氯丹及其他高毒、高残留农药。

问：韭菜有哪些病虫害？

答：虫害主要是韭蛆危害。病害主要有韭菜灰霉病、韭菜疫病等。

问：韭蛆的发生和防治应注意什么？

答：韭蛆是指韭菜迟眼蕈蚊和葱蝇。两者都以幼虫在土壤中危害韭菜的地下假茎、根茎，使之腐烂，导致地上部枯黄死亡，严重时会形成大片枯死的韭丛。韭蛆在露地每年春秋发生两代，加之保护地每年发生 4～5 代。在韭蛆的防治上要注意以下几个方面：

1. 合理施肥：在成虫盛发期减少灌稀粪次数，并与药杀成虫相结合。

2. 灯光诱杀：5 瓦普通电灯泡，下面 30 厘米处放一个盛水的碗，待水面发现成虫时，即可喷药杀成虫。成虫盛期出现在保护地内韭菜第一次收割前后。

3. 糖醋酒诱杀：葱蝇成虫有趋化性。糖醋酒诱杀液的配方：糖 3 份、醋 3 份、酒 1 份、水 10 份、90%的晶体敌百虫 0.1 份。将配好的溶液装在盘内，放在韭菜田间，5～7 天更换一次，当测得成虫数量连续倍增时，可喷药杀成虫。秋季成虫盛发期多在本地霜冻前40天左右。

4.化学防治:成虫盛发期,喷洒75%的辛硫磷1 000倍液或25%的溴氰菊酯、20%的氰戊菊酯3 000倍液,或50%的敌敌畏乳油2 000倍液。在幼虫为害期,发现韭菜株叶尖开始发黄、变软,并逐渐向地面倒伏时,90%的晶体敌百虫600倍液灌根触杀。

问:怎样防治韭蛆才最有效?

答:首先抓住施药适期:掌握发生规律,抓住成虫期防治,消灭成虫,减少虫卵。第二要掌握正确的施药方法,掌握准确浓度,剔根顺垄施药。春季土壤消冻后,韭菜萌发刚刚长出3~5厘米时进行,进行剔根晾晒根,即用竹扦将根际土壤掘出,剔土露出根茎,把土壤推于行间凉晒1~2天,有韭蛆危害的地块,顺垄喷施药液,喷药后紧搬,结合进行培土。剔根可破坏幼虫栖息环境,可促使幼虫提前化蛹或死亡。通过剔根可提高地温,消灭韭蛆,疏散根际土壤,促进根系生长,还可清除株间杂草,淘汰细弱分蘖。保护地韭菜养根阶段施肥多、灌水勤、常年不收割,创造了阴蔽、潮湿、腐殖物多等环境,为成虫的集聚栖息、适宜的繁殖场所。在夏秋之间,适当疏叶,加强通风透光,可减轻虫害的发生。

问:韭菜疫病的发生和防治应注意什么?

答:韭菜疫病主要危害韭菜假茎和鳞茎,也危害叶、根、花薹,为真菌病害,病菌随病株残体在土壤中越冬,翌年侵染。病菌生长的最适温度为25~32℃,在高温高湿条件下发病严重。所以,8月上旬病害达高峰,10月下旬停止发生。防治中要注意以下两点:

1.农业防治。栽培地应平整,不积水。入冬前,结合增施腐熟的有机肥,铺平地表,翌年再平整一次,避免凹坑,消灭涝洼和水坑。雨季及时排水、防涝,避免田间积水,造成湿度过大。

2.药剂防治。发病初期,用25%的瑞毒霉可湿性粉剂600倍液,或25%的甲霜灵600倍液,或40%的增效瑞毒霉500倍液,或40%的乙膦铝可湿性粉剂200~250倍液,或40%的疫霉灵200~250倍液,或60%的杀毒矾可湿性粉剂400倍液,或58%的甲霜锰锌可湿性粉剂400倍液,或75%的百菌清可湿性粉剂500倍液。用上述药之一灌根,每墩灌0.25千克,10天1次。

问:韭菜灰霉病的危害症状有哪些?

答:韭菜灰霉病是温室韭菜发生普遍、发生严重的病害,灰霉病主要危害叶片。轻者叶片生斑,重者全叶烂枯而绝收,同时,叶片往往伴有霉味,使韭菜产量、品质、口味都受到很大影响。田间常有两种类型:一种是初期从叶尖开始,在叶正面或背面产生水浸状小圆点,以后转为浅灰褐或白色小斑点,但一般叶正面多于叶背面,由叶尖向下发展,后期病斑发展为椭圆形到菱形,病斑融和成大片。致使韭菜干枯,湿度大时,表面密生灰色霉层,发黏。另一种是叶片不产生白点,近地面叶片呈深绿色水浸状,并有褐色轮纹,病斑多呈半圆形到"V"字形,病部可向下延伸2~3厘米,表面密生灰色霉层,重时腐烂到不能拿起。

问:韭菜灰霉病怎样防治?

答:防治灰霉病首先从改善韭菜生长的环境条件入手。如采用无滴膜,防治结露滴在韭菜叶片上;适当放风降低棚内湿度;加强保温,防止棚内出现低温;扣棚后当韭菜长到10厘米左右时及时喷药防治,连续喷药两次,一般可使用75%百菌清500~600倍液或甲基托布津600倍液。速克灵是防治韭菜灰霉病十分有效的一种药剂,1 000倍液连用两次药一般就可控制灰霉病。

九、茄果类蔬菜保花保果技术

近年来，茄果类蔬菜以其口感好，商品效益好，深受消费者的欢迎，一直占领着蔬菜市场，菜农朋友种植茄果类蔬菜的面积也越来越大，很多菜农朋友对茄果类蔬菜如何保花保果，提高产量有所疑问，现将问题总结如下。

问：茄果类蔬菜都包括哪些？为什么需要保花保果？

答：茄果类蔬菜主要包括茄子、西红柿、辣椒等，是我国最主要的蔬菜之一。由于其产量高，生长供应时间长，经济效益高，在露地及设施蔬菜栽培中，都占有很大的比重。但茄果类蔬菜在开花结实过程中，都有不同程度的落花现象，尤其是冬季棚室栽培，落花现象更为明显，严重影响产量的形成，所在生产过程中保花保果是重要的技术环节。

问：致使茄果类蔬菜落花落果的原因是什么？

答：有两类：一类是蔬菜本身的原因，一类是外界环境的原因。

问：蔬菜本身的原因都有哪些？

答：

第一，花器构造的缺陷。在开花时，花器有了缺陷，容易脱落。这种缺陷可以是花器本来的特性，也可以是在开花过程中，受了外界环境条件的影响而产生。如茄子的短花柱花，不能进行正常的授粉，就会脱落。

第二，没有授粉或受精。在正常情况下，茄果类蔬菜的花没有授粉或受精，就易脱落。有时即使授粉，也可能没有受精而脱落。经过授粉而没有受精的原因主要是：配子不育、花粉与卵细胞不亲和以及不能正常进行双受精。

第三,胚珠的退化。胚珠的退化,可以是遗传性的,也可以是由于不适宜的营养条件所引起。胚珠退化后,子房不能正常膨大,因而脱落。

问:茄果类蔬菜落花落果的外界环境因素都有哪些?

答:

第一,土壤水分缺乏。在开花时,如果土壤水分缺乏,容易引起离层的形成。以番茄为材料,分为对照区、湿润期及干燥区三种处理。处理结果,干燥区的着花数、结果数及结实率都显著降低。但雨水过多,也会引起落花。在江南梅雨季节,一方面多雨天气妨碍昆虫的活动,影响授粉;另一方面雨水将柱头冲洗,不适宜花粉的发芽,尤其是正当开花时降雨,落花更多。这种情况,瓜类蔬菜比茄果类蔬菜更为常见。如番茄在干旱条件下结果率只有25.6%,水分充分的条件下结果率却能达到65.6%。

第二,温度过高或过低。温度过高或过低,尤其是夜间温过高或过低,是引起茄果类蔬菜落花的最普遍原因。低温引起番茄、茄子的落花。适宜于番茄开花结实的夜温为15～20℃。如果夜温高于22℃,或低于15℃,就会引起落花。夜间的温度超过22℃,会因高温妨碍了雄蕊的正常生理机能,也影响了花粉的发芽。花粉管伸长不良,花粉中的淀粉含量少,最后便引起子房枯萎。低温引起落花是由于温度低时,花粉管不能正常伸长,因而不能受精,引起落花。但白天温度为15～35℃均可以结实。

第三,光照不足。光照不足也会引起落花,番茄和茄子在开花时,如果遇到阴雨天气,阳光不足或栽植密度过大,以至植株间遮阴过甚,常造成大量落花。因为光线减弱以后,光合作用也减弱,雌蕊萎缩,花粉的发芽率减低。

问：避免和解决落花落果的具体措施有哪些？

答：防止落花落果的措施有三个方面：①加强栽培管理中的环境调控；②人工辅助授粉；③应用生长调节剂防止落花，这点最为重要。

问：如何加强栽培管理中的环境调控？

答：加强栽培管理中的环境调控，提高蔬菜植株生长条件的质量，是防治落花落果的根本措施。尽量调节温度接近蔬菜生长发育的最适温度，如西红柿开花期温度一般为25～28℃最适合，15～30℃能正常结果，低于15℃或高于33℃就容易发生落花落果。越冬栽培的茄果类蔬菜要加强保温，增加光照，越夏栽培可采用两网一膜技术，遮阴、避雨、适当稀植，增加株间通透性，开花期土壤不能干燥，也不易灌大水，空气湿度不能过高或过低，高温干燥或低温高湿及降雨都会引起落花落果。要保证肥水充足，茄果类蔬菜从第一穗果坐住以后，始终是营养生长和生殖生长同时进行，如果植株体内的营养生长供应不足，器官之间就会引起养分竞争。栽培上可以通过疏花疏果、整枝打杈、摘叶摘心等措施，认为调整其生长发育平衡，以促进保花保果。

问：人工辅助授粉具体有哪些方法？

答：人工辅助授粉对防止落花落果是有很大帮助的。具体方法有：①上午9～10点摇动植株来辅助授粉；②用喷雾器喷清水进行喷雾摇动辅助授粉。

问：如何应用生长调节剂来防止落花？

答：应用生长调节剂来防止番茄、茄子、辣椒的落花，尤其是对低温和弱光下的落花有明显的效果，生产上普遍应用，这已成为茄果类蔬菜早熟高产的一项重要措施。

问:生长调节剂的种类和浓度是怎么样的?

答:防止番茄及茄子落花的生长调节剂中,用得比较多的有2,4-D(2,4-二氯苯氧乙酸)、防落素(对氯苯氧乙酸)和丰产剂2号。但是在无公害蔬菜生产中是禁用2,4-D的,取代产品是丰产剂2号,因丰产剂2号使用起来较方便,不易出现果实畸型,提倡大力推广使用,尽量不使用2,4-D,因2,4-D易出现果实畸型,不适宜进行无公害生产。应用生长调节剂的浓度一般为20～40毫克/千克。温度高,浓度要低些;温度低,浓度要高些。

问:选择好生长调节剂以后,应该在什么时期进行使用?

答:生长调节剂的使用时期,最好是在开花前后1～2天。这样可以防止落花,所结的果实生长迅速,果形整齐。如果在花谢几天后才处理,花柄离层已经形成,没有防止落花的效果。使用生长调节剂一般采用涂抹法、蘸花法和喷雾法。值得提出的是"百利"番茄,在花蕾变黄即开时喷花效果更好些,坐果率高、空洞果少。

问:如何使用生长调节剂?

答:使用生长调节剂一般有三种方法:

1. 涂抹法,首先根据生长调节剂的类型及说明书将药液配置好,并加入少量红或蓝色染料作标记。然后用毛笔蘸取少量药液涂抹花柄的离层处或柱头上。这种方法需一朵一朵的涂抹,比较费工。

2. 蘸花法,应用番茄丰产剂2号或番茄灵时可采用此法。应用时应严格按说明书上要求配制,将配制好的药液到入小碗中,然后将开有3～4朵花的整个花穗在激素溶液中浸沾一下即可。这种方法效果较好,同一果穗各果实生长整齐,成熟期比较一致,并且省工、省力。

3. 喷雾法，应用番茄丰产剂2号或番茄灵也可采用喷雾法。当每穗花有3～4朵开放时，用装有药液的小喷雾器或喷枪对准花穗喷洒，使雾滴布满花朵又不下滴。此法效果较好，但用药量较大。

问：使用生长调节剂时应注意哪些问题？

答：

1. 配制药液时不要使用金属容器。溶液最好是当天用当天配，剩下的药液要在阴凉处密闭保存。配药时必须严格掌握使用浓度。浓度过低效果较差，浓度过高易产生畸形果。使用时应避免重复处理，药液应避免喷到植株上，否则将产生药害。处理花序的时期最好是花朵半开至全开时期，从开花前3天到开花后3天内使用生长调节剂处理均有效果，过早或过晚处理效果都降低。

2. 使用生长调节剂处理时，应根据不同的蔬菜种类、品种、温度、时间、作物长势以及生长调节剂的种类等选择适宜的浓度。不同的蔬菜种类对生长调节剂的敏感程度不同，番茄最敏感，浓度应最低，一般为10～20毫克/千克，茄子不太敏感，浓度应适当大些，一般为20～50毫克/千克；同一蔬菜种类不同品种之间也存在着差异，以番茄为例，凡是杂交种都比常规品种敏感，使用生长调节剂处理时，浓度应减小一半；生长调节剂的使用浓度还与温度有关，一般温度高，浓度要低些；温度低，浓度要高些；与植株的长势有关，植株长势较旺，特别是旺长的植株，浓度要大些，植株长势较弱时，浓度要小些；如果第一穗果刚刚坐住，第二花序已开放，处理时浓度要小些，如果第一穗果已膨大，第二花序才开放，处理时浓度要大些。

问：茄果类蔬菜容易出现早衰现象，有什么样的症状？

答：茄果类蔬菜的早衰也是影响产量的重要因素。夏季高温多雨时节，茄果类蔬菜往往容易出现早衰现象，其症状为：植株萎缩、叶片变黄、果实成熟晚、产量低，严重的可使植株过早死亡。

问：怎样防治这种早衰现象？

答：防治早衰的方法有六种：①适时摘心。②摘除老叶。③早采果实。④及时追肥。⑤灌水降温。⑥有效地防治病虫害。

问：详细介绍这六种防治茄果类蔬菜的早衰的方法？

答：

1. 适时摘心。待第一茬辣椒摘下来后，辣椒秧已处于歇枝阶段，此时要将靠近基部生长的四大枝以上长出的 8 个枝条剪掉，同时加强肥水管理，这样不仅能减少养分的消耗，而且使靠近基部生长的四大枝通风透光良好，减少落花烂果，提高辣椒产量；番茄摘心要在第四层果坐住后，在果实上留 2 片叶子，否则会造成根系早衰和植株下部卷叶。

2. 摘除老叶。各种茄果类蔬菜都要及时地摘除植株下部的老叶、枯叶和病叶，防止株间郁闭遮阴。这样做不仅可以减少养分消耗，有效地控制病害的发生和蔓延，还有利于通风透光和降低温度，促进植株的茁壮生长。

3. 早采果实。茄果类蔬菜提倡早采果实，番茄采收适期是果实顶部刚一转色的时候就采收；辣椒是青果未红前要及时采收；茄子是果内种子转褐色之前，外观呈油亮的本品种的颜色时就要采收。

4. 及时追肥。追肥的最佳期是在果实采收后进行 1～2 次，最好是随着浇水结合追施腐熟的人粪尿，也可追施氮肥和磷肥。番茄每亩施磷酸二铵 10 千克，茄子追施尿素 10 千克，辣椒可追施磷酸二铵 12 千克左右。

5. 灌水降温。在炎热的夏季，可根据天气和土壤墒情适当进行灌水，以降低土壤温度，但应采取小水勤浇，防止大水漫灌。同时在降大雨后，还要做到及时地排水防涝，以保护秧苗正常的生长发育。

6. 有效地防治病虫害。番茄灰霉病可用75%的百菌清可湿性粉剂600～800倍液或50%速克灵可湿性粉剂2 000倍液喷雾。茄子免疫病在发病初期可用75%百菌清700倍液或80%代森锰锌500倍液喷雾，每7～10天喷一次，连喷3次。

问：茄果类蔬菜喷施醋可增产，如何喷施？

答：具体的方法是：用清水50千克＋食醋(600～750)克，充分搅动，使之溶解于水中，在晴天下午四、五时喷雾于茄果类蔬菜的叶面上。随配随用。最有效的时期是茄果类蔬菜现花蕾和初花期，喷1次即可。夏末秋初用同样浓度的食醋水溶液喷1次，能使植株“返老还童”，萌发新枝新叶，有效地防止早衰现象。

问：茄果类蔬菜常常会有僵果出现，什么是僵果？

答：僵果在茄果类和瓜类蔬菜中非常普遍。这些僵果一般不能正常膨大，也不脱落，但会消耗部分养分，从而影响产量。茄果类蔬菜，特别是茄子和番茄在冬春季栽培时，常常发现一些果实较小、色泽较浅、果实较硬而不能食用的果实，这些果实没有商品价值。

问：僵果形成的原因都有哪些？

答：

第一，由于开花后不能正常授粉受精，是由单性结实而发育成的果实，这种果实又称为石果。

第二，温度过低，使得花粉没有正常的生活力引起僵果。

第三，在采用一些促进坐果的措施后，植株结果数太多，养分满足不了果实发育的需要，有的果实就成为僵果。

第四，肥料浓度过高，而土壤又较干旱，植株的光合作用和对养分的吸收能力降低，使得植株营养不足，也会形成僵果。

问：防治僵果的方法都有哪些？

答：防止番茄、茄子僵果的措施主要是在花芽分化、开花结果时提供较为适宜的温度条件，并保持土壤湿润，合理施肥，使植株维持较为良好的生长态势，同时，应控制结果部位，控制单株结果数，避免植株结果过多。一旦发现植株有僵果，则在摘除这些已形成的僵果的同时，使用一些叶面肥，促进植株生长，使之能正常结果。

十、茄子病虫害的诊断与防治

茄子是我省主要蔬菜，大棚和露地均有大量种植，由于茄子耐储藏和便于运输，因此很受农户偏爱。但茄子生产中经常发生许多病虫害，这些病虫害危害严重，并且容易相互混淆，耽误防治，就茄子各种病虫害与防治技术总结如下。

问：危害茄子的主要病虫害分几部分？

答：根据生产实际需要，将茄子病虫按危害特征分为三大部分，第一是萎蔫株及根茎部病害，第二是果实的重要病害，第三是重要的虫害。

问：萎蔫株及根茎部病害都有哪些特征，如何防治？

答：茄子经常发生植株萎蔫和死棵病情，其中最为常见的有两种，就是茄子黄萎病和根腐病。

茄子黄萎病是一种真菌性病害，病菌在土中可以存 6～8 年，是一种顽固性病害。而随着茄子种植面积的扩大,连作现象严重,土壤病原菌逐年增多,因此轮作虽然是对的,但至少需要间隔4年,与非茄科的作物轮作。

诊断要点:如果发现果期茄子植株发生黄叶,先观察黄叶是否是半边叶或黄叶在植株的半边。确定是这样后,掰一黄叶,检查叶柄的维管束是否变为黄褐色。如果是,就可以确诊为茄子的黄萎病。

防治要点:①种子处理:55℃温水浸种15分钟,待水温降到30℃后再浸6～8小时,晾干后催芽播种;②定植穴撒50%多菌灵亩1.5千克拌30～40千克细土的药土;③清除病残体,烧毁。病穴撒生石灰消毒;④苗期和生长期喷施6 000倍液爱多收;⑤药剂灌根,50%氯溴异氰尿酸(消菌灵)可溶性粉剂600倍液加全质性营养液肥灌根。每株灌150～250克(3～5两)药液,间隔7～10天,连续防治2～3次。还可用0.5%氨基寡糖素水剂(os-施特灵)200倍液,60%防霉宝可溶性粉剂600倍液灌根。

问:根腐病的发病症状及如何防治?

答:茄子根腐病是一种真菌性的病害,由镰刀菌危害所致。病菌在土壤中存活5～6年,也是顽固的土传病害。病菌由根部伤口或根直接侵入,通过水、风传播,高温高湿的环境及盐渍化的土壤,利于发病。

诊断要点:若发现定植后茄子叶片白天萎蔫,早、晚恢复,反复数日后逐渐变黄干枯,后整株萎蔫后死棵时,应检查植株的根茎部,其根腐烂变为黄褐色,特别是根茎部的外表皮腐朽,一扒落下一层外皮,露出褐色的木质部,发生的是根腐病。与黄萎病的主要区别是其余上部的茎、叶柄的内心(维管束)并没有变黄。

防治要点:①与十字花科、葱、蒜类蔬菜轮作2～3年;②定植穴撒50%多菌灵亩2千克拌30～40千克细土的药土;③清除病残体,烧毁。死棵拔除后病穴撒生石灰消毒;④苗期和生长期喷施 6 000 倍液爱多收。促进根系发育,提高抗病能力;⑤药剂灌根,50%氯溴异氰尿酸(消菌灵)可溶性粉剂 600 倍液加全质性营养液肥,或硫酸铜 2 000 倍液灌根。每株灌 150~250 克(3~5 两)药液,间隔 7~10 天,连续防治 2~3 次。

问:危害果实的主要病害都有哪些?

答:引起果实长病斑,长霉菌,腐烂,失去商品价值的病害主要有茄褐纹病,灰霉病和绵疫病。其余果病不常发生,如炭疽病、果腐病等。

茄褐纹病为常年发生的茄子重要病害。是一种全株性真菌病害,为拟茎点霉侵染。发病后引起果实腐烂,列入果实的重要病害之中。发生了茄褐纹病的果实上产生凹陷的病斑,病斑较大,可达半个果实,圆形或不规则形,褐色,扩大后有明显的轮纹,其上产生许多小黑点,最终造成烂果。茄褐纹病发生部位还有茎基部和叶。茎基部受害,凹陷、腐烂,多从病部折断倒伏;叶片上产生圆形褐色病斑,扩大后中央灰白色,有不规则的轮纹,上面密生小黑点。

诊断要点:茄果有凹陷的圆形病斑,病斑的轮纹明显,病斑可连成片,果实腐烂。而茎、叶的病斑上均有明显的小黑点,小黑点排成轮纹,这是与其他果病的重要区别。

防治要点:①种子处理:种子在 55℃温水中浸泡 15 分钟,取出放入冷水中,冷却晾干后播种。②床土消毒:每平方米用 50%多菌灵可湿性粉剂 8 克,或 50%福美双 8 克拌细土 20 千克制成药土。播前 1/3 药土撒在畦面上,播后将余下的药土覆盖在种子上面;用 70%五氯硝基苯与 50%福美双等量混合,每平方米用药量 8~9 克,加半干细土 500~1 500 克拌匀,撒在苗床上。③苗期和定植前预防用药,喷 50%多菌灵 500 倍液 1~2 次。发病防治,茄子褐纹病用 58%甲霜灵.锰锌可湿性粉剂 500 倍液,64%杀毒矾可湿性粉剂 500 倍液，47%加瑞农可湿性粉剂 600 倍液，10 天 1 次，连防 2～3 次。④及时摘除病果、病叶，带出田外深埋。

问：灰霉病的发病症状及如何防治？

答：灰霉病也是引起茄子烂果的严重的病害，有一种叫灰葡萄孢菌的真菌侵染发病。此病与茄褐纹病一样也是一种全株性真菌病害。但果实染病，损失严重，因此农民朋友应特别重视灰霉病的预防。感染了灰霉病的果实，首先在果蒂附近出现水渍状，后生出灰色长霉。果实腐烂。茄子的叶片感染病菌后从叶缘开始形成水渍状褐斑，茎也可染病，这些发病处当湿度大时病部长灰色霉层。

灰霉病为低温高湿型病害，冬季保护地种植茄子，如果遇到连阴天，棚室白天温度在 20℃以下，而为保持温度，放风不及时，室内湿度超过 90%，往往暴发灰霉病。而且由于用药不便，致使病情难以控制。

灰霉病的病菌孢子靠飞散传播，因此病果必须及时摘除，带出田外埋掉，经常有农户对为什么灰霉病发生后特别难治感到无耐。其实灰霉病菌在棚区大量存在，摘掉的病果、病叶，拔园的秧子随处丢弃，上边的病菌被风一吹，就又回到已经控制了病情的茄子上。因此，处理病残体比发病后的用药还要重要。

诊断要点：果蒂附近腐烂，长灰色长霉。而果实脐部水渍状，不长灰色长霉的病症多是生理性的脐腐病，应分辨清楚。

防治要点：①沾花防病：2,4-D 或防落素中加入 0.1%的 50%扑海因。②消毒灭菌：由于灰霉病菌随风漂移到棚的各处，收获蔬菜后应对室内消毒，用 50%消毒灵喷地面、竹竿、立拄，另外果实发病应及早摘除埋掉。③发病初期用药：40%施佳乐悬浮剂 800～1 000 倍液，特立克 600～800 倍液，(木霉菌活孢子)，阴天使用效果更明显；65%克得灵 1 000 倍液。

问:免疫病的发病症状及如何防治?

答:茄子免疫病俗称烂果、水烂,是茄子重要病害之一,结果盛期进入发病盛期,如果夏季多雨,连作地块将偏重发生。此病是真菌性的疫病菌侵染。

诊断要点:果实得病后产生圆形凹陷病斑,黄褐色或黑褐色。果肉为黑褐色腐烂,潮湿时病部长白色絮状菌丝。病果干缩。叶片、茎也感病,病部水渍状并长白霉。

防治要点:①控制湿度,此病发病适宜85%以上的相对湿度,病菌繁殖需要水滴。因此棚室注意放风散湿,浇水后及时锄划。②及时摘除病果,深埋处理,或丢入专用坑内后撒一层生石灰消毒。③雨季前要喷药保护,从雨季开始,每隔7天喷一次1∶1∶200倍波尔多液进行防护,发病初期须立即施药。可用75%百菌清500～600倍液,50%甲基托布津可湿性粉剂800倍液,40%乙膦铝可湿性粉剂200倍液,64%杀毒矾500倍液等,间隔7～10天,连喷3～4次。也可用66.8%霉多克可湿性粉剂700～800倍液,52.5%疫快净2 000倍液,75%克抗灵1 500倍液喷雾防治。

问:危害茄子生长的虫害有哪些?

答:茄子有许多虫害伴随一生,其中重要的、危害严重的有几种,如棉铃虫,烟粉虱、茶黄螨、红蜘蛛和二十八星瓢虫(和马铃薯瓢虫)。

棉铃虫危害植株嫩茎、嫩芽,但以蛀果为主,茄果被蛀后,果实腐烂,并引起其他病菌感染,损失很大。棉铃虫为杂食性害虫,危害作物不但是棉花,而且花生、玉米、蔬菜也是主要对象,其中茄果类的番茄、茄子、辣椒是棉铃虫喜好作物。它蛀食果实,果实上有一个蛀孔,孔外有虫粪,再感染了其他病菌后,果实开始腐烂,不能食用。

诊断要点：棉铃虫体色多种，有绿色、红褐色、淡红色和黑色，与同时发生的害虫的主要区别是身上有毛瘤。

防治要点：①提早防治：卵孵化期开始用药，不让大龄虫蛀果。②轮换用药：为避免抗药性产生，用多种药剂交替除虫。③用杀卵和生物药剂防治，用5%抑太保乳油1 000倍液、BT 200倍液，菜喜乳油1 000～1 500倍液、1.8%阿维菌素乳油3 000倍液喷雾。

问：对于茶黄螨这种害虫该如何防治？

答：茶黄螨是隐蔽危害茄果的小害虫，受害的茄子籽粒外翻，裂开了口，呈现开花馒头状，还引起落花、落果。由于茶黄螨个体小，往往造成危害后会误以为是发生了什么病害。

1. 茶黄螨的发生特点是与众不同的，主要是：

(1)体形小：茶黄螨是一种蔬菜上常发生的小型虫害，体长仅0.2毫米，透明色，肉眼难以观察。茶黄螨有成螨，4对足，有幼螨，3对足，卵无色透明。

(2)有趋嫩性：成螨和幼螨集中在植株幼嫩的心叶、顶尖上，或嫩茎、嫩枝和幼果上。当危害部位变老后，马上转移到别的幼嫩处。

(3)适宜高湿条件：茶黄螨与一般红蜘蛛适宜高温干旱条件的习性不同，茶黄螨的卵和幼螨要求相对湿度在80%以上，因此北方地区伏天潮湿条件下发生茶黄螨，而温室中如通风不良、潮湿，也会引发茶黄螨。

2. 诊断要点：

(1)发生部位：如果发现茄子的嫩叶、顶尖最先发生不正常的现象，叶硬。植株茎杆内无任何褐变，叶部无水渍状或腐烂症状，应进一步诊查是不是发生了茶黄螨。

(2)发生症状：茄子叶子叶背有油质光泽，最明显的是茄果裂开呈开花馒头状。

3. 防治要点:

(1)诊断对症是关键,由于茶黄螨个体小,危害症状与病毒病和生理性病害易混淆,因此发生不正常情况时,应先诊断到底发生的是什么。在高温高湿的季节中就一定要注意茶黄螨。如果蔬菜植株嫩部发生小叶、僵直、变厚,应怀疑茶黄螨。

(2)叶背着药是关键:茶黄螨主要集中于幼嫩叶的背面,所以喷施杀螨剂时要上喷下翻,喷嫩部位,翻过喷头向上喷叶背。防治用药要求连续防 2～3 次,药剂选用 15%哒螨酮 3 000 倍液,1.8%虫螨克 2 000 倍液。

问:瓢虫有益虫和害虫两种,对于有害瓢虫该如何防治?

答:一般的瓢虫多是吃害虫的益虫,但茄子上有两种害虫是危害严重的瓢虫,他们分别是二十八星瓢虫和马铃薯瓢虫。他们的特征是体为黄褐色,半圆形,鞘翅上有二十八个黑点。而若虫体长 7～9 毫米,椭圆形,身上有枝刺。

诊断要点:这两种害虫身上的黑点多,益虫中七星瓢虫与他们最相似,但它的黑点是七个。

防治要点:

①人工捕捉成虫,利用成虫的假死性,用盆接磕打下的虫子。②摘除卵。③喷药剂:幼虫分散前用 2.5%鱼藤酮乳油 1 000 倍液、2.5%氯氟氰菊酯乳油 2 000 倍液喷雾。

问:在种植茄子的过程中该如何防治烟粉虱?

答:烟粉虱的重要寄主是茄子,调查看各种寄主按发生密度排序,以白菜、甘蓝、萝卜、茄子、番茄、黄瓜数量为高,烟粉虱的卵、若虫分布在茄子下部叶片的背面,植株上部是白色的蛾(成虫)。

防治要点：

1. 喷药杀虫：10％吡虫啉 1 500 倍液、1.8％阿维菌素 3 000 倍液、20％啶虫辛乳油 1 000 倍液、3％啶虫脒乳油 2 000 倍液、对烟粉虱有较好的防效；熏虱灵烟雾剂 600 克/亩对成虫效果理想。天王星 1 500 倍液、5％锐劲特 1 500 倍液兼治若虫、成虫。

2. 生物防治：可采用白僵菌、赤座霉菌、粉虱座壳孢菌、轮枝菌等菌药治虫。试验表明复方轮枝菌具有杀成虫、若虫的作用，对卵没有防治效果，用药 2 次防治效果达到 94.47％。施放小蜂，当棚室中一株有 0.5 头成虫时可以采用天敌浆角蚜小蜂或丽蚜小蜂，亩放 5 000～1 0000 头。间隔 7～10 天释放 1 次，连续放 3～4 次，通过小蜂对烟粉虱若虫的寄生，来杀灭烟粉虱，被寄生的若虫变褐或变黑，未寄生的呈黄色。

十一、秋播大白菜的栽培技术

大白菜是我国的特产蔬菜，也是人们非常喜欢吃的传统蔬菜，由于大白菜具有产量高、耐贮性强、品质优良的特点，所以是主要的秋季栽培蔬菜。在栽培过程中有很多需要注意的问题，现将问题总结如下。

问：秋播大白菜都有哪些类型？

答：秋播大白菜按照叶球包球方式的不同，可以分为束心、包头、花心等。束心型大白菜在河北、天津等地种植的比较多，一般束心型特征是外叶是深绿的，抗病性比较强。包头型大白菜多在内蒙古、河南、山东等地种植，一般叶色是比较浅的，抗病性不如束心型的品种，但是早熟性比较好。还有就是花心型大白菜，多是叶球合抱型，成熟的时候心叶是外翻的，外叶比较绿，心叶是乳黄色的，形状比较像莲花，这种类型的抗病性、耐热性都比较好，品质也很不错。

问：秋播大白菜如果按照生长期的长短，一般可以分为早熟、中熟和晚熟品种，这是如何划分的？

答：早熟品种是生长期 50～60 天，国庆节前后可以收获的品种。主要的品种：北京市农林科学院的小杂 55、小杂 56、小杂 60 和京夏王等。小杂 55、小杂 56 是花心类型，“京夏王”是北京育成。生长期一般在 50～55 天，单球重 1.2 千克，亩产可以达到 3 500～4 000 千克，具有早熟、耐热、耐湿、抗病、适应性广、品质好的特点。

中熟品种是指生长期在 60～80 天的品种。如“秦白二号”，陕西省农科院蔬菜研究所研制的中熟一代杂交种。这个品种的生育期是 65～70 天，外叶是深绿的，叠包，单球重 3.5～4.5 千克，亩产可以达到 7 500～8 000 千克，抗病性比较强，但是对霜霉病的抗性比较差。

中晚熟大白菜是指生长期在 85 天以上，可以作为冬储大白菜的品种，主要的优良品种：束心类型有多抗 3 号、北京新三号、太原二青和天津青麻叶等；包头类型有中白四号、秋丰 3 号和秋丰 4 号等。

问：大白菜生长对环境都有哪些要求？

答：大白菜的生长环境条件包括温度、光照、水分、土壤、矿物质以及空气中的 CO_2 浓度等多方面的因素。大白菜生长要求光照、水分、CO_2 充足，土壤肥沃疏松、通透性强的微酸性土壤上生长，土壤的酸碱度（pH 值）在 6.5～7.0 之间最好。

问：大白菜生长最适宜的温度是多少？

答：大白菜属半耐寒性的蔬菜，既怕酷热又不耐严寒，通常喜欢冷凉的气候。大白菜的生育期比较长，不同时期对温度的要求也不一样，一般是在 5～25℃之间，过低或者过高都不利于大白菜生长。在华北地区种植大白菜季节的平均温度在(16±10)℃的范围。而最适宜大白菜生长的平均温度是(17±5)℃，平均温度高于25℃以上时会出现生长不良的现象，而平均温度低于 10℃则会导致生长缓慢，当平均温度在 5℃以下时则会停止生长。在大白菜生长期间遭遇短期的低温冻害(0～2℃)，生长还能恢复，但是长期处在－2℃低温或者更低的温度时，就无法恢复了。所以，大白菜能耐轻霜但不耐严霜。

同时，大白菜在不同生长时期对温度有不同的要求。种子萌发时的适宜温度是 20～25℃。在最适宜温度下，并保持土壤湿润，播种 3 天后幼苗就能出齐。如果温度过高，气候干旱，会引起苗期病毒病。大白菜莲座期的适宜温度是 17～22℃。温度过高，易导致叶片徒长并容易发生病害；温度过低，会造成生长缓慢，从而延迟结球时间。大白菜结球期要求温和、冷凉的气候条件，平均适宜的温度是 12～18℃，10～20℃也能生长良好。在适宜的温度范围内，气候表现为白天日照充足，光合作用强，有利于养分的制造；夜间冷凉，昼夜温差大，有利于养分的贮存和积累。

问：大白菜对光照和水分都有哪些要求？

答：在营养生长阶段大白菜需要充足的阳光，一般要求 1 0000～15 000 平方米烛光的照度。

大白菜生长期需要充足的水分供应。每亩大白菜浇一次需要水 20～30 吨，大白菜从播种到收获，一般要浇 12～15 次水。只有保证大白菜充足的水分供应，光合作用才可顺利进行。栽培大白菜的地块要有良好的灌溉条件和排水系统，这样既能及时充足地保证大白菜对水分的需求，又能在雨后迅速排出过多的积水。

大白菜在不同的生长时期对水分的需求也不一样。幼苗期的需水量不大，但当土壤低于 10％的含水量时，发芽和出苗都会受到影响;过湿土壤的透气性比较差,也不利于种子发芽和幼苗出土。莲座期的需水量比较多:苗期、莲座期在浇水以后都要注意及时中耕,使表土保持疏松干燥,下层土壤要保持良好的持水状态。一般以20厘米深处土壤含水量为17%～19%较为适宜。结球期是需水量最多的时期,要保持地面湿润,20厘米深处土壤含水量应不低于20%。

问:大白菜对土壤都有哪些要求?

答:大白菜适宜在土层深厚,保水、排水良好,土壤肥沃、松软,有机质含量高的沙壤土、壤土或黏壤土上生长。土壤酸碱度以中性或弱酸性为好,碱性过大的土壤不适合大白菜的生长,土壤的酸碱度(pH值)在6.5～7.0之间最好。

问:大白菜生长经历发芽期、幼苗期、莲座期、结球期和收获期,这几个时期应该注意哪些问题?

答:1.发芽期:大白菜从播种到基生叶展开,6～7天时间,叫发芽期。子叶与基生叶成"十"字形,是发芽期结束的标志。这个时期种子的饱满度以及播种期的天气对种子的萌发、幼苗的生长都有很大影响。从播种到齐苗要注意及时浇水,保齐苗。

2.幼苗期:从大白菜发芽期结束到第一叶环形成为大白菜的幼苗期,7～8天,又叫团棵期。幼苗8～10片叶,地下部主根、侧根同时生长,但这个时候气候往往很不正常,要多注意加强田间管理,防止病害的流行,争取做到苗齐、苗全、苗壮。

3.莲座期:从团棵开始到长成中生叶的第二、第三环的叶片,这个时候的植株叶片重叠形似莲座状态,叫做莲座期,需要20～22天。莲座期结束的标志是长出的新叶开始向内卷曲,出现包心的趋势。这个时期外叶增长很快,地下部根系也迅速生长,侧根增粗并向纵深发展,形成强大的根系吸收网。这个时期要进行控水中耕蹲苗，适当控制地上部莲座叶的生长，防止叶片生长过旺而影响莲座后期球叶的分化和形成。

4. 结球期：从开始包心到整个叶球长成是大白菜的结球期，中、晚熟品种是45天左右；早熟品种是在30天左右。这个时期大白菜生长的好坏，对大白菜的产量和品质都有重要的影响。所以这个时期应该加强水肥管理。

5. 收获期：一般立冬到小雪收白菜，要根据天气和市场情况及时收获。

问：应该怎么选择大白菜的茬口？

答：茬口选择的好，不但能避免一些土传病、虫害的发生，还能利用土壤内的有益菌群促进大白菜的生长。比如豆类茬口因其豆科植物的根瘤菌具有固氮作用，对大白菜幼苗的发根很有利。还有比如土豆、生笋等这些作物腾茬比较早，有充分的整地时间，并且与大白菜不同科，病虫害不同，所以是种植大白菜的好茬口。

问：大白菜的播种方法有哪些？

答：大白菜的播种方法一般有三种：

1. 起垄直播：地整好后按60厘米行距起高垄，垄高15～20厘米，播种时用锄将垄顶轻轻推平，按每穴间隔40～50厘米穴播，这种方法既节省种子又有利于全苗、壮苗，能减少霜霉病的发生。也可划浅沟撒播。一般每亩用种量150克左右。

2. 育苗移栽：此法可缓解因腾茬晚不能适时播种的矛盾。育苗时苗畦要选择地势高、肥沃、排水良好的地块。育苗播种期可以比直播期提早3～5天，苗期20～25天。一般每亩用种量50克左右。

3. 平畦直播：不起垄，直接在平整好的畦内划深1～2厘米的浅沟，人工顺沟播种，然后覆土、镇压。每亩用种量100～150克。

这种方法多用于沙性比较强的土壤，比如在黏性土壤上采用此法，则不利于出苗，风险较大。

问：在灾害天气期间播种，应该采取哪些措施确保全苗？

答：播种时遇大雨或连阴雨天气时，往往出苗不齐，应该根据具体情况采取相应措施。

1. 大雨或暴雨：一般不会持续很长时间，所以应该在雨后播种，覆土要薄，以盖上种子为准，切忌不可过厚。

2. 连阴雨：一般都不大，但却不容易停。这个时候不要等待，应该按时播种，播种后覆少量的土或者用蛭石覆盖，要掌握浅播少覆土的原则。

3. 因连阴雨未能整地施肥时，一定要抢时间播种，可以先不施肥，待出苗后结合中耕再追肥，在不错过播种期的前提下，同样可获得丰收。

4. 播后遇雨时，每天浇 1 水，保持地皮湿润，争取全苗。

问：大白菜应该如何间苗？

答：大白菜的间苗一般分三次：

1. 幼苗长出 1～2 片真叶时就可以开始间苗了，以将苗间开不扎堆为准，目的是防止幼苗徒长、倒伏。

2. 幼苗长到 4～5 片真叶时进行，此时留苗 2～3 棵，间苗时应掌握去杂、去无心苗、弱苗、病苗、留壮苗的原则。

3. 与定苗相结合，此时幼苗已经长到 8～10 片真叶，如果需要可以同时进行补苗，以免缺苗断垄影响产量。

间苗时应该掌握早间苗、密留苗、晚定苗的原则。

问：大白菜应该如何定苗？

答：定苗时期一般在播种后 20 天左右，幼苗长到 8～10 片叶时进行，此时地老虎已进入化蛹阶段，不再危害或很少危害，可避免定苗后发生虫害，造成缺苗断垄的情况。

定苗的标准有以下几点：

1. 要留大苗、壮苗、无病虫害的苗，尤其要注意去掉已被菜螟危害的无生长点的苗，俗称傻棵。

2. 去杂：大白菜是异花授粉作物，天然杂交或机械混杂在所难免，所以定苗时一定要根据品种的特征特性去掉杂株，以保证品质和产量。

问：大白菜应该如何蹲苗？

答：一般进入莲座期进行蹲苗，适当控制水分，相对抑制叶片的生长，以促进叶原基的叶芽分化，增加叶片数，并促使根系发育，为高产、稳产创造条件。蹲苗持续的时间一定要掌握好，时间过短起不到蹲苗的作用，时间过长则会对植株形成伤害，甚至会造成减产。蹲苗时应该经常观察苗的田间长势，当幼苗色泽深绿，有光泽，在晴天的下午外叶出现萎蔫而在第二天清晨可恢复，并且心叶正常时，应结束蹲苗及时浇水。

问：怎样通过合理密植技术来提高大白菜的产量？

答：合理密植的指标是植株所占的营养面积约等于或稍小于莲座叶丛垂直投影的分布面积为宜。不同品种要有相应的合理密度。同一个品种，气候条件适宜、肥水条件好，密度可稍小；反之，密度宜稍大些。植株田间布局的方式也影响大白菜的生长。为便于田间操作，一般是行距略大于株距。

近年来，大白菜的种植密度也随着人们对产量、质量的要求的变化而有所变化。秋播白菜由过去的一般 2 500～2 700 株/亩逐步降低到 2 200～1 800 株/亩；早熟小型品种则增加到 2 500～5 000 株/亩；中型品种为 2 000～2300 株/亩。

问：中耕除草需要注意哪些问题？

答：中耕除草一般需进行3～4次。中耕的目的一是去除杂草；二是保墒，保持土壤水分；三是增加土壤的透气性。第一次中耕是在幼苗"拉十字"前后，结合第一次间苗，主要是打破土壤板结和消除杂草，要浅锄，一般以划破土皮为准。如果中耕太深容易伤苗，不利于幼苗生长。第二次中耕与第二次间苗同时进行，深度要比第一次略深，3～4厘米。第三次在定苗前进行，这次中耕最深，一般为8～12厘米。第四次可结合培土，在定苗后进行。

经过四次中耕，各种杂草基本锄净，土壤的疏松透气性得到改善，有利于大白菜根系的发育。当幼苗长到莲座后期，将封垄时不宜再进行中耕，否则会伤根太多，不利于大白菜生长。

问：如何掌握大白菜的浇水以及施肥技术？

答：大白菜是喜肥水作物，不同的时期对肥料的需求量不同，苗期比较少，莲座期比较多，结球期是最多的。

从苗期到莲座期占肥料吸收总量的20%～30%，结球期占70%～80%。幼苗期吸收的氮最多，钾次之，磷最少；莲座期和结球期则对钾的吸收最多，氮次之，磷最少。施肥种类应是有机肥和无机肥配合施用。有机肥和磷肥主要作基肥施入，无机肥和部分速效有机肥用作追肥用，追肥占总施肥量的1/3。所以施肥管理中要重施基肥，结合整地可每亩施腐熟有机肥5 000千克。播种后墒情差时可浇一次水，到"拉十字"时再浇一次小水，以补充土壤水分，沉实因出苗裂开的表土，保护根部；定苗后浇水并追肥，每亩施尿素8千克或碳酸氢铵10千克和硫酸钾12千克、过磷酸钙50千克；莲座期生长量和生长速度都很大，需要结合追施发棵肥每亩施尿素15～20千克并浇水，以后的浇水原则是"见干见湿"；结球初期浇水时可随水施尿素15～20千克，以后每6～10天浇1次水，始终保持田间湿润；收获前10～15天停止浇水。另外，在结球期可用0.7%氯化钙和50毫克/千克萘乙酸混合液喷雾2～3次，可以促进结球并能起到防止干烧心的作用。

问：种植大白菜容易遭遇哪些病害？

答：危害大白菜的主要病害有：病毒病、霜霉病、黑斑病、白斑病、软腐病等。

问：病毒病的发病症状是怎样的，该怎么进行防治？

答：发病初期的时候，幼苗有花叶或者退绿斑等明显的症状，以后发展到叶片扭曲、皱缩，严重时全株停止生长，植株矮小，不结球，甚至死亡。这种病害的防治方法一般采取综合防治的方法。第一，选择抗病品种。第二，病毒病多发生在苗期高温季节，适当浇水可降低地温，每浇一次水，地表可以降温5～8℃，低温可以减少病毒病发生的机会。第三，在适宜的播种期内，适当晚播可减轻病害的发生。第四，苗期要大肥大水促壮苗；施肥要施用腐熟后的有机肥，因为肥料在腐熟过程中会释放大量热能，提高地温，从而为病毒病发生创造有利条件。第五，也是最主要的一点，就是要进行药物防治。可以选用20%病毒A500倍液、百毒灵一号500倍液、1.5%植病灵乳剂1 000倍液；5%曲毒清水剂或抗毒剂1号300倍液喷雾，每隔10天左右喷洒1次，可以连续喷2～3次。

问：霜霉病的发病症状是怎样的，该怎么进行防治？

答：霜霉病属真菌性病害，从外叶开始发病，呈水浸状，叶背有肉眼可见的白霉，以后发展到退绿，叶面呈黄褐色，沿叶脉呈多角形病斑，最后外叶干枯，失去功能。

这种病害的防治方法：对霜霉病多在发病初期进行药物防治。可以用65%的代森锌可湿性粉剂500倍液喷雾，7～8天喷1次。

或用75%的百菌清可湿性粉剂500倍液喷雾。或者40%的乙膦铝(霜霉净)可湿性粉剂200倍液喷雾。还可以用58%的瑞毒霉(甲霜灵)可湿性粉剂1 000倍液喷雾。

问:大白菜黑斑病和白斑病的发病症状是怎样的?

答:大白菜黑斑病是由真菌纲半知菌目引起的病害,病菌通过风雨、流水由气孔侵入,主要在大白菜包心中、后期发生。病斑呈圆形,有轮纹,叶背面病斑处有黑霉。病斑一般直径2~5厘米,褐色,后期出现穿孔,严重时叶片干枯,失去功能,不能制造养分。

白斑病和黑斑病同属于真菌纲半知菌目,莲座期开始发病。病斑呈圆形或卵圆形,灰褐色,呈半透明薄纸状。病斑白色无黑霉,固称白斑病。病害严重的时候,全株外叶干枯,因不能包球最后导致死亡。

问:如何防治大白菜黑斑病和白斑病?

答:黑斑病和白斑病因为同属于真菌纲的半知菌目,防治方法基本相同。首先是选择抗病品种:一般浅绿色白口菜比较抗黑斑病,深绿色青口菜的抗病性差一些。要在播种前用50%福美双拌种,用药量为种子种量的0.4%。药剂防治可以选用50%扑海因或5%利得1 000倍液,或50%的代森锌600~800倍液,或50%的退菌特800倍液,或75%百菌清或70%乙磷锰锌500倍液进行喷雾。每次间隔3~5天喷雾1次,可以连续喷雾2次。

问:软腐病的发病症状是如何的?

答:软腐病属细菌性病害,病菌周生鞭毛,借水游动由伤口侵入,发病部位细胞组织腐烂,有臭味。该病多发生在莲座后期或结球期,发病初期症状为心叶萎蔫,严重时烂疙瘩,甚至全株死亡。软腐病是大白菜致命的病害,9月下旬到10月下旬是发生高峰期。

问:怎样防治大白菜软腐病?

答:第一,在进行农事操作管理时尽量减少伤口,不给病菌入侵的机会。第二,及时防治虫害,以免产生伤口,感染病菌。第三,及时拔除病株,并在拔除的病株原地撒40～50克的5%的生石灰粉杀灭病菌,以免随水传播。第四,要进行药物防治,可以选用农用链霉素200倍液,在发病初期喷雾或灌根;氯霉素100倍液喷雾;新植霉素200倍液喷雾;"农抗751"200倍液灌根;"丰灵"灌根。也可以用98%农用链霉素2 000倍液或70%敌克松600倍液或50%菌毒清300倍液,每隔7～10天淋洒植株1次,可以连续3～4次。

另外,大白菜不宜连作,合理的轮作,对于减轻各种病害的蔓延都有重要意义。一般以黄瓜、四季豆、番茄为大白菜的前茬为好。

问:大白菜都有哪些危害比较严重的害虫?

答:大白菜虫害可以分为幼苗期虫害和结球期虫害。幼苗期的主要害虫:有黄条跳甲、菜螟、菜青虫和地老虎。

大白菜结球期的主要害虫是蚜虫,这些害虫都直接危害白菜,轻者造成伤口,影响植株生长,重者导致死亡,形成缺苗断垄,造成减产。

问:幼苗期的主要害虫有黄条跳甲,该如何防治?

答:黄条跳甲,又名菜蚤或者地蹦子。它的成虫体长1.8～2.4毫米,褐色有光泽,背部的一对翅膀上各有一条黄色纵纹,后足腿节膨大,善跳跃。幼虫体长4毫米,黄白色,头与前胸背板褐色。黄条跳甲一年可发生3～8代,成虫、幼虫都危害白菜是大白菜苗期的主要害虫之一,从白菜幼苗出土即开始啃食子叶,以后危害真叶。开始危害时可在叶片上看到很多小白点，以后形成小孔，随着叶片的长大，孔也逐渐变大，从而降低叶片的光合作用能力及大白菜的品质。

黄条跳甲的防治上可以选用40%氧化乐果1 500倍液喷雾。或4.5%高效氯氰菊酯乳油2 000～2 500倍液喷雾。还可以用20～30毫升速灭杀丁乳油兑水40～50千克喷雾。

问：菜螟该怎么防治？

答：菜螟的成虫体长7毫米，翅展开后16～20毫米，全体成灰褐色，有银粉，前翅中部有一个灰黑色蚕豆型斑点。幼虫体长可达12～14毫米，胸部淡黄色，背部浅褐色。它一般是一年发生3～4代，第三代正处在大白菜幼苗期(3～8片叶)，危害严重。菜螟是一种钻蛀性害虫，蛀食幼苗的菜心，从而造成大白菜不能正常生长包球，俗称"大傻苗"。在河北省中南部地区于8月中下旬是危害较重，应注意提前做好预防。

菜螟防治可以喷敌百虫液，90%晶体敌百虫兑水800～1 000倍，连续喷两次，间隔1～2天，在晴天的下午喷药效最好。还可以选用BT乳剂200倍液喷雾。或者5%定虫隆乳油2 500倍液喷雾。

问：菜青虫应该怎样防治？

答：菜青虫的成虫是白色粉蝶，体长10～20毫米，前翅基部灰色，翅的尖端有三角形黑斑，下部有两个黑色圆斑。幼虫体长可达28～30毫米，全身绿色，背部密生细毛和小黑点。菜青虫一年发生3～5代，世代重叠，在田间可看到不同世代的幼虫。3龄以后食量剧增，以啃食叶肉为主，严重时整片叶子只剩叶脉，尤其对幼苗危害极大。

菜青虫的防治可以选用BT乳剂200倍液喷雾防治，或5%定虫隆乳油 2 500 倍液喷雾防治，还可以用 5％锐劲特 1800 倍液喷雾。

问：地老虎应该怎样防治？

答：小地老虎又叫黑地蚕，是危害白菜幼苗的主要害虫之一。一般一年发生 2～7 代。幼虫在 3 龄后入土潜伏，4 龄后食量大增，白天潜入表土，夜间四处活动觅食，啃食地表嫩茎，或将嫩叶咬断造成缺苗断垄。

防治方法是：可以撒毒饵，将 50 千克鲜菜叶切成碎块，加 90％的敌百虫 0.5 千克，对少量水拌湿、拌匀，按 25～30 千克/亩的量，与天黑前或清晨按垄撒到田间。还可以进行人工捕杀。清晨扒开被害株附近的表土捕杀，连续捕杀 5～6 次可收到防治效果。

问：种植大白菜应该怎么防治蚜虫？

答：大白菜上常见的蚜虫有萝卜蚜、甘蓝蚜和桃蚜三种。萝卜蚜：有翅胎生，体长 1.6～1.8 毫米，头部及胸部黑色，腹部黄绿色，复眼赤褐色；甘蓝蚜：有翅胎生，全体暗绿色，腹部黑色；桃蚜：雄蚜为有翅胎生，体长 2 毫米，头部及胸部黑色，腹部淡绿色，复眼赤褐色，雌蚜为无翅胎生，全体绿色，有的为黄色或近红色。

蚜虫成虫和若虫都是以刺吸口器吸食大白菜汁液，严重者可使叶片干枯、全株死亡。在河北省一年发生 10～20 代。蚜虫除直接危害大白菜生长外，还能传播多种病害，如软腐病、黑腐病等。蚜虫可进行孤雌生殖，其两性卵可进行性别转化，既可转化成有翅蚜也可转化成无翅蚜，因此蚜虫的危害发展极为迅速，若不及时防治，3～5 天内就会造成毁灭性灾害。

蚜虫的防治可以选用 50％的抗蚜威 500 可湿性粉剂喷雾，或 10％的吡虫啉可湿性粉剂 1 500 倍液喷雾。一般需连续喷 2～

3次,每次间隔2～3天。

问:大白菜收获时需要注意的问题?

答:大白菜生育后期尤其是采前1周左右停止灌水,否则组织脆嫩,含水量高,新陈代谢旺盛,易造成机械损伤。大白菜主要食用的是叶球,为了减少球叶的损失,可在收获前10～15天用甘薯秧、稻草、谷草等材料捆菜。另外要随时注意天气的变化情况,做到适时收获,以免因冻害造成丰产不丰收的不良后果。

问:那么怎样才能算是适时收获?

答:大白菜的贮藏性同叶球的成熟度有关。"心口"过紧即充分成熟,不利于贮藏,以"八成心"为好,可以减少开春后抽薹开花、叶球爆裂的现象,有利于延长贮期,减少损耗。或者说叶球包至7～8成、叶球紧实、外叶枯黄时时开始大量采收,确保丰产,提高商品率。收菜过早,气温较高,预贮期过长,容易受热不利贮藏;收获过晚的话,容易遭受田间冻害。

一般东北、内蒙古地区大约在"霜降"前后,华北地区在"立冬"到"小雪"之间,江淮地区会更晚一些。如果贮量很大,可以适当早采,感染病虫的菜体,耐藏性比较差,应该注意剔除。如果按品种来说,一般极早熟品种45天左右,早熟60～70天,中熟80～90天,晚熟90～120天。冬贮大白菜一般要在土地封冻前收获完毕。

收获后的大白菜如果不能及时运出菜地,应就地堆码起来。堆码最好成圆形,菜根朝里,菜叶朝外,圆圈中空,上部用老叶覆盖起来,这样既可以防止大的菜受热腐烂。

问:大白菜的贮藏特性?

答:大白菜供食部分是作为营养贮藏器官的叶球,它是在冷凉湿润的气候条件下发育形成的，所以适宜的贮藏条件是，温度(0±1)℃，相对湿度80%～90%。

大白菜贮藏损耗的原因是脱帮、腐烂和失水。不同贮藏阶段的损耗表现不同，入窖初期以脱帮为主，后期以腐烂为主。脱帮主要是贮藏温度偏高引起的，空气湿度过高或晒菜过度，组织萎蔫也都会促进脱帮。腐烂是病原微生物侵染的结果。大白菜的病原菌在0～2℃时就能活动危害，温度升高腐烂更重。空气湿度和腐烂的关系也极为密切，湿度过高时在0℃左右也能引起严重腐烂，大白菜在贮藏中抗病性逐渐衰降，所以腐烂主要发生在贮藏中后期。

由于大白菜的含水量比较高，叶片柔嫩，表面积大，贮藏中容易失水，所以失水的控制也很重要。一般认为，湿度过高，增加腐烂和脱帮；湿度过低，失水严重。因此，湿度的调节要结合温度的变化灵活掌握。大白菜贮藏必须维持适宜的低温，同时要注重湿度调节。不同品种的大白菜耐贮性也不相同。一般说来，晚熟品种比早熟品种耐贮，青帮类型比白帮类型耐贮。

问：大白菜都有哪些贮藏技术？

答：冬藏大白菜可随取、随食或出售。以下几种方法适于庭院贮藏：一是临时性垛藏。大冷到来之前在菜田中随收随垛，或先收翻晒后再垛。一般可抗2～3℃冰冻，如气温降到-3～5℃时则应盖草帘防寒或转藏。

二是室内垛藏。大冷封冻前将大白菜在不生火的空房内堆垛，垛与垛之间留出走道，保持垛外表温度0～2℃为宜，温度继续下降，可在周围覆盖草帘。要注意翻垛和保持室内温度。

三是沟藏。沟藏在地下水位低，背阴平地处挖沟，沟宽0.8～1米，把白菜根向下挤入沟内，摆平后上盖草帘，大冻时再埋土，第二年化冻后取出食用。

四是小型窖藏。窖有地下室和半地下室。窖一定要留天窗和气孔。大地封冻时入窖,单行堆放,中间留走道。入窖后主要通过开闭天窗和倒垛来调节窖温和空气温度湿度,这样可贮存到来年4月份。

十二、烟粉虱的发生与防治

烟粉虱作为一种害虫,以其种群数量大,寄主范围广,危害严重而引起全国各级植保部门的重视。而近年监测,烟粉虱的危害有增无减,防治困难,为了让农民朋友认识烟粉虱,了解它的危害,掌握发生规律,有针对性的控制烟粉虱,现将烟粉虱的发生与防治过程中的问题总结如下。

问:烟粉虱的定义及危害是什么?

答:烟粉虱,又名棉粉虱、甘薯粉虱,是当前世界重大经济作物害虫,据记载,美国西南部在1991年受烟粉虱为害造成的损失高达5亿美元之多。而近邻的巴基斯坦因为烟粉虱危害棉花造成严重绝产,曾经终止棉花的种植。特别是1997年以来,烟粉虱在我国大范围扩散,已经成为河北、天津、山东、江苏、湖北、山西等20个省市区一种灾害性昆虫。由于烟粉虱是我国新暴发的严重害虫,农民朋友对它的认识程度还很有限的。

问:烟粉虱数量呈上升趋势,危害很多农作物,该怎样区分烟粉虱和温室白粉虱?

答:两种粉虱的形态虽然部分相似,一般人均称它们的成虫为小白蛾,但实际上烟粉虱的发生和危害比温室白粉虱更加严重。有很多方面的特性。

1. 两种粉虱的形态差异。①成虫的区别:烟粉虱体形偏瘦小,体长0.85～0.91毫米,而温室白粉虱0.99～1.06毫米,略大于烟粉虱;烟粉虱静止时翅合拢呈屋脊状,温室白粉虱合拢较平坦。②蛹的区别:烟粉虱的蛹为淡绿色或黄色,温室白粉虱的蛹为白色至淡绿色。

2.烟粉虱在植株上的分布特点。烟粉虱的成虫有明显的趋嫩性,成虫主要在植株顶部嫩尖处危害,随着植株的生长逐渐由下部向上部叶片移动。成虫产卵于叶背,卵为长梨形,有一小柄与叶连接,卵孵化后一龄若虫可爬行,二龄后足退化,固定在叶背取食。蛹羽化成成虫后叶背将留下蛹壳。因此卵、若虫分布在下部叶片。成虫还有背光性,主要活动在叶背。烟粉虱在植株上形成垂直分布,上部为成虫,中下部为卵、若虫和蛹。调查虫量时应查看叶背。

3.烟粉虱的发生范围更广泛。1976 年夏末秋初温室白粉虱仅在北方爆发。而起源于热带和亚热带的烟粉虱,在南美、非洲、欧洲、亚洲的很多地区都有发生,韩国 1997 年曾造成显著危害。在我国从爆发之初的华北地区的北京、天津及周边的廊坊、任丘等地,几年内迅速扩展到山东、江苏、湖北、上海,遍及华北、华南、华东、华中广大的区域。2006 年 8 月份湖北的武汉市低空弥漫着烟粉虱,引起市民生活不便和惊慌。

问:这两种粉虱的寄主种类有什么不同?

答:烟粉虱的寄主种类更多。资料记载烟粉虱的寄主多达 74 个科,500 种以上。2000 年北京农科院调查京郊温室有 9 科 32 种蔬菜上发现烟粉虱,在露地共有 9 科 15 种植物上有烟粉虱为害;在观赏植物上共有 17 科 27 种园艺植物上有烟粉虱为害。河北省调查有 16 科,64 种植物上发现烟粉虱。寄主范围涉及几乎所有的蔬菜,及许多大田作物和花卉。对各种寄主按发生密度排序,以白菜、甘蓝、萝卜、茄子发生数量为最高,值得注意的是温室白粉虱不嗜好的十字花科植物也是烟粉虱的重要寄主,而且发生数量是寄主植物之中偏高的,温室粉虱的农业防治措施中重要的一条是种植温室粉虱不喜欢的十字花科植物。因此在安排茬口避开烟粉虱，而选择烟粉虱不喜欢的植物时就比温室白粉虱困难。调查中没有发现烟粉虱的植物仅有大葱、麻山药、茴香，其种类很少。

问：烟粉虱的生长规律？

答：1. 发生世代。在热带和亚热带地区，一年可发生 11～15 代，且世代重叠。25℃度条件下，卵—成虫 18～30 天，成虫寿命 10～22 天，也有报道在 26～28℃最适温度之下，卵期约 5 日，若虫期约 15 日，成虫寿命可达 1～2 月。在适温范围内随温度提高，发育期缩短。烟粉虱 12℃停止发育，14.5℃开始产卵，高于 40℃成虫死亡，一头成虫可产 120～200 粒。

2. 周年发生。烟粉虱在气温低于 14℃后，露地不能越冬。由于冬季保护地种植的发展，烟粉虱可以安全越冬。在北方地区烟粉虱冬季进入日光温室，江苏、浙江等南方地区则进入冷棚继续危害。全年没有越冬或越夏的休眠期。因此随气温的变化，烟粉虱有几次明显的迁移，如北方地区，随着大秋作物和秋菜的逐渐收获和温度的降低，烟粉虱数量减少和消失，11 月中下旬随秋延后和冬棚菜、花卉的盖膜加温，露地棚间包括庭院花卉的粉虱成虫逐渐迁入保护地进行繁殖、危害和越冬。4 月上旬外界温度上升后又由温室向露地迁移；11 月秋菜收获后，温度下降，再次迁移到保护地。各地的发生盛期因气候和作物条件有所不同，广东 3～4 月份发生严重，浙江南部 6～11 月份为危害高峰，北方露地 8 月中旬烟粉虱数量急剧上升，为发生盛期；棚室 11 月份和 3～4 月份数量相对偏高。冬季 12 月份至翌年 1 月份容易发生连阴天，此期室温偏低，烟粉虱繁殖受限，发生数量偏低。当适宜作物大面积种植期，同时也是烟粉虱发生盛期，如北方地区秋后由于部分寄主作物陆续收获，成虫在秋菜上相对集中，会出现第二次成虫和卵高峰，但若虫增加不明显。最近湖北研究,发现烟粉虱可以在露地安全越冬,虽然停止繁殖,但越冬后的虫口与棚室会合,发生基数大大增加。高温干旱的气候条件利于发生。

3.烟粉虱容易对药剂产生抗性,国外20世纪80年代监测,烟粉虱对大多数常规农药如有机磷、氨基甲酸酯类和拟除虫菊酯类杀虫剂皆产生了不同程度的抗性。如18个月内施用22次扑虱灵,发现烟粉虱对同类的药剂产生了抗性。西班牙用吡虫啉较多地区,不到3年防效显著降低,烟粉虱的抗性个体频率在1994年9月份已经达到45%,1995年5月份上升为83%,抗性发展很快。因此防治策略和技术方法应针对这些关键点制定和实施。

问:用什么方法防治烟粉虱?

答:采取综合防治的技术:

1.农业措施:利用烟粉虱非寄主,调剂茬口,以期降低发生数量。如保护地上茬种黄瓜,下茬改种葱、韭菜。

2.物理防治:烟粉虱对深黄色有强的趋性,利用这个习性诱杀成虫,在田间挂上深黄色板,再涂上10号机油,板下沿与植株顶平行。10天清一次诱到的小白蛾,再重涂机油,一亩地挂30~40块的100厘米×20厘米的黄色板,此方法可与寄生蜂配合使用。

3.驱避作用:大蒜汁按1∶20倍,芥茉油按1∶50倍喷雾,亩用水量30千克,有明显的驱避作用,可减少成虫的产卵。

4.银叶病的治疗:春雨1号对西葫芦银叶病有良好的治疗效果,一般西葫芦银叶病发生敏感期为3~4片叶,因此发生早期可用春雨1号(95%复硝酚钠原粉)15 000倍液喷雾。也有报道用20~30毫升/升赤霉素+500倍液细胞分裂素+5 000倍液双效活力素,有防效。

5.霉污病的防治。霉污病的防治首先是及时灭虫,对已经发生的霉污病可喷药灭菌,用50%甲基托布津500倍液,或25%多菌灵300倍液。

6.药剂防治：10%吡虫啉1 500倍、1.8%阿维菌素3 000倍液、20%啶虫辛乳油1 000倍液、3%啶虫脒乳油2 000倍液、5%抑太保2 000倍液对烟粉虱有较好的防效；熏虱灵烟雾剂600克/亩对成虫效果理想。天王星1 500倍液、5%锐劲特1 500倍液治若虫、兼治成虫。

7.生物防治：可采用白僵菌、赤座霉菌、粉虱座壳孢菌、轮枝菌等菌药治虫。试验表明轮枝菌具有杀成虫、若虫的作用，但对卵没有防治效果，用药2次防治效果达到94.47%。使用菌药要求适宜温度和湿度，如轮枝菌要求棚室温度15℃以上、湿度85%以上，因此南方露地菜施用效果好，通过施用菌药可以建立自然菌群，使生态达到平衡，可以抑制烟粉虱的过分繁殖。还可用施放以烟粉虱为寄主的小蜂进行控制，当棚室中一株有0.5头成虫时可以采用天敌浆角蚜小蜂或丽蚜小蜂，亩放5 000～1 0000头。间隔7～10天释放1次，连续放3～4次，通过小蜂对烟粉虱若虫的寄生，来杀灭烟粉虱，被寄生的若虫变褐或变黑，未寄生的呈黄色。

问：防治烟粉虱时把握什么原则？

答：第一，在暴发初期防治。因虫量一大，防治起来就困难。使用生物方法，则更强调发生初期用，如棚室中一株0.5头成虫时可以采用天敌浆角蚜小蜂或丽蚜小蜂，虫量一高就控制不了。而且及时除治才可避免粉虱传毒。

第二，连续用药。由于世代重叠，卵3～5天就孵出，一般药剂不能对卵、若虫、成虫全有效，如25%灭螨锰乳油1 000倍液，对粉虱成虫、卵、若虫均有效，而2.5%天王星乳油3 000倍液，对成虫、若虫、蛹均有效，但对卵无效。所以用药时间间隔7天，连续用药2～3次。

第三，联防联动。在露地蔬菜防治时提倡大家一起用药，把区域内的粉虱一块歼灭。

第四，棚室可以采用 40 目的防虫网，阻隔粉虱由外边迁入。

第五，轮换用药。为降低抗药性产生的速度，应轮换用药，注意同类药剂不混用，而是不同类药剂混用，如 1.8%阿维菌素乳油 2 000 倍液+10%吡虫啉 1 500 倍，25%扑虱灵 1 000 倍+10%吡虫啉 1 500 倍。

施药时间以早晨 6～7 时为宜，因为此期温度较低，烟粉虱活动不频繁，而且早晨 9 点为成虫的羽化高峰期。施药时应注意着重喷洒叶片背面，从上至下逐步喷洒。

问：栽培上注意些什么，可以很好的预防、控制烟粉虱？

答：设施栽培的作物要注意综合防治，抓住设施作物烟粉虱的迁移初期，以控制、培育无虫苗、移植棚无虫源为目标，采用清洁棚室（包括杀虫剂处理）、控制栽培过程、应用防虫网、黄色诱虫板等措施来推迟危害期。有条件的可应用浆角蚜小蜂和丽蚜小蜂以虫治虫。药剂防治提倡轮换用药，且一熏一喷，或二熏一喷交叉进行。

露地栽培作物：同发生区域联防联治。有效处理设施作物烟粉虱以减少露地虫源。危害盛期抓重点作物进行药剂防治，抓住迁移扩散初期，喷雾药剂混合交替应用，并于其他害虫结合进行。

烟粉虱的防治总结为：一无——培育无虫苗。定植前 1～2 天熏杀粉虱，使苗不带虫；二堵——保护地的放风口、通风口安装防虫网，不让烟粉虱飞入棚内；三诱——利用烟粉虱的趋黄性用黄板诱杀；四熏——夜间用烟熏剂熏杀，闷一夜，次日放风。五杀——早晨、傍晚用药喷雾杀虫。

十三、防止洋葱先期抽薹技术

洋葱是人们日常生活中不可缺少的蔬菜调味品，可鲜食、可加工，可出口创汇。近年来洋葱的栽培面积不断扩大，洋葱的品种也层出不穷。但很多农民朋友在栽培洋葱过程中因管理不当，品种选择不合适等原因，导致洋葱先期抽薹，造成一定的经济损失。下面讲一讲如何防止洋葱先期抽薹的技术措施。

问：洋葱的特性有哪些？

答：洋葱又称葱头或圆葱，以膨大的肉质鳞茎为产品，高产耐储，供应期长，可调节夏淡季蔬菜供应，是主要的夏季蔬菜之一。洋葱耐寒、喜湿、适应性强，我国南北方普遍栽培。但是现在洋葱的品种过于混乱，生产上缺乏优良品种，栽培洋葱过程中会遇到先期抽薹的现象。

问：什么是洋葱的先期抽薹？

答：先期抽薹就是在葱头生长过程中，在鳞茎膨大时过早抽薹。先期抽薹使营养消耗于花茎生长，鳞茎不能充分肥大，不仅使洋葱的产量下降而且严重影响其产品质量及耐贮性，常造成很大损失。洋葱早期抽薹是栽培中常遇到的问题，它直接影响着种植洋葱的经济效益。

问：洋葱生长的发育周期及栽培特点有哪些？

答：要解决洋葱先期抽薹问题，应该了解洋葱的生长发育周期及栽培特点。在华北地区，洋葱栽培一般都是在初秋播种育苗，深秋移栽，露地越冬，第二年春季返青后继续生长，鳞茎膨大，夏初就能收获葱头，可直接上市销售或经储藏后陆续上市。如果冬前苗子生长较大，越冬期间通过了低温春化阶段，第二年春季返青后，在温暖长日照条件下就会抽薹开花。采种则需要利用储藏越冬期间通过低温春化的葱头做种株，于下一年春季定植到田间，使其抽薹开花结籽，一般6月下旬至7月上中旬收获种子供生产使用。

问：是什么原因引起洋葱先期抽薹？

答：洋葱早期抽薹是生产中常遇到的问题，它直接影响者商品的质量和产量。抽薹主要是播种过早和大苗越冬所造成的，此外与品种、栽培管理也有一定关系。引起洋葱先期抽薹的原因很多，要了解洋葱先期抽薹的根本原因，还要知道洋葱的春化作用类型和机理。

问：洋葱的春化作用类型和机理是什么？

答：洋葱属于绿体春化作物，洋葱秧苗长到一定大小时通过低温春化作用阶段后在温暖长日照条件下才能抽薹开花。洋葱通过春化阶段必须具备三个条件。

问：洋葱通过的春化阶段必须具备什么条件？

答：一是需要一定的低温，低温是诱导洋葱花芽分化的主导因子，多数品种在2～5℃的低温下即可完成春化。二是幼苗必须生长到一定大小以后才能接受低温感应通过春化阶段。一般认为幼苗叶鞘基部的茎粗大于0.6厘米以上时，就可通过低温春化作用，形成花芽抽薹开花，而茎粗小于0.5厘米时，即使遇有低温条件也不能通过春化，不形成花芽。此外，幼苗绿体越大（茎粗＞0.5厘米时），通过低温春化阶段所需低温日数越少。三是需要一定数量的低温积累，一般需经60～70天的时间，品种间差异较大，有的南方品种只需40～50天，而有的北方品种需100天以上。

影响洋葱通过春化作用的因素还有很多。如光照，洋葱花芽分化与光照关系不太明显,但在弱光下比在强光下所需低温时间稍长一些。同时肥料、土壤水分以及生长点的营养水平不同等,都会使洋葱对低温的感应情况存在一定差异。水肥充足,植株营养物质积累过多时,容易通过春化阶段。

总之洋葱先期抽薹的主要原因是播期太早,管理不当,使幼苗太大,越冬期间通过了春化作用所致。还与品种的遗传特性即品种对低温和日照的敏感程度、气候因素以及土壤环境因素等有关。所以,在生产中既要防止幼苗长得过大,引起早期抽薹,又要避免生长细弱影响幼苗越冬。适度大小的洋葱苗是具有 4 片左右真叶,株高 20～25 厘米,叶鞘直径 6～7 毫米,单株重 5 克左右。

问:洋葱怎样种植和管理才能避免和减少先期抽薹,提高产量和经济效益?

答:在洋葱的生产管理过程中,要防止先期抽薹,主要从两个方面着手:一是选择耐抽薹品种;二是适期播种和定植。

问:种植洋葱该怎样选择品种?

答:在品种选用上首先要选择耐抽薹品种。不同品种对低温和长日照的反应存在一定差异。在对低温的感受方面,有的品种冬性弱,表现敏感,有的品种冬性强,表现迟钝。表现敏感的品种,幼苗稍小遭遇低温也有抽薹的危险;表现迟感的品种,幼苗需稍大才能感受低温而抽薹。所以,在引种时应该选择对低温要求严格的品种,以免遭受先期抽薹的损失。

问:生产上有哪些优良品种可以有效地防止先期抽薹?

答:日常生产选用的品种中,有黄皮洋葱和紫皮洋葱。黄皮洋葱中耐抽薹的品种介绍三个:

1. 金球 1 号。中日照类型品种,株高 60～70 厘米,鳞茎高圆形，外皮棕黄色，纵径 7～8 厘米，横径 8～9 厘米，单球质量 250～300 克，品质好、耐寒性及抗逆性较强，耐抽薹、耐贮运。此品种还表现中早熟，从定植到收获 100 天左右，每亩产量为 4 000～4 500 千克，是鲜食、加工与出口的理想品种。华北地区一般于 8 月下旬播种育苗，10 月下旬至 11 月上旬或翌年 3 月份定植，6 月份收获。

2. 金球 2 号。中日照品种，地上部分长势旺盛，叶片深绿色，有蜡粉；鳞茎高桩圆球形，外皮金黄色，纵径 7～8 厘米，横径 8～10 厘米，单球质量 250～300 克、品质好、品种抗逆性强；鳞茎顶部紧实，十分耐贮运，适应性广。本品种表现中熟，产量高，每亩产量 4 000 千克以上，是适合鲜食、加工与出口的理想品种。播期与播种区域同金球 1 号。

3. 金球 3 号。长日照类型品种，株高 60～70 厘米，鳞茎高桩球形，外皮棕黄色，纵径 8～9 厘米，横径 6～7 厘米，单球质量 300 克。辣味较浓，干物质含量高，水分含量相对较少，适宜煮食与加工。品种抗病性强，耐寒，贮藏期长，可达半年左右，定植到收获 100～120 天，中熟，每亩产量 4 500 千克以上，是出口南亚、东南亚的理想品种。

紫皮洋葱品种常用的是紫星一号，邯郸市蔬菜研究所培育，是河北省的主栽品种。它长日照类型，鳞茎高桩球性，纵径 7～8 厘米，横径 8～9 厘米，单球质量约 300 克。外皮紫红色，品种抗病、耐寒，贮藏期达半年左右。耐抽薹，耐分球；中晚熟品种，从定植到收获约 120 天，每亩产量 4 000～5 000 千克。也是出口、鲜食与加工的理想品种。

问：在什么时候进行播种？

答：适期播种和定植是获取洋葱高产的基础。由于洋葱属于绿体春化作物，只有洋葱秧苗长到一定大小以后，才能有效地通过低温春化作用。播种期和定植的早晚,直接影响着幼苗的大小。

播种时间越早,幼苗生长期长,越冬时苗子越大,翌春抽薹率越高。秋播太晚,幼苗弱小,耐寒能力低,越冬容易死苗,而且减产。因此,根据品种特性和当地的气候特点,必须把播种期安排在适宜范围内,也就是既要使幼苗在冬前有足够的生长时间,以期获得足够大小的幼苗,而同时又不能使幼苗超过绿体春化所必需的临界大小,是防治先期抽薹的主要途径。华北中南部地区适宜的播期在8月底至9月初,土壤肥沃的地可晚播3天,条件差的可早播3天。至11月下旬越冬前苗龄约90天,苗期约需10℃以上的活动积温1200～1400℃。幼苗达到3～4枚叶,苗高18～24厘米,假茎粗度不超过0.6厘米,可大大控制第二年春季抽薹率。红皮葱头幼苗叶鞘基部直径在1厘米以下时,抽薹率为2.3%,1.5厘米以上的抽薹率为90%。

问:定植时间的选择需要注意些什么?

答:葱头秋季移栽要适时,早栽必将延长冬前生长期,导致秧苗过大而抽薹。一般苗龄40天,日平均温度15℃时是葱头的定植适宜期,一般情况下,华北地区在10月中下旬定植。

问:洋葱播种的适宜密度如何掌握?

答:播种密度要适宜,播种过稀,营养面积过大,苗期追肥过多,都会使秧苗生长过大。因此,要掌握适宜播种密度,一般亩用种量4～5千克,1亩秧苗可移栽8～10亩地。育苗地应及时间苗,苗距掌握在3～4厘米。出苗前土壤应保持湿润和疏松。齐苗后为促进根系扩展及叶片组织充实,应适当减少灌水,这样才能培育壮苗,是获得洋葱高产的关键。

问：栽培洋葱的冬前管理都需要注意些什么问题？

答：苗期管理的重点是使叶片生长健壮，防止苗子过大。洋葱越冬前浇冻水是管理的关键。11月下旬当气温降至－5～6℃时地面结冻，洋葱地上部枯萎而休眠。在土壤夜冻日融时浇冻水最为适宜，早浇因地面不能结冻，土壤水分容易蒸发，不能蓄水；晚浇因地面结冰难消，根系容易缺氧窒息而死亡。如果初冬有较长时间的回暖，还应补浇一次。

问：洋葱春季返青后的田间管理要注意些什么问题？

答：加强春季返青后的田间管理，土壤肥力、施肥水平和氮、磷、钾等营养元素的比例都会通过影响植株的营养生长间接地影响花芽分化和抽薹。一般肥沃的土壤、较高的氮素水平，可以使植株的花芽分化和抽薹晚。氮肥不足，土壤干旱，容易使秧苗生长瘦弱，植株碳水化合物和氮的比值增加，而发生先期抽薹。

因此开春后应该及时浇水追肥，促进营养生长，控制生殖生长，减少先期抽薹。一是秧苗返青时浇第一水，结合浇返青水进行追肥，加强返青后的水肥管理，以促进返青发棵；二是在叶部旺盛生长期浇第二水，三是鳞茎膨大初期进行第三次浇水追肥，此后进入鳞茎膨大盛期，要及时补充水分，保证地皮见湿见干，保证鳞茎持续膨大生长，才能抑止花芽分化和抽薹，提高产量和效益。在施肥方面，一般每次亩施尿素15～25千克、硫酸钾5～7千克，以促其营养生长旺盛，抑制生殖生长，降低未熟抽薹率。此外，还要特别注意搞好中耕松土，及时除掉杂草。当田间出现未熟抽薹时要及时打薹，以减少产量损失。

问：为了避免杂草与洋葱苗争肥水，怎样进行中耕锄草？

答：洋葱于播种至出苗前可喷除草剂。对以单子叶禾本科杂草为主的生产田，每亩用50％的扑草净亩用药100～150克；或是西马津和阿特拉津，亩用药120～240克；还可用除草通，每亩用35～65克；大惠利120～150克，在播种后5～7天（出苗前）加水30～50千克稀释，晚间喷雾。对防除地里的马唐、灰灰菜、蓼、尾草等很有效。

对以双子叶阔叶草为主的，每亩用25％恶草灵120～150毫升，或24％果尔45～60毫升，在播种后7～10天（出苗前）加水40～60千克，晚间喷雾。

幼苗生长期，当杂草刚萌生时即进行中耕，同时也除掉了杂草，对株间难以中耕的杂草也要及早拔除，以免与苗争肥。

问：危害洋葱的主要病虫害有哪些？

答：危害洋葱的虫害主要是蒜蛆。危害洋葱的病害主要有洋葱灰霉病、疫病、白腐病、黄叶、干尖及病毒病。

问：蒜蛆是很难防治的一种虫害，该如何防治？

答：蒜蛆是指迟眼蕈蚊和葱蝇。两者都以幼虫在土壤中危害洋葱的地下假茎、根茎，使之腐烂，导致地上部枯黄死亡，严重时会形成大片枯死。一般采用农业综合防治的方法，可以从四个方面着手：

1. 合理施肥：在成虫盛发期减少灌稀粪次数，并与药杀成虫相结合。

2. 灯光诱杀：5瓦普通电灯泡，下面30厘米处放一个盛水的碗，待水面发现成虫时，即可喷药杀成虫。

3. 糖醋酒诱杀：葱蝇成虫有趋化性。糖醋酒诱杀液的配方：糖3份、醋3份、酒1份、水10份、90％的晶体敌百虫0.1份。将配好的溶液装在盘内，放在戴间，5～7天更换一次，当测得成虫数量连续倍增时，可喷药杀成虫。秋季成虫盛发期多在本地霜冻前

40天左右。

4. 化学防治：在幼虫为害期采用化学防治蒜蛆，发现株叶尖开始发黄、变软，并逐渐向地面倒伏时，用50%辛硫磷1 000倍液或90%的晶体敌百虫600倍液灌根触杀。同时要注意葱蓟马的为害，发生初期用10%吡虫啉1 500倍液喷洒防治，连喷2～3次。成虫盛发期，喷洒75%的辛硫磷1 000倍液或25%的溴氰菊酯、20%的氰戊菊酯3 000倍液。

问：蒜蛆治不住的原因是什么？

答：一般存在两方面因素：①方法不当。农民用药往往大水漫灌，降低了用药浓度，达不到杀死害虫的标准；②时间不适宜。当在洋葱上发现了症状时，再防治时幼虫已钻进洋葱的假茎中，防治起来较困难。

问：该如何防治才有效果？

答：首先抓住施药适期：掌握发生规律，抓住成虫期防治，消灭成虫，减少虫卵。第二要掌握正确的施药方法，掌握准确浓度，顺垄灌根施药。春季土壤消冻后，洋葱萌发刚刚长出3～5厘米时进行。第三是进行中耕松土，松土可破坏幼虫栖息环境，可促使幼虫提前化蛹或死亡，消灭蒜蛆。松土还可提高地温，清除株间杂草，促进根系生长。

问：危害洋葱生长的病害也有很多，该如何防治？

答：1. 病毒病：生长期间若发现叶片畸形、萎缩、花叶及发育不良的植株，可能受病毒病感染，要及时拔掉。

2. 霜霉病、叶枯病：4月中旬以后加强对霜霉病、叶枯病等病害的防治，发病初期可用75%百菌清可湿性粉剂600倍液，或50%扑海因可湿性粉剂1 500倍液，或64%杀毒矾可湿性粉剂

500 倍液，605 琥乙膦铝可湿性粉剂 500 倍液，7～10 天喷一次，连喷 2～3 次，每种药在洋葱生长周期只能喷 1 次，但采收前 10 天不得用药。

3.洋葱锈病：可用 15%三唑酮可湿性粉剂 1 500 倍液，或用 70%代森锰锌可湿性粉剂 1 000 倍液交替喷施，隔 10～15 天 1 次，共喷 1～2 次。

4.疫病：可在发病初期用 72%的可湿性克露粉 800～1 000 倍液或 58%甲霜灵锰锌可湿性粉剂 500 倍液进行喷雾。

5.白腐病：在初期喷洒 50%多菌灵可湿性粉剂 500 倍液或 50%甲基硫菌灵可湿性粉剂 600 倍液或用 5%扑海因可湿性粉剂 1 000～1 500 倍液灌淋根茎。

十四、优质生姜的栽培技术

近年来，生姜作为一种调味品，越来越受到国际市场的青睐，价格一路走高，出口量日益增加。在我国，生姜的栽培面积逐年扩大，已成为农民增收的有效途径，被广大菜民所关注。本篇将针对农民关心、关注的问题做出解答。

问：近年来生姜畅销的主要原因是什么？

答：生姜原产于我国，是多年生草本植物，富含姜辣素，具有特殊香辣味，有健胃、去寒和发汗功效。因独特的调味和药用功效，备受市场欢迎。尤其是近几年韩国、日本、新加坡等国对生姜需求量的增加，而我国又是其进口生姜的主要来源地，因此市场需求量迅速扩大，生产效益不断看涨，给生姜生产发展带来了契机，生姜栽培已成为菜农致富的一条新途径。

生姜喜温，以往只能在长江以南的地区种植，近几年在河北省试种成功，并开始种植。目前种植面积逐年增加，仅抚宁一个县的生姜种植面积就高达1万亩，效益可观。

问：生姜需要的土壤环境是怎样的？

答：生姜为地下块茎作物，姜根细弱分布浅，在表土30厘米以内，既怕旱、又怕涝，喜水、喜肥，怕重茬，对土壤要求比较严格。因此，要选择疏松、肥沃、土层厚、排灌方便、富有腐殖质的沙壤质或轻壤质地块，以中性或微酸性壤土最好。土质与生姜辣味有关，沙壤上姜块辣味强，香气浓，但产量低，宜做种姜或干姜；腐殖质多或黏土姜块辣味淡，组织柔嫩、水分多，适宜采收新鲜嫩姜作蔬菜；土壤过黏过重，会导致姜生长不良，且易积水引起烂姜。重茬地块一般要轮作三年以上。

问：选什么样的生姜品种？如何进行播前种块处理？

答：生姜是无性繁殖作物，异地引种增产优势更大，生产上应选择根系发达、长势旺盛、产量高的品种，尤其是种姜出芽多、生芽快的品种。针对河北省主要病害和品种的生物学特性，筛选出的适合河北省种植的生姜品种有：山东济南大姜、山东莱芜大姜或莱姜，且要求姜块肥大、丰满、皮色光亮、肉质新鲜不干缩、不腐烂、未受冻、质地硬、无病虫害。

播前要先晒姜种，时间约在清明节前后。将选好的姜种摊放在日光下晒2～3天。白天晾晒，晚上收回或保温覆盖，晒到表皮稍皱为止。晒种后用1∶50的波尔多液浸种10分钟，然后放在温度22～25℃，相对湿度75%～80%条件下，经过20多天，姜芽长度达到0.5～1.0厘米即可。播种前将大块姜种掰开，形成种块，种块大小为55～65克。每个种块上只保留1个短壮芽，个别情况可保留2个壮芽，其余幼芽全部掰掉。然后，对种块进行消毒，一般用72%农用链霉素、可湿性粉剂4 000倍液或新植霉素4 000～5 000倍液浸种进行种块消毒。待姜芽生长至0.5～1厘米时，按姜芽大小进行分批播种,就行了。

问:栽培生姜关键应注意些什么?

答:一是整地施肥,起垄浇水。耕地前每亩应施圈粪5 000千克、腐熟鸡粪1 000千克,地力较差的地块可增施硫酸钾30~50千克,深翻25~30厘米,整平耙细,采用宽垄稀播。单拱塑料薄膜覆盖栽培,垄距65~68厘米,播种沟深25厘米,宽10厘米;地膜覆盖和双膜覆盖栽培实行一垄双行带种植,带距115~120厘米,膜内垄台宽50厘米,膜外垄台宽55~60厘米,垄高20厘米,播种沟宽8~10厘米。起垄后视墒情浇底水。土壤相对湿度不足70%的地块在播种沟浇底水,浇水量不易过大。浇底水时间视土壤质地而定,提前1~3天。

问:生姜在什么时间最适宜播种,还需要注意什么?

答:根据河北省的气候条件,一般露地姜(采用春播)的播种期掌握在5月上旬,地温稳定在15℃以上时即可播种。地膜姜在4月上中旬为宜。生姜的播种密度应依据肥地宜稀、薄地宜密、种块大宜稀、种块小宜密、肥水条件好宜稀、肥水条件差宜密的原则。

其中露地姜有平播法和竖播法两种。浇过底水的地块用镐或锄疏松播种沟底,然后摆放种块。平播时将种块水平放在沟内,使幼芽方向保持一致,竖播时种芽一律向上播种。播种后覆土4~5厘米。一般每亩种植5 500株左右,每亩用种量400~500千克。二是地膜姜。如果是单拱覆盖株距15~16厘米,将种块埋入播种沟中间;地膜和双膜覆盖株距18厘米左右,并使种块埋入膜内垄台的底角。播种后在播种沟内,每亩施三元复合肥15千克,硫酸钾10千克,硫酸锌1~2千克。为了防治地下害虫,每亩可用辛硫磷300~400克拌毒土10~15千克,均匀撒于播种沟内。

问：播种后还需要注意些什么？

答：播种后，若是重茬地块，可用甲霜灵锰锌 1 000 倍液进行土壤消毒。待播种、施肥、防虫、消毒后，用二齿钩或镐将垄台侧部的湿土扒下，盖严种块，再用钉耙或锄耧平，覆土厚度 4～5 厘米。再浇小水补墒，沉实覆盖土。水干后，每亩喷施地乐胺 250 克，防治苗期杂草。

若是地膜姜，应及时覆膜。单拱覆膜栽培用 90 厘米长的竹片弯成拱形架在播种沟上，用 90 厘米宽幅地膜盖严压实；双膜覆盖栽培将一个垄台和两个垄沟用 100～110 厘米宽幅地膜盖严压实，再用 110～130 厘米的竹片弯成拱型，以膜外垄台为依托将两个播种沟和其间的垄台架起，用 120～130 厘米宽幅的薄膜盖严压实，拱棚外要加绳固定防风。

问：田间管理上应该加强什么？

答：加强田间管理，适时采收。

1. 露地姜。

(1)中耕除草。出苗后，结合浇水中耕 1～2 次，并及时清除杂草，进入旺盛生长期不宜再中耕，有杂草应及时拔除，以免伤根。

(2)肥水管理。播种后浇足底水，保证苗齐苗壮。生姜齐苗后，浇齐苗水，以后 7～15 天浇一水，保持土壤见干见湿。8～9 月份进入生姜生长旺盛期，要增加浇水次数和浇水量，浇水量以浇后一个半小时无明水为宜，高温期浇水时间以早晨 8 点前为宜。雨季注意排涝，防止烂根或感染病菌。收获前 3 天浇最后 1 次水。6 月中旬至 9 月中旬，结合浇水，追肥 2～3 次，第一次每亩施尿素 25 千克，此后每次每亩施三元复合肥 30～40 千克。

(3)遮阴。因为生姜喜温和隐蔽及湿润气候，地上茎生长适温为 18℃，根茎发育以 20℃为宜。不耐寒，遇霜即凋萎，因此需在无霜季节栽培;抗旱力弱,不耐热,如遭阳光直射,则生长受阻。在散射阳光下生长最好,于旱炎热夏季,茎叶易枯萎,根茎不能膨大。无论是以上哪种栽培形式,当生姜出苗率达 50%时,应及时进行姜田遮阴。可采用水泥柱、竹竿等材料搭成拱棚架,扣上遮光率为30%的遮阳网,到 8 月上旬时及时拆除遮阴物。或者也可以姜田间作玉米进行遮阴。

(4)培土。随着生姜地下根茎的膨大,需培土 3～4 次。第一次培土,掌握在幼苗长到 10～15 厘米,及时揭膜、拔草、培土,培土量以将垄台上的土少量培入垄沟为宜,以后间隔 8～10 天培土一次。8 月份最后一次培土尽量多一些。

(5)采收。10 月中下旬初霜到来之前采收,收获前,先浇小水使土壤充分湿润,再将姜株拔出或刨出,轻轻抖掉泥土,摘除根须后,即可入窖(勿需晾晒)或出售。

2. 地膜姜。要做好破膜和撤膜工作。幼芽出土后,及时破膜引苗,以防烧苗,至 6 月下旬可撤除地膜,也可在 7 月中下旬追肥培土时撤除,还可以用小竹片、紫穗槐枝条等在姜沟上支架,将地膜呈弓形盖上,高温时通风,后期撤除。培土、采收等技术同露地姜。

问:种植姜的过程中应如何防治病虫害?

答:生姜在河北省主要发生“三病两虫”。“三病”指的是“姜炭疽病、病毒病、姜瘟病”,“两虫”则是“姜螟、小地老虎”。

按照“预防为主,综合防治”的原则,优先采用农业防治、生物防治、物理防治,合理使用化学防治的策略,不准使用国家明令禁止的高毒、高残留农药。各农药品种的使用要严格遵守安全间隔期,严格执行国标规定。

病害防治的具体措施:

1. 姜炭疽病。可选用 80%的炭疽福美可湿性粉剂 800 倍液喷雾。

2. 病毒病。可选用 20% 病毒 A 可湿性粉剂 600 倍液或 1.5% 植病灵乳油 1 000～1 500 倍液喷雾。

3. 姜瘟病。利用硫酸链霉素、新植霉素或卡那霉素 500 毫克/升进行浸种。

虫害防治的具体措施：

1. 姜螟。可用 52.25% 农地乐乳油或 4.5% 高效氯氰菊酯乳油 1 500～2 000 倍液喷雾。

2. 姜弄蝶。幼虫期用 25% 喹硫磷乳油 1 000 倍液；或 25% 除虫脲可湿性粉剂 2 000 倍液；或 20% 甲氰菊酯乳油 3 000 倍液叶面喷施。

3. 小地老虎。可用糖、醋、白酒、水和 90% 的敌百虫晶体按 6∶3∶1∶10∶1 调匀，撒于田间诱杀成虫，或将炒香的麦麸或豆饼 5 千克，配以 90% 的敌百虫晶体 200 克加水拌湿，撒于田间诱杀幼虫。

十五、大蒜返青后栽培管理技术

大蒜是我国传统栽培的蔬菜，是人们日常生活中不可缺少的蔬菜调味品，可鲜食、加工、出口创汇。大蒜返青后该如何管理，怎样防治病虫害，如何生产无公害绿色食品标准的大蒜呢？现将大蒜返青后栽培管理中的应该注意的问题总结如下。

问：河北省大蒜的栽培季节在什么时间为宜？

答：河北省大蒜多秋季露地播种，出苗后越冬前有一定的营养生长，经露地越冬，第二年春季返青继续生长，5 月份抽蒜薹，6 月初收获蒜头。大蒜忌连作，应选择前茬为早玉米、小麦、瓜类等田块种植，前茬为葱、洋葱、韭菜、或大蒜的田块不宜种植大蒜。

问:大蒜从返青到收获分为几个时期?

答:分为幼苗期、蒜薹伸长期、鳞芽膨大盛期、收获期。

问:大蒜幼苗期的管理技术要点?

答:从齐苗后到退母为幼苗期。出苗后控制浇水,以松土保墒为主,防止提前退母或徒长。土壤封冻前浇冻水,翌春返青后浇返青水。早春干旱、气温上升快适当早浇;幼苗过旺、为防徒长可适当晚浇。

问:蒜薹伸长期的管理该注意些什么?

答:从退母期到蒜薹采收前为蒜薹伸长期。重点是加强肥水供应,从退母后逐渐增加浇水次数并追施速效氮肥,同时配合施用磷、钾肥料。甩缨后 3～4 天浇一次水,最好随水施肥。采薹前 5～6 天不宜浇水,以免采收时容易断薹。此外,退母前后也是蒜蛆的主要为害期,可用 90%敌百虫 800～1 000 倍液或 40%乐果乳剂 800～1 000 倍液灌根。

问:蒜头膨大期的管理技术要点?

答:从蒜薹收获后至蒜头收获为鳞芽膨大盛期。采薹后追施一次速效化肥,亩用硫酸铵 10～15 千克,同时浇水。如遇多雨天气及时排涝,防止积水。

问:大蒜膨大期的水肥管理需要注意些什么?

答:大蒜幼苗生长期虽有种瓣供给营养,但为促进幼苗生长,增大植株的营养面积,仍应适期追肥。由于大蒜根系吸收水肥的能力弱,故追肥应施速效肥,以免脱肥而出现叶尖发黄。大蒜追肥一般 3～4 次,分为:

催苗肥：大蒜出齐苗后，施1次清淡人粪尿提苗，忌施碳铵，以防烧伤幼苗。

盛长肥：播种60～80天后，重施1次腐熟人畜肥加化肥，每亩20～30担，硫铵10千克，硫酸钾或氯化钾5千克。做到早熟品种早追，中晚熟品种迟追，促进幼苗长势旺，茎叶粗壮，到烂母时少黄尖或不黄尖。

孕薹肥：种蒜栏母后，花芽和鳞芽陆续分化进入花茎伸长期。此期旧根衰老，新根大量发生，同时茎叶和蒜薹也迅速伸长，蒜头也开始缓慢膨大，因而需养分多，应重施速效钾、氮肥（复合肥最佳）10～15千克，促使蒜薹抽生快、旺盛生长。

蒜头膨大肥：早熟和早中熟品种，由于蒜头膨大时气温还不高；蒜头膨大期相应较长，为促进蒜头肥大，须于蒜薹采收前追施速效氮钾肥。如：氮钾复合肥亩施5～10千克，若单施尿素，5千克左右即可，不能追施过多，否则会引起已形成的蒜瓣幼芽返青，又重新长叶而消耗蒜瓣的养分。追肥应于蒜薹采收前进行，当蒜薹采收后即有丰富的养分促进蒜头膨大。若追肥于蒜薹采收后进行，则易导致贪青减产。若田土较肥，蒜叶肥大色深，则可不施膨大肥。中、晚熟品种由于抽薹晚，温度较高，收薹后一般20～25天即收蒜，故也可免追膨大肥。

问：该在什么时期进行中耕锄草？

答：蒜苗幼苗生长期，当杂草刚萌生时即进行中耕，同时也除掉了杂草，对株间难以中耕的杂草也要及早拔除，以免与蒜苗争肥。

问：危害大蒜生长的主要病虫害？

答：虫害主要是蒜蛆危害。病害主要有大蒜灰霉病、疫病、白腐病、黄叶和干尖及病毒病。

问:蒜蛆的发生症状和防治方法?

答:蒜蛆是指迟眼蕈蚊和葱蝇。两者都以幼虫在土壤中危害大蒜的地下假茎、根茎,使之腐烂,导致地上部枯黄死亡,严重时会形成大片枯死。

生产上采用农业综合防治的方法。合理施肥,灯光诱杀,糖醋酒诱杀,结合化学防治。首先抓住施药适期,掌握发生规律,抓住成虫期防治,消灭成虫,减少虫卵。第二要掌握正确的施药方法,掌握准确浓度,顺垄灌根施药。春季土壤消冻后,大蒜萌发刚刚长出 3～5 厘米时进行,进行中耕松土,松土可破坏幼虫栖息环境,可促使幼虫提前化蛹或死亡,消灭蒜蛆。松土还可提高地温,清除株间杂草,促进根系生长。有韭蛆危害的地块,顺垄喷施药液。

问:大蒜生长期病害防治方法?

答:1. 农业防治。严禁大水浇灌,雨后及时排涝,结合田间管理,清理病株残体,带出田外。在蒜母干缩期、蒜薹伸长期及鳞芽膨大期应进行追肥,每次每亩施尿素 5～10 千克,或硝酸铵 10 千克,追施“催头肥”硫酸铵 10 千克,也可喷施磷酸二氢钾,提高抗病能力。对大蒜白腐病、菌核病可采用草木灰或石膏粉撒施茎基部,减少病原入侵机会。及时采薹,尽量避免划伤过大。

2. 化学防治。

(1)防治大蒜锈病,遇有降雨多的年份,早春及时检查发病中心,及时预防,一般选用 15%粉锈宁可湿性粉剂 1 000 倍液,或 15%粉锈宁可湿性粉剂 1 500 倍液加 70%代森锰锌可湿性粉剂 1 000 倍液交替喷施,于 4 月上旬防治第一次,10～15 天后再防治 1 次,一般视病情防治 2～3 次。

(2)防治大蒜叶枯、叶斑类、灰霉病等,选用 75%百菌清可湿性粉剂 800 倍液,或 64%杀毒矾可湿性粉剂 500 倍液或 50%琥胶肥酸铜可湿性粉剂500倍液，或50%扑海因可湿性粉剂1 500倍液，视田间病情于3月下旬开始防治，7～10天喷1次，连喷2～3次，每种药在大蒜生长周期只能喷一次，但采收前10天不得用药。

(3)防治病毒病，以使用脱毒蒜防治效果为最好，田间植株壮，叶色深，一般不用打药。其次，发病初期喷洒1.5%植病灵1 000倍液，或20%病毒A500倍液，5%菌毒清300倍液。

(4)防治细菌性软腐病，可于发病初期喷洒72%农用链霉素可溶性粉剂4 000倍液，77%可杀得可湿性微粒剂500～800倍液，7天左右1次，视病情连防2～3次。

问：大蒜出现大面积死苗的现象是由什么原因造成的？

答：

1.与品种抗逆性有关，黄苗大蒜品种比黑绿苗品种蒜死苗率高，黑绿苗品种抗病抗逆性强。

2.与栽培土壤质地有关，一般沙壤土通透性好，死苗率低，黏重土壤，土壤含水量高，死苗率高。

3.与播期和播种深度有关，播种早的死苗率高，播种晚的死苗率低，播种浅的死苗率高，播种深的死苗率低。

4.与施肥有关，一般施氮肥多的地块死苗率高，反之死苗率低。

5.靠近畦埂的死亡率低，畦中间的死苗率高。

总之，大蒜死苗的重要原因是寒冷的冬季，土壤温度过低，湿度过大，湿度和冻害引起的提前烂母和根系腐烂。

问：采收蒜薹的注意事项？

答：一般蒜薹抽出叶鞘，并开始甩弯时，是收藏蒜薹的适宜时期。采收蒜薹早晚对蒜薹产量和品质有很大影响。采薹过早，产量不高，易折断，商品性差；采薹过晚，虽然可提高产量，但消耗过多养分，影响蒜头生长发育；而且蒜薹组织老化，纤维增多；尤其蒜薹基部组织老化，不堪食用。

采收蒜薹最好在晴天中午和午后进行，此时植株有些萎蔫，叶鞘与蒜薹容易分离，并且叶片有韧性，不易折断，可减少伤叶。若在雨天或雨后采收蒜薹，植株已充分吸水，蒜薹和叶片韧性差，极易折断。

采薹方法应根据具体情况来定。以采收蒜薹为主要目的，如二水早大蒜叶鞘紧，为获高产，可剖开或用针划开假茎，蒜薹产量高、品质优，但假茎剖开后，植株易枯死，蒜头产量低，且易散瓣。以收获蒜头为主要目的，如苍山大蒜采薹时应尽量保持假茎完好，促进蒜头生长。采薹时一般左手于倒 3～4 叶处捏伤假茎，右手抽出蒜薹。该方法虽使蒜薹产量稍低，但假茎受损伤轻，植株仍保持直立状态，利于蒜头膨大生长。

问：大蒜在什么时候进入收获期？

答：大蒜应适时采收，当总苞膨大向下弯曲时为采收蒜薹适期，蒜头收获适期一般在蒜薹采收后 20～25 天。当叶片枯萎、假茎松软而不脆时为采收适期。

问：采收蒜头的注意事项？

答：采薹后 20 天左右，当大蒜叶变为灰绿色，底叶枯黄，假茎松软充分膨大后，就应及时收获。收获过早，蒜头嫩而水分多，组织不充实，不饱满，贮藏后易干瘪；收获过晚，蒜头容易散头，拔蒜时蒜瓣易散落，失去商品价值。收获蒜头时，硬地应用锨挖，软地直接用手拔出。起蒜后运到场上，后一排的蒜叶搭在前一排的头上，只晒秧，不晒头，防止蒜头灼伤或变绿。经常翻动 2～3 天后，茎叶干燥即可贮藏。收后晾晒过程中要防止雨淋，并注意防潮防热，以免蒜皮变黑。

问：大蒜收获后及贮藏期需要注意些什么？

答：大蒜贮藏期主要是防治青霉病、灰霉病、紫斑病等病害，这几种病害都是真菌引起的病害。目前主要采取下述措施：①收获前5天停止灌水，以防蒜皮腐烂不耐贮存。②收获时尽量避免机械损伤，及时清理病株残体，带出田外，集中进行高温堆、沤肥，有助于减少病源，降低病害的发生机会。

十六、羽衣甘蓝栽培技术

近年来，随着我国农村种植结构的调整，因地制宜的发展创汇蔬菜，已成为一些地区增加农民收入、发展农村经济的重要途径。本章介绍一下羽衣甘蓝的栽培技术。

问：羽衣甘蓝有什么特点？

答：羽衣甘蓝为十字花科芸薹属甘蓝种的变种，原产于欧洲地中海沿岸的希腊等国，在欧、美一些国家的栽培历史悠久。近年来我国陆续从美国、荷兰、德国引进一些品种，在北京、上海等城市郊区作为特菜种植。因其具有独特的补钙保健功能，所以在全国各地迅速推广，种植面积不断扩大。产品除供给宾馆、饭店、酒楼外，还大量出口欧美及日本、东南亚等国家，换取大量外汇。最近已被普通市民所接受，尤其是作为水饺、馅饼、馄饨和包子的馅料。总体来说其具有四个特点：

1. 口感柔嫩。味道清香，营养丰富；食用方法有多种，以凉拌、清炒、做馅和涮火锅为主；其维生素A的含量很高，居甘蓝类蔬菜之首。

2. 保健功能强。每100克蔬菜中含可溶性钙289毫克且是可溶性钙，经常食用它能起到补钙的作用。

3. 栽培管理容易。因其适应性强，耐寒、耐热、耐旱、耐肥水，同时又有很强的耐瘠薄能力，并且可以一次定植多次采收，采收期可长达 6 个月以上，能做到陆续供应。

4. 叶形奇特。美观漂亮，每个叶片和整株都有很高的观赏价值，可做盆栽蔬菜种植，也可用叶片做插花和组花篮，还可以种在路边和花坛中美化环境。产量高，每亩产量可达 3 000～4 000 千克，应该说是一种很有推广前途的保健功能蔬菜。

问：羽衣甘蓝有哪几种类型？它们的形态特征是什么？

答：两种类型：

1. 具有不同鲜艳色彩心叶的花羽衣甘蓝，俗称叶牡丹。外叶和普通甘蓝相似，但不结球，心叶呈红、白、粉、黄等不同颜色，艳丽多彩，且又分为皱叶和平叶两种类型，这种羽衣甘蓝主要用做观赏，嫩叶也可食用。

2. 矮生皱叶型，其株高只有 40～80 厘米，主根不发达，须根较多而发达，主根分布在 30 厘米左右的土层中。茎直立、肉质、较粗壮，叶片呈绿色、较厚，为长椭圆形。叶的边缘呈羽状分裂，叶面皱褶，其皱褶多少依品种而不同。叶柄较长，约占全株长度的 1/3。始终不结球，花为总状花序、黄色，异花授粉，果实为长角果，种子圆球形、黄褐色，千粒重为 3～4 克。

问：羽衣甘蓝目前有几个品种，各自的特点是什么？

答：羽衣甘蓝引进品种较多，主要介绍以下三个品种，目前以维塔萨品种表现最好：

1. 维塔萨。该品种是由北京市农业技术推广站从欧洲引进的品种中经过系统选育而成。叶片呈浅绿色，长椭圆形，边缘呈羽状分裂，叶面皱褶多，生长整齐，外观漂亮，既可食用，又有很高的观赏价值，可做盆栽和插花。它的根系发达，株高 40～60 厘米，每株可陆续采收 20～40 片叶，采收期可长达 6 个月以上，质地柔软鲜嫩，风味好，含钙量高，适应性强，既耐热又抗寒。

2. 沃斯特。从美国引进，抗逆性强，植株中等高，生长旺盛，叶深绿色，无蜡粉，嫩叶边缘卷曲成皱褶，密集成小花球状，绿色。此品种耐贮存、耐寒、耐热、耐肥，抽薹晚、采收期长品质较差。

3. 阿培达。从荷兰引进的杂交一代种，植株高度为 50～60 厘米，叶色蓝绿，卷曲度大，外观丰满整齐，品质细嫩，风味好，秋露地栽培，也可用于冬季保护地栽培。

问：羽衣甘蓝对环境条件的要求是什么？

答：

1. 温度。羽衣甘蓝喜温和的气候条件，耐寒性强，但也耐热。种子在 3～5℃的条件下便可缓慢发芽，20～25℃发芽最快，30℃以上不利于发芽；茎叶生长最适的温度为日间 18～20℃，夜间温度为 8～10℃，但能耐短时间－4℃的低温。生长期间如经受多次短暂的霜冻，温度回升后仍可正常生长；羽衣甘蓝也能耐高温，在 30～35℃的条件下能生长，但叶片纤维增多，质地变硬，食用品质降低。

2. 光照。羽衣甘蓝属长日照作物，完成春化阶段后，必须在一定时间的长日照条件下才能进行花芽分化、开花结实。羽衣甘蓝在营养生长期间，长日照和较强的光照有利于其生长，但在叶片形成期间，要求中等的光照条件，因为在强光照射的条件下生长，会促使叶片老化，风味变差。

3. 水分。羽衣甘蓝是喜湿润生长条件的蔬菜作物，除在幼苗期和莲座期能忍耐一定的干旱条件外，在其产品形成期则要求较充足的土壤水分和较湿润的空气条件。当土壤相对湿度为 75％～80％，空气相对湿度在 80％～90％之间最适宜生长，产量高，品质好。一般情况下，空气相对湿度低对生长发育影响不太大,但若土壤水分不足会严重影响叶片生长,产量将明显降低。

4. 土壤和养分。羽衣甘蓝对土壤的适应性较广,但在富含有机质的土壤中种植,更有利于提高产量和品质。羽衣甘蓝更适宜在酸碱度中性或微酸性的土壤中种植,而不适宜在低洼易涝的地块种植。

羽衣甘蓝需肥量较多,由于采收期长,必须源源不断地供应充足的氮肥,并配合磷、钾肥和锌、铜、硼、锰等微量元素。每形成1 000千克产量,最多从土壤中吸收纯氮4.8千克、五氧化二磷1.2千克、氯化钾5.4千克。在不同生育期需肥量也不同,氮素在整个生育期间都需要充足供应,磷素在苗期和莲座期最重要,如缺磷会严重影响根系的生长;钾肥在全生育期都需求,但以采收期需求量最大。

问:羽衣甘蓝主要的栽培技术有哪几方面?

答:

1. 培育壮苗。多采用育苗移栽的方式,大面积种植也可采取机械播种或人工直接播种的方式。采用直接播种方式,每亩用种150克左右,采用育苗移栽的方式每亩用种20～30克,需育苗床15～20平方米,用经过消毒的肥沃菜田作育苗床,每亩苗床施用优质腐熟细碎的有机肥2 000千克,与床土掺匀,深翻细整平后播种。有条播和撒播两种方式,条播时按6～10厘米距离开沟,每隔1.5厘米撒1粒种子,覆土后浇水。撒播时要求浇透水后再播种,下种应均匀,播后覆盖过筛的细土1厘米厚.冬季育苗时播种后要覆盖地膜,以保持床土湿润,提高地温。有条件的尽可能采取塑料穴盘育苗,以草炭和蛭石为基质,比例为2∶1,有利于培育壮苗。播种后应保持较高的室温和地温,室温是23～25℃,地温是20℃左右,出苗后温度应降低,室温白天在20～23℃,夜间温度10℃左右合适。在真叶2～3片时分苗1次,每株间距6厘米×10厘米,苗龄30～40天即可定植。夏季育苗因气温高、雨水多，需要在育苗床上搭遮阳棚，阳棚上覆盖农膜，农膜的底部两边留60厘米以利通风。为防虫底下用防虫网封严，中午要盖遮阳网降温，此外每天浇小水1次以利降温，而后要及时排水。

2.施肥定植。因其需肥量大加上采收期长，因此要施足基肥，每亩施用腐熟、细碎的优质有机肥2 000千克，以后随时要与土壤掺匀，耕深20～25厘米，整平后做成长6～8米、宽1.2米的平畦；在土壤黏重和多雨地区应做成高畦，每畦定植2行，平均行距60厘米，株距30～40厘米，每亩2 800～3 600株。具体种植密度视采收期长短而定，采收季节长的密度宜稀一些。

3.田间管理。①中耕松土。缓苗后中耕松土以提高地温、促进根系生长。②浇水。前期尽量少浇水，使土壤见干见湿，当植株长到10片叶左右时浇水次数应增多，使其经常保持土壤湿润，但每次浇水量不要过大，以小水、勤浇水为好，有条件的最好安装滴灌设施。露地种植下雨时要及时排水，在采收期间要保证水分供应，不能干旱，以免影响品质和产量。③追肥。羽衣甘蓝在采收期间每隔15～20天追肥1次，每亩穴施一特活性有机肥200千克，或一特蔬菜专用肥15千克，或亚联微生物1号肥。为保证施肥效果，施肥深度应在5厘米以上，可结合浇水进行。另外需每隔10天左右叶面喷肥1次，共喷4～5次，叶面喷肥可选用台湾农保赞有机液肥8号500倍液或亚联2号微生物肥，每亩每次100毫升左右（成本5元），或0.3%浓度的磷酸二氢钾加上0.3%浓度的尿素混合喷施，也可以结合喷施农药进行。④保护地调节适宜温度。冬季做好保温防寒，夏季采取多种方法降低温度，使其在适宜的温度下生长。⑤通风换气和二氧化碳施肥，目的是增加二氧化碳浓度。羽衣甘蓝如在保护地种植，早晨拉苫后应及时通风换气，还要大力推广在晚秋和早春季节、在保护地内采取二氧化碳施肥措施。通风的目的是增加室内的二氧化碳浓度，增强光合作用强度。同时要注意夏季10～15时要覆盖遮阳网以降低室温和减少光照强度。⑥适时采收。当羽衣甘蓝叶长至10片左右时便可陆续采收下部的嫩叶了,每次采2～3片,要注意去掉底部叶面平展、颜色深绿的老叶,因为这种老叶没有食用价值。将采收的嫩叶捆成200克左右的小捆或用托盘、保鲜膜包装好后出售。以每7天左右采收一次为好,剥取外部嫩叶,使心叶继续生长。

问:羽衣甘蓝的主要病虫害有哪些?

答:主要病虫害有霜霉病、美洲斑潜蝇和甘蓝夜蛾,一般很少发生,在保护地种植偶有发生。

1. 霜霉病。保护地种植偶有发生,属鞭毛菌寄生霜霉真菌,借风雨气流传播,使病害扩展蔓延。防治方法:前茬收获后彻底清除病残落叶,尽可能与非十字花科轮作。发病初期及时进行防治,可选用72.2%克露可湿性粉剂600～800倍或72.2%普力克水剂600～800倍液或69%安克锰锌可湿性粉剂800倍液喷雾防治。

2. 甘蓝夜蛾。以幼虫为害,初孵幼虫群集叶背、取食叶肉,残留表皮,3龄后将叶片吃成孔洞或缺刻,4龄后分散为害,昼夜取食,6龄幼虫白天潜伏根际土中、夜出为害。严重影响品质和产量。防治方法:加强田间管理监测,因虫蛹在土中越冬,对菜田进行秋耕或冬耕,可消灭部分虫蛹。另外,卵成块产于菜叶上,2龄幼虫不分散极易被发现,结合田间管理及时摘除。在成虫期设置黑光灯或糖醋盆诱杀,亦可在春季结合诱杀地老虎成虫同时进行。卵期人工释放赤眼蜂,每次每平方米2～4头,隔5天1次,持续2～3次,寄生率可达80%以上。另外可用药剂防治,优先选用生物农药防治,可选用苏云金杆菌乳剂、粉剂、青虫菌粉剂500～1 500倍液,在气温20℃以上时喷雾,或3%敌宝可湿性粉剂1 000～1 500倍液防治。也可用5%抑太保乳油或5%卡死克乳油,或农梦特乳油3 000～4 000倍液喷雾防治。

3.美洲斑潜蝇。属双翅目潜蝇科，是蔬菜毁灭性害虫，以幼虫钻叶为害，在叶片上形成由细变宽的蛇形弯道。由于虫体微小，繁殖能力强，成虫飞行，农药防治极易产生抗性，同时田间世代重叠明显，所以必须采取综合防治措施。防治方法：严禁从有虫地区调运菜苗和携带活血标本，防止人为传播扩散。留心观察，发现受害叶片及时摘除。及时清除田间植株残体和杂草，集中烧毁或深埋。在保护地悬挂黄板诱杀成虫，风口安装防虫网阻止成虫进入。药剂防治宜在早晨或傍晚进行，选用40%绿菜宝乳油1 000～1 500倍液，或1.8%虫螨克乳油2 000～2 500倍液喷雾防治，成虫较多时可用敌敌畏烟熏剂熏烟防治。

十七、孢子甘蓝栽培技术

近年来，随着我国农村种植结构的调整，因地制宜的发展创汇蔬菜，已成为一些地区增加农民收入，发展农村经济的重要途径。本篇针对农民关心、关注的孢子甘蓝栽培技术作一介绍。

问：孢子甘蓝的市场前景如何？

答：孢子甘蓝，别名芽甘蓝、子持甘蓝，十字花科芸薹属甘蓝种二年生草本植物，为甘蓝种中腋芽能形成小叶球的变种。以鲜嫩削、叶球为食用部位，是近两个世纪以来欧洲、北美洲国家的重要蔬菜之一，近几年成为风行日本市场上的名菜。其外形奇特，玲珑可爱，质柔嫩、纤维少而味甘，风味、营养等均优于结球甘蓝，原产地中海沿岸，以前仅在台湾省有少量种植。20世纪80年代末期，北京、上海、广州等几个大、中城市郊区引种，并逐渐供应宾馆、饭店、友谊商店和第十一届亚运会运动员用餐。90年代中期以后，山东、河北、河南、江苏、浙江、广东、广西等地逐渐引种，在大、中城市郊区的特菜基地和示范区小面积种植。

孢子甘蓝在众多蔬菜种类中营养价值很高，据测定，每100克鲜菜中含蛋白质4.9克(在结球叶菜中含量最高)，含脂肪0.4克，糖类8.3克，维生素B_1 0.14毫克，维生素B_2 0.16毫克，维生素C 100～150毫克，含钙42毫克，磷80毫克，铁1.5毫克。近几年在宾馆、饭店、节日装箱礼品菜、超级市场包装净菜等消费群体中很受欢迎。目前尚属珍稀特菜品种，但随着人们生活水平提高，将逐渐摆到千家万户的百姓餐桌上。

孢子甘蓝性平、味甘。据最新研究表明，叶球内含有微量元素硒，及一种特殊的化合物质——异硫氰酸丙脂，常食用具有防癌作用。

问：孢子甘蓝的特征特性和要求的环境条件有哪些？

答：

1. 特征特性：孢子甘蓝的茎直立生长，分高、矮两种类型。高生种茎高100厘米以上，球芽疏生而较多，叶球大，多为晚熟；矮生种生长快，茎高50厘米左右，芽球密生，球形小，适于早熟栽培。孢子甘蓝叶片与结球甘蓝相似，近椭圆形，叶缘上卷呈勺形，叶表面皱褶不同，叶柄长，顶芽开放，不断抽生新叶，在茎周围叶腋处自下而上不断生出小叶球，商品球似乒乓球，直径2～4厘米，外形小巧紧实，属微型蔬菜。

2. 对环境条件的要求：

(1)温度。孢子甘蓝喜冷凉，耐霜冻，不耐高温。在秋季冷凉条件下，白天阳光充足，夜晚有轻霜冻，这样的环境条件品质好。在高温下其小叶球易腐烂，会开裂，品质变劣。在高温强日照时，生长发育不良，易发生病虫害。在植株茎叶生长期要求温度稍高，即平均20℃左右，有利于营养生长。温度降低到5～6℃，则茎叶生长受抑制。结球期要求较低温度，适温为10～13℃，有利于叶球形成和养分积累。温度高于23℃以上，不利于叶球形成。

(2)光照。孢子甘蓝属长日照植物,但对光照要求不严格。光照充足时,植株生长旺盛,小芽坚实而大,在芽球形成期如遇高温和强光,则不利于芽球的形成。光照不足植株易徒长,节间长,叶球变小。

(3)水分。喜湿润的土壤条件和室内环境条件;但不宜过湿,以免影响根系生长和芽球形成。

(4)土壤和营养。孢子甘蓝适宜土层深厚、肥沃疏松、富含有机质、保水保肥的壤土或沙壤土。需肥量多,需氮、磷、钾和微量元素配合施用,每产1千克商品需速效氮4.8千克、磷1.2千克、钾5.4千克。

问:孢子甘蓝有哪些优良品种?

答:目前大多数品种均从国外引进,在北方地区表现较好的有两个品种:

1.早生子持。由日本引进的杂种一代,耐暑性较强,极早熟,从定植至收获90天,在高温或低温下均能结球良好。植株为高生型,株高1米,生长旺盛,叶绿色,少蜡粉,顶芽能形成叶球。小叶球圆球形,横径约2.5厘米,绿色,整齐而紧实,品质优良。

2.绿橄榄。荷兰诺华公司培育的中、早熟一代杂交种。定植后100~120天能采收,株型直立,叶色浓绿,抗病性强,耐寒性好,叶球直径2.5厘米左右,单球重10~15克。每株结球40~45个,玲珑可爱,叶质柔软,纤维少,甘味多,口感好。适宜北方地区春、秋保护地种植。

问:孢子甘蓝种植有哪几个安排茬口?

答:

1.春茬日光温室栽培。12月份至翌年1月份育苗,2月上中旬定植,5月底以后陆续采收。

2. 秋露地栽培。6 月底育苗，7 月下旬至 8 月份移至大棚或日光温室进行假植，12 月底采收。

3. 秋日光温室栽培。7 月上旬至 8 月初育苗，第二年 1～2 月份采收。

问：孢子甘蓝育苗技术和苗期如何进行管理？

答：

1. 育苗。孢子甘蓝多采用育苗移栽的方法，这样既可以大量的节省用种量，也能缩短作物在田间占地的时间。育苗需注意选择适宜的品种，培育健壮的苗子，注意以下几个方面：

(1)品种的选择。应根据本地区的气候条件和既有的农业设施和市场需要，选择适宜的品种。根据多年的实践，北京地区春季栽培宜选定植后约 90 天能成熟的早熟品种，如日本的早生子持和绿橄榄等。

(2)用种量。孢子甘蓝种子千粒重 4 克左右，每亩用种量为 10～15 克，定植 1 200～2 000 株。

(3)播种期。根据栽培季节而定，一般苗龄 40 天左右，幼苗 5～6 片真叶时定植。早春气温低时苗龄要适当延长。

(4)育苗方法。最好采用穴盘育苗或营养钵育苗，精量播种，一次成苗。春季用 72 孔穴盘，夏、秋季可用 128 孔穴盘。基质用草炭 1 份加蛭石半份，或草炭、蛭石、废菇料各 1 份，覆盖料一律用蛭石，每立方米基质加入 1.2 千克尿素和 1.2 千克磷酸二氢钾，肥料与基质混拌均匀后备用。若用 128 孔苗盘每亩需用 16 盘，基质用量 0.9 立方米；用 72 孔苗盘每亩需 28～29 个，基质 2.1 立方米。

播种前需检测发芽率。穴盘育苗采用精量播种，种子发芽率应大于 90%以上，用温汤浸种法浸泡处理种子后播种(有种子包衣除外)。每穴放种子 1～2 粒，覆蛭石后约 1 厘米。覆盖完毕后将苗盘喷透水，以水分从穴盘底孔滴出为宜，使基质最大持水量达到 200%以上。出苗后及时查苗补缺。

2.苗期管理。

(1)温度。早春育苗要注意保温,控制在20～25℃的温度下,齐苗后注意放风。夏季育苗要防高温。

(2)水肥。苗期基质的持水量维持在60%～65%。3叶1心后,结合喷水进行1～2次叶面喷肥。

如果用苗床育苗,一般需二次成苗。苗床要选择通风良好、排灌方便的地块,每亩大田用种量为10～15克,播种面积约10平方米,播种后浅覆土。夏、秋季育苗,播种后要用黑色遮阳网覆盖,再浇透水,保持湿润。种子开始出苗后及时撤去遮阳网,降温防雨。高温炎热的晴天要早盖晚揭,小苗2～3片真叶时,分苗一次每亩地需苗床15～20平方米。

问:孢子甘蓝如何定植和进行田间管理?

答:

1.定植。(1)整地、施肥与做畦。孢子甘蓝生长期长,植株高大,种植的田块要早耕、深耕、晒垡,施入充足的有机肥。耕地整平后做畦,畦的形式要根据土质、季节、品种等情况而定,如地势高、排灌方便的沙壤土地区,可开浅沟或平畦栽培;如果土质黏重、地下水位高、易积水或雨水多的地区,则宜做高畦或跑水的平畦。

(2)定植密度。早熟品种可做1.2～1.5米宽的畦,双行栽培,株距50厘米,每亩定植2 000株,高秧的中晚熟品种,每畦种1行,每亩1 200株。

(3)栽种。用穴盘或营养土方培育的苗,伤根少或不伤根,定植后成活率可达100%。如果是用苗床育的苗,定植前一天要把苗地浇透水,次日带上土坨起苗,起苗后当天定植完毕。北方地区春季露地栽培,要用粗壮大苗,覆盖地膜后按株距打孔栽种,或栽植后浇足定根水,然后用竹片架设小拱棚保湿,这样能早缓苗,植株生长快,在夏季高温之前已结成小叶球,减少叶球松散率。

2. 定植后的田间管理。

(1)水肥的管理。幼苗定植后要经常浇灌水，以保证小苗生长对水分的需要。尤其是秋茬栽培，正是炎热高温季节，水的管理更显得重要。灌溉可以改良田间小气候，能起降温作用，减少蚜虫及病毒病的发生。植株生长的中期，水分管理以见干见湿为原则。当下部小叶球开始形成时，又要经常灌溉，使土壤保持充分的水分。雨天要及时排水。

(2)中耕松土、除草。每次灌水、施肥后要进行中耕松土、除草，并结合中耕进行培土，防止植株倒伏。

(3)整枝。当孢子甘蓝的植株茎杆中部形成小叶球时，既要将下部老叶、黄叶摘去，以利于通风透光，促进小叶球发育，也便于将来小叶球的采收。随着下部芽球的逐渐膨大，还需将芽球旁边的叶片从叶柄基部摘掉，因叶柄会挤压芽球，使之变形、变扁。在气温较高时，植株下部的腋芽不能形成小叶球，或已变成松散的叶球，也应及早摘除，以免消耗养分或成为蚜虫藏身之处。同时要根据具体情况到一定时候摘去顶芽，以减少养分的消耗，使下部芽球生长充实。一般矮品种不需摘顶芽。摘芽时间看需要而定。北方地区秋栽孢子甘蓝，10 月中、下旬始收后，气温已逐渐下降，冬前需移植到保护地假植，使之继续生长，陆续收获，可不再露地打顶，以便孢子甘蓝多生叶，结更多的小叶球，增加产量。

(4)假植。北方地区露地秋栽孢子甘蓝，大多数品种刚要采收，气温便逐渐开始下降，为延续采收期，要假植于大棚或日光温室，需要在立冬前完成。要带土坨假植，开沟，株行距 30 厘米×50 厘米，每亩假植 4 000 株。大棚内假植，冬季要用双层农膜覆盖，从 11 月份收获至翌年 2 月底。在日光温室假植则要注意放风，白天温度控制在 15 度左右，夜间在 8℃左右。

问：孢子甘蓝保护地的栽培技术要点有哪些？

答：

1. 秋大棚栽培。在华北地区秋季利用大棚栽培，不仅能利用大棚遮挡强烈的阳光，还能防止暴雨的袭击，没有风吹雨涝的风险，秋末、冬初能保温，为孢子甘蓝的生长提供更长的生长期，一次栽培成功，比露地栽培的条件优越，产量也较高。根据大棚的特点，可将孢子甘蓝的播种期提前到6月的上旬，为防止高温影响孢子甘蓝的生长，宜在大棚内安装微喷以利于降温。用大棚栽培不需要考虑风雨的袭击，故可以开沟定植，可以不培土，摘顶芽的工作可推迟到10月下旬，使叶芽的芽数增加。

大棚栽培要注意钙的补给，因为孢子甘蓝需钙量较大。在用微喷灌溉时，常造成棚内土壤含盐量高，影响孢子甘蓝对钙的吸收。解决的方法是在高温期过后，改微喷为沟灌，灌水量要大，并叶面喷施0.3%的磷酸钙，或0.3～0.5%的氯化钙，1周1次，连喷3～4次。其他管理可参照露地栽培进行。

2. 节能日光温室栽培。节能日光温室在秋、冬、春季提供孢子甘蓝更适宜的生长条件、更长的生长时间，会获得更好的产量和优质的产品。秋季播种期7～10月份均可以，品种除选用早熟品种外，还可用中熟品种栽培，摘顶芽的时间可根据具体情况和栽培条件进行，追肥的次数要增加，以防后期缺肥。

问：孢子甘蓝施肥技术应注意哪些？

答：为使蔬菜生产可持续发展，在蔬菜施肥上必须加大推广平衡施肥的力度，提高科学施肥的水平。一是基肥。耕地前每亩施用腐熟、细碎有机肥3 000～4 000千克，氮、磷、钾三元复合肥20千克，有机肥在耕地时施入。复合肥在做畦后开沟施在地表5～10厘米处，使缓苗后能及时吸收到养分。二是追肥。全生育期共追肥3～4次。第一次在定植后30天左右，每亩穴施活性有机肥 100～200 千克，或氮、磷、钾三元复合肥 20 千克，深度 5 厘米以上。第二次在芽球膨大期，每亩穴施氮、磷、钾三元复合肥 20 千克。第三次芽球始收期后，再追肥 1～2 次，具体可根据不同品种采收期长短而定，每亩一次施用台湾农保赞有机液肥 1 升（氮、磷、钾含量分别为 9％、6％、9％）用 100～300 倍液灌根，如有滴灌设备施用效果更好。第四在追肥的基础上，进行叶面喷肥。株高 50 厘米左右开始，叶面喷肥 3～4 次，每次 0.2％磷酸二氢钾＋0.2％尿素混合喷施，或农保赞有机液肥 500 倍液喷雾。

食用菌篇

一、猴头菇栽培技术

猴头菇是一种珍贵的食用菌，又是能治多种疾病的药用菌，宜药宜膳，很受人们的喜爱，市场前景广阔，下面介绍猴头菇栽培技术。

问：猴头菇有哪些食用和药用价值？

答：猴头菇又名猴头、猴头菌、刺菌、菜花菌等。本品呈白色至淡黄色，基部狭窄，上部膨大，周身布满肉刺，毛茸鲜活，酷似猴头因而得名。猴头菇是我国名贵的食用菌，它的肉质细嫩可口，人们把猴头菇、熊掌、海参、鱼翅列为四大名菜，素有“山珍”之誉。猴头营养丰富，含有丰富蛋白质、碳水化合物，矿物质及维生素。中医认为，猴头菇味甘性平，能助消化，利五脏，补虚损，特别是对消化系统疾病有保健医疗的功效。近年来，在治慢性乙型肝炎，亦取得明显效果。猴头菇有扶正固本功能。现代研究：癌症手术后及化疗病人，多吃猴头菇可增强免疫功能，促进血液循环，降低血液中胆固醇含量，为高血压和心血管疾患者的理想食品。

问：猴头菇的生长发育需要哪些生活条件？

答：同其他食用菌一样，猴头菇在生长发育过程中对营养、温度、湿度、空气、光线、酸碱度均有一定的要求。在人工栽培时，如能满足它在不同生长发育阶段的要求，就能保证其正常的生长发育。

1. 营养成分：猴头生长需要碳源和氮源等大量元素，同时也需要钙、镁、铁、锌、钼等微量元素和维生素等物质。这些营养元素一般在培养料如木屑、米糠、甘蔗渣、玉米芯、淀粉等都有。猴头菇在朽木上生长，木材便是它生长的物质基础。瓶栽时用阔叶树的木屑作培养基，并适当增加一些麸皮或米糠，就能满足它对营养的要求。猴头菇对营养的要求不严，用棉籽壳、木屑、玉米芯、酿酒后的残渣等也可培养出相当大的子实体来。

2. 温度：猴头是一种中低温性菌类，菌丝的适宜生长温度为22～28℃，最适宜温度25℃左右，超过35℃或低于6℃生长基本停止，子实体最适宜16～20℃，若低于4℃或高于25℃子实体完全停止生长。

3. 湿度：猴头菇是一种喜湿的菌类，培养基含水量60%～70%时对菌丝和子实体生长较为有利。空气湿度在85%～95%时有利于子实体形成和生长，且颜色洁白；低于60%时，则实体表面干萎、发黄、生长缓慢或停止生长。

4. 空气：猴头是一种好气性的真菌，但子实体和菌丝体对空气的要求有所不同，菌丝体在二氧化碳较高的条件下，仍然照常生长，子实体生长阶段中，要求新鲜空气，栽培室通气不良，子实体往往不能分化或使子实体不断分枝成为畸形菇，甚至死亡。

5. 光线：猴头菇菌丝生长阶段不需光线，光线过强反而受到抑制。但在无光条件下，子实体难以形成，强光对子实体生长也不利，一般弱光便能满足子实体生长的需要。

6. 酸碱度：猴头菇的菌丝要求酸性的环境，pH4～5时菌丝生长最快。在配制培养基时，酸碱度可调节至pH值6左右，培养基经过灭菌和菌丝生长产酸后，可使pH值降至所适宜的范围。

问:猴头菇适宜的栽培季节和出菇场地?栽培方法?

答:

1. 猴头菇从投料到采收结束约 100 天,其中菌丝生长期 25～30 天。栽培季节应根据当地气候条件合理安排,我国大部分地区可春秋两季栽培,华北地区春栽 2～3 月份发菌,4～5 月份出菇;接种期不能迟于 3 月中旬,以免出菇期遇上 25℃以上的高温导致减产,秋栽 8～9 月份发菌,10～11 月份出菇。秋栽时若气温偏低,接种时在 30℃以下,尽可能提前接种,以便在气温降到 12℃以下结束出菇。

2. 猴头在塑料大棚,防空洞,大田均可栽培。

3. 一般采用瓶栽、块栽、袋栽及大床栽培等几种形式,但以瓶栽和袋栽较为常见。

问:如何建造塑料大棚?

答:选地势平坦、靠近水源、环境洁净地方建棚。大棚规格:南北宽 8 米,长度根据栽培规模大小确定,北墙高(含下挖深度)2.8 米,南墙高 1.6 米。北墙为双层空心墙,以利保温;南墙每隔 3 米设 2 个窗以便通风。棚内地面下挖 50 厘米,棚顶面采用无滴膜覆盖保温。有条件的菇农也可利用冬暖蔬菜大棚进行猴头菇栽培。

问:猴头菇栽培常用的培养基配方?

答:菇农根据当地原料情况,因地制宜选用培养基。

常用培养基配方有 6 种:

(1)棉壳 85%,麸皮 12%,糖、过磷酸钙、石膏粉各 1%。

(2)木屑(以壳斗科树种最好)78%,米糠 10%,麸皮 8%,过磷酸钙、石膏粉各 2%。

(3)蔗渣80%，麸皮10%，米糠8%，过磷酸钙2%。

(4)酒糟50%，木屑30%，麸皮10%，米糠8%，过磷酸钙2%。

(5)玉米芯屑56%，木屑20%，麸皮12%，米糠8%，过磷酸钙2%，糖和石膏各1%。

(6)农作物秆混合粉98%，石膏2%。按配方投料，加水拌匀，含水量掌握在68%～70%，pH值严格控制在4.5～5.8之间。

问：猴头菇瓶栽经过哪几步骤？

答：装瓶、灭菌、培养→排瓶催蕾→出菇管理→采收→加工。

1.装瓶、灭菌、培养。瓶栽时选用普通水果罐头瓶，用清水洗净瓶内外后装料，边装边压实，做到松紧适度，料装到瓶颈为宜，用木棍在瓶中央打一深至瓶中部的接种穴，然后用聚丙膜封口，套上橡皮筋，灭菌，常压灭菌100℃后保持8～10小时，高压灭菌，保持压力1.2千克/平方厘米2.5小时即可，猴头菇接种后置于22～25℃下培养，1～2天后菌丝恢复生长。接种后25～30天菌丝长满全瓶。这时应将温度降至16～22℃，10天左右，即可形成菇蕾。

2.排瓶催蕾：将已形成原基的菌瓶重叠卧放在有砖块的地面上，瓶底对瓶底，堆叠瓶墙，一般可堆8～10层。为防止菌瓶滑动，在每一列瓶墙的一端用砖砌成墙柱，此时将瓶口皮筋去掉。采取地面洒水和空中喷雾等方法提高空气湿度至90%左右，并给以散光，促进子实体的发生。这样经10天左右，子实体发生并不断长大。

3.出菇管理：主要是调控好温、湿、气。温度：猴头菇子实体发生的温度范围相对较窄，属稳温结实性菇类。昼夜温差不得大于5℃，温度低于14℃或高于26℃，子实体会发红，影响商品价值。湿度：菇蕾形成后发育加快，空气相对湿度以85%～90%为宜。若湿度超过90%，菇体蒸腾速度减缓或几乎停止，则影响菌丝体内营养物质向菇体传送，导致生长迟缓，或颜色发红，形成菌刺粗短的畸形菇，并易发生病虫害。喷水时切不可直接喷于菇体上，否则极易造成烂菇。氧气：猴头菇对二氧化碳十分敏感。二氧化碳浓度超过0.1%时，会刺激菌柄不断分枝，抑制中心部分发育，形成珊瑚状的“花菜菇”。因此，出菇房内的通风换气量应随着子实体的发育而逐渐加大。每天通风换气3～4次，每次30～60分钟。为了解决通风与保湿的矛盾，可采用室内挂草帘（向地面和草帘上喷水）的办法加以处理。

4.采收：当猴头菇子实体生长成熟，菇体呈白色，菌刺短，尚未散发出孢子时，便要及时采收，采收时用小刀齐瓶割下，蒂部不宜留得太长，以免杂菌感染；但也不能切留过短，以免影响再生，一般可留1～2厘米。采收后的瓶子仍放于原处培养，停水2～3天，瓶口覆膜，每天喷雾状水保湿，保持空气相对湿度80%，10天左右第二批子实体又会长出。

5.加工：采下的鲜猴头菇，可以鲜食或干燥后贮藏。干燥的方法可晒干或烘干，烘时温度从40～50℃开始，逐渐升至60℃，保持此温度直至干燥。干燥过程中要保持菌刺完整，以免降低品质。猴头菇充分干燥后，及时装入塑料袋中密封贮藏，勿使吸潮以免变质。

问：猴头菇瓶栽中要注意哪些问题？

答：

1.使用的菌种要纯正健壮。

2.装瓶要装至瓶肩处，不易太浅。

3.菌丝长满全瓶时，或有菌蕾形成时，要及时开口。

4.出蕾后的瓶子位置不宜移动，以免造成子实体畸形。

5.培养室要缓慢通风以保持空气新鲜，但勿让风直接吹在猴头上，以免子实体发红。如果子实体刺过长，说明通风不足，要增加通风量。

6.要适时采收，保证品质。猴头菇的成熟程度与苦味有关。菌刺短，未散发孢子时，无苦味；菌刺长，散发孢子时，便有苦味；子实体和菌刺发黄时，苦味大。菌刺的生长又与空气湿度有关。湿度过大，则菌刺长，湿度适宜，球心大而结实，质量好。根蒂也带有苦味，要切去不用。此外，此外苦味的猴头菇，在熟调前可用清水浸泡或在沸水中轻煮，以除去苦味。

问：塑料袋栽培技术是怎样的？

答：1. 塑料袋选择：聚丙烯或聚乙烯塑料薄膜都行，一般采用 15 厘米×32 厘米×0.045 厘米规格的塑料袋一头出菇，15 厘米×35 厘米×0.045 厘米的塑料袋两头出菇。

2. 装料：将拌好的料装入袋中。

3. 灭菌：一般采用土法来灭菌。

4. 接种：在接种箱或接种室内进行，每瓶菌种可接 15～20 袋，接种后的塑料袋可重叠摆放，根据自然气温高低摆放 3～6 层，但必须随时检查中间是否产生高温，加强空气流通和温湿度的管理，特别是温度很重要。

5. 菌棒入棚管理，菌袋长满后移入出菇房，将菌袋叠入成墙，堆叠 13 层，菌墙之间要留有 60 厘米左右宽的通道，以便操作管理和采收。栽培袋叠放好后，打口增湿出菇。一般播种后 40 天左右出现小猴头菇，这时要增加空气湿度，但应根据子实体大小多小以及气温干湿而定，猴头菇越多越大，需要的氧气和水分越多，一般每天洒 1～2 次水，阴天和雨天不需要喷水。猴头菇生长是一批一批的，每批菇采收后等 2～3 天，再进行喷水。

问：猴头菇的大田菌棒排场栽培方法如何操作？

答：大田袋栽是近年来推广的一项猴头菇栽培新技术。它不仅较好地解决了大面积生产与菇房窄的矛盾，还具有成本低、操作方便、效益高等特点。其栽培技术要点不同之处需选用 12 厘米×50 厘米×0.045 厘米的聚乙烯袋，料装好后，在袋的一面用 1.5 厘米的打孔器打 4～5 个穴，并用 2.5 厘米的白胶布封口灭菌。在打眼处接种，每瓶可接 30 袋。下田排场，按香菇菇场的模式建造，建畦排场方法是，在通风、地势平坦、排灌方便的地方，按南北向建宽 120 厘米，长不限的畦床。猴头菇的菌棒是不脱袋栽培，下田排场的时间以袋内菌丝长 3/4 以上，且有 30%的接种穴开始现原基时为宜。排场时把菌棒斜靠排场架上的横枕上，菌棒与菌棒之间要隔 3～4 厘米，排好后及时盖上塑料薄膜。搭建遮阳棚创造“三阳七阴”的环境。畦床和四周均喷撒敌敌畏和石灰消毒杀虫。

问：畸形菇的成因与防治措施有哪些？

答：畸形菇的形成与温度、湿度及通风关系极大。在出菇期要根据以下常见畸形菇的类型，分别采取相关措施加以防范。

1. 珊瑚丛生菇：子实体以基部为中心，产生不规则的分枝，使菇体形成丛生状。主要原因是菇房内二氧化碳浓度过高。防止方法：加强通风换气，及时摘除珊瑚菇，以免消耗培养基养分，影响产量。

2. 光秃无刺菇：菇体表面皱缩、粗糙，无菌刺，菌肉松脆，略带黄色。主要原因是温度高（25℃以上），湿度小（85%以下）及通风不良所致。防止方法：提高空气湿度 90%，同时增加通风量（但要防止大风直吹菇体），促使菌刺形成。

3. 色泽异常菇：子实体出现红、黄、黑色。形成原因：菇房湿度长期处于 15℃ 以下，子实体会变红；强光直射，强风直吹，子实体会变黄；湿度高，或直接向菇体喷水，致使子实体变黑（乃至腐烂）。防止方法：出菇期控制温度达 18～20℃；避免强光直射和强风直吹菇体；适当降低空气相对湿度（90%左右），不向菇体喷水。

二、大球盖菇高产栽培技术

大球盖菇是国际菇类交易市场上的十大菇类之一，也是联合国粮农组织向发展中国家推荐栽培的食用菌之一。大球盖菇营养丰富，鲜菇肉质细嫩、柄脆，含野生菇的香味，口感极佳，是一种很有市场潜力的珍稀食用菌。

问：大球盖菇是一种什么样的食用菌？

答：大球盖菇又名皱环球盖菇、皱球盖菇、酒红球盖菇，是国际菇类交易市场上的十大菇类之一，也是联合国粮农组织（FAO）向发展中国家推荐栽培的菌之一。

大球盖菇肉质细嫩，营养丰富，含有野生菇的清香味，口感极好。干菇味香浓，可与香菇相媲美，有“山林珍品”之美誉。国内市场每千克鲜菇售价6～12元，且货源偏紧，很畅销。国外市场每千克鲜菇销价5～7美元，干菇每千克40～60美元。

问：目前大球盖菇的市场前景如何？

答：大球盖菇具有非常广阔的发展前景。首先，栽培技术简便粗放，可直接采用生料栽培，具有很强的抗杂能力，容易获得成功。其次，栽培原料来源丰富，它可生长在各种秸秆培养料上（如稻草、麦秸、亚麻秆等）。在我国广大农村，可以当作处理秸秆的一种主要措施。栽培后的废料可直接还田，改良土壤，增加肥力。第三，大球盖菇抗逆性强，适应温度范围广，可在4～30℃范围出菇。由于适种季节长，有利于调整在其他食用菌或蔬菜淡季时上市。在我国各地均可栽培的一个新品种。第四，大球盖菇由于产量高，生产成本低，营养又丰富，作为新产品投放市场，很容易被广大消费者所接受。

问:大球盖菇都有哪些营养特点?

答:营养物质是大球盖菇的生命活动的物质基础,也是获得高产的根本保证。适合做大球盖菇碳源的物质有:葡萄糖、蔗糖、纤维素、木质素等。稻草、麦秆、木屑等可作为培养料。栽培其他蘑菇所采用的粪草料以及棉籽壳反而不是很适合作为大球盖菇的培养料。

从氮源来看,大球盖菇可吸收利用氨基酸、蛋白胨及一些无机氮素;但不能直接吸收利用蛋白质,不能利用硝态氮、亚硝态氮。栽培过程中主要通过在培养料中添加麸皮、米糠、豆粉作为大球盖菇氮素营养来源,不仅补充了氮素营养和维生素,也是早期辅助的碳素营养源。

大球盖菇正常生长还需要一定量的矿质元素。如:Ca,P,K,Fe,Cu 等物质。一般栽培大球盖菇所采用的农作物的秸秆原料中完全能够满足大球盖菇对这些矿质元素的需要,不需加任何有机肥,菌丝就能正常生长并出菇。如果在秸秆中加入氮肥、磷肥或钾肥,大球盖菇的菌丝生长反而很差。

问:大球盖菇的生长发育需要什么样的环境条件?

答:1.温度。大球盖菇是中温偏高型食用菌。菌丝生长温度范围是 5～36℃,最适生长温度是 24～28℃。超过 36℃,菌丝停止生长,高温延续时间长,会造成菌丝死亡。在低温下,菌丝生长缓慢,但不影响其生活力。大球盖菇子实体形成所需的温度范围是 4～30℃,原基形成的最适温度为 12～25℃。在此温度范围内,温度越高,子实体的生长速度越快,朵形较小,易开伞;而在较低的温度下,子实体发育缓慢,朵形较大,柄粗且肥,质优,不易开伞。当气温越过 30℃以上时,子实体原基难以形成。

2.水分。栽培大球盖菇基质含水量一般要求 65%～70%。

培养料中含水量过高，菌丝生长不良，表现稀、细弱，甚至还会使原来生长的菌丝萎缩。子实体发生阶段一般要求菇棚环境相对湿度在85%～95%为宜。菌丝从营养生长阶段转入生殖生长阶段必须提高空气的相对湿度，方可刺激出菇，否则菌丝虽生长健壮，但空气湿度低，出菇也不理想。

3. 光照。大球盖菇菌丝的生长可以完全不要光线，但散射光对于实体的形成有促进作用。在实际栽培中，栽培场所选半遮阴的环境，栽培效果更佳。主要表现在两个方面：一是产量高；二是菇的色泽艳丽（酒红色），菇体健壮。但是，如果较长时间的太阳直射，造成空气湿度降低，会使正在迅速生长而接近采收期的菇体龟裂，影响商品的外观。

4. 空气。大球盖菇属于好气性真菌。在菌丝生长阶段，对通气要求不敏感，空气中的二氧化碳浓度可达0.5%～1%；而在子实体生长发育阶段，要求空气的二氧化碳浓度要低于0.15%。当空气不流通、氧气不足时，菌丝生长和子实体的发育均会受到抑制，特别在子实体大量发生时，更应注意场地的通风，只有保证场地的空气新鲜，才能获得优质高产。

问：大球盖菇对酸碱度和土壤有没有特殊的要求？

答：大球盖菇对pH值不敏感。在pH值4.5～9均能生长，但以pH值为5～7的微酸性环境较适宜。但栽培时常将培养料的pH值调高。这主要考虑到在菌丝新陈代谢的过程中，会产生有机酸，而使培养基中的pH值下降。

大球盖菇菌丝营养生长阶段，在没有土壤的环境能正常生长，但覆土可以促进子实体的形成。不覆土，虽也能出菇，但时间明显延长，这和覆盖层中的微生物有关。覆盖的土壤要求含有腐殖质，质地松软，具有较高的持水率。土壤的pH值以5.7～6.0为好。

问：大球盖菇最佳的栽培时期是什么？

答：根据大球盖菇的生物学特性和当地气候和栽培设施等条件而定。在我国华北地区，如用塑料大棚，除严冬和酷暑外，均可安排生产。通常采用春秋两季栽培。

问：食用菌的栽培技术有很多相通点，哪种食用菌的栽培模式和大球盖菇的栽培过程更接近呢？

答：草菇的栽培模式和大球盖菇的栽培过程更接近。大球盖菇属草腐菌，在不加任何肥料和辅料的情况下能在麦秸、玉米秆、杂草等培养料上良好生长并正常出菇，而在栽培双孢菇的发酵培养料上反而长势不好。所以对大球盖菇的栽培料处理一般发酵5～7天即可。

问：如何制作大球盖菇的栽培料？

答：用不加任何有机肥的农作物秸秆作原料即可栽培大球盖菇。如果在秸秆中加入氮肥、磷肥或钾肥，大球盖菇的菌丝生长反而很差。可作为栽培料的作物秸秆可以是稻草、小麦秆、大麦秆、黑麦秆、亚麻秆等，且越新鲜，产量越高。大球盖菇可以直接生料栽培，或采用发酵料进行栽培，也可以采用熟料栽培。栽培方法不同，培养料的配置方法亦不同。这里重点介绍稻麦草发酵料的配制方法。

1. 预湿：首先将稻麦草碾压，然后切短至3～5厘米，若添加玉米芯应粉碎过15毫米筛，再进行浸水处理。浸水的方法通常是在水池（先挖坑槽，内衬塑料布）中浸泡、踩踏。开始可用1%石灰水浸泡6～12小时，进行碱化处理和消毒，然后用清水浸泡使pH值降低。草料的浸水标准以自然沥水后含水量达70%～75%为宜。其判断方法是拧紧草料后呈断线性滴水为宜。

2. 发酵：基质预湿后，如果气温稳定在 20℃以下，可以直接铺床播种，即以生料栽培方式进行。如果气温高于 23℃以上，为防止铺床播种后草料发酵导致温度升高而影响菌丝的生长，通常需要进行发酵处理。发酵的目的有三，一是消耗掉竞争性杂菌可以利用的部分可溶性物质，降低杂菌污染。二是利用高温杀死杂菌和病虫害，同时软化秸秆，增加基质紧密性。三是调节含水量和 pH 值。具体方法是建成 1.5 米宽、1 米高、长不限的料堆，当料温升至 60℃以上时维持 12～24 小时，即可翻堆。隔天再翻堆一次，再过 1～2 天，即可散堆调节水分，调 pH 值至 6～7，入床铺料播种。

问：大球盖菇在制种过程中需要注意哪些问题？

答：绝大多数食用菌的制种过程都比较相似，只不过要注意的是大球盖菇菌丝在培养基中长一段时间后，容易停止生长或生长非常缓慢，这是制备大球盖菇菌种中的一个难题。主要原因是大球盖菇的种性特征决定的。解决这一问题的主要措施是选蛋白胨葡萄糖琼脂培养基做母种培养基，并采用多点接种。原种或栽培种可采用不定期摇瓶的办法克服。

问：大球盖菇铺料接种时的技术要点有哪些？

答：

1. 采用生料、发酵料栽培大球盖菇时，铺床前必须检查含水量和 pH 值是否符合要求，即含水量为 70%～75%、pH 值为 6～7。同时做好畦床的预湿、消毒和药物杀虫。

2. 入床铺料一定要压平按实，把草料压平按实为栽培技术之关键。松软的菌床往往导致失水和升温，不利于菌丝定植和生长。

3. 播种方法可以层播，也可以穴播。每平方米用干草料 20～25 千克，用种量 2～3 瓶(袋)/平方米。穴播时，掰成鸡蛋大小块，穴深 5～8 厘米，穴距 10 厘米左右，采用梅花式穴播。适当增加播种量，有利于加快菌丝生长速度，提早出菇。

4. 播完种后，立即覆盖经预湿、消毒且不滴水的旧麻袋片(一般单层即可)，也可覆盖草帘，也可覆盖一层1厘米厚的粒土。用麻袋片和草帘覆盖的，为保持其湿润状态，可直接喷雾水在上边，以防止菌床失水。

问：种植大球盖菇，在发菌的时候都应该注意哪些问题？

答：

1. 严防高温烧菌。发菌期料温宜控制在20～25℃。如果料温接近30℃，可掀起覆盖物，间断性打几个散热孔，加强夜间通风降温。

2. 播种后20天之内，一般不喷水或少喷水。待菌种已萌发，定植，并伸长到培养料的1/2时，可以适当喷水。如果菌丝生长旺盛有力，说明水分适宜。切勿天天喷水而诱发菌丝衰退。

3. 待菌丝接近长满培养料时即可开始覆土。

问：覆土需要注意些什么问题？

答：首先是覆土的选择：各种含有腐殖质的田园土壤都适宜作为覆土材料。有条件的可选用腐殖土和泥炭土的二合一混合土，以提高大球盖菇的产量。碱性土、黏性土、缺少腐殖质的贫瘠土或单一的泥炭土，均不适于作覆土材料。

然后要注意覆土的方法：大球盖菇覆土的pH值必须调节到5.5～5.7，含水量调节到36%～37%，以用手捏土粒，土粒变扁但不破碎也不粘手为宜，覆土厚度2.5～4.0厘米，每100平方米栽培面积需5立方米土。覆土后一般3～5天，菌丝便可爬入土层。当菌丝爬入土层后，适当增加通风换气，防止菌丝徒长。

问：出菇期管理的技术要点有哪些？

答：覆土后15～20天，便可出菇。这期间的主要管理要点有：

1. 形成原基前喷一次较重的水，然后通风2～3天。而后减少通风量。当土层中形成菇蕾后，可适当喷些水，使土层保持湿润状态。喷水切勿过量，让多余的水流入料内而影响菌床出菇。

2. 控制菇棚的温度范围为12～25℃，最适温度为15～18℃。当温度低于4℃或超过30℃时，均不出菇，在适宜的温度下，出菇快，整齐，转潮快，一般菇潮间隔10～12天。

3. 保持菇棚相对湿度在85%～95%。空气湿度低，也不利于出菇。即使破土出了菇，菇体往往不能正常发育而干僵。

4. 大球盖菇属于好气性菇类，采用大棚栽培，尤其要注意通风换气。当子实体大量发生时，需要增加通风次数，延长通风时间。除适时通风换气外，大棚墙壁应常设通风孔，防止时关时闭或昼开夜闭，否则，将不利于子实体的生长发育。菇棚通气良好，长的菇柄短粗壮，结实旺盛，产量高，质量好。

问：大球盖菇采收以及采收后的管理技术要点有哪些？

答：菇盖呈钟形未反卷，菌褶呈灰白色，表层菌膜未破裂，未开伞即可采收。采收时用拇指、食指和中指抓住菇体的下部，轻轻扭动一下，松动后再向上拔起，注意不要松动四周小菇蕾，以免影响下潮菇。

采收后菌床上留下的洞穴要及时填上细土，以利菌丝恢复生长和出二潮菇，采收后的残次菇和菌渣要清除干净，不要留在菌床上，以免腐烂后引起病虫害。采收第一潮菇后，对菌床喷水，补充培养期管理，经20～25天，又可采收第二潮菇，一般可采三潮菇。

问：栽培大球盖菇会遇到哪些病虫害？

答：大球盖菇抗性强，易栽培。据栽培的实践及近年来推广的情况来看，尚未发生严重危害大球盖菇生长的病害。但在出菇前，偶尔也会见到一些杂菌，如鬼伞、盘菌、裸盖菇等竞争性杂菌，其中以鬼伞较多见。大球盖菇的栽培过程，较常见的害虫有螨类、跳虫，菇蚊、蚂蚁、蛞蝓等。

问：鬼伞应该怎么防治？

答：鬼伞常在菌丝生长不良的菌床上或使用质量差的稻草作培养料栽培时发生。主要防治措施是：

1. 稻草要求新鲜干燥，栽培前让其在烈日下暴晒 2～3 天，利用阳光杀灭鬼伞及其他杂菌孢子。

2. 栽培过程中掌握好培养料的含水量，以利菌丝健壮生长，让其菌丝占绝对优势。

3. 鬼伞与大球盖菇同属于蕈菌，生长在同一环境中，彻底消灭难度大，在菌床上若发现其子实体时，应及早拔除。

问：常见虫害应该怎么防治？

答：

1. 选好场地。尽可能避免在病虫害已发生的环境作菇场，同时建菇床前做好消毒处理。

2. 在栽培过程中，可以在菌床上放报纸、废布并蘸上糖液，或放新鲜烤香的猪骨头或油饼粉等诱杀螨类。对于跳虫，可用蜂蜜 1 份、水 10 份和 90％的敌百虫 2 份混合进行诱杀。

3. 栽培场或草堆里发现蚁巢要及时撒药杀灭。

4. 蛞蝓喜生在阴暗潮湿环境，因而应选择地势较高，排灌方便，荫蔽度在 50％～70％的栽培场。对蛞蝓的防治，可利用其晴伏雨出的规律，进行人工捕杀，也可在场地四周喷10%的食盐水来驱赶蛞蝓。

5.在室外栽培场，老鼠常会在草堆作窝，破坏菌床，伤害菌丝及菇蕾。早期可采用断粮的办法或者采取诱杀的办法。

三、双孢菇高产栽培技术

双孢蘑菇，也称洋蘑菇，是世界第一大宗食用菌。双孢蘑菇属草腐菌，中低温性菇类，北方地区稻草、麦草丰富，气候比较适合双孢菇的生长，具有很大发展潜力。下面介绍双孢菇高产栽培技术。

问：适合双孢菇生长的环境条件有哪些？

答：

1.温度。双孢菇属偏低型食用菌。菌丝生长的最适温度22～24℃。子实体形成的最适温度14～16℃，低于12℃子实体生长缓慢，16℃以上，子实体生长快，但柄细长，皮薄，易开伞，质量差，产量低。20℃以上的持续高温可能造成菇蕾死亡。

2.湿度。发菌期要求培养料含水量60%～65%，空气相对湿度80%左右。子实体生长阶段要求培养料含水量60%～65%；覆土含水量保持在18%～20%；空气相对湿度85%～90%，超过95%，菌盖易发生各种细菌性病斑，若低于70%，菌盖表面变硬，易空心、白心，低于50%，停止出菇，菇蕾会枯萎死亡。

3.光照。双孢菇的菌丝体和子实体均不需要光线。

4.空气。双孢菇属好气性菌类。菌丝体阶段、子实体阶段都需要充足的新鲜空气。出菇阶段，CO_2浓度应控制在0.1%以下，否则子实体菌盖小，菌柄细长，易开伞。

5.酸碱度。双孢菇菌丝生长的最适pH7.0～8.0，进棚前培养料的pH值应调至7.5～8.0，土粒的pH值应在8～8.5。每采完一期菇喷水时适当放点石灰，以保持较高的 pH 值，抑制杂菌滋生。

问：适合双孢菇高产栽培的常用基料配方？

答：按 100 平方米栽培面积计。

配方一：麦秸（稻草）1 500 千克、干牛（马）粪 1 500 千克、尿素 20 千克、豆饼 50 千克、过磷酸钙 30 千克、石膏粉 40 千克、碳酸钙 30 千克、硫酸铵 15 千克。料的 pH 值 8.0。

配方二：麦秸（稻草）2 250 千克、干鸡粪 750 千克、尿素 17.5 千克、饼肥 75 千克、过磷酸钙 25 千克、碳酸钙 40 千克、硫酸铵 15 千克。料的 pH 值 8.0。

配方三：玉米秸 1 500 千克、干牛粪 1 500 千克、尿素 25 千克、棉籽壳 300 千克、磷肥 40 千克、石膏 60 千克、石灰 50 千克。料的 pH 值 8.0。

问：双孢菇高产、稳产的主要栽培管理技术环节？

答：从发酵料堆制到出菇有七个步骤：

1. 发酵料堆制。

(1)秸秆预湿。通常开挖一沟槽，内衬塑料薄膜，然后往沟里放水并加入 1%石灰，放入秸秆并不断踩踏。浸泡时间 1～2 小时，待吸足水后捞出，沥去多余的水分，堆在另处。一般每吨干料应吸进 1.5 吨水，以秸秆含水量达 60%～65%为宜。检查方法是：抽出几根麦、稻草，用手绞扭，以能见水渗出为宜。

(2)畜禽粪预湿。一般在平地上进行。先把畜禽粪、饼肥和石膏干拌均匀，然后边翻拌边喷入适量杀虫剂，覆膜 24 小时后，再用 0.5%石灰水将混合料的水分调节到手握成团、手开即散的程度（切忌成块），使含水量达到 55%左右。检查方法是：手抓一把牛粪，用力一捏，以能见水从指缝渗出而不下滴为宜。最后在料周围喷洒杀虫剂，盖好薄膜，转入预堆。

(3)建堆。①场地选择。要选择地势较高，靠近菇棚(房)和水源的地方。地面要求平整、坚实，料堆周围开好排水沟，防止下雨泡堆，有条件的最好建成砖面或水泥地面。②场地消毒。建堆前，场地要用石灰粉或3%～5%石灰水消毒，必要时可做杀虫处理。③建堆。先在地上铺一层30厘米厚的预湿麦稻草(以利底部透气)，草上再铺一层厚约3厘米的粪，粪上再铺一层厚约8厘米的麦草，草上再铺一层厚约3厘米的粪。这样一层草一层粪逐次上垛，各铺十层。堆高1.5米左右。整个料堆宽约1.8米、高1.5米，长度不限，顶部呈龟背形。

(4)翻堆。一次性完成培养料的堆制发酵的一般翻堆四次。各次的时间间隔为7天、6天、5天、4天、3天。

第一次翻堆：①调节水分。通常在翻堆前一天补足水分，待翻堆时再适量调节水分。②把所有剩余的氮源加入进去。③把配方中的钙镁磷肥和石膏加入进去。④堆温应达到70～75℃。若过低或过高，应及时采取补救措施，提前翻堆。

第二次翻堆：①适当调节水分，切忌过湿，以紧握料，指间可挤出3～4滴水为宜。②把堆宽缩减10厘米，同时在中部每隔1米造个通气孔(先埋放一根木棒或竹筒，堆后再扒出即成)，以利于料堆内外空气交换。

第三次翻堆：①适当调节水分，以紧握料指间能挤出2～3滴水为宜。②调节料的酸碱度，要求达到pH值7.5～8。通常三翻时加入碳酸钙。③料堆再缩宽10厘米并留透气孔。④三翻前在料周围喷杀虫剂，边喷边盖膜。

第四次翻堆：①一般不再调水分，若料干必调的，一般喷洒0.1%多菌灵或克霉灵溶液，严防用生水。料的干湿度以挤出1～2滴水为宜。②加入过磷酸钙。③将堆宽增扩10～20厘米，并造透气孔。④翻堆前要喷药杀虫除螨。一般四翻过后，再堆制3天即可散堆入棚。

2.培养料进棚铺床,以一次发酵料、地栽模式为例。

(1)入棚前的工作。

①地床翻新,阳光曝晒,整平地床(中间呈拱状)。提前3天喷3%~5%石灰水;喷一次杀虫剂。严防在地湿如泥时进行铺料。②地铺玉米秸:为了增加透气性,加快发菌速度,降低土层的降温影响,可以在地床上铺一层(1~2根厚)玉米秸。玉米秸先用5%石灰水和0.2%克霉灵浸泡24小时,捞出沥去表面水,稍晒干。玉米秸铺好后撒一层石灰粉。③空棚消毒:每100平方米的棚用硫磺2千克,加0.5~1千克干燥松木屑,混合均匀,稍泼点酒精,点火即燃,熏蒸消毒。空棚消毒应比进棚时间早一天,药品应分2~3处点燃熏蒸,以便于扩散各个角落。

(2)培养料入棚。

①入棚时间在清晨较好,速度要快。刮大风、下雨时不要入棚。②入棚铺床:把发酵料均匀的铺在上面,料厚20厘米左右,中间稍拱,稍微平整,不可压实,料的厚薄应基本一致。待测定料温无回升并稳定在28℃以下时便播种。

问:双孢菇播种应注意些什么?

答:

1.播种时间。播种时最好避开高温天气。阴天可整天播种,晴热天,最好安排下午4~5点钟开始播种,争取当天播种完毕。播种后应每天检查料温,以防高温烧死菌种。

2.播种日期。冀中南平原地区播种日期一般在9月1日至9月10日,气温低时应提前、高时延后,料层薄者应提前,厚者应延后。实践证明,适当提早播种,有利于提高产量,这是北方蘑菇的栽培规律。

3.菌种准备。将菌种瓶的外部用0.2%高锰酸钾溶液(或

3%漂白粉或0.1%克霉灵)反复擦洗干净。倒出菌种,将菌种捏碎,不能揉搓,不能捏成单个麦粒,也不能损伤麦粒上的表皮菌丝。然后放入已消毒过的脸盆中,用时轻轻抓出。

4.播种方法。播种时,菌种量的计算是每平方米1.5瓶,若9月下旬播种应3瓶。先将菌种的2/3散播在料面上,一定要均匀,然后用铁叉或竹尖轻轻抖动培养料,使麦粒菌种落入3~5厘米厚的料层中(相当于表层混播),把余下的另1/3菌种散播在料面上,用木条轻轻拍动,使菌种紧贴料面,不能让菌种架空。播种后轻轻压实,既使菌种和料接触紧密,又要透气保湿。

问:双孢菇播种后的发菌管理要求?

答:播种后2~3天内,菇棚(房)内以保湿为主,微量透风为辅,不能不透风。通风孔要加防虫网。棚温以22~24℃为宜,料温24~26℃为好。

播种后4~6天,菌丝已开始或已长入培养料,应以换气为主,小通风为辅,适当增加通风量,促进菌丝向料内生长,防止杂菌滋生。同时要检查菌种成活情况(若有的没成活可补播)和床面杂菌情况。发现毛霉要加大通风、降低空气湿度、控制发展;发现有绿霉点,可在霉点上摊由石灰、黏土和漂白粉三合一的泥糊,控制其蔓延和传播。为了防止杂菌滋生,播种3天后,在空中喷洒0.1%克霉灵或0.5%甲醛溶液。

播种后7~12天为发菌旺盛期,应以小通风为主,大通风为辅,促使菌丝快速纵横生长,发足发壮菌丝。若生长不快,可用铁叉适当撬料,增加透气性,促进菌丝生长。

当菌丝生长到料层1/2时,一般进行撬料,以加快发菌速度。

播种后12~20天为培养料发菌后期,当菌丝长到料层2/3时,及时覆土。"覆土晚一天,出菇晚十天"。因此,适时覆土很重要。

问:双孢菇对覆土的要求有哪些?覆土过程中需要注意些什么?

答:双孢菇为覆土出菇型食用菌,不覆土不出菇。

1.覆土的要求。国外多用泥炭土,持水透气,是蘑菇高产的重要技术措施之一。国内多采用农田土。即取农田15～20厘米以下的半活性、半生的土。据实践经验,沙土、胶泥土、河堤土、贫瘠土、盐碱土均不能用。

播种以后,应立即开始准备覆土,不可拖延。每100平方米栽培面积应准备3～4立方米土。覆土使用前要做处理。方法是用3%甲醛和1%的敌敌畏等杀虫剂进行消毒,杀虫,边翻边喷,然后覆膜消毒24小时,揭膜后,每1～2天翻一次,共翻3次,以便去除药味。覆土水分应达到手握成团、落地即散的程度,pH值7.5为准。

2.覆土方法。适宜的覆土时间,一般在播种后第15～20天,菌丝发到2/3～4/5时。覆土前把菌床再轻压一下,整平。覆土放好后再用木板刮平,切不可把覆土层压实。如果菌床高低不平,应随高就高,随低就低,不能用土找平。厚度一般以3～5厘米为宜。

3.覆土后的调水管理。覆土后一般在1周内不再调水。但是,如果土层达不到手捏能扁、手握能圆、又不粘手的程度,必须在2～3天内把土层调足水分,以达到上述程度。如果土层pH值低于7,可用0.1石灰水调节。但是,不管如何调水,都绝对不允许让水渗到下边菌料层。

问:出菇期菇棚的管理技术要点及注意事项?

答:当覆土层表面水迹收掉后,在棚内温度保持在22～25℃,相对湿度85%左右的情况下,5天之内以少通风为主,适当通风换气为辅,使料中菌丝尽快爬出土层,也就是吊菌丝入土。在一般情况下,覆土后5天菌丝便可爬入土层。5天后通风量逐渐增大,但风量还要依菌丝状态而定。若菌丝灰白色，表明通风换气适中；若菌丝细白，表明通风换气不足，宜增加通风换气次数和时间。但也要防止因通风过量使菌丝回头倒伏，在土层下部深结地雷菇。同时，菌丝一旦爬入土层，一般不宜再喷水，因为喷水不当也可能使菌丝低头而产生地雷菇；另外还要注意晚上的温度，如果晚上温度低于 20℃，并且菌丝刚爬入土层，也不要通风；若土偏干不利于菌丝串土，也要适当喷水，轻喷勤喷，把土层调到适宜的湿度；如果覆土后 5 天菌丝还未爬入土层，可在菌床上覆上一层地膜，以利吊菌入土。总之，要针对具体情况，采取相应措施。

覆土后 15～20 天是管理的关键时期。当菌丝串土到覆土层 2/3 并且土层中有大量菌丝出现时，要及时加大通风量，将棚温调到 16～18℃，料温降到 15～19℃，同时在大通风 1～2 天后，喷一次结菇水，喷水量每平方米 1～1.5 千克，分 2～3 天喷入，然后再大通风 1～3 天，再转入小通风，以促进原基和菇蕾形成(一定量的二氧化碳浓度有利于原基形成)。结菇水要喷到土粒捏的扁、搓得圆、不粘手为宜。这样经 3～5 天便可在表土下 0.5～1.0 厘米的位置上形成米粒至绿豆大小的子实体幼蕾(覆土后 15～17 天)。

当幼蕾长到黄豆大小时，应喷一次保质水，每平方米约 0.5 千克。此后，再经过 4～6 天，黄豆大小的菇蕾便可长到 2.5～4 厘米直径的等级菇。

一般来说，在出菇期间，土层湿度以达到土粒捏的扁、搓得圆、不黏土、落地不散、水又不能漏进料内为标准。

问：蘑菇采收时应注意什么？

答：当菌盖长至 3～4 厘米时，应及时采收。采收时，要配备一把不锈小刀和塑料桶，采下蘑菇后及时切掉带泥的菇根，保持洁白，不开伞，无泥根。

当采完一潮菇或接近结束时，应及时喷打转潮水，为生产下一潮菇提供足够的水分。另外，当采收完一潮菇时，应及时整理床面，剔出菇脚和老菇根，并用粒土性细土将空穴填平，并及时喷水保湿转潮。

问：为什么双孢菇会出现死菇？如何防治？

答：

1. 死菇是指菇床上的小菇萎缩，变黄，最后死亡。有时甚至成片或成批死亡，严重影响产量。病因：通风不良，二氧化碳浓度过高。菇棚温度过高，22℃以上，相对湿度在95%以上。喷药次数多，量大，菇蕾因药害而死亡。

2. 防治方法：春季天气转暖后，要注意菇棚降温。覆土调水阶段，压低出菇部位，避免出菇过密。高温时期注意改善通风状况，防止料层积水。

问：如何防治双孢菇畸形菇？

答：双孢菇畸形菇常见的有不规则、小盖长柄和瘤状突起等类型。不规则型的病菇是由于覆土过厚，细土过多，土质过硬。小盖长柄菇是由于菇棚温度高，通风不良造成的。

防治方法：覆土时间勿过迟，注意水分调节，勿使菇棚内温度超过16℃，并注意通风降温。

问：什么是双孢菇菌丝徒长？如何防治？

答：

1. 双孢菇菌丝徒长是指菌丝长生过旺，冒出土层，密集成片，形成一种细密的、不透水的菌丝体。此症状是由于湿度过高，通风不良，播种期偏早，播种后温度较长时间处于20～25℃造成的。

2. 防治方法：使用的原种、栽培种不能有结菌皮的现象。出菇菌丝徒长后，菇蕾未形成时，可用刀耙破菌皮。

问:双孢菇水锈斑产生的病因及防治措施有哪些?

答:

1. 双孢菇水锈斑是指子实体表面出现铁锈色斑点,它仅发生在子实体的表层,不向内部扩展。此症状是由于菇棚空气相对湿度达95%以上,子实体表面水分蒸发很慢,长期积水造成的。

2. 防治方法:喷水时和喷水后,菇棚必须适当通风。勿用带有铁锈色的土壤进行覆土。

四、塑料袋地栽黑木耳技术

黑木耳是大家熟悉和喜爱的食用菌类,由于黑木耳有丰富的营养和药用价值,在全世界的需求量却越来越大,产品供不应求,经济效益可观。下面介绍黑木耳的栽培技术。

问:黑木耳栽培情况如何?

答:黑木耳是一种优质的食用菌和药用菌,世界上95%以上的黑木耳产于我国,总产量3万吨左右,以前黑木耳的主要来源是靠砍伐木段栽培,由于生态恶化,国家已明令禁止以各种名目砍伐木材,木段栽培已成为违法行为,致使黑木耳的产量越来越少。塑料袋地栽黑木耳每百千克锯末产干耳10千克(鲜耳100～150千克),生物学效率达100%～150%,与木段栽培相比,地栽黑木耳产量提高7.9倍,效益提高24.6倍,生产周期缩短10倍。该技术固定资产投入较少,流动资金每亩地需2 500～3 000元,原材料主要是锯末、玉米芯、麦麸等,每亩总投资为3 500元左右,每亩地摆放1万袋,可产干耳400～500千克,每亩地产值1.76～2.2万元,纯收入为1.31～1.85万元。生产周期为4个月左右,投入产出比为(1∶4.0)～(1∶5.3)。目前已在辽宁、吉林、黑龙江、内蒙古、河北五省区的1万多家单位和农民户推广应用。

问:常用的黑木耳优良品种有哪些?

答:选用优良菌株是袋料栽培获得速生高产优质的关键。黑龙江黑耳1号菌株,其菌丝生产温度在5～32℃之间,以23～27℃为最佳,子实体在10～27℃均能生长,但以15～20℃为宜。其出耳早,开片快,朵形好,色黑肉厚有光泽,抗逆力强,质量好,产量高而稳定。黑木耳888菌种,该菌种产量高,抗杂菌、吃杂菌,能在偏碱性培养基上生长,是目前当家品种。另外还有冀诱一号等。

问:什么时间栽培黑木耳合适?

答:黑木耳属中温恒温型真菌,菌丝在0℃以下较长时间不会死亡,在37℃时停止生长,菌丝在培养阶段最佳温度为23～27℃,子实体温度为10～27℃,最佳以15～20℃为宜。华北地区,一年中可生产两批。第一批2月下旬生产栽培种,3月中旬生产菌袋,4月底至6月底(60天)出耳,第二批5月下旬生产栽培种,7月中旬生产菌袋,8月底至10月中旬出耳。

问:塑料袋地栽黑木耳配方有哪几种?

答:

1. 阔叶树木屑80%、麦麸或细米糠15%、石膏粉1%、生石灰0.5%、豆饼粉2%、磷酸二氢钾0.1%,培养料含水率62%～63%。

2. 木屑36.5%、玉米芯粉50%、麦麸10%、豆饼粉2%、石灰0.5%、石膏1%、磷酸二氢钾0.1%,培养料含水率62%～63%。

3. 豆秸55%、木屑33.5%、麦麸10%、石膏1%、石灰0.5%、磷酸二氢钾0.1%、培养料含水率62%～63%。

问:黑木耳如何制作菌袋及灭菌?

答:菌袋规格:15(或 17 厘米)×35 厘米,厚度 0.05 厘米(可用聚乙烯塑料袋)。把配好的培养基及时装袋,塑料袋以不漏气为准,培养基配制后进行装袋,装袋时培养基要松紧适中,上下均匀,不留空隙,装袋时菌袋口要留 5 厘米扎口,用棉线扎紧,扎牢,双复扎,防止灭菌后松懈。将培养袋装进灶内进行常压灭菌,注意火力要"攻头、保尾、控中间",攻头就是用旺火猛烧,在 5 小时内菌袋内部温度要上升到 100℃,控中间是将 100℃保持 8～10 小时,同时密切观察锅内水位,防止锅内烧干。灭菌时间结束,停火后应打开灶门通气 30 分钟,套上棉纱手套,取出菌袋,同时仔细检查菌袋,如发现有小孔残破袋,立即用胶布封贴,以防杂菌侵入造成感染,菌袋要及时搬到已消毒好的接菌室叠好,让其自然冷却。

问:接菌应注意哪些问题?

答:待培养袋温度降到 28℃以下进行接菌,栽培种要求菌丝粗壮洁白,菌种适龄,一般栽培种是用塑料袋装的菌种,接菌时将栽培种用 75%酒精棉球擦净表面消毒,接菌要注意以下四点:①传袋人发现袋面有杂物要用干布擦净。②打筒人左手拿 75%酒精棉球消毒袋面,接着右手拿制穴工具。③接菌时速度要快,菌种要高于袋面 2 毫米,以防空气侵入,然后再用 17 厘米×50 厘米规格塑料袋套栽培袋。④菌袋叠成井型,要求叠放整齐、有序,留有间隔,叠得太紧太高,不利于通气。

问:发菌过程中应做好哪些工作?

答:接菌后头 3 天,由于袋内受水分影响,袋温比室温低 1～2℃,培养室温度应保持在 25～27℃之间,不得超过 30℃,5 天后温度控制在 23～25℃之间,每天早晚通风,每次各 50 分钟,一个星期后才能检查菌袋是否受杂菌污染，若有杂菌及时隔离培养，发菌室要求相对湿度保持在55%～68%之间，10～15天后翻堆时将外袋取出，主要增加氧气，促进菌丝生长.黑木耳在菌丝生长阶段不需要光线，一般门和门窗上悬挂黑布遮光，以防止菌丝在生理成熟前出现耳芽，菌丝生长50天左右，生理成熟，应移入野外，干湿交替管理。

问：菌袋发满后接下来要做哪些工作？

答：

1.菌袋发满以后的工艺流程：场地选择→整地作床→床面消毒→下架验袋→菌袋消毒→划口→摆放→催芽→育耳→采摘晾晒→分级包装→成品入库。

2.工艺要点包括以下几点：

(1)场地选择。地势平坦、靠近水源、排水良好、房前屋后空地，并要求避开风口。

(2)整地做床。①土质黏重的地块作距地高5～8厘米。宽1.5米、长度不限的床。床与床之间留有排水沟。②作浅床：排水好的沙土地块、向地面下挖5～8厘米、宽1.5米的浅沟，长度不限的床。

(3)床面消毒。用5%的石灰水喷洒床面，也可用多菌灵。

(4)下架验袋。好的菌袋直接运往场地，感染杂菌的菌袋要单独放，放在最后开口。

(5)运输。轻拿轻放。

(6)菌袋消毒。用1%石灰水。对整个菌袋进行消毒，然后捞出后控干。

(7)划口。将栽培袋取下棉塞或无棉盖体然后用绳扎好口，然后划口。目前开口方式是“V”字形口。“V”字形口斜线长1.5厘米、深度0.7厘米。每袋划8～10个口，口与口之间呈“品”字形排列。然后倒立菌袋进行摆放,每平方米 20～25 袋。

(8)排放催芽。①排放。选取二合一排放法。即将二个床的菌袋摆放在一个床内进行催芽和出芽管理。二合一排放法每平方米可摆 44 袋,袋与袋之间的距离要均匀,排放时如地面干燥需喷底水;地面比较潮湿的可直接摆放。菌袋去掉棉塞和项圈后,采取挖坑直立放置。排放完毕后,盖上塑料薄膜,薄膜上盖上草帘子,此后进入芽期管理。

②催芽。开口后的菌袋进入催芽管理阶段,此期不可向袋上浇水,应注意床内的潮湿度。过于干燥不利于开口处伤口修复;过于潮湿,菌丝易从开口处穿出,影响耳基形成。潮湿度的控制与通风:根据潮湿度情况来决定通风度的大小。简便方法是,看塑料薄膜上有无水雾或水珠,如有水珠下滴,则湿度过大,要增加通风度;塑料膜上无水雾或水珠,为湿度过小,要减少通风量,并需要在床两侧喷水增加床面湿度。耳基形成后,进入出耳期管理。这一时期的管理要点是:直接给水(给水时将草帘子、薄膜撤下,给完水后草帘子,保持床内潮湿度),给水量不要过大,并防止水灌入袋内,应根据床内湿度、通风度、自然温度、耳芽情况等综合考虑决定。使芽保持在良好的生长状态,每天傍晚进行通风,直至耳芽长到 2～3 厘米(耳芽干后要高出菌袋平面),开始分床(每平方米为 22 袋)并进入露天管理。

③注意事项。A. 二合一床可节省一半塑料薄膜、草帘子。B. 二合一床温度高,发芽早,下雨后塑料薄膜上积水少。C. 出耳基通风不好,湿度过大时,小耳片上可重新长出菌丝,影响生长,严重时耳片退化。D. 二合一床耳片不宜培育过大,过大时耳片间易粘连以及造成分床掉芽现象。E. 保证黑木耳质量,防止泥土溅到耳片上,可采用铺地膜、撒稻草(切成 6～10 厘米长)的方法来解决。

(9)露天管理。①管理方法。此时,要掌握“干干湿湿”长木耳,七晒三水的含义。根据天气变化、耳片大小来灵活的安排日晒与给水。日晒(温度):主要作用是促进菌丝生物代谢与转换,使菌丝进一步储存营养和能量,为耳片生长提供物质保障,晴朗天气晒5～7天,即可考虑给水。给水:经过日晒的菌袋浇水后,耳片生长迅速,耳片大、质量好、产量高。最好在出现阴天或小雨天,抓紧时间昼夜不停的间断性给水,给足水,使耳片保持在最佳生长状态,可连续2～3昼夜。没有此时机时,菌袋经日晒5～7天后,每日晚间日落时开始进行夜间浇水,连续3～5夜,可根据耳片大小、天气情况灵活掌握来决定。耳片在湿水情况下,累计不要超过15天,如果时间过长,耳片老化,给水也不能良好生长,色泽差、质量差、产量低,部分菌袋产生流耳或感染杂菌。

②注意事项。一是经日晒后的菌袋,菌袋上干耳在3厘米左右,如遇阴天或小雨天,此时应抓紧时间昼夜不间断地浇水,给足适量水后,2～3天即可大批采收。二是采收时,木耳到七、八成熟时即可采收,采大留小,小耳日晒几天后再浇水催耳,适时采收。老年耳不增加产量质量差,消耗菌袋营养多。三是第一茬采收为拔大毛,第二茬为大批下菜,以后为扫尾。四是第一、二茬采收,最好在6月末抢收完毕。五是要采收的木耳,经停水晒一天后,进行采摘(在袋上干的快),造型好,省事省力,价格高。

③浇水设施。微喷:由电机(柴油机)、水泵、主管道、分管道、阀门、微喷管、侧喷头、接头等组成。目前,最理想的是微喷头式微喷,节水节能,袋内灌水少,同一电机带动浇水面积大,缺点是,一个喷头给水后浇水面积形成一个圆,设计不合理时,易产生死角。菌袋下地浇水,应尽量防止菌袋内灌水,灌水的菌袋易滋生杂菌,喷水强度及水量越大,菌袋内灌水越严重。

问:黑木耳栽培过程中的注意事项?

答:

1. 昼夜温度都较低时,不适合大量浇水,大量给水耳芽长得也不快，只要水够用就可以了。一般早品种昼夜温差在11～24℃，就可以较好生长。

2.倒地的菌袋要及时扶起，否则，菌袋易产生杂菌。

3.杂菌袋不要与好菌袋混放，要单摆床，根据情况浇水。如果杂菌漫延，就要增加日晒时间。

五、香菇袋料栽培技术

种植香菇成本低，效益高，是农民增收致富的好途径。袋料栽培是香菇栽培所采用的主要方法，下面介绍有关技术。

问：香菇栽培过程中，对生活条件有什么要求？

答：

1.温度。香菇菌丝生长的最适温度为23～25℃，低于10℃或高于30℃则有碍其生长。子实体形成的适宜温度为10～20℃，并要求有大于10℃的昼夜温差。

2.水分。香菇所需的水分包括两方面，一是培养基内的含水量，二是空气湿度，长菌丝阶段培养料含水量为55%～60%，空气相对湿度为60%～70%；出菇阶段培养料含水量为40%～68%，空气相对湿度85%～90%。

3.空气。香菇是好气性菌类。在香菇生长环境中，由于通气不良、二氧化碳积累过多、氧气不足，菌丝生长和子实体发育都会受到明显的抑制，这就加速了菌丝的老化，子实体易产生畸形，也有利于杂菌的滋生。新鲜的空气是保证香菇正常生长发育的必要条件。

4.光照。香菇菌丝的生长不需要光线，在完全黑暗的条件下菌丝生长良好，强光能抑制菌丝生长。子实体生长阶段要散射光，光线太弱，出菇少，朵小，柄细长，质量次，但直射光又对香菇子实体有害。

5.酸碱度。香菇菌丝生长发育要求微酸性的环境，培养料的pH值在3～7都能生长，以5最适宜，超过7.5生长极慢或停止生长。子实体的发生、发育的最适pH值为3.5～4.5。在生产中常将栽培料的pH值调到6.5左右。高温灭菌会使料的pH值下降0.3～0.5，菌丝生长中所产生的有机酸也会使栽培料的酸碱度下降。

问：袋料栽培香菇需要控制的环节及其注意事项？

答：

1.一般来说，要控制好装袋、灭菌、接种、菌袋培养、转色管理、出菇管理六个环节。

2.注意事项：

(1)装袋前要检查塑料袋是否漏气，漏气的塑料袋绝对不能用。装袋时，一要集中人力快装，一般从拌料到装袋结束，再到装锅灭菌的时间不能超过6小时，以防止料发酵。二要松紧合适，过松，菌筒难成形，且气生菌丝旺盛，菌膜厚，影响产量；过紧，发菌慢，菌丝长势弱，灭菌时菌筒易膨胀破裂。三要轻拿轻放，避免人为弄破袋壁。料装到距袋口6厘米处，把袋口扎严扎紧。

(2)料袋装好后应立即进灭菌锅。料袋装锅时要有一定的空隙，便于空气流通，灭菌时不易出现死角。一般采用常压蒸汽灭菌锅，开始加热升温时，火要旺要猛，从生火到锅内温度达到100℃的时间最好不超过4小时，否则会把料蒸酸蒸臭。当温度到100℃后，要用中火维持8～10小时，中间不能降温，最后用旺火猛攻一会儿再停火，焖一夜后出锅。出锅前将冷却室进行空间消毒，出锅所用的塑料筐也要喷洒2％的来苏水或75％的酒精消毒。

(3)等料袋的温度降到30℃以下才能接种。接种前先将接种室进行空间消毒，然后把刚出锅的料袋运到接种室内一行一行、一层一层地垒排起，每垒排一层料袋，就往料袋上用手持喷雾器喷洒一次 0.2%多霉灵；全部料袋排好后，再把接种用的菌种、胶纸，打孔用的直径 1.5～2 厘米的圆锥形木棒、75%的酒精棉球、棉纱、接种工具等准备齐全。关好门窗，打开臭氧消毒器，消毒 40 分钟；关机 15 分钟后开门，接种人员迅速进入接种室外间，关好外间的门，穿戴好工作服，向空间喷 75%的酒精消毒后再进入里间，接种按无菌操作进行。

香菇料袋多采用侧面打穴接种，一般接 5 穴，一侧 3 穴，另一侧 2 穴。3 人一组，第一人先将打穴用的木棒尖头放入 75%的酒精中，酒精要浸没木棒尖头 2 厘米，再将要接种的料袋搬一个到桌面上，一手用 75%的酒精棉纱擦抹料袋朝上的侧面消毒，一手用木棒在消毒的料袋侧面打穴 3 个。1 个穴位于料袋中间，其他 2 个穴分别靠近料袋的两头。第二人打开菌种瓶盖，将瓶口在酒精灯上转动灼烧一圈，长柄镊子也在酒精灯火焰上灼烧灭菌；冷却后，把瓶口内菌种表层刮去，然后把菌种放入用 75%的酒精或 2%的来苏水消过毒的塑料筒里；双手用酒精棉球消毒后，直接用手把菌种掰成小枣般大小的菌种块迅速填入穴中，菌种要把接种穴填满，并略高于穴口。注意，第二人的双手要经常用酒精消毒，双手除了拿菌种外，不能触摸任何地方。第三人则用 3.5 厘米×3.5 厘米方形胶粘纸把接种后的穴封贴严，并把料袋翻转 180 度，将接过种的侧面朝下。同样方法在另一侧接种 2 穴。

(4)菌袋培养期通常称为发菌期，需要注意的是：

可在室内、阴棚里发菌，发菌地点要干净、无污染源，要远离杂菌滋生地，要干燥、通风、遮光等。进袋前要消毒杀菌、灭虫，地面撒石灰。菌袋排放地面，按“#”字形叠放 8～10 层，接种口朝侧面对外排放，不要重叠，以利通风发菌。排放培养架可堆叠 3～4 层，排与排之间要留有走道，便于通风降温和检查菌袋生长情况。

①温度。发菌室的温度以 20～24℃，袋堆温度 24～26℃为

好，发菌场地的气温应控制在28℃以下，高于28℃，应通风降温。如在14～18℃培养，菌丝生长会慢一些，发菌期延长，但菌丝生长健壮，不影响产量。

②湿度。发菌期宁干勿湿，空气相对湿度以60%～65%为宜。湿度大，容易在接种口滋生杂菌。

③通风。一般培养室每天通风1～2次，每次30～40分钟。注意放底风，减少二氧化碳的含量。通风要和调温结合进行，气温高时，早、晚通风；气温低时，中午通风；料温高时多通风。

④光照。暗光培养，防止菌丝形成菌膜。脱袋前10天，适当增加光照，光线刺激有利于脱袋后转色。

⑤翻堆。开始7～10天内不要翻动菌袋，一般第10天进行第一次翻堆，这时每个接种穴的菌丝体呈放射状生长，直径在8～10厘米时生长量增加，呼吸强度加大，要注意通气和降温。在翻堆的同时，用直径1毫米的钢针在每个接种点菌丝体生长部位中间，离菌丝生长的前沿2厘米左右处扎微孔3～4个；或者将封接种穴的胶粘纸揭开半边，向内折拱一个小的孔隙进行通气。这时由于菌丝生长产生的热量多，要加强通风降温，最好把发菌场地的温度控制在25℃以下。以后每隔10天再翻一次堆。在翻堆的同时，用钢丝针在菌丝体的部位，离菌丝体生长的前沿2厘米处扎微孔，每个接种点菌丝生长部位扎一圈4～5个微孔，孔深约2厘米。

⑥防止杂菌污染。为了防止翻袋和扎孔造成菌袋污染杂菌，装袋时一定要把料袋装紧，料袋装的越紧杂菌污染越低。在翻袋扎孔前要进行空间消毒，可有效地减少杂菌污染。发菌期还要特别注意防虫灭虫。翻堆时认真检查有无杂菌污染，一旦发现杂菌，及时进行处理。杂菌斑直径在5厘米以内的，可以注射95%酒精于污染处，再用手指轻轻按摩其表面，使药液渗入，然后用胶布封住注射口。污染严重的，先用湿报纸包好，然后移出发菌室深埋或烧毁。

由于菌袋的大小和接种点的不同，一般需要培养45～60天，菌丝才能长满袋。这时还要继续培养，待菌袋内壁四周菌丝体出现膨胀，有皱褶和隆起的瘤状物，且逐渐增加，占整个袋面的2/3，手捏菌袋瘤状物有弹性松软感，接种穴周围褐色斑点时，表明香菇菌丝生理成熟，可进菇场转色出菇。

(5)转色的深浅、菌膜的薄厚，直接影响到香菇原基的发生和发育，对香菇的产量和质量关系很大，是香菇出菇管理最重要的环节，需要注意的是：

①脱袋转色法。这是常用的转色法。要准确把握脱袋时间，脱袋太早不易转色，太晚菌丝老化，常出现黄水，易造成杂菌污染，或者菌膜增厚，香菇原基分化困难。脱袋时的温度要在15～25℃，最好是20℃。脱袋前，先将出菇温室地面做成30～40厘米深、100厘米宽的畦，畦底铺一层炉灰渣或沙子，将要脱袋转色的菌袋运到温室里，用刀片划破菌袋，脱掉塑料袋，把柱形菌块按5～8厘米的间距立排在畦内。脱袋后的菌柱要防止太阳晒和风吹，这时温室内的空气相对湿度最好控制在75%～80%，有黄水的菌柱可用清水洗干净。脱袋立排菌柱要快，排满一畦，马上用竹片拱起畦顶，罩上塑料膜，周围维持保湿保温。温室的温度要控制在17～20℃，不要超过25℃。如果温度高，可向温室的空间喷冷水降温。白天温高多加遮光物，夜间去掉遮光物，加强通风来降温。光线要暗些，头3～5天尽量不要揭开畦上的罩膜，这时畦内的相对湿度应在85%～90%，塑料膜上有凝结水珠，使菌丝在一个温暖潮湿的稳定环境中继续生长。期间，如果气温高、湿度过大，每天还应该在早、晚气温低时揭开畦的罩膜通风20分钟。在揭开畦的罩膜时，温室不要通风，要将二者的通风时间错开。在立排菌柱5～7天时，菌柱表面长满浓白的绒毛状气生菌丝时，要加强揭膜通风的次数，每天2～3次，每次20～30分钟，增加氧气、光照(散射光)，拉大菌柱表面的干湿差，限制菌丝生长，促其转色。当7～

8 天开始转色时，可加大通风，每次通风 1 小时。结合通风，每天向菌柱表面轻喷水 1～2 次，喷水后要晾 1 小时再盖膜。连续喷水 2 天，至 10～12 天转色完毕。在生产实践中，由于播种季节不同，转色场地的气候条件特别是温度条件不同，转色的快慢不大一样，具体操作要根据菌柱表面菌丝生长情况灵活掌握。

②脱袋注意事项。一是下雨天、刮风天不脱袋，因菌丝突然受到不良条件刺激后会影响正常转色与出菇。二是气温高于 25℃或低于 12℃不脱袋。三是受杂菌污染部分保留薄膜不脱，以控制其蔓延。四是做到边脱袋、边排放、边覆盖薄膜，避免菌筒干燥或受不良条件影响。

(6)出菇期管理很重要，需要注意的是：

①催蕾。香菇属于低温变温结实性的菌类，一定的温差、散射光和新鲜的空气有利于子实体原基的分化。这个时期一般都揭去畦上罩膜，出菇温室的温度最好控制在 10～22℃，昼夜之间能有 5～10℃的温差。如果自然温差小，还可借助于白天和夜间通风的机会人为地拉大温差。空气相对湿度维持 90％左右。条件适宜时，连续 3～4 天菌柱表面褐色的菌膜就会出现白色的裂纹，不久就会长出菇蕾。此期间要防止空间湿度过低或菌柱缺水，以免影响子实体原基的形成。出现这种情况时，要加大喷水，每次喷水后晾至菌柱表面不黏滑，而只是潮乎乎的，盖塑料膜保湿。也要防止高温、高湿，以防止杂菌污染，烂菌柱。一旦出现高温、高湿时，要加强通风，降温降湿。

②子实体生长发育期的管理。菇蕾分化出以后，进入生长发育期。不同温度类型的香菇菌株子实体生长发育的温度是不同的，多数菌株在 8～25℃的温度范围内子实体都能生长发育，最适温度在 15～20℃，恒温条件下子实体生长发育很好。要求空气相对湿度 85％～90％。随着子实体不断长大，呼吸加强，二氧化碳

积累加快，要加强通风，保持空气清新，还要有一定的散射光。出菇始期在秋季。由于秋高气爽，气候干燥，温度变化大，菌柱刚开始出菇，水分充足，营养丰富，菌丝健壮，管理的重点是控温保湿。早秋气温高，出菇温室要加盖遮光物，并通风和喷水降温；晚秋气温低时，白天要增加光照升温，如果光线强影响出菇，可在温室内半空中挂遮阳网，晚上加保温帘。空间相对湿度低时，喷水主要是向墙上和空间喷，增加空气相对湿度。当子实体长到菌膜已破，菌盖还没有完全伸展，边缘内卷，菌褶全部伸长，并由白色转为褐色时，子实体已八成熟，即可采收。采收时应一手扶住菌柱，一手捏住菌柄基部转动着拔下。第一潮菇全部采收完后，要大通风一次，晴天气候干燥时，可通风 2 小时；阴天或者湿度大时可通风 4 小时，使菌柱表面干燥，然后停止喷水 5～7 天。让菌丝充分复壮生长，待采菇留下的凹点菌丝发白，就给菌柱补水。补水方法是先用 10 号铁丝在菌柱两头的中央各扎一孔，深达菌柱长度的1/2，再在菌柱侧面等距离扎 3 个孔，然后将菌柱排放在浸水池中，菌柱上放木板，用石头块压住木板，加入清水浸泡 2 小时左右，以水浸透菌柱（菌柱重量略低于出菇前的重量）为宜。浸不透的菌柱水分不足，浸水过量易造成菌柱腐烂，都会影响出菇。补水后，将菌柱重新排放在畦里，重复前面的催蕾出菇的管理方法，准备出第二潮菇。第二潮菇采收后，重复第一潮菇采后的管理，一般出四潮菇。

冬季气候阴雨多湿。这时的菌柱经过秋冬的出菇，由于菌柱失水多，水分不足，菌丝生长也没有秋季旺盛，管理的重点是给菌柱补水，浸泡时间 2～4 小时，还可结合补充些营养成分，如：糖和微量元素。要注意保温保湿，空气相对湿度保持在 85%～90%。并适当通风。

六、金针菇栽培技术

金针菇学名毛柄金钱菌，俗称构菌、朴菇、冬菇等，属伞菌目口蘑科金针菇属。在我国北起黑龙江，南至云南，东起江苏，西至新疆均适合金针菇的生长。金针菇是秋冬与早春栽培的食用菌，以其菌盖滑嫩、柄脆、营养丰富、味美适口而著称于世。据测定，金针菇氨基酸的含量非常丰富，高于一般菇类，尤其是赖氨酸和精氨酸含量特别丰富，具有促进儿童的健康成长和智力发育，国外称之为“增智菇”。此外，金针菇还能降低胆固醇，有预防高血压和心肌梗塞、治疗肝病及肠胃道溃疡病功能。因此，金针菇是一种很好的保健食品，在国际市场上被誉为“超级保健食品”。

问：金针菇的品种有哪些？

答：金针菇经过长期选育有白色和黄色两个变种。白色变种俗称白色金针菇，色泽纯白，适合鲜食，营养价值高、市场价格也高，其特点是对温度敏感，在4～10℃出菇，出菇晚，产量多集中在一、二潮菇；黄色变种俗称黄金针菇，色泽金黄，抗逆性强、产量高，非常适合鲜食及加工罐头，其特点是适应温度范围较宽，在6～16℃出菇，出菇早，质地脆嫩，菇体对光较敏感。

问：如何选择栽培金针菇的原料？

答：选用栽培金针菇原料时，需要注意以下两点：

1.主料选择及质量。主料以棉籽壳、玉米秸(芯)、麦秸、豆秸为主要原料。要选择自然风干、无霉变、无虫蛀的棉籽壳、玉米秸或玉米秸、麦秸、豆秸等。需要注意的是，作物秸秆要粉碎后才能使用。

2.辅料的选择及质量。作为金针菇的培养料还必须加入一定量的辅料来补充所需要的营养。常用的辅料有麸皮、玉米粉、菜籽饼、石膏、糖、硫酸镁、过磷酸钙、尿素等。

问:常用的栽培原料的配方有哪些?

答:栽培金针菇配方有以下几种:

配方一:棉籽皮85%,麸皮10%,玉米面4%,石灰1%。该配方为金针菇产区常用配方。

配方二:棉籽皮85%,麸皮13%,糖1%,石灰1%。该配方为早秋季节温度高时使用。

配方三:棉子皮60%,玉米芯15%,麸皮23%,石膏1%,石灰1%,另加磷酸二氢钾0.2%～0.5%。该配方可降低生产成本。

问:在栽培过程中有哪些注意事项?

答:在大面积栽培中,以麸皮、玉米粉为主要氮源。麸皮和玉米粉含有金针菇生长发育所需的全部养分,适量添加可明显提高金针菇的产量。麸皮用量一般控制在15%～25%,加麸皮太多则发菌慢,容易产生水菇,产量低,质量差。玉米面一般控制在5%～8%,太多则易引起霉菌污染,影响产量。补充氮源主要有磷酸二铵、尿素两种,拌料、喷雾补水均可加入。

栽培金针菇,碳氮比适当,才能提高经济效益。在营养阶段,碳氮比为(20～25)∶1为好,在生殖生长阶段以(30～40)∶1为好。

金针菇是维生素B_1、维生素B_2的天然缺陷型,必须由外界添加才能良好生长。由于在培养料中如麦麸、玉米粉中含有的维生素量基本可以满足金针菇生活需要,因此在栽培中通常不再添加维生素类物质。

金针菇需要微酸性的环境,在pH值3～8范围内,菌丝均可生长,菌丝体生长阶段最适宜培养料的pH值是5.5～6.5。子实体阶段 pH 值 5~6 最为合适。

问：如何配制栽培金针菇的主料？

答：栽培金针菇主料使用前要曝晒 3 天，农作物秸秆粉碎后要过筛，捡出木片等杂物，以防止在装袋时将塑料袋刺破。操作时先将配方中的糖、石膏等溶于水中。再将其他料掺匀，最后把液体倒入料堆中，在水泥地面上，一边加液体一边搅拌均匀。有搅拌机时，可将所有原料一起加入到机箱中，加水自动搅拌，培养料的含水量以手握培养料，指间有水渗出而不下滴为宜，也可用水分测定器测定，含水量以 65％～70％为宜。

配方中有玉米芯的，玉米芯应粉碎成蚕豆至黄豆粒大小，并于拌料前一天给料堆喷水，堆闷 24 小时后再拌入棉子壳料中。

配制好的料在堆闷 1～2 小时之后要立即装袋。目前栽培金针菇所用塑料袋有两种规格：一是长 28 厘米，直径 16～17 厘米，厚 0.05 毫米的聚丙烯袋，每袋装干料 250～300 克，一端出菇；二是长 32 厘米，直径 16～17 厘米，厚 0.04 毫米的高密度聚乙烯塑料袋，每袋装干料 400～500 克，两端出菇。装袋时从袋的一头装，边装边压实，用力要均匀，使袋壁光滑无空隙，装好后，将料面整平，最后用塑料绳扎紧袋口，注意排空袋内的气体。现在大多用装袋机装袋，省工、省力、速度快。一般情况下 8 个人为一组，一个人往装袋机中添料，两个人用塑料袋接料，五个人绑袋口。在装料之前，先把塑料袋的一端绑好，以备使用。

问：对于食用菌栽培袋进行灭菌应注意些什么？

答：金针菇采用熟料袋栽培模式。装好的栽培袋要及时灭菌，不可长久存放，否则，培养料要发酸。装袋前后不超过 5 小时为好。灭菌时，可采用高压灭菌和常压灭菌。采用高压灭菌比常压灭菌好。

高压灭菌是利用高压灭菌锅进行灭菌，适用于耐高温高压的聚丙烯塑料袋，而低压聚乙烯塑料袋不能采用高压灭菌。高压灭菌效果好，灭菌彻底但成本高。灭菌时，首先将锅内加入足够的水，然后，将塑料袋整齐地排列在锅内，袋与袋之间呈“品”字形摆放，便于蒸汽流通，提高灭菌效果，最后盖上锅盖，对角拧紧螺丝，防止漏气，然后加热，当锅压力升到 0.049 兆帕时，打开放气阀排放冷气 10 分钟，再关闭放气阀继续加热，当压力达到 0.15 兆帕时，调整火力，维持 4 小时，或 0.2 兆帕维持 2.5 小时以上即可达到灭菌目的。关掉热源，待压力下降到零时，打开放气阀开盖取出栽培袋。

常压灭菌是利用常压灭菌灶或蒸汽锅炉对栽培料袋进行灭菌。无论是耐高压塑料袋，还是低压塑料袋，均可进行常压灭菌。灭菌时，先将锅内加满水，然后将栽培料袋摆放在蒸汽室的铁篦或木篦上。每层应留有空间，以保证灭菌效果。将锅盖封严，立即点火加热，开锅后，温度达到 100℃时，开始计时，并继续烧火，维持 10 小时之后封火再闷数小时，使锅内温度自然下降然后打开锅盖，将栽培袋移入清洁卫生的室内，当温度下降至室温后开始接种。用蒸汽锅炉灭菌，是将锅炉中的蒸汽用管道输送到灭菌池对栽培料袋进行灭菌，灭菌温度、时间同常压灭菌灶，但随时注意向锅炉中加水，防止无水而烧坏锅炉。若常压灭菌，升温至 100℃时间越短越好，最长不宜超过 8 小时，且保温时间应大于 16 小时。

问：往栽培袋中接入菌种的接种过程中应该注意些什么？

答：灭菌后的栽培袋应置于无菌冷却室内缓慢冷却至 30℃以下时方可接种，接种可以在接种箱或无菌室中进行，北方地区多采用接种箱接种。冷却室、接种室、接种箱应用不同消毒药品及紫外光轮流交叉消毒。首先将栽培袋、菌种瓶、接种工具、酒精棉球瓶放入接种箱内，用报纸或塑料胶带密封接种箱，点燃杀菌消毒的烟雾剂，熏箱30分钟。再用酒精棉球对手、接种工具、菌种瓶擦拭消毒，点燃酒精灯或酒精棉球对菌种瓶口消毒。最后在接种箱内无菌的环境下进行接种。一般按1瓶菌种对30袋栽培袋的比例接种，接种时两人合作，可提高速度和质量。接种时，菌种应均匀分布于料面。

问：当金针菇生长进入发菌期时该如何管理？

答：栽培袋接种后，要及时移入菇棚内发菌。菇棚在使用前应进行消毒。一般在使用前3天进行消毒。先用10倍的火碱溶液用喷雾器向室内地面和墙壁进行喷雾消毒，再用甲醛和高锰酸钾混合或点燃硫磺熏蒸消毒，用药后密闭24小时，然后打开通气口，通风换气2天，最后用生石灰粉撒施。

将栽培袋移入菇棚的床架上进行立体栽培，两架之间留80～100厘米的走道，每架上每一米分一挡，每挡又分4～6层，每层上可以堆放多层栽培袋；温度高时，每层要少放，防止袋内出现高温；也可直接堆放在地上，一端出菇的栽培袋应两袋相对并列为一排，出菇端向外，堆高数层。两端出菇的栽培袋应单排摆放堆高数层，两排之间应留80～100厘米的走道，以便管理和采菇。现在生产中多采用立体栽培模式，可以充分利用棚内的空间，既增加栽培面积，又便于管理。

菌丝生长会产生大量的CO_2，因此，在菌丝萌发后，特别是在菌丝盖面以后，应通风，在菌丝萌发前期早晚通风各15～30分钟，在中后期应通风30～60分钟以上。

问：金针菇进入发菌期后，温湿度等环境条件如何控制？

答：

1. 温度管理。金针菇菌丝生长的温度范围为4～32℃，最适生长温度为22～24℃。4℃以下和30℃以上，菌丝生长缓慢，菌丝在3～4℃时不会冻死，只是生长极缓慢，只要温度回升又会正常生长。超过34℃菌丝死亡。所以在菌丝生长阶段，温度应保持在20℃左右。秋季栽培，要防止出现高温。冬季发菌要设法提高温度，减少通风换气。日光温室内控制温度可通过揭盖草苫和通风换气来进行，半地下式立体栽培菇棚控制温度主要通过通风换气进行。

2.湿度管理。金针菇属喜湿性菌类，在菌丝生长期培养料适宜的含水量为60%～70%，培养料含水过多或过少都会影响菌丝生长，低于60%时，菌丝生长慢而纤细，高于70%时，菌丝生长受到抑制。空气相对温度以60%为宜。湿度宜小不宜大，杂菌污染率低。当空气湿度过大时，应打开通风口或揭开塑料薄膜通风换气，以降低室内湿度。

3.通风管理。金针菇是好气性真菌，在生长发育的各个阶段必须要有足够的氧气供给才能正常生长。因此，在菌丝体生长阶段和子实体生长阶段，都应注意通风换气，保持空气新鲜。为保证菌丝生长对氧气的需要，要注意通风换气，一般每天通风1～2次，每次30～40分钟，通风时应注意温度的变化，但也不能为保温而忽略通风，发菌开始通风量宜小，随着菌丝生长，逐渐加大通风量。

4.光线调节。金针菇基本上属厌光性菌类，菌丝在黑暗条件下能正常生长，弱光下菌丝生长健壮。发菌时应尽量保持室内暗的环境，如果光线强，菌丝尚未长满培养料，遇到低温刺激，极易出现原基，影响产量。

5.定期检查。在菌丝生长时期，要定期检查，适时调节温度、湿度和通风状况，以保证发菌均匀一致，同时检查杂菌，发现污染及时除治。检查时应尽量不倒架、翻堆。

问：出菇管理中需要注意些什么问题？

答：一般情况下，45～55天，白色菌丝长满整个栽培袋时，可转入子实体阶段管理，此期是决定产量及质量的关键时期，要严格控制环境条件，精心管理，促进子实体的形成和生长。这时管理中需要注意六点：

1. 催菇。菌丝长满培养料后，要使其正常出菇达到理想的产量和质量，还要进行催菇。具体方法是：搔菌、降温和增湿。所谓搔菌就是将栽培袋口打开伸直，用消过毒的镊子或铁刷将接种块去掉。经过搔菌，子实体形成多而且整齐。经过搔菌后，应把温度降到10～12℃促进原基形成，同时要使空气相对湿度保持在85%左右，太低不利于大量菇蕾的发生，太高会给后期病害发生带来隐患，湿度不足时用超声波加湿器加湿。为了更好的保湿，可在栽培袋口上覆盖一层报纸，每天喷水2～3次。喷水要细，不能使报纸上积水，保持潮湿即可。一般经催菇3～5天后，料面上就会出现大量米粒状的菇蕾。

2. 温度控制。金针菇属低温型菇类，耐寒性较强。子实体形成和生长的温度范围为5～18℃，在10～15℃时对子实体形成最为有利，低于8℃时子实体生长缓慢，高于18℃时子实体很难形成。总之，金针菇适合低温条件，在较低温度下，出菇整齐，菌柄长，产量高。

所以子实体原基形成后，要严格控制温度。室内温度最好控制在10～12℃。温度低于8℃时，子实体生长缓慢，但菇品质较好。温度高于15℃时，子实体生长迅速，极易开伞形成劣质菇。控制温度是通过揭盖草苫和通风换气进行的。冬季温度很低时，可以用增温设备，但注意煤烟等废气不能放到棚室内。

为了使出菇整齐，往往还要经过一个抑蕾或均育阶段。袋栽金针菇在割袋入出菇房后，应将温度降至8℃ 2～3天，使细嫩原基迅速吹干。待原基吹干变黄后，将温度调为12～15℃，促进原基再生，当再生原基形成后，将温度控制在6～9℃至子实体采收。

3.湿度控制。子实体生长期，培养料的湿度70%为宜，空气相对湿度为80%～90%。湿度过低则抑制菇体的生长，并使培养料失去过多的水分，空气相对湿度过高容易造成烂菇或发生杂菌和病害。子实体生长期间湿度应控制在80%～90%。每天要向空间和四壁喷雾状水2～3次。并保持地面常有水。切勿向菇体上喷水，以免子实体颜色变深，导致烂菇。在出菇期，水分管理也可以用"五字"经来概括。一保，当菌袋发满后，立即开袋搔菌，除去老菌皮，盖湿报纸或地膜进行保湿催蕾。二降，当菇蕾长到1～2厘米，即进入抑制生长时期，此时要减少或停止喷水，降低湿度。连续3～5天夜间打开门窗，让冷风进入降温散湿，把温度下降到8℃以下(以4～8℃)最好，湿度降到75%左右，使子实体受抑，生长整齐粗壮。三促，子实体长到3～4厘米，进入伸长期后，每天喷水4～5次。喷水量随菇体长大而增加，空气湿度控制在90%左右，同时适当通风，采取干湿交替来抑制菇盖增加和促使菇柄伸长。此阶段喷水要根据天气情况变化而变化，做到晴天适当多喷，雨天少喷，以防因用水过湿而发生根腐病、褐斑病。切忌将水喷洒到菇盖上。四补，菌袋在头潮菇采收后，含水量下降20%～30%，二潮菇采后下降30%～50%。因此，在第一、二潮菇采收后，要立即向搔过菌的菌袋内喷水补湿、其做法是:连续2～3天，每天2～3次直接朝袋内喷水，每次以菌袋表面湿润为宜，不可使袋内积水。为提高产量，可在水中加少量的尿素、白糖、磷酸二氢钾等，以补充养分。五浸，采收二潮菇后，菌袋的含水显已降到50%以下，此时可脱去塑料袋，将菌袋放在池水中浸泡(上加重物)，待菌袋吸水恢复到原来开袋时的重量时捞起，稍晾干装入袋中。也可直接向袋内注水浸泡，待菌柱吸足水后，倒净袋内多余的水分，然后再将菌袋重新排放在床架上，盖湿报纸照常管理，这样还可采两潮菇。

4.光线。子实体在黑暗条件下,也能形成和生长,但菇体弱小、纤细、生长缓慢。弱光能促进子实体的形成、生长和成熟;光线过强,则形成菌柄短、开伞早的劣质菇,因此,在实际生产,应采用遮光的办法,保持较弱光线,促进菌柄伸长和保持鲜嫩,达到优质高产的目的。弱光或阴暗条件是提高金针菇商品价值的措施之一,如果光线强,会生长出质地老化,菌柄较短的劣质菇。若温室内需揭开草苫升温时,可将出菇袋上盖布帘、报纸等遮光。

5.通风换气。在子实体发育阶段,需充足的氧气。在实际栽培中提高菌柄长度和抑制菌盖发育,必须通过减少通风,增加二氧化碳浓度,才能培育出菌柄粗,盖小的优质菇,但二氧化碳浓度超过5%时,子实体不能形成。出菇期要控制菇房的通风换气,使其积累一定浓度的二氧化碳(0.1%～0.5%),以利于菌柄伸长和抑制菌盖开伞。一般每天通风1次,每次10～20分钟。冬季可2～3天通风1次,每次20分钟。傍晚以后通风,夜间进行最好。

6.采收。要想获得高产优质的金针菇,必须做到适时采收。采收过早,幼菇还未完全伸长,会影响产量;采收过晚,菇体老化且菌盖开伞,虽可增加产量,但品质差。一般当菌柄充分伸长,菌柄长15厘米,菇盖直径0.8～1.2厘米,呈半球时采收最为适宜。采收的前3天,为提高白金针菇的洁白程度,应将空气湿度下降至80%以下。采收时,一手按住栽培袋口,一手轻轻抓住子实体拨下,剪去菌柄基部所带的培养料部分。采收后要把培养料上散乱的小菇、死菇、腐根及老化的菌块全部清理干净。如袋内失水,要进行补水再覆盖报纸养菌,经过10～15天便可采收第二潮菇。采两潮菇后,可喷洒0.1%～0.2%蔗糖水和0.1%～0.2%尿素配成的营养液,促使第三、四潮菇的生长。

问：哪种菇棚适于栽培金针菇？

答：栽培金针菇的场地多种多样。可利用现有的闲散房屋在适温季节栽培，也可利用各种日光温室、半地下式菇棚、冷库、地下室、防空设施等，北方地区秋后生产以半地下式菇棚最为适合。半地下式菇棚具有造价低、保温性好等优点。冷库主要用于反季节生产。

问：种植金针菇时，出现播种后菌种萌发慢，菌丝生长迟缓、长势差的原因是什么？

答：出现这种情况的主要原因可能有七点：一是菌种退化、菌龄长。二是播种量过少，菌种分散，菌丝损伤后恢复慢。三是消毒灭菌后菌袋没有充分冷却，播种时菌袋内温度过高。四是培养料含水量过高或过低，透气性差，袋内缺氧。五是培养料的 pH 值不适。六是由于众多菇农没有控温设施，主要依据自然气温，播种时天气气温过高或过低。七是培养料配方不适宜。

防治措施：

1. 严把菌种质量关。建议菇农从正规科研单位等菌种质量信得过的地方购种，购种后，存放时间不宜过长，及时播种。

2. 适当加大播种量，最少应达到 3%～4%（干料重），且接种时不宜过度分散。

3. 消毒灭菌后应充分冷却菌袋，用温度计测试，在 28℃以下方可播种。

4. 培养料含水量应适宜，装袋前控制在 65%左右。根据天气情况适当考虑装袋、消毒灭菌等过程中的水分流失因素。

5. 由于金针菇的培养料掺入的辅料较多，加上播种后菌丝体的新陈代谢等情况，产生的酸性物质使料内 pH 值下降，所以在拌料时适当提高培养料的 pH 值，一般方法是加入 1%～1.5%的生石灰，使培养料的 pH 值达到 6.5～7.5。

6. 没有空调或防空洞等措施控制温度的菇农，应当根据天气情况安排播种，一般推迟到 9 月下旬即可安排播种。

7. 适宜的培养料配方是金针菇高产的重要条件之一，在用稻草、豆秸秆、木屑等类原料作主要培养料时，注意加大麦麸、玉米粉等辅料的用量，以保证菌丝生长的前期营养。

问：外界环境温度高时，出菇很好，寒冷季节环境温度低时，却出不好菇了，这是为什么？

答：这与现在大多菇农栽培品种和栽培技术有关，所栽培的品种不耐低温，在寒冷季节，棚内温度低于 8℃时，也没有加温措施，就会出不好菇，产量很低。现在市场有广温品种，出菇温度适应范围很大，产量很高，可以选择。

问：播种后在菌袋培养期间感染杂菌了怎么办？

答：在菌袋培养期间感染杂菌主要有几个原因：

1. 原料不新鲜，加之消毒灭菌没有彻底，短时间内杂菌迅速蔓延。

2. 菌种携带杂菌，主要表现为在接种后菌种周围感染杂菌。

3. 培养室内杂菌基数大，在菌袋培养过程中，杂菌孢子随空气流动进入菌袋造成污染。

主要对策：

1. 尽量使用新鲜无霉变的原料。如使用往年陈料，在拌料前应将原料在夏日的阳光下曝晒 2～3 天，拌料后进行堆积发酵，并在拌料过程中加入杀虫剂、杀菌剂。由于是陈料，消毒灭菌的时间适当延长 1～2 小时以保证灭菌的彻底。

2. 对菌种进行严格检查，选择菌龄适宜、生长健壮、不携带杂菌的菌种。如是自制菌种则应严格按照规程生产，尽量做到有专门的菌种房。

3. 对培菌场地特别是用来培菌的老菇房要进行认真清理、严格消毒，一般用甲醛进行熏蒸，同时用强力消毒剂喷洒。菌袋搬入后，培菌期间注意通风并定期喷洒强力消毒剂，以保证培菌期安全。

问：为什么菌丝生长期会出现菌袋发酸及菌袋烧菌现象？

答：1. 主要原因有以下几个。

（1）菌袋发酸主要表现为菌丝生长到某种程度后极不易再生长，菌袋内发出浓重的酸味。出现此种情况，绝大多数经检查是由于水分过重，接种后料内的厌氧细菌及酵母菌大量繁殖，导致培养料变质、发酸、发臭。

（2）菌袋烧菌，特别是播种期安排在 8～9 月份的菇农，极易出现这种现象。主要原因是两个方面：①天气自然气温高，不容易散热降温。②菌袋培菌期间，随着菌丝生长速度加快其新陈代谢能力加强，由此呼吸代谢所产生的生物能量使料温逐渐升高，当料温超过 29℃以上时，菌丝生长受阻，超过 38～39℃时，就会出现烧菌现象。加上有的菇农不注意料温的变化，菌袋培菌期间堆得太紧太高，极易发生烧菌情况。

2. 主要对策有：

（1）对于菌袋发酸，其重要原因是含水过重，导致菌丝生长慢，不吃料。解决的办法：①要根据不同的原材料在拌料时加入不同的水分，如稻草水分稍多（65%～70%），木屑稍少（55%～60%）。②如已经接种的菌袋，可将袋口稍打开，让水分挥发一部分，以利于菌丝生长。

（2）对于菌袋烧菌，主要应根据培菌期间的气温高低采取相应的措施，当气温达 25℃以上时，菌袋应单层摆放。气温达 30℃以上时，应开空调，没有条件的可用井水洒地面等办法帮助降温，以确保菌丝不被烧死。

问：在金针菇生长过程中，菌丝生长弱，该如何管理以提高产量？

答：发现菌丝弱后，可将开袋口推迟几天，让菌丝多积累一定的营养；开袋口后发现生长种子菇，及早把少的大的种子菇剪掉，留下多的小的种子菇生长，可以增加一部分产量。

问：当拉直袋口后，不出菇，料面发干，其原因是什么？

答：造成料面发干的原因主要是温度高，袋内水分蒸发过量。温度高有两种，一种是棚内温度高，可通过夜间放风，加大空气湿度，降低温度；另一种是袋温高而棚温不高，袋温高于17℃以后，首先用水浇灌塑料袋，降低温度，如果水灌降不下温来，就采取倒架、翻堆的方法，降低温度。

问：在栽培管理过程中，如何加快金针菇转潮？

答：加快金针菇转潮的主要措施如下：

1. 及时清理料面。采收后要及时清除料面残留的菇脚及小菇，剔除个别料面板结的老菌丝，尽量减少机械损伤、保护原有菇原基、协调温度、湿度、光照、空气四大因素，创造良好的环境条件供菌丝生长发育，加快转潮。

2. 适当通风降湿。转潮时，高湿度、高二氧化碳浓度不利于重新催蕾，可在早、晚加强通风透气，使其尽快形成菇原基加速转潮。

3. 给予微弱的散射光。金针菇完全可在黑暗环境中形成菇原基，但形成的数量远远不及有微弱散射光环境中多，因而在转潮时要给予一定的散射光，一般是“三分阳、七分阴”的管理措施，加快菇原基的分化，使其形成菇蕾。

4. 合理调控温度。金针菇原基形成的最适温度为 10～15℃,如果气温偏高,可在菇房空闲地加大喷水量,并进行全面通风降温,需注意的是温度高时湿度不能太大,否则会使菇脚变黑、绒毛增多,进而引起病害;如果气温偏低可以采用喷洒热水或给菇房加温等措施、避免温差过大,不利于菇原基或菇蕾的形成和生长,延缓转潮。

5. 培养料含水量要合适。袋栽金针菇培养料的含水量必须达 65%～70%才能保证金针菇的正常生长及后期顺利转潮,因此如果培养料较干,可一次在袋内加入较多的清水,2～4 小时后倒出多余的水分,一般每袋补充 50～100 毫升即可。

6. 翻转掉头出菇。第二潮菇采摘后,掉头在另一端出菇,可使转潮加快。

7. 谨防四周出菇。袋栽金针菇常出现四周出菇、中间没有或很少出菇的现象,这也会影响转潮。解决的办法是在培养料中加入 20%的杂木屑,不仅可防止四周出菇,还能促进菇原基的形成。

问:对粉黄和白色的金针菇,补水有什么不同?

答:在配料上黄、白金针菇基本相同,但黄金针菇产量大,出菇时需水量也大,料中的水分不能满足黄金针菇生长的需要,必须进行补水,可用喷雾器直接向子实体上喷雾,子实体长到 10 厘米左右以后,减少补水量,防止出现烂菇。看菌盖的颜色决定是否补水。菌盖色白、外围有阴圈时,就开始补水。菌盖色阴就不要补水。边通风边补水,防止出现高温高湿,造成黄头菇。

问:如何防止袋料中流黑水?

答:从袋中先向外流出清水,然后变浑浊,再变成茶色,最后变成黑红色的液体,黑水流到蘑菇上,蘑菇就变成黑色最后烂掉,造成流黑水的原因是袋内温度高,棚内温度低,湿度大。季节环境温度越低，越可能出现流黑水的现象。一旦发现流黑水的菇袋，就立即将菇袋移出棚外。通过分层次解袋口，降低生物热，增加棚内温度等措施，预防流黑水的现象发生。

问：对危害金针菇的棉腐病如何进行防治？

答：立春以后，在金针菇的根基部长上一层白色绒毛，像棉絮一样，是棉腐病。一般在立春以前很少发生棉腐病，在立春以后，气温和地温上升的快，棉腐病就开始发生了。立春后，在金针菇上喷一次棉腐灵，可以进行预防。

问：金针菇的细菌性斑点病如何防治？

答：温度高时，向菇体上喷水，造成幼菇机械损伤，细菌侵入，菇体颜色变深，严重的菇体烂掉，喷水时应注意不要把水直接喷到菇体上，确实需要向菇体喷水时，应离菇体要远，雾要细，避免菇体受伤。

问：金针菇的联体菇发生原因及如何防治？

答：联体菇的典型症状是在子实体上又长出数个乃至十几个孪生菇。菇体发育小，呈胡须状。发病原因是由于长时间的高温环境容易引起该病发生。预防措施主要是注意菇房的通风通气。

问：金针菇疲软菇的发生原因及预防措施是什么？

答：发生在疲软菇的金针菇子实体不挺直，东倒西歪。通常发生在菌柄中下部，发生后菇体停止生长，最后萎缩死亡。该病发生是由于生长期温度偏高和缺氧，致使子实体的正常生理活动受阻，导致组织细胞失去正常的生理功能而造成坏死。按照子实体发育的不同阶段采取催蕾，抑制等科学管理方法，并注意通风养菇，使子实体坚实挺直。

问：出现扭曲菇的原因及预防措施有哪些？

答：扭曲菇主要表现为菌柄弯曲和扭曲，严重时菌柄似麻花状，失去商品价值。发病原因：①与品种有关，白色菌种较常见。②菇房光线多变，没有按照要求保持黑暗。③菇丛密度过大，影响生长空间。

预防措施：早期现蕾时发现菇蕾密度大，应进行蔬蕾，另外，菇房光源要集中，四周黑暗，顶上吊灯，让子实体往上伸长，不向四周长，这样可减轻扭曲现象。

问：菌盖早开伞是怎么回事？怎样预防？

答：菌盖未形成商品菇时就开伞，早开伞的菌盖容易脱落，形成无菌盖的光柄菇，影响质量。发生的原因：

1. 与品种有关。有些生育期短的菌种常出现这种现象，因此，选择菌种时，这样的菌种不能使用。

2. 通气太大。要控制好二氧化碳的浓度，减少通风和氧气的供应。

3. 培养料中的供养失控。一些生育期短的品种，菌丝未发到底就已出菇，使子实体所需的养分不能正常供应。有的培养料含水量不足，造成营养运输困难。早开伞尤其是在第二潮菇更为严重，这是因为袋料中的营养消耗过多，无法满足菇体继续生长的要求。

预防措施：在制种时，一次性加大培养料含水量，在配方上辅料的比例不能低于25％。另外，在转潮期如袋内水分不足时应再补水，并在补水时同时加入0.5％的尿素以补充营养，调节养分供应平衡。

问:金针菇眼菌蚊的为害情况有哪些及怎样防治?

答:眼菌蚊的成虫爬在子实体上,不仅影响食用菌的品质,还可携带多种病菌、线虫和害螨。幼虫是危害食用菌的直接虫态,幼虫取食培养料和菌丝体,切断菇体和培养基内菌丝的联系,使幼菇枯萎死亡;幼虫蛀食子实体,引起菇肉发黄,进而枯萎腐烂。防治方法:搞好菇房内外的清洁卫生,菇房内地面用石灰水喷洒;菇房的门窗、气孔要安好沙窗,且菇房内晚上尽量不要开灯;利用成虫的趋光性,在黑光灯下放置盛有 0.1%的敌敌畏药液的容器进行诱杀;必要时可用药剂防治,方法是出菇前喷洒 0.1%的敌敌畏液杀虫,出菇后喷洒除虫菊酯等无残毒的杀虫药剂。

问:菇上的菌蝇为害及如何防治?

答:菌蝇幼虫危害菌丝体和子实体,严重时可把菌丝体全部咬断,菌床上菌丝消失,料变黑,有臭味。如果为害子实体,则使幼蕾枯死,腐烂,造成绝收。防治方法:在料内拌用除虫菊酯以杀死蛹和卵;播种后 2~3 周内菇房的门窗要用纱布封好,以防止菇蝇飞进;袋口料面喷洒除虫菊酯杀死幼虫和卵;出菇前如果发生菌蝇,在刮风的天气或黄昏后,用敌敌畏喷洒。

问:金针菇上害螨的传播途径及如何防治?

答:螨类是金针菇上的主要害虫之一,有蒲螨和粉螨两种。蒲螨和粉螨繁殖都很快,都以蘑菇菌丝为食。播种后,常集中在菌块周围,咬食菌丝,使被害菌丝不能萌发。菌丝在料内已发满后,螨先集中在料表面吃食菌丝,严重时,料内菌丝会被吃光,造成绝产。菌种感染螨类以后,封口菌丝首先被咬食,变得稀疏或退化。螨类主要来源于仓库,饲料间和鸡舍的粗糠,棉子饼、菜籽饼等饲料中,通过培养料、菌种带进菇房。菌蚊和菇蝇的成虫,常是螨类的天敌和传播者。防治方法：搞好菇房内外卫生，并使菇房或菇场远离仓库和鸡舍，菌种内发现螨类，用棉塞蘸50%敌敌畏原液塞瓶熏蒸；培养料用敌敌畏熏蒸闷杀（500千克料用500克敌敌畏），喷药后密闭24小时即可。

七、白灵菇栽培技术

白灵菇，又名翅鲍菇，白阿魏蘑，是我国近几年新开发，进入商业化生产的一个珍稀菇品。白灵菇原野生于新疆荒滩沙漠伞形科阿魏植物腐茎根上，因其营养丰富、药效神奇，民间称之为“西天白灵芝”，由此得名白灵菇。以它肉质肥厚、色泽雪白，脆嫩爽口，味如鲍鱼，享有“素鲍鱼”之美称，受到消费者的青睐。白灵菇除具较高的食用价值外，还具有较高的药用价值，可防治老年心血管病、儿童佝偻病、软骨病、骨质疏松等疾病。具有增强人体免疫力，调节人体生理平衡的作用，是目前具有开发潜力的珍稀食用菌，开发前途非常广阔。

问：从白灵菇营养特性看，白灵菇对基料有哪些要求？

答：白灵菇营养特性是指导我们配制培养料的理论基础。白灵菇在自然界主要发生于伞形科大型草本植物，如刺芹、阿魏、拉瑟草等植株。曾有人认为白灵菇是寄生菌，不能人工栽培。试验证明，阿魏菇是一种腐生菌，有时也兼有寄生的性质。经驯化，已成功进行人工栽培。

从其营养需求看主要需要下面几类物质：

1.碳源。白灵菇生长发育需要碳源，即单糖、双糖、多糖。栽培主料棉子皮、木屑、稻草、甘蔗渣、玉米芯等均为白灵菇较好的碳源。但这些主料要求新鲜、洁净、干燥、无虫、无霉烂、无异味。

2.氮源。栽培白灵菇所需的氮源主要由栽培辅料如：麸皮、米糠、玉米面、豆秸粉等含氮量较高的营养物质提供，这些辅料同样要求新鲜、干燥、无虫、无霉烂、无结块、无异味。要特别注意配制栽培基料时一定要按配方组料，特别是氮源不可添加太多。

3. 矿质元素。白灵菇生长过程中对矿质元素的需要一般由栽培料中提供，不必另外添加。

问：白灵菇正常生长的环境条件都有哪些？

答：白灵菇正常生长的环境条件要求是指导我们进行发菌、出菇管理的基础。主要有以下几个方面：

1. 温度。白灵菇菌丝生长最适温度为25～28℃，但以24～26℃菌丝生长最快，而子实体的生长则以8～15℃为佳。一般在9月中下旬至10月底为接种期，12月中下旬至翌年3月份为出菇期。这样生产出来的白灵菇产量高、质量好。如有制冷设备的空调菇房，可以周年栽培白灵菇。

2. 水分。栽培白灵菇要求培养料的含水量应为60%～65%；子实体生长发育期所需的空气相对湿度应该是85%～95%。

3. 光照。白灵菇菌丝生长不需要光线，在黑暗条件下可良好生长；但子实体分化和生长发育却需要一定的散射光，一般要求光线在200～1 500勒克斯，子实体才能正常发育。

4. 空气。白灵菇是好气性菌类，靠分解有机物来获取营养，所以不论是菌丝体生长阶段，还是子实体发育阶段，都要求提供新鲜空气即氧气。尤其是子实体形成时期，代谢旺盛，呼吸强烈，对氧气需求量较大，通风不良，子实体生长缓慢，若碰上高温高湿，还会引起菇体腐烂发臭；同时由于代谢过程中还要产生CO_2，因此出菇期需经常通风换气，以保证白灵菇的氧气供给，并排出代谢废物CO_2。

5. 酸碱度。白灵菇菌丝生长对酸碱度的要求不严，其最适pH值为6.5～7.5，中性范围；但白灵菇耐碱性较强，在酸碱度

pH8～9之间均可生长。

问：常用于白灵菇栽培的配方有哪些？

答：配方一：棉子皮80%，麸皮15%，玉米面3%，石灰、石膏各1%。料水比为(1∶1.2)～(1∶1.3)。

配方二：棉子皮60%，玉米芯25%，玉米面5%，麸皮6%，石膏1%，石灰粉2%，过磷酸钙1%。料水比为(1∶1.2)～(1∶1.3)。

配方三：棉子皮40%，玉米芯20%，木屑20%，麸皮8%，玉米面5%，豆饼粉2%，石灰粉2%，石膏粉、蔗糖、过磷酸钙各1%。料水比为(1∶1.2)～(1∶1.3)。

栽培白灵菇尽可能按配方组料，特别要注意氮源、水分均不宜太高。

问：对于白灵菇栽培的培养料，如何处理进行装袋？

答：一般培养料混好后即可装袋灭菌。但由于白灵菇栽培多在秋初气温较高情况下开始，所以采用短期发酵处理后再装袋灭菌栽培效果好。

发酵处理方法是：配好料，按料水比拌均匀，堆成梯形，宽1～1.4米，高1.2～1.5米，长度不限，堆好后打通气孔，孔距40厘米，孔径6厘米，打5排孔。堆上盖塑料薄膜离地面40厘米，以利通气并遮阳。堆后48～72小时，当堆中心料温达65～70℃时，进行第一次翻堆。全部发酵过程5～7天，共翻堆2～3次。发酵好的料呈棕褐色，不粘不朽，无酸味，质地松软，富有弹性，说明料已发酵成功，即散堆降温。

装袋前调料含水量为60%左右，即抓一把料用力紧握，指缝间有水不下滴为适度，调料pH值7.5～8.5。调好后即开始装袋。用装袋机或手工将培养料装入塑料袋内。装入的培养料要求上下松紧一致,不紧不松。装料过紧,通气性差,将会延长菌丝长满的时间,装料太松,料层中间易出现断裂,菌丝生长不良。装料时,注意不要将尖硬物装入袋中避免刺破塑料袋后,出现杂菌感染,若有微孔出现时,要及时用不干胶布封好。装好料后,袋口用绳扎好,或者上颈圈,用塑料薄膜封口,及时进行灭菌处理。

一般用常压灭菌,力争 3～4 小时内达 100℃,保持 12～16 小时,然后再焖一夜;高压灭菌 0.14 兆帕,2 小时,待袋温降至 30℃以下时出锅接种。

问:白灵菇接种时的注意要点都有哪些?

答:白灵菇接种主要就是做好消毒工作。接种室、接种箱、料袋、接种用具、菌种、手都要采取相关措施消毒。严格按无菌操作规程,在酒精灯的火焰上方无菌区完成接种。一般采用两头接种。接种量的大小直接影响着菌丝的萌发和子实体产量,接种量不足,不仅会延长发菌时间,而且易导致污染;接种量过大浪费菌种,增加成本,甚至因发菌过快导致菌丝不到生理成熟期而出菇,同时会降低产量和质量。实践证明,麦粒菌种每头接种量以 10～15 粒为宜,500 毫升装的棉皮菌种以接 15～20 袋为佳。

问:装袋接种后,如何进行白灵菇发菌期的管理?

答:白灵菇的发菌是白灵菇栽培非常重要的一个环节。菌丝生长的好坏直接影响到白灵菇的产量。如果菌丝长得不理想,后边的出菇管理再完美,白灵菇的产量也不会高。发菌理想的菌袋(菌棒)标准是:在发菌过程中,菌丝浓密洁白,菌丝前端整齐一致。菌丝长满菌袋后非常坚硬结实,用力在地上摔有时都摔不开。将其掰开发现有大量白色菌丝。这种菌棒出菇时不但产量高,出菇后期也不会有任何杂菌污染,还可自然度夏,秋季出菇。

接种后将菌袋单码摆放在经消毒过的干燥室内发菌，一般摆4～6层。发菌温度控制在22～25℃，湿度70%以下，暗光培养。棚内空气的温度上限为26℃，秋季发菌由于气温不稳定，一定要有防高温、降温措施，控制好菇棚温度，以防造成发菌失败。同时也要注意菇棚相对湿度不宜超过70%，以防杂菌污染。

接种2周左右进行第一次翻堆检查，挑出污染袋。接种后3～4周菌丝生长快，呼吸旺盛，此时要适当松动一下袋口绳供氧，或用灭菌牙签在袋口周围扎孔增氧；并注意室内通风降温，袋温最好保持在25℃左右，以免造成烧菌。5周左右，菌丝基本发满袋，可进行第二次翻堆，将菌丝已长满的和未长满的分开摆放管理。经30～40天后菌丝长满菌袋，进入后熟期管理。

问：发菌期必须掌握的关键环节有哪些？

答：发菌培养必须把握好“四关键”：一是叠袋合理。前期重叠5～6层高，袋间距2～3厘米，每排间距50～60厘米。随着菌丝生长，呼吸旺盛，菌温上升，必须及时疏袋稀排散热。头3天翻堆1次，然后每7～10天翻1次，上、下、里、外互调，促使温度和接受光线均匀。二是控温养菌。接种后室温控制在24～28℃，培养7～10天，促进菌丝萌发定植；之后应调整在22～26℃，不超过30℃；三是注意通风。发菌室要求门窗对流，每天早、晚通风1次。白天气温高时，关闭门窗，抵御外界热风侵入；晚上敞开通风；四是控制光线。养菌前期要求避光培养。

问：菌丝长满菌袋时就进入了后熟期，这个时候的管理需要注意些什么？

答：白灵菇与其他菇类不同之处是：菌丝长满袋后不能立即出菇，还需35天左右的继续培养，俗称“后熟”培养。后熟期的管理方法和发菌期的管理方法基本相同，所需温度为20～25℃，空间相对湿度70%，此时菌袋的袋口仍然处于捆绑状态，并要有300～1 000勒克斯的散射光线。

如果温度在20℃以下，温度越低生理成熟的时间将会越长；超过26℃虽然生理成熟期可以缩短，但白灵菇菌丝的生活力衰退，产量下降。菌袋的生理成熟过程，其实质是一个菌丝代谢积累营养的过程，温度过低或过高都会影响代谢的速度，从而延长菌袋生理成熟的时间。待菌袋坚实、富有弹性；菌丝浓白、粗壮，形成菌被标志着菌袋达到生理成熟。如果后熟未达到标准，则很难出菇。

问：后熟期结束后，如何对白灵菇进行催蕾？

答：催蕾的主要措施有两个。

1.增氧与定位搔菌。搔菌的方法是：将菌袋两头打开，用经75%酒精浸泡过的小钩，扒掉料面中央部位直径为3～4厘米范围内的菌种。注意尽量不要伤害菌丝并迅速将袋口拧死，或在袋口覆盖报纸，并喷水保湿，以防料面水分蒸发。搔菌的目的就是防止白灵菇原基在老菌种块上形成，以便幼菇生长健壮。白灵菇菌袋搔菌后的5～7天内，菇棚温度控制在15～20℃为宜，恒温培养，空气相对湿度75%～80%，让菌丝体在适宜环境中恢复生长并积累养分。

2.温差刺激催蕾。经过增氧、搔菌、复壮培养后进入诱发原基催蕾。白灵菇子实体分化出菇还需要3～10℃的低温和昼夜温差10℃以上及1 000勒克斯以上的散射光照刺激，才能迫使菌丝由营养生长转入生殖生长。待搔菌处长出白色绒毛状菌丝便可进行低温刺激，此时要求白天棚内温度保持在15～18℃，高于20℃表面易形成菌膜，引起烧菌，不利于原基分化和菇蕾的形成，甚至造成萎缩死亡；夜间棚内温度保持在3～8℃，低于0℃原基停止分化，昼夜温差保持在10℃以上，连续10～15天的温差刺激长出原基后，保持菇棚昼夜恒温在12～15℃，更利于原基发育。

问:在白灵菇的出菇管理期需要注意些什么?

答:白灵菇的出菇管理期需要注意以下几个问题。

1. 温度。白灵菇进入出菇管理阶段温度应保持在8~16℃。温度过低子实体发育缓慢;温度过高子实体生长虽快,但菌盖薄商品价值较低。需要注意的是,白灵菇对温度较敏感,如果袋温超过25℃后,原基有可能死亡,此后再想出菇可就难了。

2. 湿度。白灵菇出菇阶段湿度保持在80%~90%,不要在菇体上喷水。同时防止菌袋或塑料布上的水珠滴在菇体上,以免形成污斑,降低商品价值。采菇前可适当降低空气湿度,从而保持菇体表面洁白。

3. 通风与光照。良好的通风是生产优质白灵菇的重要条件之一。优质白灵菇的市场标准是:无柄或短柄,手掌状。如果菇棚通风不良,白灵菇子实体可长成倒马蹄形,柄粗长而菌盖小。这样的菇市场价值较低。所以在白灵菇的生产实践中在协调好温度、湿度的前提下尽量保持室内良好的通风状态。通风的目的,就是降低温室内CO_2的浓度,促进菌盖的正常发育。因CO_2比重较空气大,常沉积在菇棚的下部,所以生产上要求后墙通风口的位置尽量低些,同时将大棚前边的塑料布掀起10~30厘米,使温室大棚前后形成空气对流。需要注意的是,若遇到大风天气,可及时关闭通风口及放下大棚前边已掀开的塑料布。

生产优质白灵菇还需有足够的散射光,光照度要求在1 000勒克斯以上。但不能有直射光照到菌袋或菇体上。如果光线过强,菌盖颜色变得土黄色而非优质白灵菇的洁白色。

4. 疏蕾。当原基长至玉米粒大小时要及时疏蕾。疏蕾需要大量人工,要提前做好准备,以免错过最佳疏蕾时间。疏蕾原则如下:

(1)菌袋重量在2.3千克以上,菌袋两头一边留一个幼菇;菌袋重量在2.3千克以下,每个菌袋只留一个幼菇。

(2)留大菌蕾,去掉小菌蕾。

(3)留健壮蕾,去掉生长势较弱的菌蕾。

(4)留下菌盖大的菌蕾,去掉柄长的菌蕾。

(5)留下菇型圆整的菌蕾去掉长条形菌蕾。

(6)留下无斑点无伤痕的菌蕾。

(7)留下直接在料面上长出的菌蕾,去掉在菌种块上形成的菌蕾。

此外,疏蕾时还应注意两点:一是疏蕾时要用自行车辅条做成的特殊疏蕾工具,每个菌袋的疏蕾都要将疏蕾工具用75%的酒精消毒1次,以免细菌性病害的交叉感染,二是疏蕾工具不能碰伤保留的幼菇及幼菇基部的菌丝。

从现蕾到成熟需要10~15天。一般只采收一次,生物学效率50%~60%。白灵菇达生理成熟的特征是具有正常菇体的朵形,菌盖舒展,边缘内卷而尚未完全展开、展平。

采收要求轻手轻脚操作,尽量避免菇体碰伤,更不应破碎。采收时用手抓住菇柄旋转拧下,用锋利的小刀切去菇柄的培养基即为成品。采后的白灵菇一般用保鲜纸包扎装箱销售鲜品。

问:如何提高白灵菇产量?

答:首先确定最佳栽培白灵菇季节,北方地区以秋季9~10月份为白灵菇菌丝生长最适宜温度,此时菌丝生长快且健壮,待菌丝长满袋后气温下降,适于出菇和子实体生长。

出菇期温度保持12~18℃,空气相对湿度80%~90%,适当通风换气,保持空气新鲜,给一定散射光。

采收第一潮菇后,采用双排墙式覆土出菇,两排菌墙间距20~30厘米,中间填充经过消毒处理的土壤,在填土处打洞至底,喷灌液体菌肥(催菇灵)可增产30%~40%。

出完第一茬菇的白灵菇菌袋，在 20～24℃ 的条件下培养 10 天，去掉塑料袋，可直接进行覆土栽培出第二茬菇。如果管理方法得当，第二茬菇的产量不比第一茬低多少。

覆土时间：北方地区特别是华北地区，菌袋覆土时间尽量安排在春节以前，这样春节过后，气温逐渐回升，可在 4 月底前第二茬菇出菇结束。如果覆土时间过晚，气温较高，二茬菇原基易受热死亡。

覆土方法：对于一头出菇的菌棒，可将没出菇的一头朝上立式覆土，对两头出菇的菌棒立式、卧式覆土都可以。但务必注意，不管是立式还是卧式覆土，菌棒间一定留 10 厘米的空隙。覆土不能过厚，菌棒似露非露为原则。覆土后浇大水一次。

温度控制：白灵菇覆土出二茬菇的关键是控制温度。在生产实践中，往往覆土后菌袋发热，幼菇死亡，二茬菇出菇失败。所以覆土后要注意料温的变化，温度控制在 14℃以下，超过 14℃要采取一些降温措施。

问：如何安排白灵菇的生产季节？

答：白灵菇宜中温发菌、低温刺激出菇。菌丝生长的温度要由高到低逐步递减，中间穿插 0℃刺激才能出菇。按其生长规律和自然气温，一般为秋季接种、冬季出菇。

在栽培季节安排上，华北、西北和东北地区播种期以 8 月中旬为宜，黄河流域以 8 月底至 9 月初为宜，长江流域以 9 月底 10 月初播种为宜，华南地区以 10 月中、下旬为宜。接种后发菌培养3～4 个月，刚好在春节前后长菇。但我国地理气候复杂，产地所处纬度有别，计算最佳接种期的方法是：以当地“处暑”后至“秋分”前，月平均气温 28℃，为最佳接种期，切勿错过良机。

反季节栽培一般安排在 2～4 月份进行，5 月底至 6 月初在 0～4℃冷库中贮藏越夏，11～12 月份出菇。

问：白灵菇主要栽培方式有哪些？

答：目前白灵菇生产上均采用熟料袋栽模式。但从出菇方式看，北方地区多用17厘米×33厘米的聚丙烯或聚乙烯短袋，装料后每袋重量在0.6～0.8千克，日光棚露地摆袋栽培或像平菇一样叠袋墙式栽培；南方地区多采用野外菇棚畦床覆土栽培，或用15厘米×45厘米的长袋室内层架立体栽培。

问：在白灵菇生产过程中，为什么有迟出菇或不出菇的现象？

答：白灵菇迟出菇或不出菇的原因有以下几个方面。

1. 菌种低劣，活力降解。菌种是食用菌生产的重要生产资料。菌种质量的优劣直接关系到菇的产量。选购菌种时一定要到信誉好、菌种质量有保障制种单位，切忌贪图便宜使用老化、退化的劣质菌种，为生产留下隐患。

2. 错过接种期。有的菇农片面认为迟些接种气温低、杂菌污染少。由于接种时间延误，气温逐渐下降，菌丝发育缓慢，生理不能成熟，无法转入生殖生长；到了菌袋生理成熟时，气温升高，温度已不适应，造成整批不出菇；即使出菇也是菇体偏薄、品质较差。还有的菇农安排在春季4月份或5月份接种，需到12月份冬季出菇，养菌时间拖长7～8个月，冬季虽然出菇温度适应，但菌袋养分耗尽，菌丝老化，失去生殖能力，无法出菇。

3. 配方不科学。白灵菇菌丝生长需要高氮营养物质，培养菌龄超过一百天；如果养分积蓄不能满足营养生长时，就难出菇。但有的菇农片面在配方中加大麦麸、玉米粉和尿素的比例，致使培养基成分中C/N（碳/氮）比例失调。基质中氮的浓度过高时，菌丝生长过旺，拖长了营养生长时间，反而抑制了原基形成，当进入生殖生长时，已错过自然低温刺激的良机，所以也不出菇。

食用菌培养基强调碳、氮比(C/N)。新疆天山菌业研究所认为:白灵菇的碳、氮比在不同的生长期需求的也不同,菌丝生长为(25∶1)～(40∶1),子实体生长为(70∶1)～(200∶1)。根据现有栽培的原、辅料,主要采用棉子壳、麦麸、玉米粉都是高氮含量的物质。棉子壳碳含量为64.4%、氮含量为17.6%,木屑碳含量49.18%、氮含量只有0.39%,麦麸碳含量69.9%、氮含量11.4%,玉米粉碳含量66.7%、氮含量13.2%,尿素氮含量42%～46%。因此,按照常规的配方棉子壳100千克、麦麸8千克、玉米粉2千克,其氮的总量都已大大超过比例。

4. 养菌管理欠妥。因接种后的菌袋在室内摆叠过密,袋间不透气;或在发菌期翻堆不及时,导致菌丝严重缺氧。由于集堆过密,加之接种处于秋季,常出现气温升高,致使菌温、袋温、室温"三温"聚增,造成底层菌袋"烧菌",有的菌丝萎缩,导致不出菇。有的翻堆次数太少,上、中、下各层菌袋受光触氧不匀,生理成熟度有差异,造成出菇时间不一致。

5. 后熟培养未达标。有的菇农认为白灵菇与平菇是近缘种,在栽培方法上可仿平菇而行;因此,菌丝长满袋后就开口喷水,结果久不出菇;也有的菇农在后熟期疏于管理,室内温度太低,后熟时间延长,导致出菇期推迟;有的因室内光线直射菌袋,造成袋内水分蒸发、菌丝体脱水、菌膜增厚、养分消耗,影响后熟。要按前面讲的后熟管理技术进行管理,使白灵菇菌丝达到后熟要求。

6. 催蕾控温失误。菌袋生理成熟后,还需要一个极为重要的条件才能出菇,这就是需要0～13℃的低温和变温刺激,才能促使原基形成,然后分化菇蕾。常因菌袋成熟后,未及时进棚码垛,留在室内恒温培养,延误了出菇期;也有的在菌袋进棚码垛后,由于自然气候进入冬季0℃,虽然能满足低温刺激,为了创造温差条件,有的人采取无限时蒸气加温,致使垛内菌温聚集不散而烧菌,结果成批不长菇。

菌袋生理成熟进棚码垛后，一般都在11月下旬至12月上旬，此时华北各省区自然气温已进入低温期，0℃条件已具备；但白灵菇要求10℃以上的温差，这就必须人为变温。具体做法：选择晴天上午10时，把棚顶草帘拉开，棚膜罩密；午夜掀起盖膜，让冷空气袭击，使其形成昼、夜温差达10℃以上。若白天未能达到温差要求，可采用蒸气加温，但要注意掌握一点：当棚温上升到与夜间温度相差10℃以上时，立即停止。

问：为什么白灵菇经常出现畸形菇？

答：白灵菇在生产过程中出现畸形菇的现象较为普遍，常见的畸形菇有菌盖紧抱不展状的"拳头"菇，柄长肥粗盖小的"花瓶状"菇，盖凹陷边裂的"破碗状"菇，盖窄长状的"牛舌"菇，龟裂菇，等等。

畸形菇形成的主要原因是培养环境条件与白灵菇生理生化要求不相适应，出菇期温、湿、光、气协调不好，在管理上操作失误造成。

1. 房棚结构不合理。目前，白灵菇的栽培有室内菇房和野外菇棚。普遍存在建造简陋，不合理等问题。如有的菇房门窗单向，有的通风在墙体上半部，致使室内空气不流通；有的塑料大棚两旁虽设有通风口，但通风口都是朝着菌墙两端；也有的虽然开有通风口，但为了保温，始终没打开。致使棚内空气不流通，造成严重缺氧，使白灵菇变成畸形。

2. 菌墙垒叠欠妥。其表现是菌袋进棚垒墙太高，10袋一码，超过1米；有的菌墙之间填入黏性土壤，不透气；有的填土后浇水不足偏干；有的菌墙码垛过于密集，中间不填土；有的垒墙时，袋头割膜不对，入墙部分只割1/3太少，而露外一端反而割膜，菌丝体露空不保湿。这些子实体生长发育必然受到抑制。比如北方菌袋叠墙，袋间填土水分不足，进入寒冬加温催蕾时水分偏干，菌袋内的含水量小，使菌丝体脱水，出现菌盖不展或萎缩状态的畸形菇。而黏性土壤板结，透气性差，对菌丝体不能起调节作用，反而阻碍正常的生理生长。

3. 先天性营养缺陷。主要有三种表现：①配方中原辅料棉子壳、麦麸陈旧甚至受潮霉变，养分降解；或配方中含氮物质麦麸用量偏少，菌丝生长前期无不良反应，到长菇期不能满足营养要求；②由于培养料含水量大而导致培养基酸败；③菌袋内水分蒸发菌丝体脱水。这些属于先天性营养不良，所以产出菇盖波边状或不展盖、色偏黄、不白的变异菇。

4. 催蕾期把握不准。有的菇农求菇心切，菌丝未达生理成熟就进入人为催蕾，造成早产畸形。

5. 催蕾技术没到位。菌丝生理成熟后还需要 0～13℃低温刺激 10～15 天，这期间还要进行 5～7 天的 10℃以上温差刺激，才能迫使原基发生分化成菇蕾。这是白灵菇与众不同的一个特性。大多数菇农没掌握这个独特种性，低温蹲菌期不足，差温刺激不够，与生殖期要求不协调，导致子实体正常发育受到影响而变形。有的在 12 月上旬进棚催蕾时，为了保温，忽略通风，造成棚内严重缺氧，结果催出菇柄长达 20 厘米，菇盖紧握不展的“拳头菇”。

6. 疏蕾未引起重视。有人看到菇蕾丛生喜出望外，明知菇蕾太密，却舍不得摘掉。有人担心摘一个蕾会连累其他；也有人留蕾太多。由于忽视疏蕾，出菇互相拥挤，因此出现恋生蝴蝶形，或长牛舌状，或驼背菇等变异体态。

7. 出菇期管理不善。菇蕾出现后逐步分化成子实体，在这长菇期间常因温、光、气调节不好，导致菇体发育畸形。

问：白灵菇的主要栽培技术难点有哪些？

答：白灵菇与其他菇种不同之处是，菌丝有明显的生理后熟期，并且需要 0～13℃的低温环境和 10℃以上的昼夜温差刺激，才能逼使菌丝纽结原基，然后分化成菇蕾。

但这些特性许多菇农没掌握。进入冬季出菇时，往往只顾关门保温控温，形成恒温培养，结果原基难现，菇蕾不见。按白灵菇特性要求，菌丝经过40～50天发菌培养后才能进入生理成熟阶段，必须由发菌室转移到出菇房(棚)内开口，并经3～7天的“养精蓄锐”或称“炼菌”，也就是菌丝从袋内到露空适应自然环境的过程，然后再进行低温和变温刺激催蕾。可是有的菇农菌袋一开口，就迫不及待进行催蕾。以致菌丝生理积累养分不足，抗逆力差，一经低温变高温，逼使原基过早分化，影响菇蕾正常形成，或长菇量少而小。

问：如何对采收后的白灵菇鲜品进行保鲜加工？

答：

1.分级修整。用于保鲜的白灵菇，菌盖完整，菌盖7～15厘米，菇色洁白，菌肉坚实致密，无病虫斑、机械伤，菌柄切削平整，柄长不超过2厘米。

2.预冷。将经过分级修整后的鲜菇放入塑料筐中，及时移入0～1℃的冷库中充分预冷，一般以15～20小时为宜。

3.包装。塑料袋气调包装法因不需要特殊设备，方法简单，应用较广。将白灵菇放入内衬聚氯乙烯(PVC)蘑菇专用保鲜袋(国家农产品保鲜工程技术研究中心研制)的塑料周转筐或纸箱内，扎紧袋口，双层袋的贮藏效果好于单层袋，每箱以5～10千克为宜。内放生理调节剂调节贮藏环境中的气体成分，在0℃条件下，贮藏3个月，无开伞、发霉、褐变等现象，风味也无明显变化。由于白灵菇较耐CO_2，因此贮藏期间不用换气，这样袋内较高CO_2浓度可抑制菌丝体的萌发，较好地保持白灵菇品质。

如果是短期贮藏，将3～4个白灵菇放在一个白色泡沫托盘上，内放1包生理调节剂，采用塑料薄膜热封，可贮藏1个月左右，也可直接入超市或运到市场销售。

4.冷藏。将经过预冷和各种处理的白灵菇在冷库中码垛或上架,置于0℃下贮藏。贮藏期间保持温度恒定,并定期检查。一般情况下,可贮藏3个月左右。

问:白灵菇除了进行保鲜加工外还有其他加工方式吗?

答:

1.干制是一种简单易行的加工方法,即把采收的鲜白灵菇切成长5厘米,宽不超过3厘米,厚0.6~0.8厘米的薄片,在60~70℃下烘干脱水,烘烤10~15小时即可。要求干片含水量在13%以内,经烘烤后可制成名优特产"白灵菇干片",装入聚乙烯塑料袋,密闭贮藏或销售。

2.盐渍就是用食盐把白灵菇腌制起来,先把洗净的新鲜白灵菇切成厚2厘米的片状小块,然后放入10%的食盐沸水中煮5~7分钟,杀死细胞组织,然后捞起,控去多余水分,放入饱和食盐水中,调节酸度在pH值3.5,再加入适量调整液,加压重物,使菇体浸没在饱和盐水中。调整液配方为:偏磷酸55%、柠檬酸40%,明矾5%。

问:白灵菇常见的病虫害及防治措施有哪些?

答:常见病害有绿霉病等杂菌感染、细菌性腐烂病;常见虫害有菇蚊。病虫害防治以防为主,药剂防治为辅的原则。选择农药必须高效、低毒、低残留,符合无公害白灵菇生产要求。

1.绿霉病。白灵菇发菌期的病害由木霉菌引起,可造成菌袋污染。发病环境条件:发菌期间出现高温高湿,空气不流通,引起绿色木霉感染。防治措施:在拌料时添加3%~4%的生石灰,调高培养料的pH值,可有效抑制绿霉菌的发生。及早通风降温,把感染杂菌的菌袋清除出菇房。保持发菌场所清洁卫生通风良好,菌袋点片发生绿霉时用5%石灰清液注射霉菌斑及周围培养料，抑制绿霉菌生长。

2. 链孢霉感染。链孢霉是食用菌生产中最常见的恶性杂菌，分生孢子堆呈橘红色，又称红霉。菌袋感染后，在28～30℃的高温、85%以上的高湿环境下，其繁殖速度极快，隔天即形成橘红色分生孢子堆，稍有振动，孢子便散发到空中，传播能力极强，容易造成整棚、整发菌室感染，严重影响成袋率。培养基pH值低于6.5，空气相对湿度超过80%有利于链孢霉传播感染。

处理措施：养菌室应每天观察2～3次，发现链孢霉感染，不要慌，用蘸湿0.1%的多菌灵水溶液或柴油、酒精的破布、卫生纸等，轻轻包严患处，待分生孢子堆消失后，把病袋轻轻拿出，深理或烧毁。随后用0.1%多菌灵药液或100万单位链霉素加水7.5千克喷雾，密封24小时通风，空气湿度控制在70%以下。

预防途径：养菌室应提前用0.1%多菌灵或链霉素喷雾消毒；配料中，把玉米粉用量降至4%，同时加入0.1%含量50%的多菌灵和1%～2%的生石灰，pH值调到9～10。出锅时，菌袋防雨淋；凉袋、养菌处空气湿度控制在70%以下；场地周围应消灭传染源。

3. 细菌性腐烂病。出菇期病害引起白灵菇子实体为黄色水渍状斑点其后腐烂，有异味。发病主要环境条件为菇房湿度太大，通风不足，水直接喷于子实体上，管理用水不洁，室温过高，长时间超过24℃。防治措施：严格控制空气湿度不超过90%，保持适当通风，水不与菇体直接接触，使用清洁水，避开高温天气或采取降温措施，防止昆虫进入菇房。

4. 常见虫害。白灵菇生产过程中常见虫害有菇蚊，菇蚊是阿魏菇的大敌，为预防菇蚊成虫钻入菌袋产卵，致使菇蚊大量吞食菌袋菌丝，导致绝收，应推迟菌袋脱袋时间，即当见到菌袋内出现阿魏菇子实体原基后，再拔出菌袋棉花塞，为子实体发育增加新鲜空气，在子实体长大至2厘米时再剪去塑料袋上部多余部分塑料袋，让子实体接触更多空气、光照和水分。为防治菇蚊，在出菇期菇棚所有通风口覆盖60目防虫网，以防菇蚊成虫飞入，也可在菇棚内悬挂黄板，黄板规格为25厘米×40厘米，每个菇棚悬挂5～6个，诱杀进入菇棚的菇蚊成虫。

问：白灵菇大面积发菌不良和杂菌感染的原因有哪些？如何解决？

答：出现这种问题的主要原因有以下几种：

1. 接种时袋温过高，造成菌种死亡。接种后48小时不萌发，测量袋温在32℃以上，这种情况应及时将袋温降至30℃以下，在杂菌感染前，及时补接菌种，用种量要大。

2. 灭菌不彻底。这种情况一部分菌袋萌发正常，一部分菌袋萌发不良，另一部分菌袋不萌发；肉眼观察，不萌发的菌袋袋料色泽浅，发黄；解开袋口有酸味。对不萌发的菌袋和已染杂的菌袋，应及时扎紧袋口回锅重蒸；如果接种时间超过1周，料的pH值降至5.5以下，应重新倒袋，加入30%新料，调整pH值到10重新装袋回锅；对萌发不良，生长缓慢的菌袋，应加强管理，增加松口或刺孔次数，增加给氧量，菌丝一般都能长满菌袋，只是满袋时间稍有延长。

3. 菌种质量不合格。菌种生产过程中受热，造成菌种死亡或生命力下降，引起菌种不萌发或萌发不良。确诊后，在杂菌感染前，选用合格菌种加大用种量补接，感染后的菌袋应重新扎紧袋口，回锅后补接。

问：国内有适合反季节生产的高温白灵菇品种？

答：目前国内确实有不少单位推出高温白灵菇品种，如新疆天山食用菌所的天山TS619，连云港市农科院选育的白灵菇菌株a3

等。该类品种的显著特点是出菇温度范围广，为 8～30℃，最适温度为 15～26℃；生长周期短，不需后熟和低温处理即可出菇；抗污染能力强，生物转化率高，尤其适合夏季反季节栽培。

但这类品种由于仍需发酵料或熟料栽培，高温季节接种、发菌技术要求较高，建议刚从事食用菌栽培的初学者慎重发展，以免造成损失。如想发展可先少量试种，掌握该类菌的习性后再扩大生产。

问：白灵菇的市场前景如何？

答：由于鲜白灵菇营养丰富，食用时口感极佳，是最具烹饪价值的一种菇，被誉为“草原上的牛肝菌”。所以其市场前景非常好，市场价格高。鲜菇国内售价每千克 15～40 元，相当于平菇价格的十倍多，香菇价格的三倍以上；出口干品每千克 300～400 元，还供不应求。所以在我国目前平菇、香菇等大宗食用菌产品效益欠佳的情况下，发展白灵菇生产，对于改变食用菌品种的传统结构，抵御市场风险，提升驾驭市场的综合生产能力和资源的高效利用都具有十分重要的意义。

问：为什么白灵菇如此受到市场欢迎？

答：有以下几点原因：

1. 白灵菇为我国特有种，目前在国外尚未发现，因此在国际市场上独领风骚，具有竞争无对手的优势。

2. 白灵菇营养超常，蛋白质含量高达 14.7%，含有 18 种氨基酸，其中人体必需的 8 种氨基酸齐全。此外还含有多种矿物质元素和微生素。被称为“素鲍鱼”。

3. 白灵菇具有较好的医疗保健功效。具有消积化瘀、清热解毒，治疗胃、病伤寒等功效。有降低血压，防止动脉硬化，增强人体免疫功能等作用。

4. 白灵菇菇体品质非常好。组织紧实、洁白无暇、袋架期20～25天不褐变，不软腐。

八、灵芝栽培管理技术

灵芝是一种珍贵的药用真菌，俗称灵芝草，古代称瑞草、仙草，自古被视为"吉祥物"。历代医学家均认为灵芝是滋补强壮、扶正培本的珍贵药品，有延年益寿的功效。现代医学已证实，灵芝中含有多种氨基酸、有机酸、生物碱、有机锗、多肽、灵芝多糖等，有提高免疫力的功能，临床上用作抗肿瘤剂和抗辐射等。本篇介绍灵芝的人工栽培技术。

问：灵芝的主要栽培特性有哪些？

答：灵芝的主要栽培特性包括以下几个方面：

1. 灵芝是典型的木腐菌。所以目前人工栽培灵芝主要有两种模式。一是短段木熟料栽培模式；一是代料袋栽模式。

2. 灵芝属中高温型、恒温结实性菌类。菌丝体生长最适温度26～28℃；子实体原基分化温度为22～28℃；子实体生长发育温度为25～28℃，低于18℃子实体不能正常分化，高于30℃发育快，质地、色泽较差。变温不利于子实体的分化和发育，容易造成薄厚不均匀的分化圈或造成菌盖异型。

3. 灵芝属好气性真菌。菌丝体时期较耐二氧化碳，但子实体时期对二氧化碳反应敏感，应注意通风，若通风不足，二氧化碳浓度超过0.1%易长菌柄或菌柄分枝形成鹿角状的畸形芝。人们也根据灵芝这一特性生产灵芝盆景。

4. 光线。菌丝体生长阶段不需要光，但子实体在分化、形成阶段需要适量的散射光，与其他菌相比，需光性较强。适度散射光是子实体色泽鲜艳的必要保证。子实体不仅有趋光性，另外还有明显的向地性，因此不应随意移动和改变向光面位置，以防弯曲。

5. 酸碱度。喜欢中性偏酸的环境。灵芝菌丝体生长适宜 pH 值为 5～6，灵芝子实体生长最适 pH 值 4～5。

问：如何利用短段木熟料栽培灵芝？

答：短段木栽培灵芝的生产工艺流程为：树木选择→砍伐→切段→包装→灭菌→接种→菌丝培养→场地选择→搭架→开畦→脱袋→埋土→出芝管理(水分、通气、光线)→子实体发育→采收。

问：利用短段木熟料栽培灵芝对树种有什么要求？

答：树种的选择直接与灵芝的单产、品质有关。树种应选用壳斗科树种为主。如栲、栎、槠、榉等。栎、栲、榉类栽培灵芝，其菌丝具生长速度快、产量高、色泽好、子实体中实等优点。其他阔叶树如枫、杜仲、苦栎、乌梅等亦可，但产量与品质均不如壳斗科树种。

问：树种什么时候去采伐？采伐后如何处理？

答：采伐树木前要确定灵芝的栽培季节。灵芝属中高温性菌类，生产的接种季节一般安排在 11 月下旬至翌年 1 月下旬，或 2 月中旬至 3 月上旬，当年均可收获 2 批子实体。

一般根据灵芝栽培时间提前一个月砍伐，砍伐的杂木应选择生长在土质肥沃，向阴的山坡，其营养比较丰富，产量也高，品质亦佳。杂木去枝运回生产场地。段木直径不小于 6 厘米，不大于22 厘米，以 8～18 厘米为宜，砍伐运输过程中，尽可能保持树皮完整。

在熟化消毒的当天或前一天进行切段，长度一般 30 厘米，切面要平，周围棱角要削平，以免刺破塑料袋。袋的规格有 15 厘米、20 厘米、26 厘米、32 厘米的聚乙烯或聚丙烯筒料，每袋装一段，大段装大袋，小段装小袋，两头缚紧。若用采伐时间较长的干段，则浸水过夜再装袋。

问:对杂木怎样进行熟化灭菌?

答:所谓的熟化灭菌就是把装袋的段木通过常压或高压技术进行消毒灭菌的过程。生产上常用常压灭菌,100℃,保持12～14小时。

问:如何对灭菌后的段木进行接种?

答:接种时要进行二次空间灭菌。接种室要选门窗紧密、干燥、清洁的房间,墙壁用石灰水粉刷,地面是水泥地。第一次消毒在段木出灶前进行,按每立方米空间用烟雾消毒剂4克,消毒过夜;第二次消毒在段木冷却至30℃以下时,消毒过夜后即可接种。

为了减少污染率,接种整个过程中,动作要迅速,一人解袋,一人放种,一人系袋,再一人运袋,多人密切配合,形成流水线。接种要保证两袋口段木表面积周围及树皮均有菌种。菌种要紧贴近段木切面。这样发菌块,减少污染,一般接种成活率可达98%。接种量按每立方米段木100袋菌种左右。

问:接种后的菌袋如何培养?

答:接种后的菌带应放在通风干燥的室内较暗处培养,放室外要有遮雨、保湿、遮阴措施。接种后一周内要加温到22～25℃培养,有利菌丝恢复生长。菌丝生长中后期若发现袋内大量水珠产生,则要加强通风或降温,每天午后开门窗通风换气1～2小时。一般培养20天左右菌丝便可长满整个段木表面。这时,可结合刺孔放气,减少袋内积水,促进菌丝向木质部深层生长。室内培养期约2个月,当断面由白色转为淡黄色时发菌结束。对污染的菌袋,可脱袋清洁杂菌后重新灭菌培养,且用种量宜大些。

问：菌袋发满后如何进行出菇管理？

答：

1. 栽培场地的选择。应选择在海拔 300～700 米，6～9 月份平均气温在 24℃左右，排水良好，水源方便，土质疏松，偏酸性沙质土，朝东南，座西北的疏林地或田地里。

2. 作畦开沟。栽培场应在晴天翻土 20 厘米，畦高 10～15 厘米，畦宽 1.5～1.8 米，畦长按地形决定，去除杂草、碎石。畦面四周开好排水沟，沟深 30 厘米。有山洪之处应开好排洪沟。

3. 搭架建棚。具体操作与普通香菇阳棚相同。阳棚遮阳程度达到“四分阳，六分阴”即可。

4. 排场埋土。将发好的菌袋去除塑料袋，段木一端朝下放在畦床内，填充干净表土或沙土的过程称为排场。排场时间应选择 4～5 月份天气晴好时进行。场地应事先清理干净，注意白蚁的防治。排场应根据段木菌种不同，生长好坏不同进行分类。间距 5 厘米，行距 10 厘米。排好菌木后进行覆土 2 厘米。以菌木半露或不露为标准。覆土深浅厚薄应视栽培场湿度大小酌情处理。覆土最好用火烧土，既可提高土壤热性又可增加含钾量，利于出芝。

问：出菇管理过程中需要注意哪些问题？

答：

1. 要有一定散射光照。灵芝生长对光照相当敏感，光线不足，灵芝子实体柄长、盖细小，再加上通气不良和 CO_2 浓度高，则形成“鹿角芝”。光线控制总的原则是前阴后阳，前期光照度低有利于菌丝的恢复和子实体的形成，后期应提高光照度，有利于灵芝菌盖的增厚和干物质的积累。

2. 注意温度变化。灵芝为恒温结实型，菌材埋土后，如气温在 24～32℃，通常 20 天左右即可形成菌芽。当菌柄生长到一定程度后，温度、空间湿度、光照度适宜时，即可分化菌盖。气温较高时，要时常注意观察展开菌盖外缘白边色泽变化，防止变成灰色，否则再增大湿度也不能恢复生长。

3. 重视空间相对湿度。从菌芽发生到菌盖分化未成熟前的过程中，要经常保持空气的相对湿度85%～95%，以促进菌芽表面细胞分化；土壤也要保持湿润状态，晴天多喷，阴天少喷，下雨天不喷。但不宜采用香菇菌棒的浸水催芽的经验。

4. 注意通气管理。灵芝属好气性真菌，在良好的通气条件下，可形成正常肾形菌盖，如果空气中CO_2浓度增至0.3%以上，则只长菌柄，不分化菌盖。为减少杂菌危害，在高温、高湿时要加强通气管理，让畦四周塑料布掀起通风，揭膜高度应与柄高持平，这样有利分化菌盖，中午高温时，要揭开整个薄膜，但要注意防雨淋。

5. 做到"三防"，确保菌盖质量。一防联体子实体的发生。排地埋土菌材要有一定间隔。当发现子实体有相连可能性时，应及时旋转段木方向，不让子实体互相连结，并且要控制短段木上灵芝的朵数，一般直径15厘米以下的灵芝以3朵为宜，15厘米以上的以1～2朵为宜，灵芝朵数过多将使一级品数量减少；二防雨淋或喷水时泥沙溅到菌盖造成伤痕，品质下降；三防冻害，海拔高的地区当年出芝后应于霜降前用稻草覆盖菌木畦面，其厚度5～10厘米，清明过后再清除覆盖稻草继续出芝。

问：段木熟料栽培过程中的病虫害如何防治？

答：

1. 白蚁防治，采用诱杀为妥。即在芝场四周，每隔数米挖坑，坑深0.8米，坑宽0.5米。将芒萁枯枝叶埋于坑中，外加灭蚁药粉，然后再覆薄土。投药后5～15天可见白蚁中毒死亡，该方法多次采用，以便将周围白蚁群杀死。

2. 害虫防治。用石硫合剂或菊酯类药物对芝场周围进行多次喷施。发现蜗牛类可人工捕杀。

3.杀菌防治。在埋木后如有发现裂褶菌、桦褶菌、树舌、炭团类应用利器将污染处刮去,涂上波尔多液,并将杂菌菌木烧灭。

问:灵芝代料栽培技术是怎样的?

答:灵芝代料栽培技术就是采用木屑、棉子壳等人工配制栽培料代替段木,采用熟料袋栽或瓶栽方式进行灵芝生产的一项技术。

原料主要有阔叶树木屑、棉子壳、多种农作物秸秆等。辅助性原料有麦麸或米糠、糖、石膏、过磷酸钙等。主料与辅料均应选择新鲜、未受潮、无霉烂、无变质的培养料,先经阳光充分曝晒3~5天,时间愈长效果愈好。选择这些原料要充分利用当地资源,结合考虑成本与产量。

问:代料袋栽灵芝的配方有哪些?

答:

1.杂木屑73%,麦麸25%,黄豆粉1%,石膏粉1%、料水比(1∶1.4)~(1∶1.6);

2.棉子壳98%,蔗糖1%,石膏粉1%,料水比(1∶1.4)~(1∶1.6);

3.木屑(阔叶树)78%,麦麸(或米糠)20%,蔗糖1%,石膏粉1%,料水比(1∶1.4)~(1∶1.6);

4.棉子皮77%,麦麸(或米糠)20%,过磷酸钙1%,蔗糖1%,石膏粉1%,料水比(1∶1.4)~(1∶1.6);

5.棉子皮47%,木屑30%,麦麸(或米糠)20%,过磷酸钙1%,蔗糖1%,石膏粉1%,料水比(1∶1.4)~(1∶1.6)。

6.木屑77%,玉米芯10%,玉米粉12%,石膏1%,尿素0.2%。料水比(1∶1.4)~(1∶1.6)。

问：代料栽培灵芝是否和其他熟料袋栽食用菌的方法步骤很相似？

答：主要工艺过程基本一致。即按配方组料、装袋、灭菌、接种、发菌、出芝管理、采收等。发菌期和出菇期的的温度、光照、通风、相对湿度等条件要求基本上和短段木栽培模式相同。但瓶栽灵芝一般采用层架式发菌和出菇。

袋栽灵芝一般采用覆土出菇方式。将长好菌丝的菌袋移入塑料大棚内，用1%高锰酸钾溶液进行袋表面消毒，然后用刀片将袋划破，揭去薄膜，竖立在畦内，菌袋间距2～3厘米，空腔处用沙壤土填充，整畦摆满后，在菌袋顶再撒约1厘米厚的草木灰，草木灰上盖约2厘米厚沙壤土。盖土以后向畦内补水，一般在50千克水中加500克复合肥，这样不仅可保湿，还可促进菌丝扭结形成子实体。

问：短段木熟料栽培灵芝和代料熟料袋栽灵芝两种模式有何不同？

答：短段木熟料栽培灵芝实际上是一种仿野生栽培方式，一般适合森林资源丰富的地区发展。这种栽培方式从接种到长芝结束需2年甚至3年，灵芝产量较低，但灵芝质地坚厚，有光泽，灵芝酸含量比代料栽培的高。灵芝的售价高，经济效益好。

代料栽培模式一般适合平原地区段木资源相对匮乏的地区采用。由于培养料中营养成分丰富（可添加氮源），培养基比木材疏松，所以灵芝菌丝及子实体生长快，生长周期短，从接种到采收仅为3～4个月，灵芝产量高，100千克干料可产干灵芝8～12千克，经济效益也很好。但代料灵芝质地较疏松，品质及营养上略逊于段木灵芝。

问:栽培灵芝还有其他的栽培方式吗?

答:介于这两者之间的一种新型栽培技术模式:木块袋栽灵芝技术。目前东北地区也普遍采用这种模式进行灵芝生产。

这种模式的主要特点是将短段木劈成木块,8～10 块捆成一把,然后用代料作填充料,具有发菌快、生长周期短、产量高的特点。

具体技术要点如下:

1. 代料培养基配方:①杂木屑 73%,麦麸 25%,黄豆粉 1%,石膏粉 1%,水适量。②棉籽壳 98%,蔗糖 1%,石膏粉 1%,水适量。①或②配方加水拌均后作填充物备用。

2. 木块的制取。选枫、槠、栗木等壳斗科树干锯成长 33 厘米(粗大的用刀破成块状),调整含水量在 65%时,取 8～10 块捆成一把,并用刀削平周边的毛刺待用。由于灵芝分解木质素的能力较强,而木块既能将原木的致密度保存下来,且经捆扎后空隙多,通气性能良好。

3. 装袋与灭菌。取宽 24 厘米,长 48 厘米的聚乙烯专用菌袋,袋底先放几把木屑或棉籽壳培养基垫底,木块小心装入袋中,空隙处用培养基填紧并覆没木块。收口扎紧后当天放入常压灭菌锅中,100℃蒸煮 10～12 小时,以确保灭菌彻底。

4. 接种与发菌管理。当袋温降至 28℃时,连同菌种、接种工具等一同放入接种箱或室中,按无菌操作规程接入灵芝菌种,接好种的菌袋应移入通风、干燥的地方作遮光培养。由于灵芝是属好气型真菌,在培养阶段除隔 7～10 天定时翻堆外,还要结合刺孔或将菌袋口解开一圈,以利通气。菌丝经 35～40 天的培养,即可长满全袋,达到生理成熟。

5. 脱袋与覆土。当外界气温稳定在 24℃时,培养成熟的菌袋即可移入透光度 50%的芝棚出芝。首先脱掉菌袋小心将菌柱取出直立排放在芝床上，然后取菜园土或冲集土填满筒间空隙，并覆没菌筒1～2厘米。最后拱上簿膜保持25℃的床温，约经一星期即可现出原基。

6.管理与采收。灵芝商品质量的优劣，主要取决于大田管理。当原基长至乒乓球大时，用直径3厘米的塑料套环将原基套住，迫使芝柄不开丫而形成一柄一盖。当菌盖增大到2～3个生长圈时，除保持芝床湿润外，还要结合松土和追施腐熟粪肥，当菌盖增大到8～10个生长圈时，芝棚的透光度应由原来的50%降到20%。灵芝在弱光环境下会变得黑光油亮，菌盖增厚。灵芝经45天的生长并弹射出大量的褐色孢子粉时，即可用采收。

问：灵芝成熟后如何采收？

答：在灵芝子实体达到有大量褐色孢子弹散；菌盖表面色泽一致，菌盖不再增大转为增厚；菌盖下方色泽鲜黄一致时，即可采收。

采收时，要用果树剪，从柄基部剪下，留柄蒂0.5～1厘米，让剪口愈合后，再形成菌盖原基，发育成二潮灵芝。但在收二潮灵芝后准备过冬时，则将柄蒂全部摘下，以便覆土保湿。灵芝收后，过长菌柄剪去，单个排列晒干，最好先晒后烘，达到菌盖碰撞有响声，再烘干至不再减重为止。

问：灵芝发菌阶段，菌丝生长极缓慢或不生长是为什么？

答：

1.培养料湿度过大，通风不良，pH值不适宜影响菌丝生长。

2.培养料湿度小不能满足生长需要。

3.培养料压的过实，通气不良氧气不足。

4.菌种老化，菌丝生活力弱或菌种不纯。

5.污染杂菌。

问:出芝阶段子实体长成畸形的原因有哪些?

答:

1.鹿角状畸形。在菌柄上长出许多分枝呈鹿角状是因为出芝室内二氧化碳浓度过大造成的,所以要加强通风换风。

2.菌柄长而弯曲。菌柄细长而弯曲,是因为光线不足,菌柄细长,向光一侧生长因而弯曲。所以要增加光线并保持各处光线均匀,在光线不足之处应加设灯光。

3.子实体呈不规则柱状。主要是出芝室内二氧化碳浓度过大通风不良造成的。应加强通风换气次数和延长时间,以保证空气新鲜,氧气充足二氧化碳浓度小。

4.脑状畸形。子实体不规则脑状,原因是温度湿度变化大,通气和光线不足时呈现此状。

5.畸形芝与杂菌污染。由于出芝条件不适宜,子实体发育成脑状,长成脑状的易染杂菌。子实体发育停滞或病态,杂菌也易乘虚而入。还由于温度过高和湿度过小,子实体幼嫩部分菌丝死亡,杂菌也容易侵入,由于杂菌的侵入进一步影响子实体生长。故难于长成正常的子实体。

问:如何对灵芝进行分级、包装?

答:出口灵芝一般分为三级。

一级:芝身干,红褐色,芝盖有光泽,味苦,芝盖肉厚而盖完整,无枯焦,无虫蛀,无霉烂,芝盖直径在15厘米以上。

二级:芝身干,红褐色,味苦,芝盖完整,无枯焦,无虫蛀,无霉烂,芝盖直径在12厘米以上。

三级:芝身干,红褐色,无枯焦,无虫蛀,无霉烂,芝盖直径在10厘米以上。

等外品:芝身干,色稍淡,无虫蛀,无霉烂,芝盖直径在10厘米以下。

灵芝属名贵药用菌，包装必须讲究，做到运输、贮存、长时间贮存而不影响其品质，要求采用聚丙烯或聚乙烯膜袋包装，并按分级标准分开装袋，密闭袋口。

问：灵芝的产量较低，如何增产？

答：

1. 畦栽覆土可显著增加产量。袋栽与畦栽相结合是提高鲜芝产量的一项技术措施。畦栽前应先将畦内土壤翻起经日光曝晒3～5天并结合灌入pH值7～8石灰水进行消毒。将脱袋料柱栽放于畦内，袋间相距6～8厘米，摆好后覆土。料柱上覆土1～2厘米，随后浇灌一次大水，使土壤和培养料充分吸水以利出芝。

2. 补充营养，一般可增产20%～30%不等。第一茬芝采收后清理好料面使菌丝恢复生长，可结合喷洒营养液，补充营养以利提高产量。营养液配方：水1 000毫升、加糖10克、尿素3克、磷酸二氢钾3克。也有在菌盖成熟前喷洒豆浆水有增加菌盖生长的作用。

问：灵芝形态奇特，色彩绚丽，被认为是吉祥的象征；近几年灵芝盆景，在日本、东南亚地区及国内都有较好市场。如何制作灵芝盆景？

答：灵芝盆景是通过生物学技术和盆景工艺结合，培育出不同形态灵芝，再配以山石、树桩、枯木等而成的。所以制作灵芝盆景第一步就是要有不同形态的灵芝，第二步就是利用这些灵芝配以山石、树桩、枯木等材料做成盆景。

问：如何获得各种形态的灵芝？

答：主要是通过控制灵芝生长过程中的环境条件。人工栽培时，人为控制温度、光线及空气，可培育出形态多样、姿态多变的灵芝素材。如在高温或缺氧的情况下，可培育出菌柄细长或分枝呈珊瑚状的灵芝。减少光照时菌盖出现畸形。

1. 菌盖加厚：把已形成菌盖而未停止生长的灵芝，放在通气不良的条件下，菌盖下面出现增生层，形成比正常菌盖厚1～2倍的菌盖。

2. 丛生菌盖：当灵芝原基开始分化，把培养环境的二氧化碳浓度尽量增加，使原基不能正常发育，长成不规则粒状物时，再把通气条件回复到正常生长的水平，不规则柱状物就长成丛生菌柄和菌盖。

3. 光诱导培养：灵芝子实体生长过程中有明显趋光性，菌盖边缘和菌柄先端向光性很强，在子实体未停止生长时，不断改变光源位置，使子实体向不同方向发展，产生不同形状。

4. 药物刺激：在正在生长的灵芝菌柄或菌盖边缘，用药物，如酒精、催根素、生长素等物，用已消毒的针头沾点刺，或直接涂抹药物，使这些部位出现扭曲，偏生，结巴等，造成一些粗野的形状。

5. 机械刺激：当灵芝的边沿生长点接近停止时，继续保持适宜的生长条件，用消毒后的钢针或小刀将菌盖背面或边沿皮壳轻轻挑破，形成1个或若干个小疤痕，继续培养，从疤痕处抽出短柄，很快就可以形成小菌盖。

6. 控制朵形大小：选用不同口径的容器可获得不同形状和大小的子实体。如用小瓶子作容器，可形成长菌柄的单生灵芝。用大口径瓶子作容器，可长出多菌柄成簇的灵芝；用塑料袋作容器，装料量多，营养充足，可长出朵大、柄粗的大灵芝。

7. 嫁接技术：当子实体长到七成熟的时候形状已经形成，有红、黄、白三种颜色，此时就可嫁接盆景。首先选取花盆中造型奇特且美观的子实体，再选室内袋栽的同样美观的灵芝子实体，用酒精棉球消毒灭菌，并将剪刀和刀片消毒，用剪刀剪下子实体作为扦穗，之后用刀片将两边削尖，再把花盆内子实体的中间部位用刀片割开一小口，将扦穗插入即完成一次嫁接。嫁接后的子实体在温室内一星期左右就能愈合。可根据造型需要用同样的方法嫁接。

8. 颜色控制：当造型灵芝子实体形成后，在充足的散射光条件下，由于色素沉积在细胞上，使子实体表面皮壳色泽加深。栽培时利用光强度强弱能使颜色发生变化。

造型灵芝长好后，经过打磨、修饰、加工等工艺处理后，用泡沫、塑料、白云石、处理过的苔藓等作填充物，装入陶盆内，再根据灵芝形态命名，便成为一件精美的生物艺术品。也可以在进一步美化，配以山石、树桩、枯木等材料做成盆景。

问：做这类盆景应注意什么？

答：做这类盆景与制作者的文化、艺术修养直接相连。主要注意以下两点：

1. 循序渐进，把每一件盆景都当极品做，除了在灵芝栽培造型时需敏捷巧思外，在后期合成时更需耐心和细心。

2. 灵芝素材与盆座的搭配、颜色的协调、布局的合理都要与灵芝的文化内涵紧紧联系。一般而言，深色的灵芝配浅色的盆座以造成强烈的对比，借以突出深色灵芝的优美色泽和姿态；而以赤芝，松杉灵芝作素材，则宜选用棕色、紫砂色的盆座，以显出古朴典雅的韵味。再深一层设计，可以考虑使用代表中国特色的材料如瓷器作基座。

问：盆景的如何固定和保存？

答：灵芝经剪切造型后与陪衬物都需要固定牢固，可用乳胶、玻璃胶、石英砂、山石等或者石膏将其固定在盆中。对大型盆景，最好是外购粗眼网或自织铁丝网置盆中，将造型灵芝扦在网眼中再以生石膏固定。无论采用何种固定办法，都宜在填充物中包埋几粒樟脑丸等杀虫剂，以防虫蛀。对极品灵芝盆景，外面还要盖上玻璃罩或透明度极好的聚脂塑料罩，内放可以随时更换的硅胶干燥剂。在运输途中要用塑料泡沫衬垫好，以防破坏。

九、林地、农田间作套种食用菌技术

林地、农田间作套种食用菌是近几年食用菌发展的一个新趋势，这种栽培模式可实现林木、农作物和食用菌共生互利，相促相长，创造出更大的经济效益。下面就农田间作套种食用菌的种植模式进行技术回答。

问：林地、农田间作套种食用菌种植模式的经济效益如何？

答：林地、农田间作套种食用菌，既可减少建筑房舍、菇棚等出菇场所所需的投资，降低了生产成本，又可以充分发挥林菌、农作物与菌的生物学互补优势，获得林业、农业、菌业双丰收。林区套栽食用菌，可以充分利用林木枝桠及加工副产品的下脚料作栽培原料，成本低，投资少，避免了大量废料造成的环境污染，变废为宝，具有较好的社会效益。农作物套种食用菌，可充分利用农作物秸秆，实现生物质的增值，同时，栽培食用菌后的菌糠还可直接肥田，促进农业的发展。

近几年的实践表明：利用林地、农田间作套种平菇、凤尾菇，亩产鲜菇可达 2 000 千克，增加收入 4 000 元以上；若套种香菇、黑木耳收入则近万元。

问：林地、田间套种食用菌的栽培技术模式有哪几种？

答：

1. 按出菇方式可分为两种。

(1)地床铺料覆膜发菌出菇模式。这种模式要求用发酵料,接种量比常规要大些,一般在20%左右,2/3拌入料中,1/3撒于料面。发菌时可在菌床上打孔增氧。

(2)菌袋排放覆土出菇模式。这种模式要求用熟料袋栽,菇棚(房)发菌,将发满菌的菌袋于林地、田间排放覆土出菇。

2.按间作套种方式又可以分为四种。

(1)林地、田间地表地栽食用菌。

(2)林地、田间畦栽食用菌。

(3)林地、田间立体栽培食用菌。

(4)林地接种仿野生栽培。

问:这四种间作套种模式的具体情况是什么样的?

答:

1.林地、田间地表地栽食用菌。所谓地表地栽食用菌,是将菌袋放在林地、田间地面上的栽培方法。适合地栽的食用菌有香菇、木耳等。地栽的工艺过程包括室内菌袋的生产和培养,室外林地排场管理出菇等。

2.林地、田间畦栽食用菌。所谓畦栽是指选取林地、田间空地做成一定长和宽畦,然后铺料播种的栽培方法。适合畦栽的食用菌以草腐菌为主,如:大肥菇、大棕菇、姬松茸、草菇等。畦栽的工艺流程包括:室内制作菌种,室外整地作畦,堆料发酵、播种栽培,发菌管理和出菇管理等。

3.林地、田间立体栽培食用菌。立体栽培主要利用林地、田间空间,挂袋出菇出耳的栽培方法。适合立体栽培的食用菌有黑木耳、黄背木耳、猴头等。立体栽培的工艺流程包括室内制袋发菌,室外林地、田间挂袋,出菇管理等。

4.林地接种仿野生栽培。这种栽培方式适合菌根类珍稀食用菌。如美味牛肝菌、鸡油菌、松茸等。但目前仅有少数几个品种有成功的报道，其方法一是在育苗时播入菌根菌种，二是在特种专有树木根上接种菌种。

问：林地、田间套种食用菌的主要技术要点都有哪些？

答：

1.栽培点的选择与清理。树木要求最好为阔叶树，以保证遮阴效果。农作物的要求可以是大田作物如玉米、小麦、高粱等，也可以是蔬菜如黄瓜、西红柿、辣椒等，蔬菜大棚中的蔬菜也适合套种技术。选择上述林地或田间的空地作为套种出菇的场地。清除杂草，然后整平畦面。栽培料要求用发酵料或熟料。

2.菇床的设置。在树林、田间空地挖宽50厘米、深20厘米左右、长10米的畦沟，畦四周再挖一条深15厘米、宽10厘米的小沟作水沟，以供雨季排水或旱季补水用。畦沟上还可做小拱棚，用塑料布或杂草等盖好。

3.排袋。用水灌一下畦沟，待水吸收后即可排袋。排袋前还应对畦沟进行消毒灭菌杀虫处理，方法是：喷洒低毒杀虫剂和5%石灰水。排袋方法是将去掉1/2菌袋端向下一次直立排放，菌袋间的间隙用含腐殖质丰富的湿润土填满，以保证透气，菌袋上覆土2～3厘米，也可不覆。排袋完毕后盖膜或建小拱棚保湿。

4.出菇。出菇阶段要保持较高的相对湿度，气温高且干燥时，可通过菇畦排水沟补水，或每天向菇床喷水增湿。

5.病虫害的防治。对于杂菌如毛霉、根霉、青霉、曲霉木霉、链孢霉等可用石灰与硫酸铜合用，配成石硫合剂（5%～10%）溶液喷洒。对于害虫如菌虱、跳虫、菇蝇、菇蚊、红蜘蛛、线虫、蛞蝓等的防治，可采用高锰酸钾、硫酸铜、食盐等溶液喷洒，同时要注意经常清除菇畦周围的垃圾和杂草。堆制培养料时要尽可能消毒彻底（发酵料60℃ 2小时以上；熟料常压10小时以上），也可在培养料中加0.1%多菌灵、2%石灰等用于预防杂菌。

问:林地、田间套种食用菌的模式对食用菌的品种都有哪些要求?

答:品种要求是中高温型,如高温平菇、凤尾菇、黑木耳、毛木耳、鸡腿菇、高温蘑菇、姬松茸、大球盖菇、草菇、香菇等。且要求品种菌丝生长快、现蕾早、产量高、抗逆性强。

问:林地、田间套种高温平菇,都有哪些技术要点?

答:要注意七个环节。

1. 菌株的选择。选耐高温、抗杂菌能力强、菇形好,产量高的菌株,如平高一号。

2. 堆料发酵。培养料配方:棉子壳 85%,麦麸 10%,石膏粉 1%,过磷酸钙 1%,多菌灵 0.1%,石灰 3%。含水量 65%,pH 值8~8.5。按配方组料后建堆发酵。待温度升到 60℃ 以上维持 10 小时,摊料降温到 30℃以下接种。

3. 接种发菌。栽培袋宜选用(20~22)厘米×42 厘米的小规格袋。采用边装袋边播种。接种关键是靠近袋口用种多(两头菌种应占接种量的 3/4),使平菇菌丝优先生长占领料面,抑制杂菌滋生。总接种量一般为培养料的 15%~20%。移入通风凉爽的培养室内发菌。切不可码堆太大,以防烧菌。室温不宜超过 30℃,同时要昼夜打开门窗,保持空气流通,以利发菌。

4. 选地做床。在林地或田间选地势平坦,近水源,排水方便的开阔地做畦,畦的要求及处理方式同上。

5. 埋棒覆土。将刚发满菌的袋脱去筒膜,长料筒菌棒可一分为二,按要求排袋覆土。覆土层不能过厚,以刚好盖住菌棒为宜。

6. 养菌出菇。覆好土后在覆土层表面泼洁净水,使覆土与菌棒紧密接合。经几天培养,就会有大量的菌丝爬上土面,再在覆土层上覆一薄层麦秆,可防止喷水时泥土沾污子实体,影响商品价值。麦秆事先要用3%的石灰浸泡24小时以上，稍沥干后使用，这样可防滋生杂菌。注意勤喷水以保持湿度，数天后就会有大量原基发生。

7.病虫害的防治。夏栽平菇病虫危害严重。应以防为主，在栽培前，对所用的场地进行全面的消毒杀菌治虫；出菇期，禁用不洁水洒泼。如发生病虫害，应选用对平菇无药害的农药，如氯氰菊酯效果较好。

问：林地、田间套种鸡腿菇主要有哪些技术要点？

答：注意四个技术环节。

1.原料的配比与发酵。麦收前后可收集各种农作物秸秆，任选一种或几种做主料，在配方中可添加15%～25%粪肥，如鸡粪、猪粪、牛粪均可，加以混合后进行常规发酵。发酵成功的基料的标准为：料内外嗜热好氧微生物如放线菌生长均匀，料有特殊的酒香味为好。

2.装袋播种堆垛发菌。选17厘米×35厘米的聚乙烯筒袋，采用3层菌种2层料的层播方式进行播种（菌株为CC100），播种量为15%左右。播种后用小钢钉沿袋两端和中间菌种部位环绕扎10～12个微孔，把菌袋按堆垛方式，一般2～4层为宜，置于遮阳、通风、凉爽的环境，控制温度在30℃以下，经20～30天即可发满菌袋。

3.菌袋脱膜进田覆土。菌袋变硬成熟后，在林地田间按要求建畦。脱去菌袋薄膜，竖向摆放在畦间，向菌袋上方覆土2～3厘米。如遇干旱天气可用高压喷雾器的远程喷头喷水。经18天左右土中菌丝发满。

4.出菇管理。土层菌丝生理成熟后即可扭结出菇，如林地、田间白天气温在33℃以下，昼夜温差8℃以上时，白色菇蕾就可以从土中冒出。第一潮菇结束后，覆土1～2厘米，有利于出菇整齐健壮。

问：目前草菇的经济效益是越来越高了，那么利用林地、田间套种草菇都有哪些技术要点？

答：利用林地、农田间隐蔽条件好、气温高和空气湿度大等特点，可在 7 月底 8 月初套种草菇。林地、田间套种草菇应该掌握三个方面：

1. 整地作床。选择遮阳度较好的林地或田间按要求做菌床。

2. 铺料播种。培养料配方：棉籽壳、玉米芯（颗粒状）各 45%，石灰 5%，麦麸 3%，磷肥、石膏各 1%。料拌好后发酵 3 天后进行铺料，铺料前要将栽培床浇透，随铺料随播种，菌种按料重的 15%～20%准备。播种完毕覆细土 1 厘米，上盖薄膜，保温、保湿、遮光和防风。

3. 出菇管理。草菇播后，随温度升高，菌丝开始萌发，注意将料中心温度控制在 45℃左右，如料温达不到 45℃，应用踩踏、压紧、覆盖等办法促其升温，晚上温度低，要加盖薄膜保温，第 5～6 天后堆温下降到 35℃左右，菌丝就开始扭结成子实体原基，此时应揭膜盖草（经碾压并用 2%～3%石灰水泡过的麦秸）或盖肥土与草木灰，以保温通风，促菌丝粗壮。如遇雨则需盖上塑料膜。开始出菇后，床温应控制 26～32℃之间，空气湿度要保持在 85%～90%，但床中水分不能过大。如遇连续高温，尚需在上空喷雾降温，如遇雨天，应盖薄膜，防止床面淋雨，雨季还需注意排水，防止淹床。一般播种后 8～11 天即可采收，每 100 千克料可收鲜菇 20～25 千克。

问：利用林地、农田套种木耳的技术要点有哪些？

答：有七点需要注意。

1. 栽培菌株。推荐用紫木耳品种，粗木耳的变种。紫木耳肉质鲜嫩，风味独特，既具有黑木耳的柔软性，又具有粗木耳的清脆性，非常可口，其品质明显优于毛木耳。

2.培养料配方。配方：稻草或麦秸30%，杂木屑30%，棉籽壳30%，麸皮(或米糠)6%，石灰2%，石膏1%，磷肥1%。稻草或麦秸用铡刀切成20～35厘米长，在水池中用石灰水浸泡处理。

3.建堆发酵。按配方组料，加水湿拌，水分掌握60%左右，建堆发酵。发酵好的标准是：料呈棕色，有醇香味，柔而不烂，扯而不断。这样的料，即可开始装袋。

4.装袋灭菌。选择20厘米×45厘米聚乙烯塑料袋，每袋装干料1千克。紫木耳菌丝对水分要求严格，水分过多菌丝难以生长，配料宁可稍干，也不能偏湿。当天装好的料袋当天灭菌。

5.接种培养。接种时注意无菌操作，菌种用量在15%～20%。在低温期接种后用薄膜盖好保温，使其尽快定植，提高成品率。当菌丝吃料封面后，温度控制在25℃。培养期间菌袋上撒一层石灰粉可防止老鼠咬袋。40～50天后可长满菌袋。

6.排放菌袋。在林地、农田的空旷地建排袋出菇场地。排放菌袋前，先在菌袋上用刀片开"V"字形口，然后在室内顺码成堆，浇水催耳，早晚盖白薄膜，中午揭开浇水。耳基长出后排放林地、农田的菇床上，开口面朝上，留宽行作操作道。

7.出耳管理。出耳场地周围要挖好排水沟，防止雨后林地、农田积水。出耳管理主要是调节水分，保持林地、农田湿润，切忌大水漫灌冲走菌袋和泡烂木耳，遮阳度差的林地、农田不能排袋，遮阳度差，容易晒死菌袋，从放菌袋到采收结束，要一直保持见干见湿的生长环境，以满足木耳生长。

问：利用玉米地套种香菇有哪些优点？

答：玉米地套种香菇是指在大田内每隔两垄玉米，种植两畦香菇。香菇播种后种植玉米，玉米垄宽60厘米，株距20厘米。菌种的选择应以中高温型为主。一般每亩种植玉米2 500株左右，产量约400千克，种植香菇0.4～0.5亩，产量3 000～3 500千克，总产值达1万元以上，经济效益显著。种菇后的废弃物还可以直接还田，增加土壤肥力，促进地力良性循环，生态效益明显。此模式适合华北的冷凉地区。

问：利用玉米地套种香菇都有哪些技术要点？

答：利用玉米地套种香菇应该注意培养料的调配、做畦、播种、养菌管理、出菇管理和采收这六个方面的内容。

1. 培养料的调配。可选用玉米芯64%、阔叶树木屑20%、麦麸10%、米糠5%、石膏1%。拌料场所最好选择水泥地面，把主料、辅料分别称好后混在一起。再把清洁的水喷洒在料堆上，搅拌均匀后闷2小时，使玉米芯吃透水分，其适宜的含水量指标为55%左右。

2. 做畦。畦以南北向最好，也可根据地势特点灵活掌握。畦床宽60厘米，长不限，深10厘米。春季做畦要早，边化冻边做畦，畦床间留40～50厘米的步道，床底呈龟背形播种前畦床用白灰消毒，每平方米200克。

3. 播种。春季气温为0～12℃时是香菇的安全播种期，此时10厘米地温在5℃左右。张家口、承德地区一般选择3月末至4月初。播种的早晚还要看初春的气候情况，过早播种，由于地温太低，长时期不发菌；播种过晚，易烧料，且易被杂菌污染。采用菌种、培养料混合播种和表面播种相结合的播种方式，一般播种量为袋料的15%～20%(质量比)。选择无风天，先将塑料薄膜铺入畦床内，边铺膜边撒培养料，料厚不超过10厘米。将菌种掰成小块，按比例将菌种的2/3拌入培养料中，料面整平后在表面播下剩余的菌种，然后用木板压实，将床边的塑料膜回折，把培养料盖上，盖好塑料膜后往床面上覆土，厚3～4厘米。最后用直径1.5～

2.0 厘米粗的铁棍在床面上扎孔，每米扎 3～4 个孔，以利于通风降温。

4.养菌管理。香菇播种后 45 天左右菌丝就可以穿透培养料。如菌丝洁白，上下一致，即可把塑料薄膜上的土抖掉，打开薄膜，稍通风后，再盖回原处，加遮阳棚，避免阳光直接照射培养料，用紫穗槐条、竹条等枝条两头插地，支成拱形，上盖草帘（1.0 米×1.2 米），拱高 50 厘米。当料面有 1/3 转色时，常产生吐水现象，可用木棍扎孔放水。这个阶段是非常关键的时期，既要通风好，促进转色，又要保湿，防止水分散失。如果料面水分过大，则容易滋生杂菌。

5.出菇管理。一般早春播种，养菌 2～3 个月后就可见菇。夏至之前可采收 1～2 潮菇，且菇质较好。夏至—立秋由于气温高，进入歇伏期，不出菇或很少出菇。8 月立秋后陆续出菇，菇潮不明显，由于天气凉爽，昼夜温差大，因此出菇多，质量好，立冬前出菇结束。子实体发生后，在菌盖有小纽扣大小时，掀开塑料膜，待菇长大后及时采收。采菇后再盖上塑料膜，保湿、养菌。进入伏季要控制温度、水分，加强通风，减少杂菌侵害。秋季如长时间无雨干旱时，可往畦床内灌水或浇水，增加湿度。

6.采收。一般待菇盖七八分展开（边缘仍然内卷）时采收，此时菇形、菇质、风味、产量均较好。采前数小时不能喷水，以减少菇体含水量。采摘时，用拇指和食指捏住菇柄的基部，左右捻动即可脱落。尽量不要弄伤菇盖及菌褶，尽可能不要碰到周围的小菇蕾，采摘的香菇要及时鲜销或烘干。每亩投料 5 000 千克，可产鲜香菇 3 000～3 500 千克，生物学转化率 60%～70%。

十、食用菌出菇管理过程中的技术问题

进入 12 月份，正是食用菌生产的出菇期，食用菌出菇管理中

会出现很多问题,本篇就食用菌出菇管理期应注意的问题作一解答。

问:食用菌进入出菇管理期,管理上应遵循哪些原则?

答:食用菌出菇管理期分为两个时期:一是发菌结束到小菇蕾的出现,为现蕾期;二是小菇蕾长大到成菇采收,为成熟期。这两个时期管理要求是有差异的。

问:发菌结束到小菇蕾出现的现蕾期应如何进行管理?

答:这一时期管理上应遵循的主要原则就是:“三增一降”。所谓三增,就是“增加通风、增加湿度、增加光照”。

1.增加通风。对于袋栽食用菌,增加通风就是在打开菇棚通风口的同时,要除去袋口两端的系口绳,并捏住系口轻轻提拉菌袋两端,造成菌袋和料面两端出现空隙。目前,除平菇外,对于大多数袋栽食用菌在菇蕾出现前均采用这项技术,待现蕾以后,再拉直菌袋或将菌袋口挽起或割掉。这样既保证了通风,又防止了料面干燥影响现蕾。对于覆土栽培的双孢菇、鸡腿菇,主要是通过敞开通风口增加通风。

2.增加湿度。通过喷水、洒水、灌水等措施,增加菇棚的相对湿度到85%~95%。对于覆土栽培的双孢菇、鸡腿菇,还要向覆土层中喷洒细水,保持土壤湿润,使土壤捏得扁、搓得圆,诱导菌丝上土,又称为打结菇水。对于脱袋转色的香菇棒、滑菇盘,也要喷洒细水来补水。

3.增加光照。原来的发菌环境要求是黑暗环境,到了出菇期很多食用菌现蕾和菇蕾生长过程中都或多或少要求有光线刺激,但这种光线和蔬菜大棚要求的直射光不同,一般只需散射光。一般出菇棚中的光线能看清楚报纸上的小字就说明不缺光。不同的食用菌对光的要求强度不一样,香菇、灵芝等均属喜光型菌类,双孢菇、大肥菇则属厌光型菌类。

4.“一降”的主要含义就是指把温度由发菌时要求的25℃左右,降到食用菌品种的出菇温度,对大多数低温食用菌来讲,一般多在10～20℃左右。

“三增一降”管理是食用菌现蕾的基本要求,要想提高现蕾率、成菇率,还有一些必要的管理措施,如温差刺激、骚菌等。

问:提高现蕾率该如何进行管理?

答:进行温差刺激,就是指通过控制通风、温度等措施制造8～10℃变温条件。多数食用菌在子实体分化形成菇蕾时,需要这种变温刺激,这称为变温出菇。温差刺激会较多地提高菇蕾发生和子实体的产量。但一旦菇蕾形成后,其子实体发育生长则需要相对稳定的温度环境。

问:利用温差刺激可促使现蕾,什么是骚菌?

答:骚菌过去的含义是指用消毒的小耙子人为去除菌袋两侧的老菌丝,使菇蕾在新菌丝上呈现。由于费工,这项技术目前只意味着去除菌袋两端的原来的接种块。但可以肯定,骚菌技术对于多现蕾、提高产量是有帮助的。还可用作为第二、三潮菇的增产措施。

问:在出菇过程中小菇蕾死了,管理上有什么不当?

答:很多小菇蕾死亡是由于管理不当造成的。小菇蕾实际上是幼小的生命体,很娇嫩,抵抗外界能力较差,如管理不善很容易造成营养倒流回菌丝,菇蕾萎缩死亡。所以,在菇蕾呈现以后,一定要创造舒适的条件使其长大。一般光线保持散射光就没问题。但这时温度上不要再给它剧烈的温差刺激,而应保持在该品种所要求的最适生长温度；湿度上，保持菇棚相对湿度在85%～90%，湿度太大会造成通风不良，小菇蕾容易因缺氧窒息而死。同时要特别注意，补水增湿时，不要直接将水喷洒到小菇蕾身上，即不要给它洗冷水澡；通风管理方面，一定要加强。因小菇蕾的代谢活动非常强，不仅需氧量大，而且二氧化碳的排放量也大，此时一顶要加强通风管理。

问：进入12月，外界温度很低，通风会导致棚室温度下降很快，怎样解决这一矛盾？

答：冬季通风管理确实和温度保持有矛盾，就像夏季管理和湿度有矛盾一样。但再有矛盾也要加强通分，不通风是绝对不行的，特别是在小菇蕾期。冬季通风管理可放在中午温度较高时进行，夏季通风管理一般放在早晚进行就可有效缓解这一矛盾。通风的时间、次数都没有死规定，可根据菇棚及菇蕾生长情况酌情掌握。小菇蕾期通风管理不好是造成畸形菇、死菇的重要原因。

问：在菇蕾管理阶段要进行通风管理，可有些技术人员禁止蘑菇到后期大通风，这是为什么？

答：一般讲，通风量大时，氧气多，刺激菌盖生长；通风量小时，二氧化碳浓度较大，抑制菌盖生长，刺激菌柄生长。所以，可通过控制通风调整菌盖和菌柄的比例。以获得菌柄为目的的食用菌一般到子实体成熟后期可通过减少通风来获得较好产品，如金针菇、假姬菇、杏鲍菇、灵芝盆景等。但通常情况下，对大多数食用菌来讲，均以产生正常菌柄和菌盖菇为目的，这时在出菇期必须要加强通风换气。

问:通风管理不好和病虫害发生有关系吗?

答:通风管理不好,在水分管理正常的条件下,可造成出菇棚相对湿度增大,如大于95%,甚至长期维持100%,在这种湿度下,杂菌很容易发生,出现真菌病害或污染袋;另外,湿度太大,容易在菇体上形成水珠,而菇体本身营养非常丰富,此时细菌就会借机大量繁殖,造成菇体出现细菌性斑点病害,影响其商品价值。另外,菇棚湿度太大,还会影响菌丝向子实体输送氧分,造成子实体生长缓慢,发育不良,也易患病。

问:小菇蕾对外界抵抗力较差,是否菇蕾长大以后就好些?管理上相对要求也不必那么严格?

答:一般小菇蕾长大后确实有了一定的抵抗力,但在管理上也不能放松,稍一放松,也会造成菇形不好、畸形菇多,甚至病虫害发生严重。所以还要加科学管理。

问:在食用菌出菇过程中还有的常见的问题是什么?

答:

1. 畸形菇问题。畸形菇实际上就是由于管理不善造成的生理性病害。造成畸形菇的主要原因之一是菇棚温度偏低,可通过提高菇棚温度到最适生长温度预防。因为在很低的温度下,菇体细胞的正常分裂不能进行。原因之二就是通风管理不当造成的。通风的主要目的是为食用菌子实体的正常生长补充氧气,同时排出其代谢废物二氧化碳。子实体生长分化阶段对二氧化碳浓度较为敏感。如双孢蘑菇,当菇房中的CO_2浓度大于1%时,往往出现菌柄长、早开伞等品质下降现象;CO_2浓度超过6%时,菌盖发育受阻,菇体畸形,商品价值受损。灵芝的幼小子实体在CO_2浓度为0.1%的环境中发育时,一般不形成菌盖,菌柄分枝呈鹿角状。

2.病虫害问题。出菇期发生病虫害尚无较好的农药防治方法。由于食用菌生长周期短,原则上出菇期是不能使用农药的,因极易造成农药残留,危害人体健康。所以,如出菇期病虫害大发生,只能标志着栽培失败。但对病虫害的防治目前依然强调预防为主。主要措施是:一是保护好菇场环境,发菌期的污染杂菌袋不能随便丢放,更不应该扔在菇棚,要集中焚烧或挖坑深埋;通风口一定要加防虫网,以防成虫产卵,导致虫害。二是要加强通风,控制好菇棚的相对湿度。如用农药控制,可用一些高效低毒的农药如菊酯类杀虫剂、多菌灵类杀真菌剂、农用抗生素类杀细菌剂,但要特别注意,绝对不能带菇喷施农药,而应把菇全部采净后再使用农药。

问:采完第一潮菇后,未出第二潮菇前的转潮期间应该如何管理?

答:因转潮期间管理好坏直接决定着菇的产量。食用菌转潮期管理主要应注意以下几个方面:一是要彻底清除菌袋表面、菌床表面的菇脚、死菇,甚至是老菌丝,这些废弃物容易引起致病菌的滋生,加重病害的传播。

二是对菇棚的管理。这时,可减少散射光;喷一次重水后,随后加强通风,同时温度适当上升至20℃以上,不超25℃,并且温度尽可能恒定;湿度降到70%左右。这样做的目的是让菌丝休养生息,积蓄营养。此时期,可结合喷水适当补充营养物质复壮菌丝,以提高产量。如喷菇脚水,或0.5%葡萄糖、0.5%的尿素、0.2%磷酸二氢钾的营养液等。用农药控制病虫害也在转潮期进行。经过7～10天的转潮期管理后,就可进入催蕾管理期了。

问：栽培的蘑菇出两潮菇后，菌袋或菌棒就干了，而里面的菌丝很白、很壮，如何进行补水？

答：目前常用的补水增产措施有两种。

1. 菌袋覆土补水。

(1)覆土材料的准备。覆土材料选用腐殖质含量高的菜园土或其他较肥沃的沙壤土，事先打碎曝晒3～5天，以杀灭其中的部分杂菌和害虫，用前移入棚内时再加0.5%的尿素，并边翻拌边喷洒适量的多菌灵，进一步杀菌备用。

(2)菌袋处理。将出过2～3潮菇的菌袋移入棚内脱去塑料袋，同时把脱去菌袋的培养料表面的老菌皮刮去，残菇清理干净，挑出污染严重的菌袋扔掉。

(3)植入覆土。用移入棚内的准备好的土先将畦面底部铺一层约2厘米厚的土层，然后将脱去菌袋的菌筒垂直摆在畦内，菌筒间距4～5厘米，以免长出的菇体过于拥挤。每畦摆放完毕后，用事先准备好的土将菌筒间的空隙填实，然后在畦面上覆一层约2厘米厚的土，轻轻拍平、拍实即可。最后待棚内各畦全部覆土完毕，一次性浇透水一次。浇透水后，菌筒上端似露非露，仅留薄薄一层土为好。

2. 菌袋直接注水。具体方法是将袋栽食用菌头潮菇采收结束后，用一支或多支专用补水器，利用普通喷雾器上的接头、开关等零部件与一根塑料管或橡胶管连接上，另一端则接在自来水龙头上(没有自来水资源的可用微型水泵抽水代替)，需要补水时，先打开自来水龙头开关，将补水器插入料内，再打开水管上的备用开关，水在有压力的状况下就会顺利补进料内。一袋补足后，关闭手头开关，再补另一袋。

水分的补充标准是：使菌筒的质量达到装袋时的质量或者略高一点。一般装1千克干料的菌筒，补水后的重量应达到2 500克左右。经补水后，可连续出2～3潮优质菇，总产量可比常规出菇法提高50%左右，效益相当可观。

问：菌袋直接补水可提高产量，但在实际生产中，哪些袋宜补水，哪些袋又不宜补水？

答：主要看缺水后菌袋菌丝的状况。凡培养料含水量已显著下降，但菌丝生长依然旺盛、浓密、洁白的菌袋可直接补水。第1次补水时间为头潮菇采摘完毕，第2次为3潮菇结束时。

如果料内菌丝生长稀疏、长势细弱、菌丝发黄、生活力下降或料内水分适中或自然温度降至5℃以下或料内已发生病虫害等，均不宜补水。另外，夏季高温季节一般也不宜直接补水，易导致整体污染。

十一、食用菌菌糠的利用与开发

食用菌菌糠是栽培各种菌类后剩下的废弃物，其内含有氨基酸、蛋白质及其他的营养物质，有“菌体蛋白”之称，还含有大量菌丝体。其主要基质有棉子壳、玉米芯、锯木屑及多种作物秸秆和工业废料。据估计，我国每年的菌糠年生产量已达500～600万吨，这是一笔丰富的可再利用的资源。

问：菌糠作肥料有哪些优点？

答：菌糠疏松透气，可在土壤中进一步分解成具有良好通气、蓄水能力的腐殖质，可增强土壤的透气性，避免土壤板结等现象。菌糠富含有机物和多种矿质元素，可改良土壤，增加土壤肥力，提高单位土壤面积的生产效益。菌糠作为农肥，因其纤维素和木质素已被大量降解，且含有大量菌体蛋白，具有较小的碳氮比（低于20∶1），从而避免了食用菌培养料直接施用于农田出现的夺氮现象。食用菌栽培袋采收三潮菇后，剩余的菌糠可作为一种酸性农家肥施用在盐碱地里，在提供肥力的同时还可改良土壤的碱性。所以菌糠作肥料直接用于农作物、蔬菜生产不仅可提高产量，而且生产的农产品为无公害产品。

问：利用菌糠作饲料的科学依据？

答：培养食用菌的原料如棉子壳、玉米芯、作物秸秆等所含纤维素、木质素达50%～60%，有的还含有蜡质和硅细胞，直接作为饲料，适口性差，且多数畜禽体内缺乏纤维素酶，不能直接利用。但经食用菌转化后的菌糠，纤维素、半纤维素和木质素等均已被不同程度的降解，还含丰富的菌体蛋白、多糖、维生素及Fe、Ca、Zn、Mg等微量元素，其营养价值可与麦麸、玉米面相比；且作物秸秆经食用菌转化以后呈疏松多孔状，易于粉碎，气味芳香，适口性好。

据测定，每100千克菌糠干料中，仍有40%～55%的食用菌丝体残留在肥料中，菌糠中粗蛋白含量大多在6%～8%，高的可达12%，低的也在4%～5%，粗纤维含量比主原料都有较大幅度的降低，粗纤维素降低50%，木质素降低30%左右。这为充分利用菌糠作饲料提供了科学依据。经过适当处理，可以做成饲料、饵料或其他添加剂，用于猪、牛、羊、鸡、鸭、兔、松鼠、北方鹿及鱼类等动物的饲养，替代部分粮食，降低生产成本。

问：如何制作菌糠饲料？

答：制作菌糠饲料的工艺流程是：选取菌糠→干燥→粉碎→成品。也就是将采收过3～4茬菌类的原料，进行认真挑选，选取菌丝洁白，料块结实，切除霉变和腐烂成分的菌糠，最好能将几种菌糠搭配起来，晒干或烘干后，粉碎成粒状或粉状，即为加工的成品。也可将新鲜菌糠进行青贮，随用随取。

问:使用菌糠作饲料的方法及注意事项?

答:目前主要有以下3种使用形式:

1.鲜饲。可按一定比例直接配入饲料中饲喂动物。这种使用方式要注意一定使用新鲜菌糠,并保证菌糠中不含土粒、杂菌,污染部分要去除。

2.复合干饲料。将采收3~4茬不同菌类的菌糠认真地进行挑选,取菌丝洁白、料块结实、无霉变和腐烂部分,晒干或烘干后粉碎,存放于阴凉干燥处。使用时再按一定比例添加到畜禽的饲料中去。

3.发酵饲料。这是利用菌糠作饲料最好的利用方式。选地势高、干燥处挖宽50~60厘米、深50厘米、长度不限的土坑,内铺塑料薄膜,放入10厘米厚新鲜无污染菌糠,糠面撒一层盐,盐上再放菌糠,直到凸出地面5~10厘米为止。盐的用量为鲜菌糠的0.5%,层层压实,上盖塑料薄膜,发酵5~50天后随用随取。

但实际生活中,老百姓经常用缸(桶、塑料袋)来进行发酵,原理是一样的。取菌糠50%~70%,加米糠30%~50%,加水拌匀,以手握时指缝中有水滴而不滴水为宜,然后装入缸(桶)内,稍加压实,经1~2天发酵至有酒香味即可饲喂。

使用菌糠饲料的注意事项:菌糠使用量的多少,要根据其营养价值来决定。并且要在保证饲粮中的粗纤维含量不超过国标时,尽可能替代日粮中的部分糠麸类饲料。

一般地,按风干重量计,菌糠可占配合饲粮的比例是:仔猪5%~10%,小猪10%~20%,中猪25%~30%,大猪30%~40%,成年母猪40%~50%;鸡5%~10%,鸭、鹅10%~20%;牛、羊30%~60%;兔10%~25%;鱼5%~10%或将新鲜菌块投入池塘任其采食。

问:如何利用菌糠配制猪饲料?

答:取出采完香菇后的菌棒置于干净的水泥地面上,将霉变腐烂的菌块除去,捣烂后摊放在地面上曝晒。菌糠摊晒的厚度以3～5 厘米为宜,摊晒时每天应翻 2～3 次,以利充分干燥,经 3 天左右即可晒干。将干燥后的菌料粉碎,以 5%～6%的添加比例加入饲料中混合喂猪。也可取栽培平菇、金针菇或猴头菇后的棉子壳菌糠(经晒干粉碎后)15%,加玉米粉 35%,米糠 28%,红薯干 10%,贝壳粉 3%,稻谷、鱼粉、菜饼粉各 2%,豆饼粉 3%,食盐 0.5%。将上述原料搅拌后置入大铁锅中煮熟,喂猪。

利用菌糠饲料喂猪,其喂养量要逐步调整,由少到多,使猪有一个适应的过程。一般情况下,在开始的 10～15 天,菌糠饲料的用量在日粮中比例占 5%～8%,以后逐渐增加。

实践表明,用菌糠代替生长猪部分日粮,不影响猪的生长,还可提高日增重。用菌糠养猪,每增重 1 千克,养猪成本下降 35%;菌糠饲料喂乳猪,平均每头猪可节约粮食 75 千克左右,节约成本 50 元。凡投料 2 000 千克的食用菌专业户,可得菌糠约 650 千克,可供养 3 头肥猪,仅此一项可增产值 1 200 多元。

问:如何利用菌糠配制牛羊复合饲料?

答:将栽培过平菇、凤尾菇、金针菇的棉子壳废料,经晒干粉碎后,按照 5%～15%的用量加入奶牛饲料中喂养奶牛,研究表明,菌糠饲料不会引起动物的中毒反应,对奶牛的产奶性能无显著影响,同时饲养成本下降,经济效益增加明显。饲料中添加 5%和 10%的菌糠,可使饲料成本下降 4%和 8%。

也可将干燥粉碎后的菌糠料按 15%～30%的比例加入饲料中喂羊,经济效益也十分显著。牛羊为反刍动物,更适合用菌糠饲料,特别是菌糠饲料经发酵后气味芳香,适口性好,牛羊很爱吃,堪称“绿色”饲料。

问:用菌糠如何配制鸡鸭用复合饲料?

答:将栽培过平菇的棉子壳废料,干燥粉碎后按照10%～15%的添加量加入鸡鸭饲料中喂养肉鸡,可以为鸡鸭的快速生长提供丰富的营养。尤其是菌糠饲料氨基酸含量丰富,不仅能促使肉鸡、肉鸭快速生长,提早上市时间,降低养殖成本,还能显著提高蛋鸡、蛋鸭的产蛋率。一般可使产蛋率提高10%～15%。

问:如何用菌糠配制鱼饲料?

答:喂鱼的菌糠饲料首先要进行发酵,方法是:选择无霉、无虫、洁白的菌糠废料打碎,拌入0.5%食盐、1%过磷酸钙、0.5%尿素和水,充分进行搅拌,其加水量以用手抓菌糠,指缝间有水渗出而不下滴为宜;然后盖上塑料薄膜,密封后发酵;待发酵1个星期后,对发酵饲料翻动1次,并拌匀,再用薄膜盖好继续发酵;一般发酵20天至1个月,气温高时发酵天数少些,气温低时发酵天数多些,便可用来喂鱼。

根据一些养鱼户的实践证明,利用经过发酵处理后的菌糠喂鱼,一年四季鱼都爱吃,鱼吃了以后,生长迅速,发病少,既降低了养鱼成本,又提高了养鱼效益。

问:如何用菌糠来养殖蚯蚓?

答:取蘑菇、平菇和凤尾菇等菌糠,打碎,浇水浸湿,堆积发酵,使在种菇过程中加入的农药、肥料得到充分分解,一般发酵5～7天翻一次堆,直到充分发酵。然后补足水分65%～70%,调节pH值6～9,将培养料装入木箱内,或养殖池内,培养料厚度不宜超过20厘米,按培养料体积接种一定数量的蚯蚓。

将木箱置于阴凉处,保温20～28℃培养。据辽宁省环保所试验，以风尾菇菌糠饲养蚯蚓2个月后，可增殖50倍。蚯蚓经加工成蚯蚓粉，是质优、价廉的高蛋白饲料。

问：饲喂菌糠饲料会引起动物中毒吗？

答：正常处理的菌糠不会引起动物的中毒反应。事实上，食用菌栽培料中常拌以一定量多菌灵药液，多菌灵为广谱，内吸性杀菌剂，对高等动物低毒，残效期一般在10天左右，化学性质稳定，但遇碱性物质易分解失效，所以食用菌的下脚料在经历了一个栽培周期即80～100天后，多菌灵已完全分解失效，只要不污染或霉烂，不经任何处理就可作为饲料。

有关研究报道证实，在稻草菌糠的提取物中，未发现黄曲霉素B1、B2、G1、G2、玉米赤霉烯酮、棒曲霉素，青霉素，枯霉素等12种霉菌毒素。在棉子壳为主的菌糠中，棉酚含量较低（不足0.1%），其有机磷含量也在允许量（0.02毫克/千克）以下。利用菌糠饲料喂养的牲畜肉类均符合国家和联合国粮农组织所规定的食品卫生标准，因此，调制得当的菌糠饲喂动物不会引起中毒。

问：菌糠饲料在生产使用中应注意的问题？

答：菌糠因具有松软、气味芳香、适口性好、营养价值大幅度提高的优点，成为发展节粮型饲料来源的一个有益途径。但在生产中使用菌糠饲料应注意下列问题：

1. 注意菌糠饲料的品质。菌糠饲料品质的好坏，关系到其利用价值的高低。在使用菌糠饲料时，应选择采收过3、4茬菌类、且菌丝生长旺盛，表面被覆一层白色菌丝体膜、无杂菌污染、子实体分化良好的菌糠。凡菌丝体生长较差、尚有少部分培养料未生菌丝、串结不良，尤其是菌丝稀少、生长不良、杂菌污染严重，出现酸臭等异味的菌糠不要使用。同时，收菌糠时要注意将发霉、发黑等污染部分的菌糠除掉，以防止霉菌引起动物中毒。

2.注意菌糠的适宜使用量。在饲料中加入菌糠的量,要根据菌糠的营养价值、饲养对象和其食用菌糠时间的长短而定。菌糠的使用量的决定,需注意的是菌糠饲料只能用作替代日粮中的部分糠麸类饲料,不可替代蛋白质、能量饲料,否则会影响动物的生产性能;开始食用菌糠的牲畜,用量宜由少到多,让其有一定的适应过程。一般说,幼畜用量少些,成畜可多些;体大的牲畜用量多些,体小的牲畜可少些。一般菌糠的使用量,体重在20千克以下的仔猪,加入菌糠的量占饲料的10%～20%;体重在30千克以上的肥猪,加入菌糠的量占饲料的25%～35%;成年母猪,加入菌糠的量占饲料的25%～40%。加入菌糠的量,在家禽日粮中占10%～15%,兔日粮中占15%～30%,奶牛日粮中占10%;鸡的比例要少些,占饲料的5%～20%,鱼料中占30%左右,但使用量的多少,要根据菌糠的营养价值来决定。菌糠的营养成分受多种因素的影响,如栽培原料成分的差异、菌种的不同,培养环境的差别等,都引起菌糠成份的变化。由于不同种类的菌糠营养价值的不同,因此对于不同的动物,其添加量也不相同。但无论用何种菌糠,在猪日粮种添加15%是可行的。家禽饲料中一般添加量控制在10%～15%。菌糠料喂牛宜和其他料配合使用,菌糠可占到日粮的50%～60%。棉籽壳菌糠饲喂绵羊育肥,当菌糠用量占到日粮干物质的30%时,不影响其采食量和增重。

3.选择产菌能力强,菌丝体生长旺盛的菌株接种。栽培食用菌的培养基中,不能含有石灰,也不可含有残毒的农药或含甲醛等化学药品;栽培食用菌的培养基最好经过高温高压灭菌,如果是生料栽培,也需经高温堆积发酵;在食用菌出菇期间,防治病虫害时,不能使用高毒、高残留的农药。

问：菌糠是栽培食用菌的剩余材料，还能有供食用菌生长的营养吗？

答：由于食用菌的生物学效率是有限的，一般多为80%～150%，且这些食用菌产品中，干物质仅占10%左右。这就意味着食用菌废料中仍含有大量未被利用的营养物质，其不能继续出菇的原因一是受水分的限制，二是食用菌生长过程中分泌出的有机酸等代谢物的积累造成了菌丝生长环境不适宜。有的研究者曾测定过稻草栽培风尾菇前后营养物质的变化情况，每百千克干料中，约有20%转化为子实体，20%变为热能消耗，则还有近60%左右营养物质未被利用留在料中。此外残留菌丝还可提供大量速溶养分。所以，利用菌糠继续作为食用菌栽培料，经过合理组料、配料，使之再次回到食用菌生产链，继续用于食用菌生产是完全可行的。

问：如何利用菌糠再生产食用菌？

答：目前利用菌糠代替部分主料，继续从事食用菌生产技术已比较成熟。在这里我可给大家推荐一些配方。注意使用时最好挑选那些无霉变的废菌棒，干燥后敲碎、称量，按配方要求加入。

1. 白灵菇菌糠栽培姬松茸配方：菌糠69%，稻草20%，过磷酸钙1%，尿素0.5%，碳酸钙1%，石膏1%，石灰2.5%。

2. 黑木耳菌糠栽培榆黄蘑配方：菌糠92%，麦麸5%，石灰2%～3%，pH值9～10，含水量65%。

3. 菌糠代粪肥栽培双孢菇高产配方：麦秸50%，菌糠40%，尿素1%，饼肥4%，石膏2%，碳酸钙2%，过磷酸钙1%，转化率50%。

4. 香菇菌糠反季节栽培草菇配方：香菇废菌糠60%，棉籽壳20%，麦麸20%，适量生石灰，pH值8～10。

5. 菌糠栽培鸡腿菇配方：菌糠48%，木屑或草屑30%，麦麸

10%,干牛粪或干鸡粪6%,石灰2%,草木灰3%,石膏粉1%,尿素0.2%,含水量65%,拌匀后发酵,中间翻堆2~3次。

6.平菇菌糠制作蘑菇菌种:选择无污染的平菇生产下脚料菌糠粉碎,加入适量石灰、2%石膏、15%牛粪、35%豆饼粉,将辅料和菌糠均匀拌料,调节含水量达58%~60%,堆制1天使水分均匀,然后装瓶灭菌。

问:菌糠如何制作成为沼气的原料?

答:菌糠是理想的沼气生产原料,其中丰富的营养物质为产甲烷菌长期繁殖提供了基础。菌糠易于粉碎的特点不仅可以缩短投料前的准备时间,还能缩短发酵时间,降低换料工作量。用菌糠生产的沼气,不仅可作为燃气,还可用于储粮、水果保鲜等;沼渣可用于育秧,沼液可用于浸种,亦可作为猪饲料添加剂。食用菌菌糠作为沼气原料,可形成农作物－食用菌－沼气－有机肥、饲料－农作物生物质循环利用的高效生态农业模型。

但近几年比较好的循环经济模式是:秸秆经粉碎后生产食用菌,出完菇后菌糠喂猪,猪粪进入沼气池产生沼气为农户提供燃料,沼气渣再进入大田成为肥料,这样完成一个循环。

问:菌糠如何制作成为活性炭?

答:目前制作活性炭的菌糠多用木屑作栽培料的食用菌产生的菌糠,如香菇菌糠、黑木耳菌糠、滑子菇菌糠等。活性炭是一种重要工业原料,木腐菌转化后的菌糠如香菇菌糠纤维素、木质素含量还十分丰富。由于栽培料的木屑已被充分粉碎,所以利用香菇菌糠等生产颗粒活性炭也是一个使次生生物质再次增值的一个重要途径,是促进农业增效、农民增收的一个好项目。

问：如何利用菌糠配制花土？

答：用菌糠配制花土，首先要将废菌棒粉碎、晒干，然后与其他原料混匀，混好后进行密封堆积发酵（25℃）。一般要发酵1个月左右，也可在发酵料里添加一些粪便，但发酵时间要长一些。堆料的含水量在70%左右。

但不同花卉添加菌糠的比例不同。草本花卉常用比例为：菌糠30%，园土50%，河沙20%。木本花卉菌糠40%，园土50%，河沙10%。温室花卉常用比例为：菌糠40%，园土40%，河沙20%。这种混合花土pH值在6～7，属中性偏酸；花土基质疏松，养分含量高，湿润、透气适合大多数花木生长。

菌糠也可用作培养料灭菌时的燃料或菇棚加温燃料。此外，日本采用食用菌下脚料中菌丝浸出物的稀释液制成植物激素，喷洒于黄瓜、西红柿、茄子、扁豆等作物上，能促进生长，增加产量；喷洒于大豆作物，使大豆茎叶茁壮，抗病力增强，产量增加2.6倍。

十二、食用菌保鲜与加工技术

中国已成为世界上食用菌生产大国和出口大国，年生产量达到1 000万吨，占世界总产量和出口量的70%。食用菌早已成为老百姓餐桌上不可少的美味佳肴。本篇介绍食用菌的保鲜与加工技术。

问：为什么要对食用菌进行保鲜加工？

答：食用菌采收后，仍保持着机体的活性，进行呼吸作用和酶生化反应，导致褐变、菌柄伸长、变色、软化，水分损失萎缩、腐败，风味与质地等品质下降等，最终开伞弹射孢子并腐烂。这样，造成子实体鲜品具有易变质、保鲜期短的特点，所以大规模进行食用菌生产必须要对产品进行保鲜与加工，这样可增强抵御市场风险能力、提高自身经济收益。此外，目前我国出口食用菌产品首先要对产品进行保鲜加工处理，以利于长时间的运输。利用食用菌保鲜与加工技术可以延长鲜品的保质期、贮藏期，对广大消费者的食用和保障食用菌产业的健康发展具有重要意义。

问：食用菌的保鲜的原理是什么？

答：保鲜就是利用活的子实体对不良环境和微生物的侵染所具有的抗性，采用物理或化学方法，使鲜菇的分解代谢处于最低状态（休眠状态），借以延长贮存时间，保持鲜嫩的食用价值和商品价值。但保鲜过程不能使鲜菇完全停止生命活动，因此不能长期保存，只能延长食用期。

问：影响食用菌保鲜的主要因素有哪些？

答：影响食用菌保鲜的主要因素有：菇体水分、温度、空气湿度、气体、微生物和 pH 值等。

1. 水分。菇体水分直接影响鲜品的保鲜期。水分越大，越不容易保鲜。所以，采摘食用菌鲜品前三天最好不要喷水，以降低菇体水分，延长保鲜期。对采摘鲜品进行泡水增重更是不可取的。

2. 温度。鲜菇的保鲜性能与其生理代谢活动强弱有密切关系，在一般情况下，温度越高鲜菇的生理代谢活动越强，保鲜效果越差。低温能有效地抑制各种代谢活动的进行，但也不能过低，研究表明食用菌适宜的贮藏温度为 0～3℃（草菇除外）。

3. 湿度。保鲜效果与环境湿度也有密切关系。不同菇类对空气湿度的要求不一样，但总的来说，食用菌的贮藏要求高湿度，其相对湿度以 95％～100％为宜，低于 90％，常会导致菇体收缩而变色、变形和变质。

4. 氧气。氧气能促进鲜菇的呼吸代谢活动，因此，极低的氧气量对食用菌的贮藏是很有利的。当氧气低于1%时，对开伞和呼吸都有明显的抑制作用，鲜菇贮藏要求的氧气量应低于1%。

5. 二氧化碳。二氧化碳能抑制鲜菇的生理活动，因此，高二氧化碳对食用菌的贮藏是有利的。当二氧化碳含量超过5%时，几乎可完全抑制菇柄和菇盖的生长，因此鲜菇贮藏要求的二氧化碳量应大于5%，但浓度过高会对菇体产生危害。目前国外试验用0.1%的氧气和25%的二氧化碳进行贮藏，取得了良好的保鲜效果。

6. pH值。当pH值小于2.5或大于10时，多酚氧化酶变性失活，护色效果最佳。低pH值同时可抑制微生物的活性，防止腐败。

问：如何对食用菌产品进行简易包装保鲜？

答：简易包装保鲜就是利用保鲜膜、塑料袋、包装纸、纸箱等物品，对产品进行包装。包装前先要根据菇体形态摆放整齐，放在低温、阴凉处储藏。利用保鲜膜保鲜的要抽空空气。

简易包装保鲜技术要点：一定要适时采收，当菇体长到具有本品种特征时，在即将开伞前及时采收，或按商品质量要求，在生长最佳时期采收。菇体一定要洁净，采摘前忌喷水，使菇体含水量在70%～80%为宜。菇体之间不要压实，以防产热。菇体存放的地方温度要低，袋与袋之间，筐与筐之间要有空隙，以便能及时散热。这种方法只适合于短途运输或隔日销售。

问：冷藏保鲜原理和技术要点有哪些？

答：冷藏保鲜是指在接近0℃或稍高几度的温度下贮藏的一种保鲜方式。主要根据鲜菇在低温时呼吸微弱，发热减少，以及利用低温抑制微生物活动的原理达到保鲜。

冷藏保鲜技术要点如下：

1.操作步骤。①鲜菇挑选。按本品种特征、特性,将采下的鲜菇进行挑选,剔除杂质和烂菇、死菇。②排湿。可用脱水机排湿,也可自然晾晒排湿,目的是将菇体表面的水分除掉,降低菇体活性,防止降温时,菇体表面结露而发生烂菇或菇体变色。在排湿时,使菇体含水量降至70%~80%为宜。机器排湿时,注意控制温度和排风量。③入库保鲜。排湿后的食用菌及时送入冷库进行保鲜,冷库温度在1~4℃,使菇体组织处于停止活动状态。相对湿度为70%~80%。④分级包装。按菇体的商品级别进行打包包装,然后出库,用冷藏车起运。

2.注意事项。①贮藏中注意通风换气,控制冷库内二氧化碳含量不超过3%。②注意冷藏的温度,不是越低越好,切忌温度低于0℃,以防冻菇。③冷库温度保持恒定,防止忽高忽低,造成菇体表面结露。④鲜菇排湿后,一定要预冷后入库。⑤菇体降到1~4℃后,再进行包装,尤其是用塑料袋的,防止菇体变色。

问:气调保鲜的原理和技术要点有哪些?

答:气调保鲜是通过调节菇体自身呼吸,气体组成,使氧和二氧化碳浓度达到一定的比例抑制鲜菇呼吸,延缓菇类开伞和酶的活性的一种保鲜法。目前国外用的较多。

气调保鲜的技术要点:

1.气调保鲜是从封闭包装后,有一个氧气下降和二氧化碳上升的过程。降氧期越短越好,气调效果明显。

2.气调保鲜各种菇类 CO_2 和 O_2 含量比例要适当,避免长时间缺氧而影响鲜菇的风味。

3.包装袋一定要密封,大小要适合。

问:利用化学方法保鲜的原理和技术要点是什么?

答:化学保鲜方法是利用一定浓度的化学药品浸泡鲜菇,防止变色、变质或开伞老化,延缓菇体老化,达到贮存保鲜的方法。化学保鲜注意事项:在使用化学药剂时,一定要严格掌握药品的剂量和浓度。常见的使用方法和适宜品种:

1. 食盐保鲜。将新采的蘑菇整理后浸入 0.6 % 的食盐水中约 10 分钟,沥干后装入塑料袋。

2. 焦亚硫酸钠保鲜。将叶状、杆状食用菌平放在场地上,均匀喷洒 0.15%焦亚硫酸钠水溶液,喷后装入塑料袋。球状食用菌在 0.1%的焦亚硫酸钠和 0.2%食盐与 0.1%氯化钠溶液中浸泡 15 分钟,常温可贮 3~4 天。

3. 米汤膜保鲜。用稀米汤加入 1%纯碱或 5%小苏打,冷却后浸入食用菌 5 分钟后捞出,可保鲜 3 天。

4. 抗坏血酸保鲜。往鲜菇上喷洒 0.1%抗坏血酸溶液,装入非铁质容器内,可保鲜 3~5 天。

5. 氯化钠、氯化钙混合液保鲜。用 0.2%氯化钠加 0.1%氯化钙制成混合浸泡液,浸入菇体 30 分钟,常温下可保鲜 5 天。

6. 抗坏血酸、柠檬酸混合液保鲜。将 0.05%抗坏血酸和 0.02%柠檬酸配成保鲜液,将菇体浸入 10~20 分钟后,沥干用塑料袋密封。

7. 比久(B9)保鲜。用 0.1% 的比久水溶液浸泡 10 分钟,沥干密封 5~25℃可保鲜 15 天以上。

8. 麦饭石保鲜。将菇体放入麦饭石水中,置于 0℃低温保鲜,保鲜期可达 70 天。在低温、气调、化学方法中,只有把各种方法结合起来可使食用菌保鲜期更长,效果更好。

问:食用菌干制加工的原理和技术要点有哪些?

答:食用菌的干制指鲜食用菌子实体脱水,使其含水量在 12%~15%之间,达到便于储存和改变食用菌风味的目的。有自然晒干和烘干两种。在干制过程中,干燥速度的快慢对干制品质量起着决定性影响。干燥速度越快，产品质量越好。

1. 自然干制是利用太阳光为热源进行干燥，将菌体平铺在水泥地面或支起的纱网上相互不重叠进行晒干。适用于竹荪、银耳、金针菇、猴头、香菇等品种，是我国食用菌最古老的干制加工方法之一。

自然干制注意事项：在冬季，晒网或晒帘要加入倾斜角度，增加阳光的照射。同时，不要使菇体结冻。鲜菇摊晒时，要轻翻轻动，以防破损。日晒法适宜小规模生产加工，生产随天气变化，光照强度和食用菌本身的含水量不同而不同。从色泽、形状、破碎率上各时期产品质量不一。

2. 人工干制是用烘箱、煤炉、烘房利用炭火热风或电热以及红外线为热源进行烘烤，达到干燥食用菌的目的。根据热源的不同，目前可分为热气对流干燥、热辐射式干燥、电磁感应式干燥，在生产上多采用直线式烘房或使用热风脱水烘干机。

直线式烘房依加工数量确定排风扇的大小、烘房的长短、高矮和宽窄。一般长 5～10 米，宽 2～2.5 米，高 1.8～2.5 米的烘干室。热风管和风机在一侧，两侧留门，内放 20 厘米层架，鲜菇从最远端进入。

烘干方法的注意事项：①烘干适宜大规模生产，具有干制快、质量好的优点。在生产中大多应用煤火作热源，注意热风管或烟道不要漏烟，烟气熏蒸易造成 SO_2 超标和菇体变色、异味等。

②由于烘烤量较大，严把质量关，菇采摘在八成熟，具有本品种特征。采前禁止喷水，采时防挤压以防破损、变质。

③采摘下的鲜菇当日修剪，当日烘干，不要堆积，防止变质、变形。

④掌握火候，鲜菇不可高温急烘，否则菇体易造成外焦里湿，颜色变深或发黑。一般 1～4 小时在 30～40℃，4～8 小时在 40～45℃，8～12 小时在 45～50℃，12～16 小时在 50～53℃，16～

18小时保持55℃左右,18小时至烘干保持60℃左右。

⑤烘干过程中,注意排湿通风,防止菇体变色。

⑥烘干完成时,要检查水分,翻动哗哗有声时,表明菇体已干。对未干的,要重新烘干。

⑦烘干完的食用菌分等分级、包装一次完成,以防破碎。

问:食用菌利用盐渍加工的原理和技术要点是什么?

答:腌渍加工在我国历史悠久,其方法简单实用,可作原材料的初加工进行储藏。在我国食用菌出口中占相当大的比例。其利用腌制的汁液具有很高的渗透压,以致有害微生物不能生存繁殖,从而达到保鲜的目的。根据汁液的不同可分为盐水腌制、糟汁腌制、酱汁腌制、醋汁腌制等。目前多采用盐水腌制。

腌渍加工技术要点:

1.腌渍加工需要的工具。腌渍多采用不锈钢锅、铝锅或水泥池等,设备依食用菌生产量的大小采用锅炉供气或土烘锅。生产工具有不锈钢的笊篱、钢铲等。

2.腌制的工艺流程。选料 → 分级 → 漂洗(护色)→ 煮制 → 冷却 → 腌制 → 翻池。

3.腌制方法。

(1)选料。腌渍的食用菌品种中多为平菇、香菇、姬菇、滑子菇等。按各品种的品质要求,在子实体成熟前即开伞前将其采下进行初步处理,即剪去菇脚,清理杂质。

(2)分级。根据子实体的品种不同以及出口和内销级别进行分类,尤其以菇型完整与否、伞径大小、柄长短、开伞程度和颜色进行分级,以利加工分选。

(3)漂洗(护色)。把分级好的食用菌子实体进行清洗,去掉杂质(主要是培养基),对特殊品种实施护色,如双孢菇、金针菇(加0.05%浓度焦亚硫酸钠)。但剂量应根据出口标准所含量进行处理，达到既美观又对人体无害的作用。

(4)煮制。原料和水按(100∶200)～(100∶250)的比例进行煮制。在不锈钢容器中加入足量的水，按水的10%加入无碘盐，当水开后，加入蘑菇，水再开后，翻动菇体，视菇体大小决定煮制时间，一般在5～10分钟为宜。常用两种方法进行试验：第一种方法是把煮制的菇体放入冷水中，冷却一段时间后，菇体沉入水中，表面已煮透，有漂浮的为生菇，须重新煮制；第二种方法是把煮制的最大菇体放入冷水中，冷却后，从中间掰开，菇体全部呈水浸状的为熟菇，中间子实体是白色的为生菇，应继续煮制。当全体煮熟后，捞出放入流动的水流中进行冷却。

(5)冷却。把煮熟的菇体放入凉水中，进行冷却，水以流动水为好，应视菇量确定水量，以凉到子实体中心无热度为宜。

(6)腌制。按鲜菇量的40%准备食盐量，目前多用无碘盐，把已冷却的子实体按容器的大小，一层菇，一层盐进行腌制。当容器达到4/5满度时，加入23度饱和盐水，腌制7天后进行翻倒，达到15～20天后，即可出售。

4.腌制加工过程中的注意事项：

(1)注意菇的品质。在腌渍菇中，一定要注意菇的品质，大多数菇在腌渍完后，还要进行细加工，如作软包装、装罐头，因此，好的品质的菇以利销售和增加产后附加值，在选菇时，一定要代表本身的特性和适宜腌渍的品种。

(2)注意菇的分级。选择好品种后，在菇采摘后，一定要按国内、国际上通常要求的规格进行分级加工，然后再进行腌制。

(3)注意菇的颜色。各种食用菌子实体都具有自身的颜色，在盐渍水煮过程中，由于加热而造成了好多菇体变色，因此，在煮制过程中，一定要防止菇体失去自身的特性，保持原有的颜色。

(4)注意菇的盐度。在盐水菇中，主要是利用饱和盐水不利于细菌的活动，而达到保持菇不变质，因此，盐的浓度一定在22～23

波美度之间。

(5)注意菇的煮熟度。各种食用菌在杀青的过程中,一定要煮熟,忌夹生菇或熟的过度,防止夹生菇在长期储存时烂心,失去商品价值,也防止熟的过度,使菇体发软、破碎。

(6)注意菇的杂质程度和干净度。在腌制食用菌过程中,从采摘到分级及煮制过程中,一定要注意使子实体干净,无杂质,尤其是培养基及幼、死菇,保持较高的商品性。

(7)在煮制中所加盐水一定要开水化盐,以防盐红菌出现。

(8)所用容器一定是不锈钢锅或铝锅,防止菇体变色。

(9)水量一定要充足,菇不超过水量的2/3。

(10)护色药剂一定要少量,不超标。

问:冷冻干燥保鲜技术是利用什么原理?

答:食品保鲜储藏方法中,冷冻干燥(简称冻干)保鲜技术已愈来愈受到人们的重视,是国际上公认的优质食品干燥方法。冻干技术是把含水物料在冻结状态下,使水分在真空条件下由固态升华为气态脱除,达到除去水分、保存干物质的目的。冻干技术使食品中的挥发性物质和热敏性的营养成分损失小,可保持食品原有的性状,使食品脱水彻底,食品中易氧化的营养成分得到了保护,微生物活动和酶活性得到明显抑制,从而使食品得到长期保存。

食用菌鲜品利用冻干的方法进行保存,不仅具有一般冻干食品的优点,而且保存了食用菌中易氧化的多糖和嘌呤等营养成分。但这种保鲜方法的不足就是设备投资大。

果树篇

一、酸枣嫁接大枣无公害栽培管理技术

枣树是我国主要果树树种之一。枣树抗盐碱、耐瘠薄,既抗旱又耐涝,具有很强的适应性。因此,枣树不仅具有重要的经济价值,也是绿化荒山、改善生态环境的先锋树种。近年来,采用酸枣改接大枣无公害栽培管理技术,使野生酸枣资源得到合理的开发利用,也是农民发家致富的好途径。下面介绍酸枣嫁接大枣无公害栽培管理技术。

问:当前枣树栽培的发展状况?

答:随着我国市场经济的发展,对于枣树的科学研究和生产技术,特别是新品种选育和密植栽培、绿色栽培、采后商品化处理等方面取得了长足发展,尤其山区利用野生酸枣资源,引进嫁接大枣新品种,是目前枣树扩繁最快的栽培技术之一,不仅改变了枣的品质,快速成园,为山区农民提供了快速致富途径,而且节省了大量的土地、劳力和资金,成为我国果树和生态经济林中一个新的发展热点,在当前农业结构调整和退耕还林中发挥着重要作用。

问:大枣都含有哪些主要成分?

答:枣是我国第一大干果树种,迄今98%的世界枣树资源集中在我国,是我国传统出口商品之一。枣作为我国独具特色和优势的果品,外贸出口前景十分广阔。大枣果实中营养十分丰富,含

有低聚糖、葡萄糖、果糖、多糖等6种糖类;脂肪酸、山楂酸等13种皂甙;含有蛋白质和谷氨酸、赖氨酸、精氨酸、缬氨酸等对人体有益的氨基酸4种;含钙、镁、铁、钾、磷等多种无机元素和维生素,以维生素C和磷的含量为“百果之冠”。

问:枣树栽培区域主要分布在哪些地区?

答:目前枣树在我国广泛分布于除黑龙江之外的各个省、自治区,栽培面积估计在90万公顷以上,其中90%左右集中在河北、山东、山西、河南、陕西五省。

问:枣树的主要栽培特性都有哪些?

答:枣树抗逆性强、易管理、经济和生态效益都比较显著。

1.是喜温的果树,土温到11℃时根系开始生长,21℃以上根系生长旺盛;气温达到13～15℃时开始发芽,日平均气温22～24℃,花朵才能坐果,花粉发芽最适温度为27～28℃,果实成熟期以18～22℃最为适宜。

2.喜光性很强,日照充足和天气干燥的秋季最适宜枣树的生长。栽培过密或树冠郁闭,树势衰弱,枣头与枣吊生长不良,落花落果严重。

3.对湿润和干旱的气候适应性较强,但在开花授粉受精期间最适宜的相对湿度为75%～80%,在果实后期和成熟期多雨,易引起裂果、烂果及病害的发生。

4.枣树对土壤和地势没有严格要求,但以生长在土层深厚、较肥沃的沙壤土上的枣树表现树体健壮、产量高、寿命长。

问:什么样的山坡地适合酸枣嫁接大枣?如何进行整地?

答:山区酸枣改接大枣,应选择坡度较缓、土层肥厚、地势开阔、日照充足、酸枣树集中连片的阳坡和半阳坡。

小于 5 度的缓坡地,可修筑外高里低梯田,梯田上修水沟,这样耐旱防涝;15～25 度的坡,根据地形地势修宽 1 米断断续续的水平沟;25 度以上的坡,要刨树盘,修 1 平方米的鱼鳞坑,坑上方有一个小沟存水,达到一棵树一个坑。

问:酸枣嫁接大枣适宜的定植密度如何?

答:依据地形、地势、土壤条件、耕作条件、管理水平和品种生长势全面考虑,山地枣园,由于土壤瘠薄,可采用矮化密植定培,如临猗梨枣结果早,树冠容易控制,适宜密植定培,株距 1～1.5 米,行距 1～2.5 米。枣粮间作一般采用株距 3 米,行距 10 米,枣粮间距 1 米。

问:枣树苗木繁育都有哪些方法?

答:枣树苗木繁育的方法主要有根蘖分株法和嫁接法。

1. 根蘖繁殖是在枣树发芽前,在优良母株外围挖宽 30 厘米、深 40 厘米的沟,切断粗根,剪平伤面,填入湿润肥沃的土壤,促其发生根蘖,并施肥浇水促其生长,翌年根蘖苗高达 1 米左右即可连带一段母根出圃。该方法简单、容易,但因母株根系数量的限制,育苗数量有限,不适于大量育苗。

2. 嫁接繁殖有具有保持母本优良特性,快速异地繁殖苗木的特点,是当前生产上主要的繁殖方法。但是要注意嫁接穗必须选用优良品种的健壮结果树,穗材直径在 0.6～1 厘米,芽体饱满、无病虫害的 1～2 年生发育枝中上部枝条做接穗,以 1 年生枣头一次枝为最佳。

问:如何处理接穗?

答:

1. 为了使接穗贮藏期间和嫁接成活前不失水,需对接穗蜡封处理，确保嫁接成活率。封蜡前先把接穗剪成单芽或双芽茎段，把石蜡放在容器内熔化，蜡温升到95～100℃时接穗两头沾蜡，速度越快越好，蜡层薄而透明为宜，可在蜡筒下坐一水盆，里面盛水，保持盆水微沸，说明蜡温正好。

2. 接穗封蜡后，分品种做好标签，放入编织袋中在温度为0～2℃冷库贮藏，早春采集的接穗可用锯末保湿冷藏或在菜窖中沙藏。贮藏期内要经常检查，并注意保湿、保鲜，避免受冻、发霉、防止提早发芽。

问：在什么时候嫁接最合适？砧本的标准如何？应该注意哪些问题？

答：

1. 自春季砧木树液开始流动至6月初都可以嫁接，河北省北部山区以4月下旬到5月中上旬为最佳期。

2. 要求直径为1～2.0厘米生长健壮的酸枣树。

3. 注意酸枣树接木削砧时，用镰刀在距地面2～3厘米处削断酸枣苗，清除剪断的枝条及其杂草、杂物以便嫁接，一般嫁接多少，削砧多少，并及时封埋。

问：常用什么嫁接方法？

答：一般常用劈接。切削接穗要求两个削面一面长、一面短，一侧稍薄，一侧稍厚，使削面宽度略小于砧木直径。留砧高度要尽量低，以高出地面1～2厘米为宜，剪砧时剪面与苗茎呈一定角度，剪面为一斜面，切砧时从斜面高的一面斜切一刀。接穗和砧木切削好后，立即把接穗长面向里，短面向外插入砧木，使接穗稍厚的一侧枝面与砧木枝面对齐，使形成层对齐，立即用塑料条把接穗和砧木接口部缠紧，嫁接完成。接穗在清水中浸泡12个小时左右，可提高成活率。

问：如何管理嫁接枣苗？

答：管理上应该注意三点：第一是除盟蘖，嫁接成活后要经常检查，及时去掉接口以下砧木生出的萌蘖，以集中养分、水分供新梢生长需要。第二是松绑，待接穗成活，接口愈合后，及时松绑去掉塑料条。第三是立支棍，应在幼树长到20～30厘米时设立架杆，将幼树绑缚其上，以防风折。

问：山地枣园应该如何进行施肥？

答：首先要注意施入基肥，结合秋季深翻趁雨季株施植物氨基酸矿质肥1～3千克或腐熟有机肥30～50千克作基肥；叶面喷肥，从展叶到果实采收，结合喷生物农药喷施500倍植物氨基酸液肥或0.2%的磷酸二氢钾。其次要穴贮肥水，发芽前，在树冠外缘根系密集区内，均匀挖直径0.3米，深0.4米的3～6个穴，每穴直立放入长0.3米的草把，填土，使穴顶低于地表，呈漏斗状，在此处集中施肥灌水。

问：枣树如何修剪？

答：

1.嫁接幼枣树：酸枣苗木嫁接成活后，一般任其自然生长，待树干直径达2～3厘米粗时，在主干1～1.5米高处短截定干。定干后开始培养主、侧枝，可将剪口下的第一个二次枝从基部剪除，利用主干上的芽萌发枣头作中央领导干，再于中央摘枣头，培养第一层主枝，将二次枝疏除。以后再于中央领导干上距第一层主枝80～120厘米处短截，选留剪口下2～3个二次枝，留基部2～3个芽短截，使其培养成第二层主枝。以后再按上述方法培养1～2个主枝作第二层。

2.盛果期枣树修剪：通常是将过密枝、交叉枝、纤弱枝、病残枝、无用的徒长枝等均自基部疏除。对长势较弱的树，应适当重剪短截。对衰老的枣头，要进行短截，并剪去剪口附近的1～2个二次枝，使其萌发新枣头。对主侧枝上的衰老枝和下垂枝，要进行回缩，以促使萌发较强的枣头；对二次枝，除需要萌发枣头和生长过弱应适当短截外，一般不剪，使其多形成枣股。对盛果期枣树修剪的总要求是宜轻剪忌重剪。

3.老龄枣树修剪：随着树龄增长，生长势逐渐减弱，结果能力下降。可利用其芽寿命长的特点进行更新复壮。对衰老程度较轻，结果枝组刚开始大量衰老的植株，只对各类枝的衰老部分进行疏、截与回缩。对衰老程度较重者，要加大回缩修剪量，即在骨干枝上选有强分枝、强枣股处，锯掉总长的2/3，以刺激锯口以下潜伏芽萌发新枣头，培养新树冠。对枣树骨干枝的更新，最好一次完成，不要分批轮换进行，否则会造成发枝少、长势弱，行不成新树冠。

4.矮化密植枣园修剪：

(1)修剪的基本要求：幼树先结果后整形，冬剪和夏剪相结合，以夏剪为主，修剪量要轻。定植当年不定干，采用拉枝与刻伤的办法，促其多发枝，发好枝。

(2)修剪技术：在萌芽前将植株顺宽行间用绳拉成与地面成45～60度角，以干背上每隔40厘米，选一方向适宜，芽体饱满的二次枝进行留桩短截，然后在芽上方1厘米处刻伤，促使伤口下主芽萌发抽生枣头。定植第二年，于萌芽前将去年拉平后的永久性植株主干立杆扶直，增强树势，对主干上去年所萌发的枣头不疏也不截，只用绳将其拉成水平状，减缓其生长势，促其结果。定植后的第3年，对于主干上空间大、枝量少的部位，可将二次枝留1厘米长短截，并将剪口下第一个二次枝从基部短截。需要两个分枝时，则短截两个二次枝。对树冠生长超过要求时(一般树高不超过行距)顶端要回缩，以控制树体向前发展，增强中下部生长势。

对直立交叉生长势过旺的枣头,可留 2～3 个二次枝回缩,培养成小型结果枝组。定植后的 4～5 年是整形期,只要枝条不影响整形和通风透光,一律不疏不截,增加结果数量。经过前 3 年增枝扩冠措施后,再经过 2 年即可完成整形任务。

问:引起枣树落花落果的原因? 如何提高枣树的坐果率?

答:

1. 引起枣树落花落果的原因主要有三个:第一是生理落花落果,枣树花芽分化、枝条生长、开花坐果及幼果发育几乎同时进行,物候期严重重叠,各器官营养竞争激烈,营养生长和生殖生长的矛盾尖锐,致使落花落果严重。第二是枣园的立地条件差和管理粗放落花落果,光照不足,营养缺乏时落花落果严重。第三是花期遇不适应的气候条件,枣树花粉在 24～26℃、相对湿度在 70%～80%时发芽率最高,空气过于干燥(相对湿度低于 40%～50%)多风、高温时会出现“焦花”现象。低温(20℃以下)和阴雨天气,会出现雨水浸花,使花粉发芽率降低。

2. 枣树营养不良是其落花落果的主要原因,提高枣树的坐果率措施:一是在春旱时及时整修梯田、刨树盘,与土壤施肥结合及时浇水,提高树体营养水平。二是注重修剪,加强病虫害防治。改善树冠通风透光条件,促进花芽分化,加强防治枣锈病、桃小食心虫、枣步曲、枣黏虫、红蜘蛛、绿盲蝽象,三是花期开始。选在天气晴朗时进行。初次环剥的树,在距地面 10～30 厘米处开始,用刀环剥深达木质部,宽度为 0.3～0.5 厘米处(旺树宽、弱树窄)、剥时不要留残皮,剥口抹施 10%～20%的促花王,贴纸或塑料布以防水分蒸发,以后每年向上间隔 3～5 厘米再剥一次,或隔一年剥 1 次,剥后要适当追肥。8 年生以内的幼树以及弱树不宜环剥。对于环剥后的枣树,如出现树势衰弱,叶色变黄,可停止环剥,待经过

2～3 年树势恢复后再继续进行。四是花期喷水和氨基酸液肥或其他微肥。花期连续喷水 2～3 次，也可喷 300 倍植物氨基酸液肥、300 毫克/千克的稀土、300 毫克/千克的硼砂、10～20 毫克/千克的赤霉素、10～30 毫克/千克的 KT～30 等，均可促进坐果。

问：如何防治枣树的病虫害？

答：

1. 枣树主要病虫害及发病危害时期：枣疯病（集中 6 月份发病）、枣锈病（7、8 月份雨季早，湿度大，连阴天时，发病早而重），虫害为枣蛆（5 月份枣树发芽期危害）、枣黏虫（5 月上旬、6 月下旬、8 月下旬幼虫危害）、桃小食心虫，俗名枣蛆（6 月下旬开始蛀果，7 月上中旬为蛀果盛期，8 月下旬和 9 月上旬为第二代幼虫蛀果盛期）、绿盲蝽象（枣树展叶期危害最重）、红蜘蛛（6 月下旬至 8 月间危害最重）。

2. 利用人工、生物和化学防治相结合的方法，可起到良好的效果。在枣园中安装振频式杀虫灯，从 4 月中下旬开灯，防止枣尺蠖、枣黏虫、桃小、桃天蛾、黄刺蛾等鳞翅目害虫及金龟子等鞘翅目害虫的危害。早春，刮树皮、清扫枣园，并利用修剪剪除病虫枝。枣树萌芽前 2～3 周，树体喷施 5 波美度的石硫合剂 1 次；萌芽期枣树芽刚刚发绿时，喷施内吸兼触杀的低毒农药如吡虫啉或乐斯本 2 次，避免枣尺蠖、绿盲椿等危害；6 月底至 7 月初，喷施 2 次专用杀螨剂，防止红蜘蛛的危害如用阿维菌素；8 月初喷施 2～3 遍 600～800 倍的三唑酮杀菌剂再加波尔多液防治锈病；坐果期开始喷施多菌灵或大生 4～5 次防治缩果病等。

问：枣的适宜采收期？

答：枣果成熟过程可分为白熟期、脆熟期和完熟期三个阶段。枣果的采收时期因地区、品种、用途而不同。

白熟期果皮细胞叶绿素大量消减，果皮退绿变白，呈绿白色或乳白色，果实体积一再增大，肉质比较松软，汁少，含糖量低，果皮薄而柔软，煮熟后，果不易与果肉分离，此期是加工蜜枣的适宜时期。脆熟期果皮黄白色，果肩开始逐渐着色转红，直至全红。果肉糖分剧增，汁液增多，果肉仍呈绿白或乳白色，味甜质脆，是鲜食品种的适宜采收期。完熟期果实全部变红或紫红色，果实内水分逐渐减少，糖分增多，果肉变为黄白色，近核处为黄褐色，并且由内向外逐渐变软，果皮微皱缩，是制干红枣的适宜采收期。

二、桃树冬季整形修剪及应注意的问题

整形修剪是桃树栽培管理中一项重要内容。它同病虫害防治、土肥水管理、花果管理共同组成桃树全年管理的四大基本环节。下面介绍桃树冬季整形修剪及应注意的问题。

问：栽培桃树中整形、修剪的主要作用是什么？

答：整形的主要作用是通过人为作用，使树体形成易于采光、能容纳大量果枝、负载量大、容易整形且便于管理的形状。修剪的主要作用是调节树体生长。

问：整形修剪的时间如何划分？

答：整形修剪按时间分为冬季修剪和夏季修剪。广义的夏季修剪实际上是生长期修剪，冬季修剪是休眠期修剪。生长期是从4～10月份，休眠期是从11月份至翌年3月份。桃树的生长期修剪比休眠期修剪更为重要，尤其幼树。桃树的冬季修剪是在生长期修剪基础之上进行的。

问：与桃树修剪相关的生物学特性有哪些？

答：

1.喜光性强。桃原产于我国西北海拔高、光照强、雨量少的干旱地区，在这种自然条件影响下，形成了喜光和对光照敏感的特性。枝条、叶片、果实对光照均较敏感。枝条如果光照不足，会枯死。叶片如光照不足，会变黄，影响光合作用。果实如果光照不足，果实变小、着色差、品质劣。

2.干性弱。自然生长的桃树，中心枝生长势弱，几年后甚至消失，枝叶密集，内膛枝迅速枯死，结果部位外移，产量下降。

3.生长快，结果早。桃萌芽率高，成枝力强，新梢一年可抽生2～4次副梢，年生长量大，树冠形成快。

4.花芽形成容易，花量大，不易形成大小年。桃树各种类型果枝均可形成花芽，包括徒长性果枝。其花量为苹果的25～100倍。桃树不易形成大小年，但是如结果过多，树势易衰弱。

5.各种果枝均可结果，水平枝或斜生枝条上坐果较好，尤其在较细的果枝上，更易长成较大的果实。

6.桃树的花有两种，一是有花中有花粉，另一种是花中无花粉。有花粉的品种坐果率高，无花粉的品种需要配置授粉品种，人工授粉，坐果率低。无花粉的品种的留枝量要大。

7、顶端优势弱，分枝多，尖削度大。桃树顶端优势不如苹果明显，旺枝短截后，顶端萌发的新梢生长量较大，但其下还长出几个新梢，有利于结果枝组的培养。但在骨干枝(多指主枝或侧枝，下同)培养时，下部枝条多，明显削弱先端延长枝头的加粗生长，尖削度大，所以要控制其下部竞争枝的长势，保证延长枝头的健壮生长。另外，当主枝角度较大时，背上常长出徒长枝，严重消弱上部枝的生长，遮光较多，要及时疏除或控制培养，避免“树上长树”。

8、耐修剪性强。与苹果树比较，桃树耐修剪能力是比较强的，但修剪过重，成花率相对减少。桃树耐剪能力大小，也因品种而异，如深州蜜桃等品种树势生长旺盛，若再给予较重的修剪，会刺激其萌发出大量的旺长枝条，减少了中、短枝数量，影响结果，产量下降。某些树冠开张型的品种，树势生长中庸，给予稍重的修剪，对产量影响不大。

9、伤锯口不易愈合。修剪必然造成伤口，剪锯口对附近枝条的生长有一定的影响。桃树修剪造成的大剪锯口不易愈合，剪锯口的木质部很快干枯，并干死到深处。因此修剪时力求伤口小而平滑，及时涂保护剂，以利尽快愈合。常用的保护剂有铅油、油漆、接蜡等。

问：当前桃树整形修剪存在哪些问题？

答：当前桃树整形修剪中主要存在七个方面的问题：一是盲目用新树形。二是由于栽植过密，整形修剪难度大。三是树干太低。四是主枝太多，树势过旺。五是不分品种进行整形修剪。六是修剪过重。七是对没有花粉品种没有采取相应的修剪方法。

问：桃树冬季修剪的主要方法是什么？

答：桃树冬季修剪主要包括短截、疏枝、回缩。

1.短截。就是把枝条剪短。其主要作用是促使其抽生新梢，增加分枝数目，以保证树势健壮和正常结果。短截常用于骨干枝修剪、培养结果枝组和树体局部更新复壮等。

短截按其长度又可分为：中短截、重短截、重剪、极重短截、留基部 2 芽剪等。

①中短截。在一年生枝的中部短截。剪后萌发的顶端枝条长势强，下部枝条长势弱。

②重短截。截去一年生枝的 2/3。剪后萌发枝条较强壮，一般用于主、侧枝延长头和长果枝修剪。

③重剪。截去一年生枝的 3/4～4/5。剪后萌发枝条生长势强壮，常用于发育枝作延长枝头和徒长性果枝、长果枝、中果枝的修剪。

④极重短截。截去一年生枝的 4/5 以上。剪后萌发枝条中庸偏壮，常用于将发育枝和徒长枝培养结果枝组。

⑤留基部 2 芽剪。剪后萌发枝条较旺盛，常用于预备枝的修剪。

短截的实际效果主要由三个因素构成：一是剪口芽的饱满度，二是剪留长度，三是剪留枝条上芽的数量和质量。通常短截越重，对侧芽萌发和生长势的刺激越强，但不利于形成高质量结果枝。有时短截过重，还会出现削弱生长势的现象。短截越轻，侧芽萌发越多，生长势弱，枝条中、下部易萌发短枝，较易形成花芽。从饱满芽处剪截，由于饱满芽分化质量高，贮藏养分多，可以促发生长新梢，剪后长势强。剪口留瘪芽，则抽生中短枝，长势弱。

2. 疏枝。疏枝是指将枝条从基部剪除。通过剪除树冠上的干枯枝、不宜利用的徒长枝、竞争枝、病虫枝、过密的轮生枝、交叉枝、重叠枝等，使留下枝条分布均匀、合理，改善通风透光条件。疏枝对树体的影响与疏去的枝条数量、性质、粗度、生长势强弱以及疏枝时期有关。疏除强枝、粗枝或多年生大枝，常会削弱剪口以上枝的生长势，而对剪口以下的枝有增强生长的作用。总体来说，多疏枝有削弱树势、控制生长的作用。因此，对生长过旺的骨干枝可以多疏枝，对弱骨干枝不疏或少疏，以达到平衡的目的。

3. 回缩。就是对多年生枝的短截。一般应用于辅养枝、结果枝组，调节其长势。回缩与短截的不同之处在于剪口的位置。一般 1 年生枝被短截时的反应强弱程度决定于剪口芽的饱满程度，而回缩后的反应强弱则决定于剪口枝的强弱。剪口枝如留强旺枝，则剪后生长势强，有利于更新和恢复树势。剪口枝如留弱小枝，则生长势弱，多再生中小枝，利于成花结果。剪口枝长势中等，剪后也会保持中庸,多促发小枝,既能生长,又能结果。回缩可以改善树冠光照,更新树冠,降低结果部位,调节延长枝的开张角度,从而控制树冠或枝组的发展,充实内膛,延长结果年限。

以上讲的短截、疏枝和回缩这三种方法,在修剪实践中,要灵活运用。

问:生产上桃树的主要树形有哪些?

答:生产中桃树的主要树形有:三主枝开心形、二主枝开心形、纺锤形等三种。

1. 三主枝开心形。三主枝开心形是当前露地栽培桃树的主要树形,具有骨架牢固、易于培养、光照条件好、丰产稳产的特点。

树高 2.5～3 米。干高 40～50 厘米。主枝数量 3 个,波浪曲线延伸。主枝分布是第一主枝最好朝北,第二主枝朝西南,第三主枝朝东南,切忌第一主枝朝南,以免影响光照。如是山坡地,第一主枝选坡下方,二、三主枝在坡上方,提高距地面高度,管理方便,光照好。

主枝之间距离是第一主枝距第二主枝 15 厘米,第二主枝距第三主枝 15 厘米。

主枝角度:第一主枝 60～70 度,第二主枝 50～60 度,第三主枝 40～50 度。每主枝选 2 个侧枝,第二侧枝着生在第一侧枝的对方,并顺一个方向呈推磨式排列。

侧枝上着生各种类型的结果枝组。结果枝组在骨干枝上的配置,是两头稀中间密,顶部以中、小型为主,基部和中部以大、中型为主。结果枝组形状圆锥形为好。

2. 二主枝开心形。适于露地密植和保护地栽培,容易培养,早期丰产性强,光照条件较好,技术易掌握。树高 2.5 米,干高 40～60 厘米,全树只有两个主枝,配置在相反的位置上,在距地面 1 米处培养第一侧枝(或第一大型结果枝组,下同),第二侧枝在距第一侧枝 40～60 厘米处培养,方向与第一侧枝相反。两主枝的角度是 45 度,侧枝的开张角度为 50 度,侧枝与主枝的夹角保持约 60 度。在主枝和侧枝上配置结果枝组和结果枝。

3.纺锤形。适于保护地栽培和露地高密栽培。光照好,树形的维持和控制难度较大,需及时调整上部大型结果枝组与下部结果枝组的生长势,切忌上强下弱。无花粉、产量低的品种不适合培养成纺锤形。

树高 2.5～3.0 米,干高 50 厘米。有中心干,在中心干上均匀排列着生 8～10 个大型结果枝组。大型结果枝组之间的距离是 30 厘米。主枝角度平均在 70～80 度。大型结果枝组上直接着生小枝组和结果枝。

实际上,在生产中,应用最多的还是三主枝开心形,二主枝开心形这几年应用也逐渐多起来,纺锤形的应用较少,因为这个树形的难度相对较大。具有采用什么树形,要具体问题具体分析。

问:幼树整形及修剪要点有哪些?

答:桃树幼树的整形修剪主要是以整形为主,修剪时期是夏季修剪与冬季修剪相结合,以夏季修剪为主。

1.三主枝开心形。成苗定干高度为 60～70 厘米,剪口下20～30 厘米处要有 5 个以上饱满芽作整形带。第一年选出三个错落的主枝,任何一个主枝均不要朝向正南。第二年在每个主枝上选出第一侧枝,第三年选第二侧枝。每年对主枝延长枝剪留长度 40～50 厘米。为增加分枝级次,生长期可进行两次摘心。生长期用拉枝等方法,开张角度,控制旺长,促进早结果。4 年生树在主、侧枝上要培养一些结果枝组和结果枝。为了快长树,早结果,幼树的冬季修剪以轻剪为主。

2.二主枝开心形。成苗定干高度 60 厘米,在整形带选留两个对侧的枝条作为主枝。两个主枝一个朝东,另一个朝西。第一年冬剪主枝剪留长度50～60厘米，第二年选出第一侧枝，第三年在第一侧枝对侧选出第二侧枝。其他枝条按培养枝组的要求修剪，到第四年树体基本形成。

3. 纺锤形。成苗定干高度80～90厘米，在以下30厘米内合适的位置培养第1主枝(位于整形带的基部，剪口往下25～30厘米处)，在剪口下第3芽培养第2主枝。用主干上发出的副梢选留第3.4主枝。各主枝按螺旋状上升排列，相邻主枝间距30厘米左右。第一年冬剪时，所选留主枝尽可能长留，一般留80～100厘米。第二年冬剪时，下部选留的第1、2、3、4主枝不再短截延长枝，上部选留的主枝一般也不进行短截。主枝开张角度70～80度。一般3年后可完成8～10个主枝的选留。

问：结果初期，桃树修剪要点有哪些？

答：结果初期是指栽后第3～6年。特点是生长仍很旺盛，树冠继续扩大，结果枝逐渐增多，产量逐年增加。主要任务有两个，一个是继续培养骨干枝，最终完成骨干枝的配置与调整，使树体具有合理的骨架结构，为盛果期负载足够的产量提供有利条件；另一个是培养结果枝组。

1. 主枝的修剪。选择主枝延长枝，以调整主枝的角度和方向。对主枝延长枝要短截，在延长枝的50～60厘米处，如有较好的外侧副梢时，可将副梢以上的部分剪除，以副梢做延长枝，再将副梢剪留1/2。在缺枝部位可将其剪留20～30厘米，培养成较好的结果枝组。其余的发育枝可以从基部疏除。

2. 侧枝的修剪。未完成侧枝配备的必须加强选留，及早完成。已选留的侧枝将其延长枝剪留1/2，疏去竞争枝，注意控制其长势，使其长势介于主枝和结果枝组之间。尤其上部侧枝延长枝的枝头不能高于或长于主枝延长枝的枝头，始终保持从属关系。

3. 结果枝组的培养。此期为树体生长为主向以果为主转化的过渡阶段。此期结果枝组的培养非常重要。

结果枝组是用发育枝、徒长性结果枝或徒长枝，经过短截促生分枝或长放而形成的。结果枝组按其体积大小、分枝多少，分为大、中和小型结果枝组三种。大型结果枝组多选用生长旺盛的枝条，经过短截、疏枝，3～4 年即可形成。用一般健壮的枝条通过短截，分生 2～4 个结果枝即形成小型结果枝组。大、中和小型结果枝组应具有枝组延长枝，并不断改变延伸方向，使枝组弯曲向上生长，抑制上强下弱，防止枝轴过长，下部光秃。

结果枝组的配置应大中型枝组交错排列，小型枝组插空选留。随着树冠的扩大，小型枝组结果后逐渐衰弱枯死，大型枝组的延伸可补充小型枝组所占的空间。大型枝组宜多选配在主枝或侧枝的中后部，中小型枝组宜配置在树冠的外围、上部和大型结果枝组的间隙。这样大小参差、高低错落、立体结果。配置时，以不妨碍主侧枝生长、枝组间互不干扰、树冠具有良好的通风透光为原则。

4. 结果枝的修剪。初结果树的中长果枝比重较大，一般以长果枝结果较好。其剪留长度应保证开花结果良好，并同时能抽生健壮的结果枝。一般长果枝留 8～10 节花芽，中果枝留 6～8 节花芽，短果枝留 3～4 节短截，花束状果枝只疏不截。

问：盛果期桃树修剪应该注意什么？

答：盛果期树修剪的主要任务是维持树势，调节主侧枝生长势的均衡和更新枝组，防止早衰和内膛空虚。

1. 主枝的修剪。盛果初期延长枝应以壮枝带头，剪留长度为 30 厘米左右。并利用副梢开张角度，减缓树势。盛果后期，生长势减弱，延长枝角度增大，应选用角度小、生长势强的枝条，以抬高角度，增强其生长势，或回缩枝头刺激萌发壮枝。

2. 侧枝的修剪。随着树龄的增长，树冠不断扩大，侧枝伸展空间受到限制，由于结果和光照等原因，下部侧枝衰弱较早。修剪时对下部严重衰弱、几乎失去结果能力的侧枝，可以疏除或回缩成大型枝组。对有空间生长的外侧枝，用壮枝带头。此期仍需调节主、侧枝的主从关系。

3.结果枝组的修剪。对结果枝组的修剪以培养和更新为主，对细长弱枝组要更新，回缩并疏除基部过弱的小枝组，膛内大枝组出现过高或上强下弱时，轻度缩剪，降低高度，以结果枝当头。枝组生长势中庸时，只疏强枝。侧面和外围生长的大中枝组弱时缩，壮时放，放缩结合，维持结果空间。各种枝组在树上均衡分布。3年生枝组之间的距离应在20～30厘米之间，4年生枝组距离为30～50厘米，5年生为50～60厘米。调整枝组之间的密度可以通过疏枝、回缩，使之由密变稀，由弱变强，更新轮换。保持各个方位的枝条有良好的光照。

总的要求是："错落生长两边分，均匀摆弄不遮阴，角度方向安排好，从属关系分得清"。

4.结果枝的修剪。盛果期结果枝的培养和修剪很重要，要依据品种的结果习性进行修剪。对于大果型但梗洼较深的品种以及无花粉的品种，如早凤王、砂子早生、丰白、深州蜜桃、八月脆等品种，以中、短果枝结果为好，因此在冬季修剪时以轻剪为主，先疏去背上的直立枝以及过密枝，待坐果后根据坐果情况和枝条稀密再行复剪。对于长放的枝条，还可促发一些中、短果枝，这正是下年的主要结果枝。在夏季修剪中，通过多次摘心，促发短枝。当树势开始转弱时，及时进行回缩，促发壮枝，恢复树势。对于有花粉和中、长果枝坐果率高的品种，可根据结果枝的长短、粗细进行短截。一般长果枝剪留20～30厘米，中果枝10～20厘米，花芽起始节位低的留短些，反之留长些。

要调整好生长与结果的关系，通过单枝更新和双枝更新留足预备枝。

单枝更新：长果枝适当轻剪长放，待先端结果后，枝条下垂，基部芽位抬高并抽生新枝。第二年修剪时缩至新枝处。这种方法适于花芽着生节位高或后部没有预备枝时采用。

双枝更新：在2年生小枝组上，选定上下两个枝，上部的长果枝留7～8个花芽，用于结果；下部的枝仅留基部3～4个芽短截，以便抽生健壮的结果枝。第二年修剪时，将上部已结果的枝条剪除，下部的留两个壮枝，再依上述方法修剪。

单枝更新和双枝更新在同一株上应同时应用。一般而言，在幼树多采用单枝更新，而在树势较弱的树采用双枝更新。

问：长梢修剪的优点及技术？

答：

1. 长梢修剪技术是一种基本不使用短截，仅采用疏枝、回缩和长放的修剪技术。由于基本不短截，修剪后的一年生枝的长度较长(结果枝平均长度一般50～60厘米)，故称为长梢修剪技术。长梢修剪技术具有操作简单、节省修剪用工、冠内光照好、果实品质优良、利于维持营养生长和生殖生长的平衡、树体容易更新等优点，已得到了广泛的应用，并取得了良好的效果。

2. 长梢修剪技术可应用于以下三个方面。

(1)应用于以长果枝结果为主的品种。对于以长果枝结果为主的品种，把骨干枝先端多余的细弱结果枝、强壮的竞争枝和徒长枝疏除，有计划地选用部分健壮或中庸的结果枝缓放或轻剪，结果后以果压势，促进骨干枝中后部枝条健壮生长，达到前面结果，后面长枝，前不旺，后强壮的立体结果目的。如大久保、雪雨露等。

(2)应用于中、短果枝结果的品种。先利用长果枝长放，促使其上长出中、短果枝，再利用中、短果枝结果。如深州蜜桃、丰白、仓方早生、安农水蜜等。

(3)应用于易裂果的品种。利用长梢修剪，让其在长果枝中上部结果，当果实长大后，便将枝条压弯、下垂，这时果实生长速度缓和，减轻裂果。适宜品种有华光、瑞光3号、丰白等。

问：应用长梢修剪时，遵循什么原则？

答：

1.枝条保留密度。每15～20厘米保留一个结果枝，同侧枝条之间距离在40厘米左右。如栽培密度为3米×5米或4米×6米的成年树，每株树留长果枝平均在150～200个之间。

2.保留一年生枝长度。保留40～70厘米长度的枝条较合适。对北方品种群品种，主要以中、短果枝结果，长果枝保留数量应减少，多保留一些中短果枝。

3.保留的一年生枝在骨干枝上的着生角度。对于树势直立品种，以斜生或水平枝为宜。对于开张型品种，主要保留斜上枝。对于幼年树(尤其是直立型的)，可适当多留一些水平及背下枝。

4.结果枝组的更新。果实重量和枝叶能将一年生枝弯曲、下垂，并从基部生长出健壮的更新枝，冬剪时，将已结果的母枝回缩到基部健壮枝处更新。如果在骨干枝上着生结果枝组的附近已长出更新枝，则对该结果枝组进行全部更新，用骨干枝上的更新枝代替结果枝组。

采用长梢修剪时，也应及时进行夏剪，疏除过密枝条和徒长枝。并对内膛多年生枝上长出的新梢进行摘心，实现内膛枝组的更新复壮。同时长梢修剪之后，同样要疏花疏果，及时调整负载量，这是获得优质果实和枝条更新的前提。

问：整形修剪中应注意哪些问题？

答：

1.总的整形原则是“有形不死，无形不乱”、“大枝亮堂堂，小枝闹嚷嚷”。只有大枝少，小枝才能多。总的修剪原则是“宜轻不宜重”。“小枝闹嚷嚷”并非是枝量越大越好，一般修剪后枝间距为

10～15 厘米，无花粉品种枝量要比有花粉品种多 50%～100%。通过修剪，保持树势中庸，既不过旺，也不过弱。

2. 打开光路，强调光照在提高桃产量和品质中的作用，让所有枝、叶和果实均匀着光。

3. 强化夏剪，淡化冬剪。桃树只进行夏季修剪不进行冬季修剪可以，但如果反过来则不行。

4. 修剪后，在同一株树上，应是长、中、短果枝均有。长短不齐，高低不齐，立体结果。切忌"推平头式"修剪。

5. 主枝弯曲延伸生长，大型结果枝组或侧枝斜生，中小枝组插空。

6. 主枝(侧枝)上结果枝组分布呈"枣核形"，即"两头小，中间大"。

7. 结果枝以斜生或平生为好，幼树上可留背下枝，背上粗枝坚决要疏去。

8. 冬季修剪不是万能的，必须同其他技术措施配合才能起到应有的效果，如夏季修剪、疏花疏果等。

三、桃树秋末管理要点

桃树为多年生果树，秋末管理水平直接影响到下一年的桃树的产量和质量。下面介绍桃树秋末管理技术。

问：秋末桃树管理的主要内容有哪些？

答：桃树为多年生果树，当年的树体生长情况对次年有很大影响，主要表现在当年花芽形成质量好坏、贮藏养分的多少及叶片保护是否完整等三个方面直接影响到次年的桃树的产量和品质。

秋末(9 月底以后)桃树管理的主要目的有三个：一是保护好叶片，让叶片制造更多的养分。二是提高叶片的光合效率，让叶片制造的养分更有效地利用到花芽分化上。三是促进养分回流，提高根系、主干、枝条的抗性，主要是抗寒性。

总之，秋末的树体对于次年的桃树的产量和品质的提高有非常重要的作用。为此，秋末桃树的主要管理措施有：

1. 病虫害防治，主要保护叶片。

2. 修剪，主要提高叶片光合效率。

3. 施肥，主要提供营养。

4. 对于尚未采收的品种要进行果实管理。

问：桃树病虫害防治的具体方法是怎样的？

答：进入秋季以后，桃树病虫害已经明显少了，主要有危害叶片的大青叶蝉、潜叶蛾、危害枝干的红颈天牛等。

在大青叶蝉发生量大的地区，在成虫期，利用成虫趋光性，进行灯光诱杀。并加强果园附近种植蔬菜的虫害防治。成虫产卵越冬之前，在树体主枝、主干上涂刷石灰浆，对阻止成虫产卵有一定作用。在成虫产卵期可喷高效氯氰菊酯 1 500～2 000 倍液。对越冬卵量较大的桃树，特别是幼树，可用人工将产于树干的卵块压死。

潜叶蛾在成虫发生期喷药防治，可用 25%灭幼脲 3 号悬浮剂 1 000～2 000 倍液，或 20%杀铃脲悬浮剂 6 000 倍液。喷药应在发生前期进行，为害严重时再喷药效果不好。

在发现有虫粪的地方，人工挖、熏、毒杀红颈天牛幼虫。

另外，茶翅蝽有群集越冬的习性，秋季在果园附近空房内，将纸箱、水泥纸袋等折叠后挂在墙上，能诱集大量成虫在其中越冬，次年出蛰前收集消灭。或在秋冬傍晚于果园房前屋后、向阳面墙面捕杀茶翅蝽越冬成虫。

问：秋末为什么要对桃树进行修剪？

答：秋末修剪为桃树的生长期修剪。这时桃树新梢已经停止生长，修剪的目的，一是解决光照问题，二是促进养分回流。

桃树是一个非常喜光的树种，在生长季节中的各种措施，都应围绕着提高光照利用率进行，保持树体通风透光。对于7～8月份修剪做得比较好的树，秋末修剪量不大，对于7～8月份修剪做得不太好的树，其修剪量则比较大。树上有一些较大型的徒长枝，直径大于1.5厘米，上面有多个分枝，在树冠上方像一把伞，将其下面的枝条的光全部挡住，严重影响叶片的光合作用、花芽分化，严重者叶片全面脱落，枝条全部死亡。

9月底以后，雨水减少，光照增加，疏去大的徒长枝后，可以很好地促进其下面枝条的发育，提高叶片光合能力，使得枝条更加充实，为次年的开花结果打好基础。

问：桃树秋季修剪的主要内容是什么？

答：秋季修剪不同于生长盛期(6～8月份)的修剪，秋剪主要是疏枝。疏除树冠内膛的背上旺枝、徒长枝及树冠外围的竞争枝。同时还有密生枝、结过果的下垂枝。这时疏枝一般不会再刺激桃芽子萌发。

问：桃树的秋季如何施肥？

答：秋季主要是施有机肥。有机肥料是指含有较多有机质的肥料，主要包括粪尿类(鸡粪、猪粪、牛粪等)、堆沤肥类堆肥、秸秆肥类、土杂肥类、饼肥、腐殖酸类、沼气肥等。这类肥料主要是在农村中就地取材，就地积制，就地施用，又叫农家肥。其中较好的为：鸡粪、饼肥等。

问：为什么要施有机肥？

答：

1. 有机肥具有以下特点：

(1)养分完全性。所含养分全面，它除含桃生长发育所必需的大量元素和微量元素外，还含有丰富的有机质，是一种完全肥料。

(2)长效性。营养元素多呈复杂的有机形态，必须经过微生物的分解，才能被作物吸收、利用。因此其肥效缓慢而持久，一般为3年，是一种长效、迟效性肥料。

(3)改土性。含有大量的有机质和腐殖质，对改土培肥有重要作用，除直接提供给土壤大量养分外，还具有活化土壤养分、改善土壤理化性质、促进土壤微生物活动的作用。

有机肥好比中药，化肥好比西药，有机肥的效果来得慢，但其负作用小，通过调理起到治疗的作用。而化肥的效果快，没有调理的作用，有时有负作用，如有污染，且过量后果实品质下降等。

2. 施入有机肥有以下好处：

(1)全面提高果实质量，外在品质和内在均有明显提高。由于根系和地上部枝条生长的相互促进，对果实生长发育具有很好的促进作用，表现果实个大，着色美，风味品质佳，香味浓，果实硬度大，耐贮运强。

(2)促进根系的生长发育。施用有机肥能使土壤结构得到改善，土壤通气性好，为根系生长发育创造良好的条件。

(3)促进枝条的健壮和均衡生长，减少缺素症发生。由于有机肥肥效较慢，而且在一年中不断地释放，时间较长，营养全面，使地上部枝条生长速度适中，生长均衡，不易徒长，花芽分化好，花芽质量高。由于各种元素比例协调，不易发生缺素症。

(4)提高果树的抗性。有机肥可促进根系生长发育和叶片功能，增加树体贮藏营养，从而提高桃树抗旱性、抗寒性及抗病性。

因此，建议在桃树施肥中，有机肥的施用量要占到总施肥量的80%～90%，不用化肥或极少用化肥，从而，使桃果实的品质得到提高。

问：什么时候施基肥效果最好？

答：

1. 秋施效果最好，优于冬施和春施。原因是：秋施基肥能增加桃树体内的贮藏养分，有利于伤口愈合和肥料的分解。具体表现如下。

(1)增加树体内养分含量。基肥秋施，能显著地提高光合作用，增加物质贮藏。它对恢复当年树势和来年的生长和结果方面均起着重要作用。

(2)加速次年叶幕迅速形成。春季桃枝条生长和开花及果实初期生长，在相当长的时间内主要依赖头年贮藏的养分，秋施基肥，增加了贮藏养分，第二年叶片形成快，且大而厚，光合时间长。

(3)伤根易愈合并促进发生新根。秋施基肥正处于根系生长的高峰，这时北方气温大体为12～15℃，为根系生长的最适温度，使叶片制造的养分大量向根部运输，这就为在施肥过程中受伤的根系愈合和发生新根，创造了良好的外界条件和物质基础。

(4)避免春季施肥造成土壤干旱。北方春季往往干旱、多风，在这时施用基肥，可导致运粪、倒粪、开沟和施肥过程中土壤与肥料中的水分大量损失。

(5)利用施肥调土，使桃树虫害减少。秋施基肥时，使园土部分被翻上，将有些地下害虫(桃小、白星花金龟、苹毛金龟子等)、蛹晾晒到地面，可被鸟、禽啄食或因环境突变而致死，使害虫大大减少。

2. 施肥注意两个方面：

(1)深度：桃根系较浅，大多分布在20～50厘米深度内，因此，施肥深度在 30～40 厘米处。

(2)方法：

①环状沟施即在树冠外围，开一环绕树的沟，沟深 30～40 厘米，沟宽 30～40 厘米，将有机肥与土的混合物均匀施入沟内，填土覆平。这种方法适于幼树。

②放射沟施即自树干旁向树冠外围开几条放射沟施肥。

③条施是在树的东西或南北两侧，开条状沟施肥，但需每年变换位置，以使肥力均衡。

④全园普施，施肥量大而且均匀，施后翻耕，一般应深翻 30厘米。

问：桃树施肥还应注意哪些事项？

答：还应注意以下几点：

1. 在施基肥，应在树冠投影下方，注意不要离树干太近，一般是离树干 50～100 厘米处。另外不要伤大根，否则影响吸收面积。

2. 肥料必须尽早准备，充分腐熟。施用的肥料要先经过腐熟，因为施用新鲜有机肥，在土壤中要进行腐熟和分解，在分解过程中，要放出大量热量，会将根系烧坏。

3. 有机肥与难溶性化肥及微量元素肥料等混合施用。在基肥中可加入适量硼(一般每亩 1～1.5 千克硼酸)和硫酸亚铁(每亩 2～3 千克)，及过磷酸钙，与有机肥混匀后，一并施入，可提高肥料有效性。

4. 施肥量的确定与肥料质量、结果多少等有关。一般为 1 千克果 2～3 千克肥。

5. 要不断变换施肥部位。试验和生产实践证明，不能总在同一地方挖沟施肥，应该变换施肥部位，或变换施肥方法。

6. 施肥深度要合适，不要施肥过浅。个别果农以鸡粪、人粪作压土式施肥，一次过量施肥厚度达 5～8 厘米，致使全园臭气熏天，新梢不长，叶片变小，肥效降低，严重者发生肥害。有的果农采用冲施办法，随浇水将有机肥冲入桃园内，这种方法虽然省工，但肥效较低，且易于使根系上移，影响桃根系的抗性。

问：秋末对于树上还有果的桃树怎么管理？

答：树上还有果的品种主要是中华寿桃、各种雪桃，如冬雪蜜桃等晚熟品种。管理的主要技术有果实解袋、疏枝、摘叶、地面铺反光膜等。具体技术如下：

1. 解袋：一般在采前 7～10 天解袋。

2. 疏枝：要疏除背上枝、内膛徒长枝和影响果实着色的枝条，以增加光照强度，促进果实着色。

3. 摘叶：摘除果实近的叶片，目的也是促进着色。

4. 铺膜：套袋园一般在摘袋后立即铺膜。反光膜宜选用反光性能好、防潮、防氧化、抗拉力强的复合性塑料镀铝薄膜。这类薄膜的反光率一般可达 60％～70％，使用效果比较好，可连续使用 3～5 年。没有套袋的桃园宜在果实着色前进行。

能源篇

秸秆等生物质致密固化与利用

随着生态文明村镇的建设和社会用能水平的提高，秸秆等生物质能的管理利用问题越来越突出，一些村镇仍然在焚烧秸秆，造成新的环境污染。另一方面矿物能源的涨价，使很多人又重新把目光转向秸秆等生物质能。为了解决大量秸秆等生物质的储存、利用、防火安全等技术问题，下面介绍有关生物质致密固化的技术和管理知识。

问：什么是生物质能？

答：生物质是绿色植物利用太阳能，通过光合作用，吸收二氧化碳、水和少量的氮、磷、钾肥料等物质转化成为有机物—碳水化合物，将太阳能转化为化学能并贮存下来。将生物质作为能源利用称为生物质能。这里所说的广义生物质能包括植物种子、秸秆、树木枝条、牧草、畜禽粪便以及生活有机垃圾等。狭义的生物质能通常是指农业、林业废弃物，如各种作物秸秆、树叶、锯屑、蔗渣等。生物质具有挥发组分高、炭活性高、硫氮含量低、灰分低的优点。因此，生物质能是唯一具有可运输、储存、转换、再生等矿物资源属性的特点，又较少受自然条件制约的可再生能源资源。所以生物质以其不可替代的优势受到各国的普遍重视。

问:开发生物质能有什么优势?

答:开发这种能源模式有很多的好处,既节约能源,又利用了农业废弃物。

首先,生物质能分布十分广泛,远比石油煤炭丰富,可以不断再生。地球每年光合作用产生的生物质约有 1 200 亿吨,其所含能量是当前全世界消耗能量的 5 倍。而生物质作为能源利用当前还不到总量的 1%。所以说潜力巨大。

其次,生物质可以作为工业原料。从生物质能转化得到的甲醇、生物柴油等燃料不含有害物质,适用于内燃机。从生物质还可转化出许多化学品如化纤、橡胶、塑料等作为工业原料。那么种植业就成了一个名副其实的能源农业。

第三,开发生物质能源可以提高就业机会,促进经济发展。

第四,生物质能利用可以促进温室气体减排。生物质生长过程中吸收大气中的 CO_2,因此用工业技术开发利用生物质,不仅有助于减轻温室效应和生态良性循环,而且可替代部分石油、煤炭等化石燃料,成为解决能源与环境问题的重要途径。

第五,开发贫瘠土地,提高土地利用率。在贫瘠的土地上或不适宜种植粮食的土地上种植能源作物,在获得生物能源的同时,还可以改善土壤,改善生态环境,提高土地利用率。

问:如何解决生物质的松散性、易燃性、不均匀性问题?

答:解决自然界生物质的松散性、易燃性、不均匀性、安全储存等问题,直接的解决办法是压缩成致密固化块,根据形状和致密程度的不同,人们把这些产品根据形状叫做生物质颗粒、生物质压块或生物质压饼、生物质燃料棒。

生物质致密成型技术我国早在上世纪八十年代开始开发、引进,到 1993 年前后全国形成生物质开发热,各种压缩技术、碳化技术进入小批量工厂化试验，出现了螺旋挤压式、活塞冲压式等压块机型，但终因产品的主要部件磨损件无故障运行时间短不能大量推广，目前这些问题已经得到解决，无故障运行时间在200小时左右。

近几年，国际矿物能源价格持续上涨，联合国京都议定书的签署，有力推动了全球性生物质能源技术的开发投入。其中，河北省借鉴国内外现有技术的优点，组织有关企业，选择满足国内需求的生物质压块密度要求，设计试验完成了环模式压块成型机，并通过了河北省农机局组织的推广技术鉴定。

问：生物质致密固化块的用途？

答：

1. 用于食草类家畜的饲料，根据原料的不同，又分为精饲料和粗饲料两种，如使用苜蓿、花生秧等加工的饲草压块可用于奶牛场的饲草，其中，有少部分出口。如使用玉米秸、麦秸、稻草等加工的饲草压块可用于草原牧场、码头动物检验仓库的补饲普通饲草。通过秸秆压块这一产品沟通了产粮区和牧区的联系，秸秆压块饲料的使用减少了牧区的牧草采食，防止草原沙漠化，利用了草场空间，为人们提供了肉制品和奶制品，使秸秆变废为宝，农民和牧民都提高了收益。

2. 直接燃烧用于民用取暖，炊事用能。目前已经研制出了生物质致密压块直燃消烟炊事、热水两用炉，并且这一新型炉具得到了中美国际测试机构的好评，获得科技创新奖。这也为清洁乡村建设和社会主义新农村建设提供了新型炉具。

3. 利用生物质致密压块直燃消烟技术也可为城郊结合地带的燃煤锅炉改造提供燃料。减少石油制品和气体燃料的消费，降低锅炉使用单位的锅炉运行成本。消除小锅炉对城镇大气的污染。

4. 用作生物质发电站的燃料。生物质发电站要求生物质必须具有较大的密度，以便于运输、储存。在现场使用时还要便于破碎以便喷射进入燃烧器。

5.用于农村的生物质气化供气站燃料。这种供气站的建立使得农民像城市市民一样用上管道燃气，提高了农民的生活水平和生活质量。这种供气站当前最好最经济的燃料就是生物质致密压块。便于秸秆的贮存、管理、防火和产气操作。用于替代玉米芯等硬柴，具有很好的应用前景。

6.用于农户庭院沼气池的发酵料。人畜之间防病的需要，农村庭院养殖逐步减少，代之采用小区养殖方式。原有户用沼气池的发酵原料则显得不足。采用生物质压块发酵后作发酵原料产气效果良好，便于沼气渣液吸运车抽料。这项技术在河北省已经初步试验成功，现在开始了越冬试验数据的探索，前景看好。

7.适用于工业化制炭。生物质压缩后体积明显缩小，便于装窑操作，炭化后的生物质炭根据原料不同用作生活取暖用炭、饮食业用炭、冶金工业原料、活性炭厂的基本原料等等，当然也是未来有机化工的基本原料。这就把农产品秸秆和大工业联系在了一起，使耗能农业变成了产能农业和工业原料基地。

8.用于北方农村冬季取暖。举个实例，冬季在河北省南部农村，要想让住房达到15℃，那么一间房需要消耗1吨煤炭。如果在河北省北部农村消耗煤炭更多。再加上炊事用能2.2吨煤炭、洗澡、洗脸热水用能煤炭0.3吨，一个家庭全年需要约6.5吨煤炭。折款3 250元。应该考虑到这是实现小康的基本生活能耗水平。把这些煤炭换成生物质压块，比买煤炭可减少家庭支出3/5，约2 000元。对于家庭在经济上是非常划算的。对于社会来说减少了矿物能源的开采、消耗和运输。为清洁乡村示范点建设和社会主义新农村建设提供了能源保障。

由于生物质含有大量轻质物质，受热后变成烟，所以在使用生物质压块作燃料时，必须采用消烟炉具。目前已经作了相应的配套研发,形成了炊事热水专用炉、取暖专用炉产品系列。炊事采暖热水三用炉、单位开水炉系列产品正在开发研制。

问:目前利用生物能的配套炉具都有哪些特点?

答:这些炉具采用生物质压块燃料,由原来的散柴燃烧变成了颗粒燃烧。由此减少了生物质挥发分的快速溢出,再加上二次送风燃烧,使燃烧更充份,消除了黑烟,同时节约了燃料。有六个比较突出的特点:

1. 不用电力鼓风。这些炉具通过烟道作为系统的动力,对整个系统形成负压,避免用电动鼓风。

2. 消烟燃烧。通过调节二次风门增加给风量,达到消烟燃烧的目的。

3. 无焦油析出。这一系统燃烧时炉腔内始终处于高温状态,不析出焦油,消除了普通生物质气化炉的焦油污染。

4. 加料方便,任意延长燃烧时间。当第一次填入燃烧储料腔的燃料不够时,通过调风进料口可以很方便地装料,达到任意延长炊事时间的目的。

5. 燃料来源广泛。凡是农业废弃的生物质经过加工都可作为燃料。比如稻壳子、麦糠、高粱壳子等散碎材料均可使用。

6. 点火方便。这一种燃烧炉点火方便,农村一般家庭妇女稍加培训即可使用。

问:目前应用的压块成型机的情况?

答:目前主要推广的已经通过国家审定的是环模式压块成型机,这一系列机组主要由切碎机、输送机、强制喂料机器、压缩成型机、冷却输送机组成。现有三个机型:分别叫做 2 000 型、1 000 型、500 型。

压块成型机在工作时,先将生物质秸秆粉碎成 10～30 毫米,由输送机输送至强制喂料器，强制喂入压缩机环模腔内。在压辊和环模的摩擦挤压下，粉碎的秸秆升温至70～100℃，这一温度可根据压块的需要进行调节，生物质在温度和压力的作用下压缩成型由模孔被挤出。经冷却输送装置冷却输出，成为具有一定密度的多用途生物质块状产品。机组的生产能力为500～2 000千克/小时，用户可根据需要选择，机组整机无故障运行时间长达500小时以上，在国内同类机组中无故障运行时间及综合性能均居先进水平。小型机组的生产能力为500～800千克/小时，输入功率约30千瓦，中型机组的生产能力为1 000～1 200千克/小时，输入功率约45千瓦，便于分散加工集中使用，比较适合农村的电力供应现状。

用这一机组生产的生物质压块，外形尺寸为32毫米×32毫米×(30～80)毫米长方形块料，其密度可根据需要控制在800～1 300千克/立方米，包装后的堆体积是原来体积的1/6～1/8，便于储存运输管理。可用于饲料或燃料。解决了自然界生物质的松散性、易燃性、不均匀性、安全储存、运输等技术问题，为生物质能的大规模利用提供了技术支持。

问：生物质致密压块加工点的构成？

答：

1. 设备购置：在选择设备时主要考虑以下因素，设备性能的可靠性、安全耐用性、工艺成套性、节能环保性、维修经济性、生产效率和产品质量的稳定性等。按现有压块厂的建设经验：

年产量为4 000～5 000吨的固定生产企业宜选2000型压缩加工成套设备。年产量为2 000～3 000吨的或采用多点生产的企业宜选用1000型压缩加工成套设备。年产量为1 000～1 500吨的或采用多点生产的企业宜选用500型压缩加工成套设备。

2. 厂房：选用2000型设备，厂房下弦高不少于4米，宽6～

10 米,长度为 30～40 米,水泥地面,砖混结构,也可采用砖木结构。厂房为四面墙封闭式,也可为三面墙半开放式或一面墙开放式的简易厂房。选用 1000 型或 500 型设备时,设备不需要固定。可移动使用,直接在露天作业,也可采用简易棚。

3. 库房:年产量 4 000 吨以上规模的成品库房面积不应少于 400 平方米,水泥地面,地面应高于库外地面 20 厘米以上。年产量 1 000 吨以上规模的成品库房面积不少于 100 平方米。也可建成简易型库房,但必须保证通风、防雨、防潮、防晒、防水淹。

4. 场地硬化:年产量 4 000 吨以上的,切碎暂存性场地硬化面积不少于 500 平方米,切碎后晾晒场地应不少于 1 500 平方米(按每平方米可获干秸秆 10 千克考虑)。地面应高于周围地面 20 厘米以上,一般为混凝土地面,也可采用铺砖抹水泥面。

5. 供电系统:购置变压器(500 型机组配 30 千瓦、1000 型机组配 50 千瓦、2000 型机组配 100 千瓦),架设动力和照明线路。

6. 供水系统:配置必要的供水管道、贮水设施和消防系统。要特别注意设置消防系统和配套消防设备。

7. 办公、休息用房 2～3 间。

问:如何确定加工点的规模与生产能力? 经济效益如何?

答:

1. 加工点的生产能力应根据当地原料供应来源、供应半径和压块燃料的利用方式及销售渠道而定,原料供应半径一般应确定在 10～15 千米,过大则加大运输成本。

2. 加工点的全年生产时间确定,棉花、辣椒、向日葵、玉米等作物秸秆加工集中在 11 月初到翌年 5 月份。如再加工麦秸、稻草等其他农作物秸秆或树枝等林业副产品(按原料供应情况而定),这样全年生产期可达 10 个月左右。

3. 效益情况:建设生物质固化成型燃料厂符合国家农业发展

规划和农业产业化政策，属于国家鼓励支持的循环经济、环保项目，适宜在中、小城镇、农村中推广使用。产品市场广阔，原料来源充足，工艺技术成熟，设备先进合理，通过以上分析可以知道，建设一处生物质致密压块场，每年可实现利润 8～43 万元，项目投资回收期短、回报率高，并且有较强的抗风险能力。

这对生物质原料的增值，农民的增收，生态环境的改善，发展生态农牧业有较大的推动作用。同时还可以带动运输业、机械加工等相关行业发展，对推动本地区的经济发展和西部地区牧业发展，对农牧业的增效，农牧民的增收，对调整农牧业结构和退耕还林还草都起到积极的促进作用。

图书在版编目(CIP)数据

农业新技术问答/何建斌，张会敏，张丽娟主编．—北京：中国农业大学出版社，2008.6

ISBN 978-7-81117-383-3

Ⅰ．农… Ⅱ．①何… ②张… ③张… Ⅲ．农业技术-问答 Ⅳ．S-44

中国版本图书馆 CIP 数据核字(2008)第 048610 号

书　名　农业新技术问答

作　者　何建斌　张会敏　张丽娟　主编

策划编辑　王笃利　陆　强　　责任编辑　冯雪梅

封面设计　郑　川

出版发行　中国农业大学出版社

社　址　北京市海淀区圆明园西路 2 号　　邮政编码　100193

电　话　发行部 010-62731190，2620　　读者服务部 010-62732336

编辑部 010-62732617，2618　　出　版　部 010-62733440

网　址　http://www.cau.edu.cn/caup　**E-mail** caup@public.bta.net.cn

经　销　新华书店

印　刷　北京时代华都印刷有限公司

版　次　2008 年 6 月第 1 版　　2008 年 12 月第 2 次印刷

规　格　850×1 168　32 开本　15.375 印张　381 千字

印　数　2 001～5 000

定　价　25.00 元